Grundlagen der Atomphysik

Eine Einführung in das Studium der Wellenmechanik

Von

Dr. phil. habil. Hans Adolf Bauer

a. pl. Professor an der Technischen Hochschule
und der Universität in Wien

Dritte Auflage

Mit 201 Abbildungen im Text

Wien
Springer-Verlag
1945

ISBN 978-3-7091-3178-7   ISBN 978-3-7091-3214-2 (eBook)
DOI 10.1007/978-3-7091-3214-2

Aus dem Vorwort zur ersten Auflage.

In den ersten Monaten des Jahres 1937 hat der Verfasser im Rahmen des Außeninstitutes der Wiener Technischen Hochschule an zehn Abenden eine Vortragsreihe unter dem Titel „Grundlagen der Atomphysik" abgehalten mit der Bestimmung, zur wissenschaftlichen Weiterbildung der Ingenieure beizutragen. Ihr Inhalt, der von einem Kreise von Ingenieuren, Physikern und Studenten mit größtem Interesse aufgenommen wurde, bildet den Gegenstand des vorliegenden Buches. Die spätere Niederschrift der Vorträge hat dazu geführt, daß manches ausführlicher behandelt und vieles ergänzt wurde, wobei insbesondere der inzwischen erzielte Fortschritt auf dem Gebiete der Kernphysik berücksichtigt worden ist und mehrere Abschnitte über den Aufbau der Linienspektren, über Atom- und Kernmagnetismus sowie über die magnetische Aufspaltung der Spektrallinien neu hinzugefügt wurden.

Schon bei der Abhaltung der Vorträge und ebenso in dem nun aus ihnen entstandenen Buche war der Verfasser bestrebt, die vorgebrachten Tatsachen nach Möglichkeit theoretisch zu begründen, da ohne Zweifel jede, wenn oft auch unvollkommene „Erklärung", die die Einordnung einer neuen Erkenntnis in ein Gebäude bereits bekannter Erscheinungen und Begriffe ermöglicht, erst Sinn und Wert eines Lehrbuches bestimmt. Im Hinblick auf die moderne Quantenmechanik als letztes Ziel kann man gewissermaßen von einer Erkenntnis des atomaren Geschehens in zwei Stufen sprechen. Die erste beruht auf der Anwendung von Vorstellungen und Begriffen der klassischen Physik, die, wenn auch heute vielfach als unzulänglich erkannt, doch immer noch wegen ihrer besseren Vertrautheit und Anschaulichkeit einen gewissen heuristischen und besonders für den Anfänger nicht zu leugnenden Wert besitzen. Ihrer bedient sich der Verfasser im ersten und zweiten Teile des Buches, die über Teilchen- und Wellenstruktur der Materie handeln. Erst im dritten Teile, der die Vereinigung des Teilchen- und Wellenbildes zum Gegenstande hat, wird die zweite Erkenntnisstufe zu erreichen versucht und jene Grundbegriffe und mathematischen Verfahren entwickelt, die die Quanten- bzw. Wellenmechanik von heute kennzeichnen. Da die vorliegende Schrift nur das Ziel einer ersten Einführung verfolgt, hat sich der Verfasser bei der Darstellung wellenmechanischer Rechnungen möglichste Beschränkung auferlegt, aber das Wenige doch so ausführlich und vollständig

I*

behandelt, daß eine Nachrechnung ohne weiteres möglich ist, wobei gewisse unvermeidliche Schwierigkeiten mathematischer Natur, die jeder Anfänger einmal überwinden muß, nicht geleugnet werden sollen. Wer sich aber der Mühe einer genauen Durchrechnung unterzieht, wird nicht nur den Eindruck gewinnen, den mathematischen Verfahren der Wellenmechanik nicht mehr fremd gegenüberzustehen, er wird auch soviele Kenntnisse erworben haben, um an der Hand ausführlicherer Werke tiefer in die Quantenmechanik eindringen zu können.

Salzburg, im August 1938. **H. A. BAUER.**

Vorwort zur zweiten Auflage.

Die freundliche Aufnahme, die den „Grundlagen der Atomphysik" beschieden war, hat nach verhältnismäßig kurzer Zeit eine neue Auflage des Buches nötig gemacht. Der Verfasser hat diese Gelegenheit zu einer umfassenden Neubearbeitung benützt, wobei jedoch die Grundlinien des Werkes unberührt geblieben sind. Der Umfang des Buches wurde durch Einbeziehung neuer Tatsachen und Erkenntnisse erheblich vergrößert; man wird indes feststellen können, daß alle Zusätze in dem Bestreben gemacht worden sind, die Einheitlichkeit und Geschlossenheit der Darstellung zu wahren, ja sie noch zu erhöhen.

Das Kapitel „Höhenstrahlung" wurde vollständig neu und gründlicher bearbeitet und dabei neuen Ergebnissen, vor allem der Entdeckung des schweren Elektrons (Mesotrons) Rechnung getragen. Eine wesentliche Bereicherung hat ferner das Kapitel „Künstliche Atomumwandlung" erfahren, das auf der Grundlage der „Kernphysikalischen Tabellen" von J. MATTAUCH (Springer-Verlag, Berlin) eine systematische Zusammenstellung aller bisher beobachteten Kernumwandlungen unter Beifügung ausgewählter Beispiele enthält. Dabei wird die Erzeugung stabiler wie instabiler Kerne (künstliche Radioaktivität) in gleicher Weise berücksichtigt. Auch die Abschnitte über Massenspektrographie, α- und β-Zerfall, Hochspannungsgeneratoren, Kernbestandteile, Kernkräfte und Kernbau, Atom- und Kernmagnetismus, magnetische Aufspaltung der Spektrallinien mit Einbeziehung der Hyperfeinstruktur sind wesentlich ausgestaltet und bereichert worden. Diese bedeutsamen Erweiterungen, aber auch die Schließung verschiedener Lücken der früheren Darstellung — z. B. durch die Ableitung der RUTHERFORD-schen Streuformel, der räumlichen Quantelung, die ausführliche Berechnung der Ellipsen- und Rosettenbahnen — haben dazu geführt, daß der erste Teil des Buches gegenüber den beiden anderen an Umfang erheblich zugenommen hat, wodurch nach der Überzeugung des Verfassers die „Grundlagen" bedeutend verbreitert worden sind. Abgesehen von einigen kleinen Ergänzungen und Verbesserungen, sind Inhalt und Umfang des zweiten Teiles unverändert geblieben.

Gegenüber der umfangreichen Ausgestaltung des Teilchenbildes ist die im dritten Teile des Buches behandelte wellenmechanische Theorie nicht grundsätzlich weitergeführt worden; nur ein ergänzendes Kapitel über Linienintensitäten, Auswahl- und Polarisationsregeln beim starren Rotator wurde angefügt. Gerade durch die wellenmechanische Begründung dieser für den Aufbau der Spektren so hochbedeutsamen Regeln ist aber dem Werke eine gewisse, bisher noch fehlende Geschlossenheit gegeben worden. Dem gleichen Ziele diente die zusätzliche Behandlung der sichtbaren oder Elektronenbanden, wodurch das Kapitel „Bandenspektren" die noch erforderliche Abrundung erfahren hat.

Bei genauerem Studium wird man erkennen, daß alle Zahlenangaben auf den neuesten Stand gebracht und fast alle Abschnitte mit Zusätzen und Verbesserungen bedacht worden sind, so daß der Verfasser nunmehr hofft, allen Anregungen und Vorschlägen, die ihm nach dem Erscheinen der ersten Auflage in dankenswerter Weise zugekommen sind, gerecht geworden zu sein. Die Bezifferung der Formeln ist in jedem der drei Teile des Buches getrennt durchgeführt worden. Nur beim Verweise auf eine Formel eines anderen Teiles ist der Formelnummer zur Kennzeichnung dieses Teiles eine römische Ziffer (I, II oder III) vorangestellt worden.

Die Zahl der Abbildungen ist um ein Drittel — von 154 auf 201 — erhöht worden in dem Bestreben, den anschaulichen Charakter des Buches nicht nur zu wahren, sondern womöglich noch zu steigern. Die Abb. 3, 19a, 21, 26, 45, 48, 58, 60, 100, 105, 115, 117, 130, 131, 136, 137, 141, 145, 172, 173, 178, 182, 200 entstammen dem ausgezeichneten „Lehrbuch der Physik" von GRIMSEHL-TOMASCHEK (Leipzig: B. G. Teubner); sie wurden fast zur Gänze aus der ersten Auflage übernommen. Bei Bildern aus anderen Werken wurde jeweils die Quelle angegeben. Für die besonders lehrreiche Abb. 171 wurde dem Verfasser eine Originalaufnahme nach dem Kegel-Rückstrahlverfahren zur Verfügung gestellt; er ist dafür Herrn Prof. F. REGLER (Bergakademie Freiberg) zu herzlichem Dank verpflichtet.

Schließlich sei noch dem Verlage bestens gedankt, der den Wünschen des Verfassers in jeder Weise entgegengekommen ist.

Wien, im August 1943. **H. A. BAUER.**

Vorwort zur dritten Auflage.

Die wachsende Aufmerksamkeit, die heute atomphysikalischer
Fragen und bei deren Verfolgung den Grundlagen der Atomphysik entgegengebracht wird, hat im Verein mit kriegsbedingter
Umständen dazu geführt, daß die zweite Auflage dieses Buches
schon im Laufe eines halben Jahres vergriffen war. Die nun vorliegende dritte Auflage stellt einen unveränderten Neudruck der
zweiten dar; es wurden aber noch vorhandene Druckfehler aus-
gemerzt.

Wien, im November 1944.

H. A. BAUER.

Inhaltsverzeichnis.

Einleitung.

Die mit dem Bohrschen Atommodell verknüpfte, heute bereits klassisch gewordene *Quantentheorie* wird getragen von der Vorstellung der *Teilchenstruktur* der Atome und ihrer Bestandteile. Der Anwendbarkeit der für Massenpunkte gültigen mechanischen Gesetze erscheinen keine Grenzen gezogen, sie werden auch für atomare Teilchen als gültig angenommen. Man redet von Elektronenbahnen in derselben Weise, wie man von Bahnen der Geschosse und Planeten redet. Daneben besteht ohne jede Beziehung die Vorstellung von *Wellen*, die insbesondere für das Licht und alle Strahlungsvorgänge im Äther gilt. Der *Photo-* und der *Compton-Effekt* zeigen zwar deutlich, daß gelegentlich auch dem Licht die Struktur von Teilchen (*Lichtquanten* oder *Photonen*) zukommt, doch kann man diese Merkwürdigkeit vom Standpunkt der klassischen Quantentheorie nicht verstehen. Erst die neue *Quanten-* oder *Wellenmechanik* vermag uns Rechenschaft über diese *Doppelnatur* des Lichtes zu geben, ja sie fordert sie sogar für die *gesamte Materie*, die uns bald in der Gestalt von Teilchen, bald in der von Wellen entgegentritt. Sie gibt uns dabei zugleich eine Anweisung, wann wir die eine oder die andere Erscheinungsform zu erwarten haben. Gerade in den *atomaren* Ausdehnungen liegt die *Gültigkeitsgrenze* der *klassischen* Mechanik, die — ähnlich wie die Strahlenoptik im Bereiche der Wellenlängen des Lichtes durch die Wellenoptik — im Bereiche der Atome durch die Wellenmechanik ersetzt werden muß. Eine eindrucksvolle Bestätigung erfährt diese Auffassung durch die Elektronenbeugung an Kristallen, die den Wellencharakter der Elektronen außer Zweifel setzt und damit die schon früher beim Licht erkannte Doppelnatur auch für atomare Teilchen offenbart.

Unter diesem Gesichtspunkte betrachtet, soll die vorliegende Schrift in ihrem ersten Teil ein Bild von der *Teilchenstruktur* der Materie, in ihrem zweiten Teil ein Bild von ihrer *Wellenstruktur* entwerfen, während ihr dritter Teil die Vereinigung der beiden Vorstellungen „*Teilchen*" und „*Welle*" in der *Wellenmechanik* behandeln soll.

I. Die Teilchenstruktur der Materie.

A. Die Elementarteilchen.

(Zahlentafel 1, S. 5.)

1. Das (negative) Elektron[1] e^- oder β-Teilchen.

Dieses *negativ* geladene Elementarteilchen ist der Träger der *Kathodenstrahlung*, die bei der Untersuchung der Entladungserscheinungen in verdünnten Gasen von W. HITTORF 1869 entdeckt und zuerst von ihm und später von W. KAUFMANN, E. WIECHERT und vor allem von P. LENARD genauer erforscht wurde, wodurch ihr *Teilchen*charakter sichergestellt worden ist. Zur Kennzeichnung der besonderen Natur des Elektrons ist vor allem die Bestimmung seiner *Ladung* und *Masse* erforderlich.

a) Elektronenladung. Die Elektronenladung e — das *elektrische Elementarquantum*[2] — ist sehr genau nach der in Abb. 1 dargestellten *Schwebemethode* von R. A. MILLIKAN (1909) ermittelt worden. MILLIKAN hat Öl durch einen Zerstäuber fein zerteilt. Beim Austritt aus einer feinen Düse bei A erhalten die Öltröpfcher elektrische Ladungen. Sie treten sodann durch ein kleines Loch bei p in der oberen Platte eines waagrecht aufgestellten Kondensators MN zwischen dessen Platten. Die Beobachtung geschieht durch ein Fernrohr bei seitlicher Beleuchtung (Lichtbogen a). Durch Einschalten eines elektrischen Feldes kann man das Faller der Tröpfchen verhindern und sie in *Schwebe* halten. Dies trit ein, wenn die auf das betrachtete Tröpfchen wirkende Schwerkraf

---

[1] *Elektron* ($\check{\eta}\lambda\varepsilon\varkappa\tau\varrho o\nu$) bedeutet im griechischen Schrifttum (HOMER Odyssee, 4. und 15. Gesang; HERODOT; SOPHOKLES) einerseits eine in Kleinasien (Sardes) gediegen vorkommende Goldlegierung (80% Gold, 20% Silber), andererseits den goldgelb glänzenden, nordischen Bernstein.

Der Name „*Elektron*" wurde für die *Elementarladung*, ohne daß man da bei an die Existenz selbständiger elektrischer Teilchen dachte, von J. G STONEY (1881) eingeführt. Er hat als Bezeichnung des Elektrizitätsatom seit dem Erscheinen der Elektronentheorie von H. A. LORENTZ (1895) allge mein Verwendung gefunden.

[2] Der Begriff des „*elektrischen Elementarquantums*" zur Deutung vo FARADAYS Gesetzen der Elektrolyse stammt von H. v. HELMHOLTZ (1874

gleich der Kraft des elektrischen Feldes ist (Abb. 2):

$$M\,g = Q \cdot \frac{U}{d}\,;\ ^1 \tag{1}$$

dabei bedeutet g die Schwerebeschleunigung, d den Abstand der Kondensatorplatten und U die Spannung zwischen denselben, also

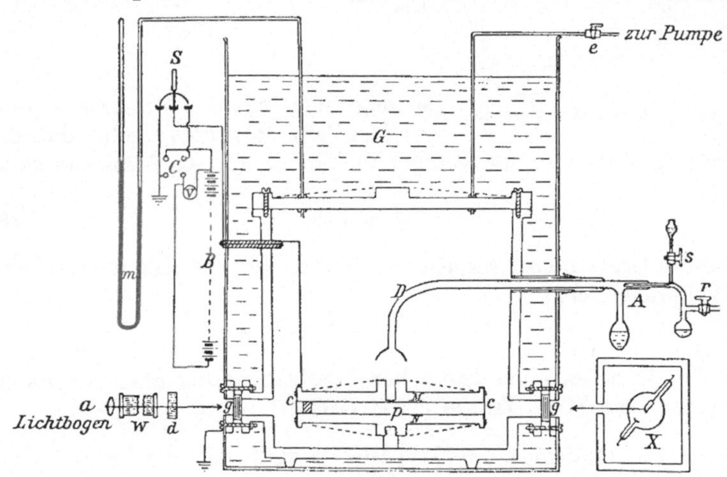

Abb. 1. Bestimmung des elektrischen Elementarquantums nach MILLIKAN.

A Zerstäuber; D Röhre zur Weiterleitung des Ölstrahles; M und N Luftkondensator mit kleinem Loch bei p zum Eintritt der Öltröpfchen; G Ölbad zur Konstanthaltung der Temperatur; m Vakummeter; B Batterie von 10 000 Volt; w und d Flüssigkeitsbehälter zur Zurückhaltung der Wärmestrahlen; X Röntgenröhre zur Umladung der Teilchen.

$\dfrac{U}{d}$ die Feldstärke im Kondensator. Ferner stellt M die Masse des Teilchens und Q seine Ladung dar. Die Masse M kann nach einer Formel von STOKES

$$M = 3{,}1 \cdot 10^{-9}\, v^{\frac{3}{2}}\ ^2 \tag{2}$$

---

[1] Hier wie in allen folgenden Formeln sind sämtliche vorkommenden Größen, wenn nicht ausdrücklich anders bemerkt, auf *absolute Einheiten* (cm, g, s) bezogen. Es ist also M in g, g in cm/s², d in cm, Q in e. st. E. $\left(1\ \mathrm{cm}^{\frac{3}{2}}\,\mathrm{g}^{\frac{1}{2}}\,\mathrm{s}^{-1} = \dfrac{1}{3 \cdot 10^9}\ \text{Coul.}\right)$, U in e. st. Pot.-E. $\left(1\ \mathrm{cm}^{\frac{1}{2}}\,\mathrm{g}^{\frac{1}{2}}\,\mathrm{s}^{-1} = 300\ \text{Volt}\right)$ zu messen.

[2] Für ein kugelförmiges Teilchen vom Radius r und der Dichte ϱ, das mit der konstanten Geschwindigkeit v in einer Flüssigkeit (einem Gase) mit der Dichte ϱ' und der inneren Reibungszahl η fällt, gilt das *Widerstandsgesetz von* STOKES: Gewicht — Auftrieb = Reibungskraft

$$\frac{4\,\pi}{3}\, r^3\, g\, (\varrho - \varrho') = 6\,\pi\,\eta\,r\,v, \tag{2a}$$

woraus der Teilchenradius

$$r = 3\sqrt{\frac{\eta\,v}{2\,g\,(\varrho - \varrho')}} \tag{2b}$$

aus der konstanten Geschwindigkeit v berechnet werden, welche·
die Teilchen — wie Regentropfen — beim Fallen erlangen. Man
macht also zuerst den Schwebeversuch, schaltet dann das Feld
ab und beobachtet die Fallgeschwindig-
keit. Ermittelt man darauf die Ladung
aus:

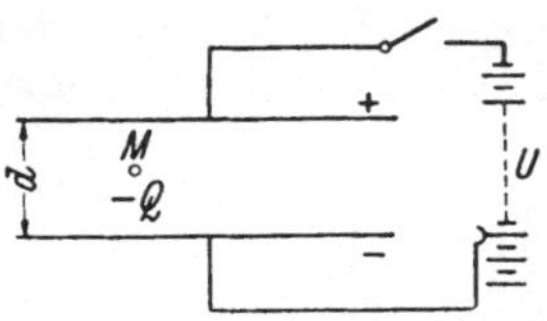

$$Q = \frac{M g d}{U}, \tag{1a}$$

Abb. 2. Schwebekondensator.

so zeigt sich, wie aus MILLIKANS zahlreichen Versuchen hervorgeht, daß die
Ladung stets ein *ganzzahliges* Vielfaches n eines *Elementarquantums e* ist:

$$Q = n\, e. \tag{3}$$

Für die Größe dieser *Elementarladung* errechnete MILLIKAN zuletzt
(1938) den Wert:

$$e = 4{,}796 \cdot 10^{-10} \text{ e. st. E.}$$

Im Rahmen einer kritischen Neuberechnung aller Atomkon-
stanten fand F. G. DUNNINGTON (1939):

$$e = (4{,}8025 \pm 0{,}0007) \cdot 10^{-10} \text{ e. st. E. } (\text{cm}^{\frac{3}{2}}\, \text{g}^{\frac{1}{2}}\, \text{s}^{-1}).$$

folgt. Für die Masse M des Teilchens ergibt sich somit die Beziehung:

$$M = \frac{4\pi}{3}\, r^3 \varrho = \frac{9\,\pi\sqrt{2}}{\sqrt{\varrho}}\left[\frac{\eta\, v}{g\left(1-\right)\dfrac{\varrho'}{\varrho}}\right]^{\frac{3}{2}}, \tag{2c}$$

die im Falle eines in Luft ($\varrho' = 0{,}0012$ g/cm³, $\eta = 1{,}83 \cdot 10^{-4}$ dyn s/cm²)
fallenden Öltröpfchens ($\varrho = 0{,}92$ g/cm³) die Formel (2) des Textes liefert,
wenn die Fallgeschwindigkeit v in cm/s gemessen wird ($g = 981$ cm/s²).

Zur Erzielung höherer Genauigkeit sind bei der obigen Rechnung in
Anbetracht der Kleinheit der Teilchen allerdings noch zwei Umstände,
worauf hier nicht näher eingegangen werden soll, zu berücksichtigen:

1. Der Einfluß der BROWNschen Molekularbewegung, der eine sichere
Einstellung des Schwebezustandes unmöglich macht. Man benützt daher
das elektrische Feld nicht zur Herbeiführung dieses Zustandes, sondern zur
Änderung der konstanten Fallgeschwindigkeit (v'):

$$\frac{4\pi}{3}\, r^3 g\, (\varrho - \varrho') - Q \cdot \frac{U}{d} = 6\,\pi\,\eta\, r\, v'. \tag{2d}$$

(Aus 2a) und 2d) folgt sodann durch Subtraktion und Berücksichtigung von
(2b) die Ladung Q.

2. Die Abhängigkeit der Reibungskraft vom Gasdruck, wenn der Durchmesser des Teilchens von der Größenordnung der mittleren freien Weglänge
wird, was zu einem druckabhängigen Korrektionsglied der STOKESschen
Formel führt.

Zahlentafel 1. Elementarteilchen und Photonen[1].

Name des Teilchens, Entdecker und Jahr der Entdeckung	Zeichen	Ruhmasse g	Atomgewicht ME[1]	Elektrische Ladung e. st. E. $(\mathrm{cm}^{\frac{3}{2}}\, \mathrm{g}^{\frac{1}{2}}\, \mathrm{s}^{-1})$
Elektron (β-Teilchen):[2] J. W. Hittorf. 1869	$\beta,\ e^-$	$m_e = (9{,}1073 \pm 0{,}0024) \cdot 10^{-28}$	$A_e = 0{,}000549$	$-e$ $e = (4{,}8025 \pm 0{,}0007) \cdot 10^{-10}$
Positron:[2] P. A. M. Dirac, 1928 C. D Anderson, 1932	e^+	m_e	A_e	$+e$
Proton (H$^+$-Teilchen): Marsden, 1914	$^1_1 p,\ ^1_1 \mathrm{H}$	$m_p = 1{,}6726 \cdot 10^{-24}$ $m_\mathrm{H} = 1{,}6735 \cdot 10^{-24}$	$A_p = 1{,}007582 \pm 0{,}0000032$ $A_\mathrm{H} = 1{,}008131 \pm 0{,}0000032$	$+e$
Neutron: J. Chadwick, 1932	$^1_0 n$	$m_n = 1{,}6748 \cdot 10^{-24}$	$A_n = 1{,}008945 \pm 0{,}000025$	0
Deuteron (Deuton): H. C. Urey, F. G. Brickwedde, G. M. Murphy, 1932	$^2_1 d,\ ^2_1 \mathrm{H},\ ^2_1 \mathrm{D}$	$m_d = 3{,}3435 \cdot 10^{-24}$ $m_\mathrm{D} = 3{,}3444 \cdot 10^{-24}$	$A_d = 2{,}014176 \pm 0{,}0000064$ $A_\mathrm{D} = 2{,}014725 \pm 0{,}0000064$	$+e$
α-Teilchen (Heliumkern): H. Becquerel, 1896	$^4_2 \alpha,\ ^4_2 \mathrm{He}$	$m_\alpha = 6{,}6447 \cdot 10^{-24}$ $m_\mathrm{He} = 6{,}6465 \cdot 10^{-24}$	$A_\alpha = 4{,}002762 \pm 0{,}000031$ $A_\mathrm{He} = 4{,}003860 \pm 0{,}000031$	$+2e$
Photon (Lichtquant, γ-Quant): M. Planck, 1900 P. Lenard, 1902 A. Einstein, 1905	γ	Masse $m_\nu = \dfrac{h\nu}{c^2} = 7{,}36 \cdot 10^{-48}\nu$ $h = (6{,}6133 \pm 0{,}0034) \cdot 10^{-27}$ erg. $\cdot$ s $c = (2{,}99774 \pm 0{,}00001) \cdot 10^{10}$ cm $\cdot$ s^{-1}	$A = \dfrac{16\, m_\nu}{m_O} = \dfrac{16\, h\nu}{m_O\, c^2} =$ $= 4{,}42 \cdot 10^{-24}\,\nu,$ ν in Hertz (s^{-1})	0

[1] *Atomgewichte* nach J. Mattauch, Kernphysikalische Tabellen. Berlin, Springer-Verlag, 1942. *Massenwerte,* aus den Atomgewichten errechnet mit Hilfe der Beziehung: 1 ME $= m_s/16 = 1{,}660 \cdot 10^{-24}$ g. e, m_e und h nach F. G. Dunnington, Physic. Rev. 55 (1939) 683.

[2] Über das ,,*schwere*'' Elektron (*Mesotron*) *positiver* und *negativer Elementarladung* siehe S. 48 ff.

b) Elektronenmasse[1]. Die *Masse m* des Elektrons wird aus der *spezifischen Ladung* $\dfrac{e}{m}$ gewonnen, die sich durch *elektrische* und *magnetische Ablenkung* von Kathoden- (Elektronen-) Strahlen ermitteln läßt (Kathodenstrahlrohr, Abb. 3).

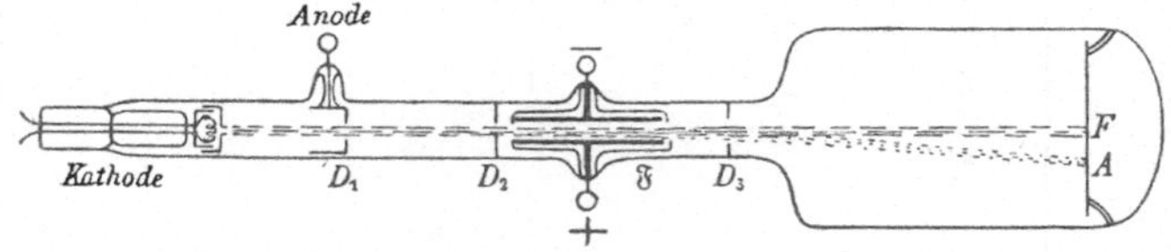

Abb. 3. Kathodenstrahlrohr (BRAUNsche Röhre).

α) Beschleunigung im elektrischen Längsfeld (Abb. 4). Durch die Spannung U_l zwischen der Kathode K und der durchbrochenen Anode A wird jedes aus der Kathode austretende Elektron mit der Masse m und der Ladung $-e$ beschleunigt bis zu

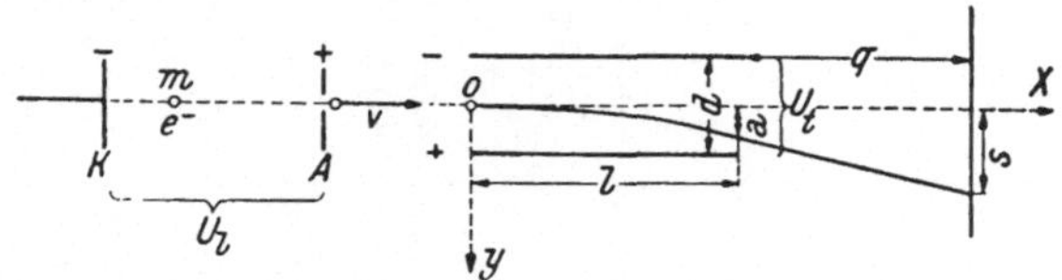

Abb. 4. Elektron im elektrischen Längs- und Querfeld.

einer Geschwindigkeit v, die sich aus der Energiegleichung:

kinetische Energie = elektrische Energie

$$\frac{m}{2}\, v^2 = e\, U_l \tag{4}$$

berechnen läßt. Allerdings ist der Wert $\dfrac{m}{2}\, v^2$ nur für *langsame* Elektronen ($v \ll c$) richtig; bei sehr *rasch* bewegten ändert sich die Masse (s. S. 9 f.) nach der Formel:

$$m = \frac{m_e}{\sqrt{1 - \dfrac{v^2}{c^2}}} \tag{5}$$

---

[1] Die Erforschung der *Höhenstrahlung* hat das Vorhandensein „*schwerer*" Elektronen (*Mesotronen*) mit positiver und negativer *Elementarladung*, jedoch mit der etwa *200-fachen Masse* eines *gewöhnlichen* Elektrons wahrscheinlich gemacht. Näheres hierüber S. 48 ff.

[2] Wenn auf eine mit der Geschwindigkeit $\vec{v} = \dfrac{d\vec{s}}{dt}$ und der mechanischen Energie mc^2 bewegte Masse m eine Kraft

$$\vec{P} = \frac{d(m\vec{v})}{dt}$$

einwirkt, deren in die Bewegungsrichtung fallende Komponente

$$P_s = \frac{d(mv)}{dt} = m\frac{dv}{dt} + v\frac{dm}{dt}$$

(c = Vakuum-Lichtgeschwindigkeit, m_e = Ruhmasse), und die kinetische Energie wird gleich $m\,c^2 - m_e c^2$ (gesamte mechanische Energie — Ruhenergie), so daß dann die *strenge* Formel gilt:

$$e\,U_l = (m - m_e)\,c^2. \quad [1] \tag{6}$$

Wir bleiben zunächst bei der angenäherten Gl. (4), aus der

$$\frac{\text{Geschwindigkeitsquadrat}}{\text{spezifische Ladung}} = \frac{v^2}{\dfrac{e}{m}} = 2\,U_l \tag{4a}$$

folgt.

β) **Ablenkung im elektrischen Querfeld (Abb. 4).** Mit der Geschwindigkeit v fliegt das Teilchen in das Querfeld eines Kondensators mit der Transversalspannung U_t. In diesem Querfeld beschreibt es eine Parabel wie ein waagrecht geworfener Stein im Schwerefeld der Erde. Es erreicht dabei [s. das Koordinatensystem (x, y) in der Abb. 4] den Punkt (l, a), wobei l die Länge des Kondensators, a die Strecke bedeutet, um welche das Teilchen abgelenkt worden ist. Dann fliegt es in der Richtung der Tangente weiter, bis es auf den Schirm S trifft, auf dem die Ablenkung s beobachtet wird. Die ganze Anordnung befindet sich in einer Vakuumröhre (Abb. 3). Das *elektrische Querfeld* liefert eine zweite Gleichung, die sich, wie folgt, gewinnen läßt.

In der x-Richtung beschreibt das Teilchen eine gleichförmige,

---

ist, so muß dem *Energiesatze* zufolge die von der Kraft geleistete Arbeit $P_s\,ds$ der erzeugten Energieänderung $d\,(m\,c^2)$ gleich sein:

$$P_s\,ds = m\,\frac{d\,s}{d\,t}\,dv + v\,\frac{d\,s}{d\,t}\,dm = mv\,dv + v^2\,dm\,,$$

$$d\,(mc^2) = c^2\,dm,$$

woraus

$$(c^2 - v^2)\,dm = mv\,dv$$

oder

$$\frac{dm}{m} = \frac{v\,dv}{c^2 - v^2}$$

und durch Integration mit der Bedingung, daß für $v = 0$ $m = m_e$ wird,

$$\ln m - \ln m_e = -\frac{1}{2}\ln(c^2 - v^2) + \ln c = -\frac{1}{2}\ln\left(1 - \frac{v^2}{c^2}\right)$$

in Übereinstimmung mit Gl. (5) folgt.

[1] Gl. (4) erscheint als erste Näherung von Gl. (6), wenn wir $(m - m_e)\,c^2$ im Hinblick auf Gl. (5) in eine Potenzreihe entwickeln:

$$(m - m_e)\,c^2 = m_e c^2\left[\left(1 - \frac{v^2}{c^2}\right)^{-\frac{1}{2}} - 1\right] =$$

$$= m_e c^2\left(1 + \frac{1}{2}\cdot\frac{v^2}{c^2} + \frac{3}{8}\cdot\frac{v^4}{c^4} + \ldots - 1\right) \approx \frac{m_e}{2}v^2.$$

in der y-Richtung eine gleichförmig beschleunigte Bewegung:

$$x = v\,t, \quad y = \frac{b}{2} \cdot t^2 = \frac{e\,U_t}{2\,m\,d} \cdot t^2;$$

dabei ist nach der Formel: Beschleunigung $= \dfrac{\text{Kraft}}{\text{Masse}}$

$$b = \frac{e\,U_t}{m\,d} \tag{7}$$

gesetzt worden. Es bedeutet e wie früher die Elektronenladung und d den Abstand der Platten des Kondensators. Die *Bahngleichung* lautet dann:

$$y = \frac{e\,U_t}{2\,m\,d\,v^2} \cdot x^2; \tag{8}$$

sie ist die einer Parabel:

$$y = \frac{x^2}{2\,p}, \quad p = \frac{m\,d\,v^2}{e\,U_t} \text{ (Halbparameter)}.$$

Als Gleichung der Tangente im Punkte (l, a) finden wir:

$$x\,l = p\,(y + a), \quad a = \frac{l^2}{2\,p}.$$

Am Schirm im Abstande q vom Kondensator ist $x = l + q$, also gilt:

$$(l + q) \cdot l = p\,(s + a),$$

woraus für die auf dem Schirm eintretende Ablenkung s des Strahles schließlich

$$s = \frac{l\,(l + 2\,q)}{2\,m\,d\,v^2} \cdot e\,U_t \tag{9}$$

folgt. Man erhält so die zweite Gleichung:

$$\frac{v^2}{\frac{e}{m}} = \frac{l\,(l + 2\,q)}{2\,d\,s} \cdot U_t, \tag{10}$$

die mathematisch zwar nichts Neues bietet, aber eine genauere Auswertung als Gl. (4a) gestattet, da sie für *beliebig schnelle* Elektronen gültig ist.

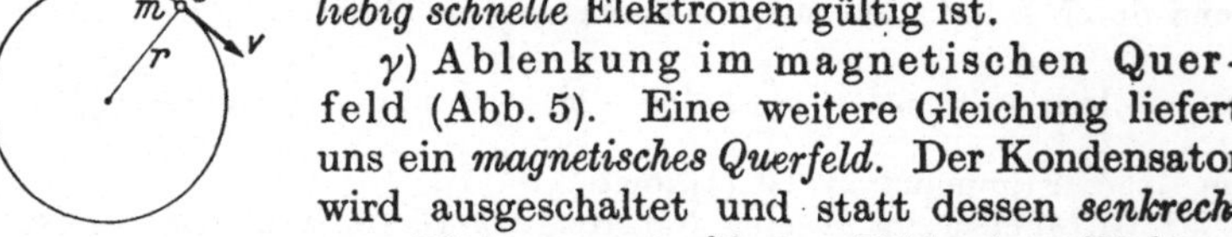

Abb. 5. Elektron im magnetischen Querfeld.

γ) Ablenkung im magnetischen Querfeld (Abb. 5). Eine weitere Gleichung liefert uns ein *magnetisches Querfeld*. Der Kondensator wird ausgeschaltet und statt dessen *senkrecht* zum Elektronenstrahl das Feld eines Elektromagneten mit bekannter Feldstärke H, gemessen in Γ (Gauß)[1], eingeschaltet, das den Strahl zu einer Kreis-

---

[1] $1\,\Gamma = 1\,\dfrac{\text{e. st. Pot.-E.}}{\text{cm}} = 1\,\text{cm}^{-\frac{1}{2}}\,g^{\frac{1}{2}}\,s^{-1} = 300\,\dfrac{\text{Volt}}{\text{cm}} = \dfrac{10}{4\pi}\,\dfrac{\text{Aw}}{\text{cm}}.$

bahn mit dem Halbmesser r krümmt, wobei die Zentrifugalkraft der magnetischen Kraft auf das Teilchen gleich sein muß:

$$\frac{m\,v^2}{r} = \frac{e}{c}\,v\,H\,, \quad c = 3 \cdot 10^{10}\ \text{cm}\ \text{s}^{-1}. \tag{11}$$

Wir erhalten so nach Kürzung durch v die gesuchte Gleichung:

$$\frac{v}{\frac{e}{m}} = \frac{r}{c}\cdot H\,.^{1} \tag{11a}$$

Aus den beiden Gl. (10) und (11a) sind v und $\frac{e}{m}$ zu bestimmen:

$$v = \frac{c\,l\,(l + 2\,q)}{2\,d\,s\,r}\cdot \frac{U_t}{H}\,, \tag{12}$$

$$\frac{e}{m} = \frac{c^2\,l\,(l + 2\,q)}{2\,d\,s\,r^2}\cdot \frac{U_t}{H^2}\,. \tag{13}$$

Begonnen wurden die *Ablenkungsversuche* 1897 von KAUFMANN und WIECHERT. Neuere Messungen stammen von KIRCHNER (1939) und DUNNINGTON (1939). Die *spezifische Ladung* $\frac{e}{m}$,

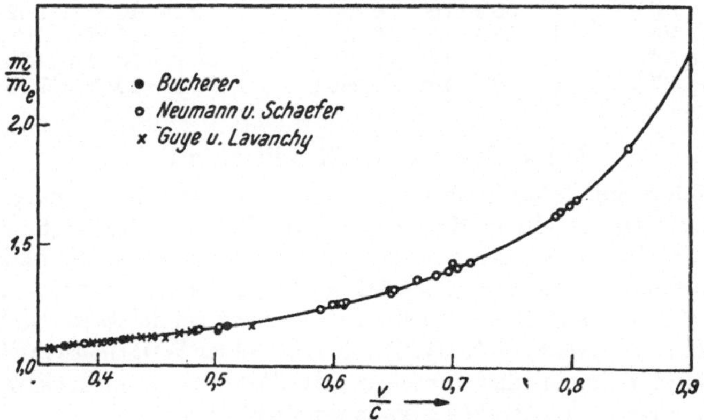

Abb. 6. Zunahme der Elektronenmasse mit der Geschwindigkeit.

als deren bester Wert für *langsame* Elektronen gegenwärtig

$$\frac{e}{m} = (5{,}2730 \pm 0{,}0012)\cdot 10^{17}\,\text{e. st. E./g} = (1{,}7590 \pm 0{,}0004)\cdot 10^{8}$$

Coul./g anzusehen ist, ändert sich bei diesen Versuchen mit der

---

[1] In anderer Form:

$$\frac{m\,v\,c}{e} = r\,H\,. \tag{11b}$$

$\dfrac{m\,v\,c}{e}$ wird als „*magnetische Steifigkeit*" des bewegten Teilchens bezeichnet und in $\Gamma\cdot$ cm bzw. Volt gemessen.

Geschwindigkeit v, also muß dies auch für die Masse m selbst gelten. Es läßt sich so die angegebene *Massenformel* experimentell bestätigen:

$$m = \frac{m_e}{\sqrt{1 - \dfrac{v^2}{c^2}}}. \tag{5}$$

Je näher v der Lichtgeschwindigkeit c kommt, desto größer wird die Masse. Bis 99% von c reichen die Beobachtungen und bestätigen Gl. (5), wie aus der folgenden Zahlentafel 2 und der Abb. 6 zu entnehmen ist.

Zahlentafel 2.

Durchlaufene Spannung U Volt	Geschwindigkeit v km/s	Masse m g
0,01	$59{,}3 \quad = 0{,}0002\,c$	$9{,}11 \cdot 10^{-28} = m_e$
10^2	$59{,}3 \cdot 10^2 = 0{,}0198\,c$	$9{,}11 \cdot 10^{-28} = m_e$
10^3	$18{,}7 \cdot 10^3 = 0{,}0623\,c$	$9{,}12 \cdot 10^{-28} = 1{,}002\,m_e$
10^4	$58{,}4 \cdot 10^3 = 0{,}195\,c$	$9{,}29 \cdot 10^{-28} = 1{,}02\,m_e$
10^5	$16{,}4 \cdot 10^4 = 0{,}547\,c$	$10{,}9 \ \cdot 10^{-28} = 1{,}19\,m_e$
10^6	$28{,}2 \cdot 10^4 = 0{,}941\,c$	$26{,}9 \ \cdot 10^{-28} = 2{,}95\,m_e$
$3{,}1 \cdot 10^6$	$29{,}7 \cdot 10^4 = 0{,}990\,c$	$64{,}2 \ \cdot 10^{-28} = 7{,}05\,m_e$

2. Das Positron (positive Elektron) e^+.

Schon im Jahre 1928 ist aus theoretischen Erwägungen von P. A. M. DIRAC, einem Mitbegründer der heutigen Quantenmechanik, die Existenz eines *positiven* Teilchens, das sonst die gleichen Eigenschaften wie das Elektron besitzt, gefordert worden. Aber erst 1932 ist es C. D. ANDERSON in *Pasadena* bei der Untersuchung der *Höhenstrahlung* (s. S. 34 ff.) mit Hilfe einer WILSONschen *Nebelkammer* gelungen, das vorausgesagte *Positron* zu entdecken und seine Spur im Lichtbild festzuhalten (Abb. 10).

Die Einrichtung einer vom Verfasser angegebenen[1], mit einfachen Mitteln herstellbaren *Nebelkammer* zeigen die Abb. 7 und 8. Ein zum Teil mit Wasser oder besser 50%igem *Wasser-Äthylalkohol-Gemisch* gefüllter, oben durch eine Spiegelglasplatte S mit Drahtnetz D abgeschlossener Glasbehälter B, der behelfsweise auch aus einer WOULFEschen Flasche mit zwei oder besser drei Hälsen hergestellt werden kann, enthält in seinem oberen Teil die Nebelkammer K, in der sich an einem Träger der radioaktive Körper Po

---

[1] BAUER, H.: Eine einfache WILSONsche Nebelkammer. Physik. Z. **37**, 627 (1936); Z. math. naturwiss. Unterr. **67**, 293 (1936), mit einer Aufnahme der Po-α-Strahlung vom Verfasser.

(z. B. Polonium oder Radiumsulfat) oder (auch in anderer Befesti-
gung) die zu untersuchende Strahlungsquelle befindet. Unten
wird die Nebelkammer durch einen mit leitender, geschwärzter
Oberfläche versehenen Schwimmer *Sch* gegen die Flüssigkeit ab-
gegrenzt. Im Inneren derselben ist eine mit Korkstückchen be-
festigte Glasglocke (Taucherglocke) *G* angebracht, die anfänglich

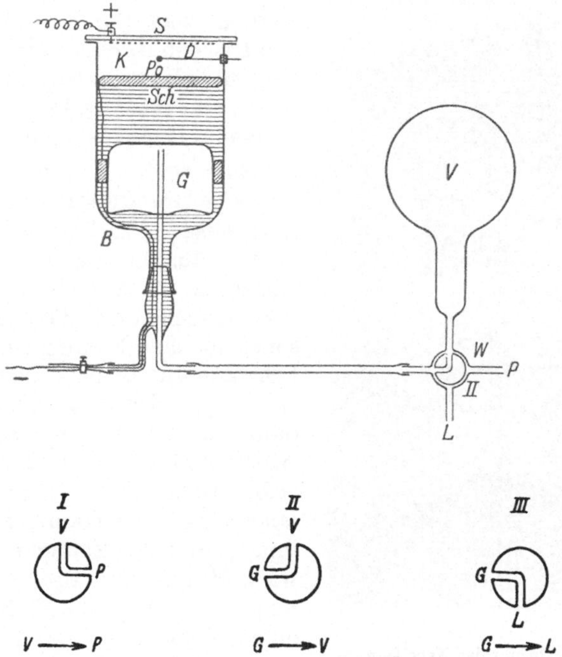

Abb. 7. Einfache Nebelkammer (schematisch) und aufeinanderfolgende Stellungen des Winkelhahnes *W*.

mit Luft gefüllt ist und durch Verbindung mit einem früher luft-
leer gemachten Vakuumgefäß *V* entlüftet werden kann. Die Abbildung zeigt den Augenblick, in dem durch Drehen des Winkelhahnes *W* in die Stellung II dieser Vorgang eingeleitet wird. Das
damit verbundene Eindringen von Flüssigkeit in die Glocke *G* hat
ein jähes Sinken des Schwimmers *Sch* und damit eine *adiabatische
Ausdehnung* der Luft in der Kammer *K* zur Folge. Die eintretende
Abkühlung bewirkt Kondensation des in der Kammer enthaltenen
gesättigten Flüssigkeitsdampfes an *Kernen*, die in der Gestalt von
Gasionen durch *Stoßionisation* entlang der Bahn des geladenen
Teilchens immer neu gebildet werden. Bei entsprechender seitlicher

Beleuchtung der Kammer K durch eine kräftige Lichtquelle können über dem dunklen Grund des Schwimmers die hellen *Nebelspuren*, die die durch die Kammer fliegenden, geladenen Teilchen (α-Teilchen, Elektronen usw.) hervorbringen, beobachtet und auch photographiert werden. Um stets nur die augenblicklich entstehenden Bahnspuren verfolgen zu können, müssen die bereits früher gebildeten Gasionen beseitigt werden, was durch Anlegen einer elektrischen *Gleichspannung*, etwa der üblichen Netzspannung von 220 Volt, an Drahtnetz D und Schwimmer *Sch* erreicht wird.

Eine weitere Ausgestaltung der gleichen Grundform stellt die sog. „*langsame*" *Nebelkammer* dar, die in der Ausführung von H. MAIER-LEIBNITZ in Abb. 9 schematisch wiedergegeben ist. Während bei den sonst üblichen Formen der empfindliche Zustand der Übersättigung nur $^1/_{100}$—$^1/_{10}$ Sekunde andauert und daher zur Untersuchung seltener Atomvorgänge viele Expansionen erforderlich sind, können in der *langsamen* Nebelkammer Teilchen innerhalb einer Zeitspanne von etwa 2 *Minuten* zur Beobachtung gelangen (s. Abb. 38, S. 50). Nach einem Vorschlage von I. A. BEARDEN und O. A. FRISCH wird dieser Erfolg dadurch erreicht, daß der

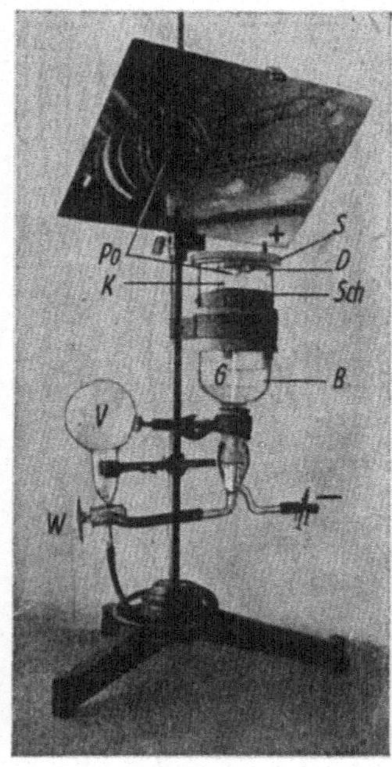

Abb. 8. Lichtbild der Nebelkammer mit Betrachtungsspiegel.

eigentlichen Expansion noch eine langsame *Nachexpansion* angefügt wird. Zu diesem Zwecke wird der Saugstutzen S der Abb. 9 nicht, wie oben beschrieben, mit *einem* Vakuumgefäß, sondern mit *zwei* durch einen *engen Hahn* verbundenen, in geeignetem Ausmaße entlüfteten Flaschen in Verbindung gesetzt. Bei der Öffnung der ersten Flasche, der die *Hauptexpansion* folgt, tritt wie sonst Nebelbildung ein, deren Dauer sodann durch Öffnung des Verbindungshahnes zur zweiten Flasche (*Nachexpansion*) wesentlich *verlängert* wird. Die Nachexpansion *verhindert* nämlich die *Erwärmung* des bei der Hauptexpansion abgekühlten Kammergases, wodurch der Zustand der Übersättigung noch längere Zeit anhält. Als Kammerflüssigkeit wird ein Gemisch von 2 Teilen Alkohol und 1 Teil Wasser verwendet.

Um Art der *elektrischen Ladung* und *Geschwindigkeit* eines die Nebelkammer durchlaufenden Teilchens prüfen zu können, bringt man diese in ein *magnetisches Feld*, dessen Stärke um so größer

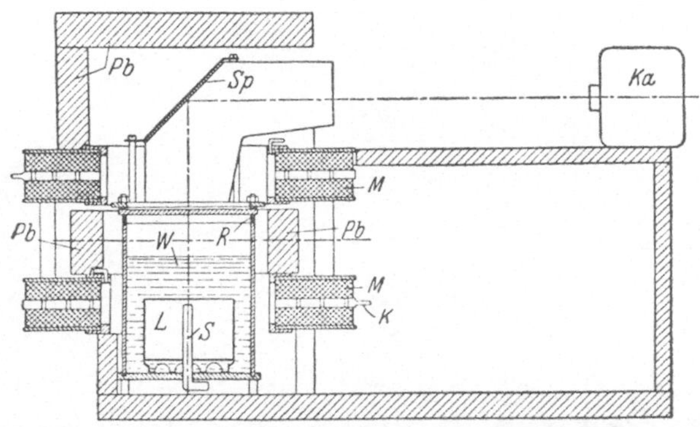

Abb. 9. „Langsame" Nebelkammer von H. Maier-Leibnitz.

W Füllflüssigkeit, *L* Luftbehälter, *S* Saugstutzen, der die Verbindung mit zwei durch einen engen Hahn verbundenen Vakuumgefäßen herstellt, *R* Ring für das elektrische Feld, *M* Magnetspulen, *K* Wasserkühlung der Spulen, *Pb* Bleipanzer, *Sp* Spiegel, *Ka* Filmkamera.

gewählt werden muß, je massiger und geschwinder die zu untersuchende Strahlung ist, wenn man noch eine merkliche Krümmung der Bahnen erzielen will. Dies geht unmittelbar aus der Gl. (11a) hervor, aus der sich für die *Krümmung*

$$\frac{1}{r} = \frac{e\,H}{c\,m\,v} \tag{11c}$$

ergibt. Um die Bahnen der hochgeschwinden, durch die *Höhenstrahlung* (s. S. 34ff.) ausgelösten Teilchen zu krümmen, mußte Anderson Magnetfelder von 17000 Γ verwenden. Es ist ihm dabei zum ersten Male geglückt, für eine Bahnspur den Nachweis zu erbringen, daß sie von einem *positiv* geladenen Elektron herrührt. Dies gelang durch die Feststellung der Flugrichtung des Teilchens mit Hilfe einer die Nebelkammer abteilenden, 6 mm dicken *Bleiplatte*, die das Teilchen zu durchdringen hatte. Der mit dem Durchtritt verbundene Geschwindigkeitsverlust äußert sich in einer Vergrößerung der Bahnkrümmung nach dem Verlassen der Bleiplatte (Abb. 10). Die Flugrichtung im Verein mit der bekannten Richtung des Magnetfeldes gestattet so die *positive* Ladung des Teilchens einwandfrei nachzuweisen, dessen Spur im

übrigen ganz den Charakter der Bahnen negativer Elektronen
besitzt.

Zu einer genauen *Massen*bestimmung des Teilchens ist neben
einer Impuls-(*mv*-)Messung aus der Bahnkrümmung auf Grund
der Gl. (11 b) bzw. (11 c) noch eine Geschwindigkeitsmessung aus

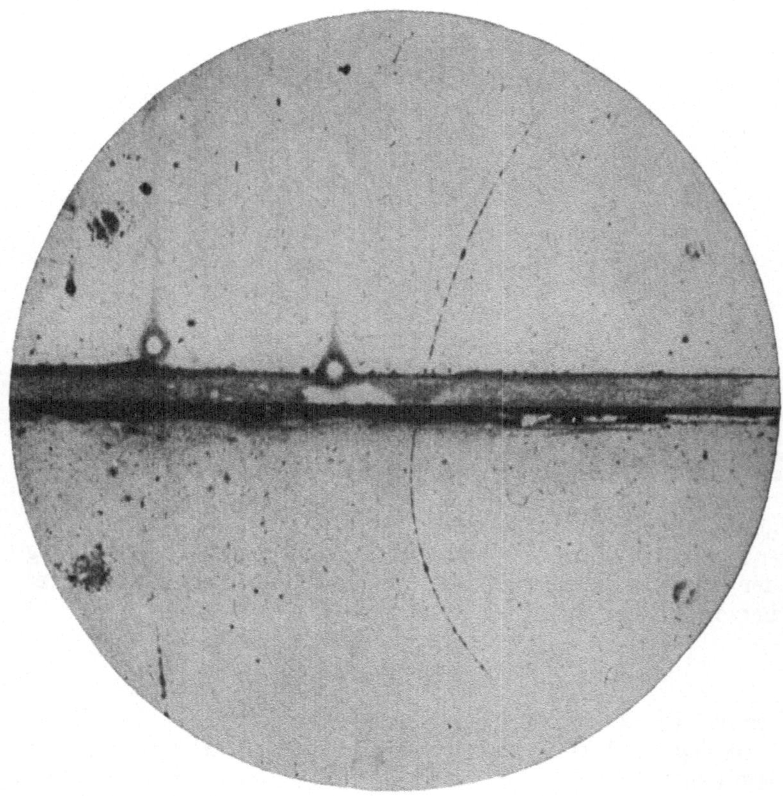

Abb. 10. Nebelkammeraufnahme eines Positrons im Magnetfeld (nach C. D. ANDERSON)
Ein 63 MeV-Positron (schwach gekrümmte Bahn) durchsetzt eine 6 mm dicke Bleiplatt.
und verläßt sie als 23 MeV-Positron (stärker gekrümmte Bahn). Die Bahnlänge des letztere
ist mindestens 10 mal größer als die mögliche Länge der Bahn eines Protons, dessen Energi.
der vorhandenen Krümmung entspricht.

dem Energieverlust durch Ionisation (Tröpfchendichte entlang
der Nebelspur) oder aus der Reichweite der Spur erforderlich. Es
ergab sich so eine Masse von der Größe derjenigen eines Elektrons
J. THIBAUD gelang es ferner durch magnetische und elektrische
Ablenkung von durch γ-Strahlen erzeugten Positronen die *spezi-*

fische Ladung (e/m) derselben in Übereinstimmung mit dem für Elektronen gefundenen Wert (S. 9) nachzuweisen.

Entgegengesetzt gekrümmte, sonst völlig gleichartige Bahnspuren *positiver* und *negativer* Elektronen zeigen besonders deutlich

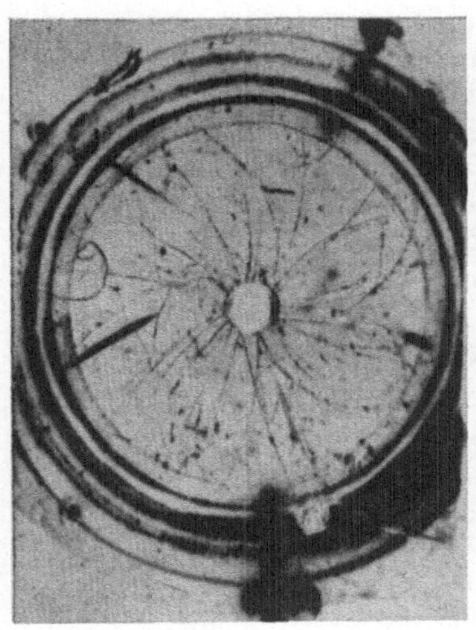

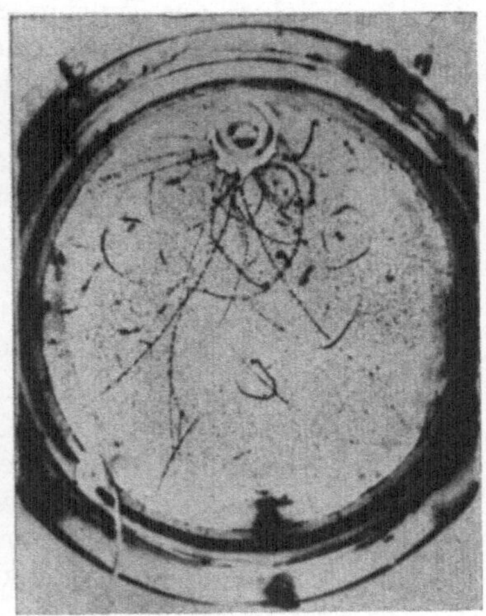

Abb. 11.   Abb. 12.

Nebelkammeraufnahmen von Elektronen und Positronen im Magnetfeld (R. TRATTNER).

die Abb. 11 und 12, die R. TRATTNER im Institut von G. KIRSCH (Wien) unter Anwendung eines Magnetfeldes von etwa 350 Γ aufgenommen hat. In den Deckel einer Nebelkammer wurde ein Messingtopf dicht eingelassen (Abb. 13), der neben dem Alpha-

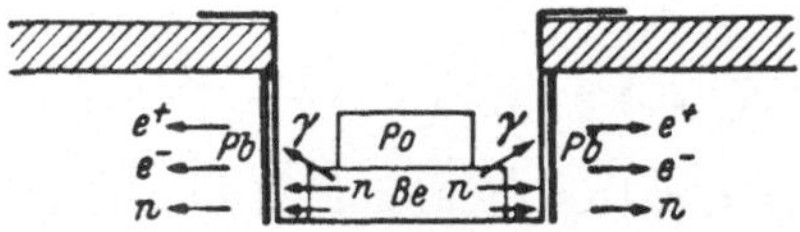

Abb. 13. Messingtopf mit *Po* und *Be zur Erzeugung harter* γ-Strahlen, die aus dem Bleimantel *Pb* Elektronen und Positronen auslösen. Neben der γ-Strahlung gehen von *Be* auch Neutronen aus.

strahler *Polonium* (Po) auch *Beryllium* (Be) enthielt; durch die Alphastrahlen des Po wird aus dem Be eine sehr harte *Gammastrahlung* (daneben auch *Neutronen*) ausgelöst. Die Gammastrahlung durchdringt die Wand des Messingtopfes und trifft auf einen herumgelegten dünnen Bleimantel Pb, aus dem eine große Zahl von Elektronen und Positronen austreten. (In Abb. 11 befindet sich

der Messingtopf in der Mitte, in Abb. 12 am Rande der Nebel-
kammer.) Demgemäß ist auf den Aufnahmen eine Fülle von Bah-
nen zu sehen. Ihre Krümmung ist infolge der sehr verschiedenen
Geschwindigkeit der Teilchen natürlich verschieden; kommt ein
Teilchen aus einem tieferliegenden Bleiatom, so hat es geringere
Geschwindigkeit. Man bemerkt öfter entgegengesetzt gekrümmte
Bahnen, die augenscheinlich von *einem* Punkt ausgehen und ein
Elektronenpaar oder einen sog. „*Elektronenzwilling*" (s. S. 32) darstellen. Das Positron scheint nur solange zu existieren, als es sich
frei bewegt. Beim Auftreffen auf Materie vereinigt es sich gleich
mit einem Elektron und verschwindet.

3. Das Proton (Wasserstoffkern) $\frac{1}{1}p \equiv \frac{1}{1}H \equiv H^+$. [1]

Wir haben in ihm das *leichteste „stoffliche"* Teilchen vor uns,
den *leichtesten Atomkern*, den Kern des Wasserstoffatoms. Er besitzt die elektrische Ladung eines positiven Elementarquantums e^+
und die abgerundete Masse 1 (wenn, wie üblich, als *Masseneinheit*
der 16. Teil der Masse des Sauerstoffatoms gewählt wird), die etwa
1840 Elektronenmassen gleichkommt.

Die Feststellung dieser Eigenschaften kann wie bei den Elektronen durch Ablenkungsversuche mit Hilfe elektrischer und
magnetischer Felder erfolgen (s. hierzu den späteren Abschnitt
über Kanalstrahlenanalyse, S. 58ff.). Man findet so die *spezifische
Ladung* des Protons

$$\frac{e}{m_p} = 95\,782 \ \text{Coul./g},$$

woraus sich mit Rücksicht auf den Betrag des Elementarquantums e
und der Elektronenmasse m_e (Zahlentafel 1) für die *Masse m_p* des
Protons der Wert

$$m_p = 1{,}6726 \cdot 10^{-24} \ \text{g} = 1836{,}5 \ m_e$$

ergibt.

Während die Elektronenbahnen in der Nebelkammer perlen-
schnurartig erscheinen, sind die Protonenbahnen kräftiger, gleich-
mäßig, aber im Vergleich mit den Spuren der Alphateilchen verhältnismäßig dünn (vgl. die Abb. 16 und 68b). Man kann Pro-
tonenstrahlen dadurch erzeugen, daß man einen Alphastrahler mit
einer *wasserstoff*haltigen Substanz (z. B. Paraffin) umgibt, aus der
die α-Teilchen Wasserstoffkerne herausschlagen (MARSDEN 1914).
Dadurch entsteht eine H^+-Strahlung, die weiter reicht als die
Alphastrahlung (Abb. 16).

---

[1] Der *obere* Zeiger (*Massenzahl*) bedeutet im folgenden stets die Anzahl
der *Masseneinheiten* (ME), der *untere* Zeiger (*Kernladungszahl*) die Anzahl
der *Ladungseinheiten* (Elementarquanten).

4. Das Neutron (Element mit der Kernladung 0) $_0^1$n.

Auf Nebelkammeraufnahmen, welche bei der oben (s. S. 15) besprochenen Anordnung die Bahnen von Elektronen und Positronen erkennen lassen, die durch die Gammastrahlung des mit Alphateilchen beschossenen Berylliums aus Blei erzeugt worden sind, beobachtet man bisweilen die merkwürdige Erscheinung, daß plötzlich irgendwo von einem Punkt *unter stumpfem Winkel zwei Spuren* ausgehen, wovon die eine meist etwas länger ist als die andere (Abb. 66). Die Erklärung hierfür fand J. CHADWICK (Cambridge, 1932). Die Alphateilchen lösen aus Beryllium nicht bloß Gammastrahlen, sondern auch *sehr durchdringungsfähige* Teilchen aus, die *keine Ladung* tragen und daher in der Nebelkammer nicht sichtbar werden können, die *Neutronen*. Sie sind jedoch imstande, *andere* Teilchen in Bewegung zu setzen und dabei zu *ionisieren*, so daß deren Bahnen dann in der Nebelkammer sichtbar werden. Energetische Überlegungen weisen darauf hin, daß es sich um *ungeladene Teilchen mit Wasserstoffmasse* handelt.

Zur Bestimmung der *Masse* dieser neuen Teilchen maß CHADWICK in einer einmal mit *Wasserstoff*, einmal mit *Stickstoff* gefüllten Nebelkammer die kinetische Energie (und damit die Geschwindigkeit) der schnellsten H- bzw. N-Teilchen, die durch Neutronen derselben Quelle in Bewegung gesetzt worden waren. Unter der naheliegenden Annahme eines zentralen elastischen Stoßes liefert der *Impulssatz*[1], wenn wir die bezüglichen Massen mit m_H, m_N und m_n und die zugehörigen Geschwindigkeiten vor dem Stoße mit c_H, c_N ($c_H = c_N = 0$) und c_n, diejenigen nach dem Stoße mit v_H, v_N und v_n bzw. v_n' bezeichnen, die beiden Gleichungspaare:

für den Stoß $n \rightarrow H$:

$$(m_H + m_n)\, v_H = 2\, m_n\, c_n, \quad (m_H + m_n)\, v_n = (m_n - m_H)\, c_n; \quad (14)$$

für den Stoß $n \rightarrow N$:

$$(m_N + m_n)\, v_N = 2\, m_n\, c_n, \quad (m_N + m_n)\, v_n' = (m_n - m_N)\, c_n. \quad (15)$$

Die ersten Gleichungen der beiden Paare ergeben für die gesuchte Neutronenmasse m_n und die Anfangsgeschwindigkeit c_n die Beziehungen:

$$m_n = \frac{m_N\, v_N - m_H\, v_H}{v_H - v_N}, \qquad (14a)$$

$$c_n = \frac{(m_N - m_H)\, v_H\, v_N}{2\,(m_N\, v_N - m_H\, v_H)}. \qquad (15a)$$

---

[1] Der Impulssatz drückt die *Erhaltung* des Impulses beim Stoßvorgang aus. Unter *Impuls* oder *Bewegungsgröße* versteht man das Produkt $m \cdot v$ aus Masse m und Geschwindigkeit v des Teilchens.

Aus Gl. (14a) konnte CHADWICK für m_n auf eine Masse von der Größe der *Protonenmasse* schließen. Auf die Tatsache, daß Neutronen auch *Kernumwandlungen* bewirken können, sei schon hier hingewiesen (s. S. 94ff. und Abb. 66). Mit ihrer Hilfe ergibt sich auch eine genauere Bestimmung der *Neutronenmasse*:

$$m_n = (1,008\,945 \pm 0,000025)\,\mathrm{M\,E}$$

(Zahlentafel 1, S. 5).

Elektron, *Positron*, *Proton* und *Neutron* stellen die *echten Urteilchen* dar.

5. Das Deuteron (Deuton, Deuteriumkern) $^2_1 d \equiv {}^2_1 \mathrm{H} \equiv {}^2_1 \mathrm{D}$.

Wir haben es hier mit dem Kern des *schweren Wasserstoffes* zu tun, der auch *Deuterium* genannt wird. Er wurde sehr spät entdeckt, weil er nur in sehr geringer Menge neben dem gewöhnlichen Wasserstoff $^1\mathrm{H}$ vorkommt. Der einwandfreie Nachweis gelang UREY, BRICKWEDDE und MURPHY (1932) durch Untersuchung des Linienspektrums von angereichertem $^2\mathrm{H}$. Die Entdeckung wurde vorbereitet durch eine Überlegung von BIRGE und MENZEL.

Die Bestimmung des Atomgewichtes von H auf *chemischem* Wege mit Bezug auf O = 16 hatte als besten Wert $A_\mathrm{H} = 1,00777 \pm 0,00002$ ergeben. ASTON hatte durch *Massenspektroskopie* (s. S. 61ff.) $A_\mathrm{H} = 1,00778 \pm 0,00015$ erhalten. BIRGE und MENZEL erkannten nun, daß, gerade weil die beiden Werte so gut übereinstimmten, etwas *falsch* sein müsse.

Die Bezugsnormale des Massenspektroskopikers ist nämlich $^{16}\mathrm{O}$, das Sauerstoffatom mit der genauen Massenzahl 16, diejenige des Chemikers aber eine *mittlere* Sauerstoffmasse, die sich auf das in der Natur vorkommende Gemisch der drei Isotope $^{16}\mathrm{O}$, $^{17}\mathrm{O}$, $^{18}\mathrm{O}$ bezieht, also ein wenig größer ist (O = 16,0044)[1]. Demgemäß muß zum Vergleich der ASTONsche Wert erst auf die *chemische* Skala umgerechnet werden[2], was zum *kleineren* Wert $A_\mathrm{H} = 1,00750$ führt. Im Hinblick auf die angegebene Fehlergrenze muß mit einer tatsächlichen Verschiedenheit der beiden Messungen für A_H gerechnet werden. Es liegt dabei nahe anzunehmen, daß der höhere Wert des Chemikers darauf zurückzuführen ist, daß der von ihm gemessene *natürliche* Wasserstoff in Wirklichkeit ein *Gemisch* von wenigstens zwei Isotopen $^1\mathrm{H}$ und $^2\mathrm{H}$ ist. Eine solche

---

[1] Das Häufigkeitsverhältnis der drei O-Isotope beträgt:
$$^{16}\mathrm{O} : {}^{17}\mathrm{O} : {}^{18}\mathrm{O} = 2494 : 1 : 5.$$

[2] Für die Umrechnung gilt die Beziehung:
$$A_\mathrm{phys} = (1,000275 \pm 0,000007) \cdot A_\mathrm{chem}$$

Annahme gestattet das *Mischungsverhältnis* der beiden Isotope zu berechnen, wofür sich

$$^1\mathrm{H} : {}^2\mathrm{H} = 3700 : 1$$

ergibt. Das ist freilich noch kein Beweis für die Existenz des *schweren* Wasserstoffs $^2\mathrm{H}$.

Das *Experiment* mußte die Entscheidung bringen. 1932 fanden die genannten Forscher bei der Untersuchung des *Linienspektrums* von Wasserstoff neben der H_α-Linie einen ganz schwachen Begleiter D_α als Hinweis auf das *schwere Isotop*. Man hatte unter der Annahme dieses schweren Wasser-stoffes in dem Präparat bereits eine An-reicherung des schweren Bestandteiles ver-sucht. Dies gelingt z. B. durch *Verdampfen* von gewöhnlichem Wasser; das leichtere Wasser H_2O verdampft eher. Nach länge-rem Verdampfen ist der Gehalt des Rück-standes an D_2O größer geworden. Besonders erfolgreich erweist sich jedoch die *Elek-trolyse* von 0,8 norm. NaOH, worin $^2\mathrm{H}$ an-gereichert wird, bis man schließlich durch *Destillation* 0,12% D_2O erhält (Verfahren von SCHWARZ, KÜCHLER und STEINER). Heute kann man praktisch *vollkommen reinen* schweren Wasserstoff durch *Diffusion* nach dem *Trennrohrverfahren* von CLUSIUS und DICKEL (1938) erzeugen. In einem langen, geneigten, einem Temperaturgefälle ausgesetzten (entlang der oberen Mantel-linie heißen, entlang der unteren Mantel-linie kalten) Rohre wird die Isotopentren-nung durch Zusammenwirkung von *Thermo-diffusion* und *Konvektion* herbeigeführt. Die erstere bewirkt eine Wanderung der leich-ten Komponente zur heißen, der schweren

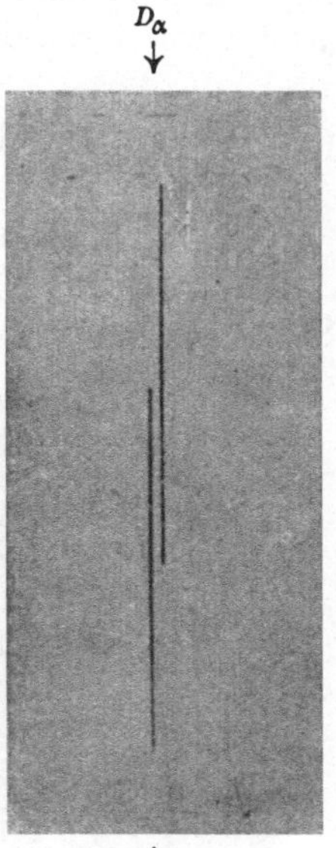

Abb. 14. Die Spektral-linien H_α und D_α (nach HERTZ).

zur kalten Rohrwand, die letztere befördert das leichte Isotop entlang der heißen Wand nach oben, das schwere entlang der kalten nach unten, so daß sich allmählich oben die leichte, unten die schwere Komponente ansammelt. Nach erfolgter Trennung zeigt sich im Linienspektrum die Linie D_α allein. Abb. 14 zeigt *beide* Linien und wurde dadurch gewonnen, daß bei der photo-graphischen Aufnahme einmal das obere, einmal das untere Drittel der Platte abgedeckt wurde. Aus der *Linienverschiebung* (s. hierzu auch S. 145) und durch *Massenspektroskopie* (s. S. 61

und Abb. 50) läßt sich die *Masse* m_D des *Deuteriums* und m_d des *Deuterons* bestimmen. Der gegenwärtig beste massenspektroskopische Wert für das Atomgewicht des Deuteriums (bezogen auf $^{16}O = 16$) beträgt nach MATTAUCH:

$$A_D = 2{,}014725 \pm 0{,}0000064 \,,$$

woraus

$$m_D \doteq 3{,}3444 \cdot 10^{-24}\,g$$

und weiter

$$m_d = m_D - m_e = 3{,}3435 \cdot 10^{-24}\,g$$

folgt. Das *Deuteron* ist *kein* echtes Urteilchen, sondern *zusammengesetzt*, wie durch den Umwandlungsvorgang:

$$_1^2 D + h\,\nu \rightarrow {}_1^1 p + {}_0^1 n$$

(s. S. 95 o.) bewiesen wird.

6. Das Alphateilchen (Heliumkern) $_2^4\alpha = {}_2^4He = He^{++}$.

Die Alphastrahlung wurde als Bestandteil der *radioaktiven* Strahlung des *Urans* 1896 von H. BECQUEREL entdeckt. In der Nebelkammer zeigen α-strahlende Körper, z. B. das *Polonium*, einen hellen, scharf begrenzten Strahlenschein, wie wir ihn ähnlich an den Funken unserer Weihnachtssprühkerzen beobachten. Besonders schön zeigen die deutlich begrenzte *Reichweite* der α-Strahlen die Aufnahmen von L. MEITNER und K. FREITAG an Th C + C' (Abb. 15 und 16). Daß alle von derselben Quelle ausgehenden Strahlen fast dieselbe Länge aufweisen (in Luft bei Nor-

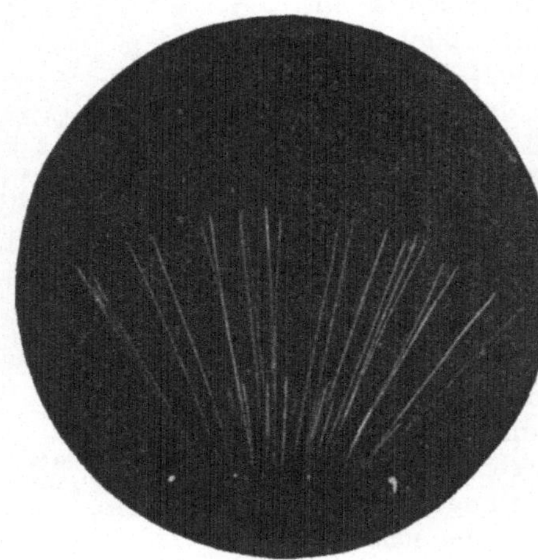

Abb. 15. α-Strahlen des Th C und C' mit zwei verschiedenen Reichweiten (L. MEITNER und K. FREITAG).

maldruck 3 bis 6 cm; Abb. 15 zeigt deutlich zwei verschiedene Reichweiten), läßt darauf schließen, daß die von derselben Atomart ausgeschleuderten Teilchen alle ungefähr dieselbe kinetische Energie besitzen, die sie durch die fortgesetzten Zusammenstöße mit Gasmolekülen alsbald einbüßen. Ihre *Durchdringungsfähigkeit* ist *sehr gering*, wie aus Abb. 16 zu erkennen ist, die die rasche Abbremsung der Strahlen

durch eine dünne Paraffinschicht veranschaulicht. Diese Abbildung
ist aber noch in anderer Hinsicht bemerkenswert, weil sie zeigt,
daß ein Teilchen beim Zusammenprall mit einem Paraffinmolekül
aus diesem ein *leichteres* Teilchen (*Proton*) herausschlagen kann,
dessen Reichweite etwa fünfmal so groß ist (s. S. 16). Gelegentlich
zeigt sich am Ende einer Alphabahn ein *Knick*. Der kleine *Fort-
satz* an der Knickstelle läßt erkennen, daß dort ein *Zusammenstoß mit einem schweren Gasatom* erfolgt ist. Während sich das

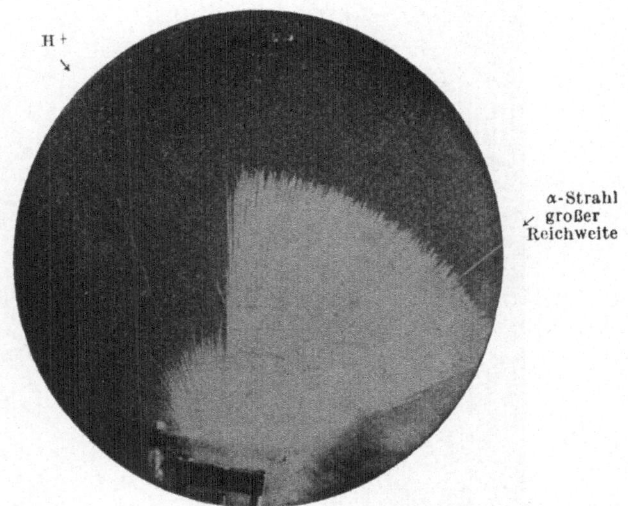

Abb. 16. H⁺-Strahl aus Paraffin bei Beschießung mit α-Strahlen (L. MEITNER).

schwere, ionisierte Atom (O, N) nur ein ganz kleines Wegstück
weiterbewegt, durchläuft das Alphateilchen noch eine längere
Strecke (Abb. 17 und 18).

Zur Erforschung der Natur des Alphateilchens dienen:

a) die Bestimmung der *spezifischen Ladung* durch elektrische
und magnetische Ablenkung. Man erhält so das Verhältnis

$$\frac{e_\alpha}{m_\alpha} = 47891 \text{ Coul./g} = \frac{e}{2\,m_p},$$

also *halb* so groß wie beim Proton (s. S. 16). Um e_α und m_α selbst
zu erhalten, erfolgt

b) die Messung der *Ladung* selbst durch Zählung der *Szintillationen* (Lichtblitze) auf ZnS (Sidotblende) mit geringem Cu-Zusatz
nach RUTHERFORD, GEIGER und REGENER (1908).

Die Teilchen werden mit Hilfe einer Lupe durch die von ihnen ausgelösten Lichtblitze gezählt (*Spintheriskop*) und die auf die Sidotblende übertragene Ladung gemessen. Eine andere, zuverlässigere Methode bedient sich des *Spitzenzählers* von GEIGER 1913 (Abb. 19a) oder des *Zählrohres* von GEIGER und MÜLLER 1928 (Abb. 19b). Zwischen der Spitze D (beim Zählrohr tritt an deren Stelle ein durch

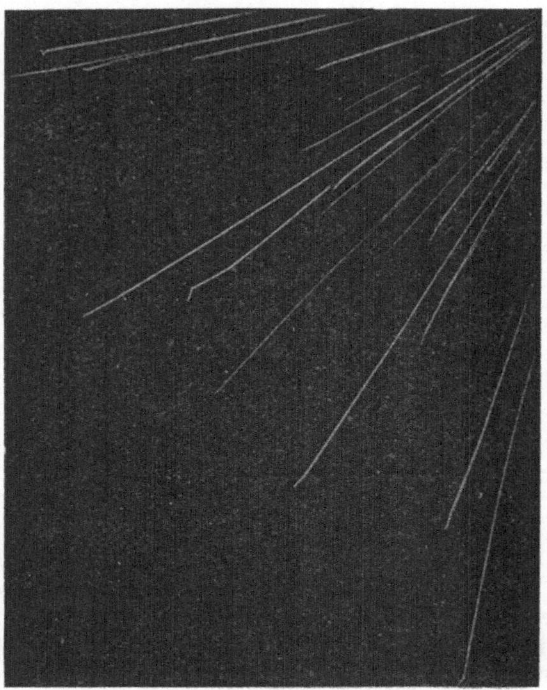

Abb. 17. Bahnen von α-Teilchen (C. T. R. WILSON). Streuung der Reichweite.

das ganze gasgefüllte Gehäuse ohne Öffnung bei B verlaufender, koaxialer Draht, Abb. 19b) und dem äußeren Metallgehäuse A wird eine solche elektrische Spannung angelegt, daß noch keine selbständige Entladung einsetzt. Jedes bei B eintretende Alphateilchen aber macht die Luft durch *Stoßionisation* leitend und bewirkt einen Entladungsstoß bestimmter Stärke, der am Ausschlage eines Elektrometers beobachtet bzw. durch Anbringung eines Verstärkers hörbar gemacht werden kann. Die photographische Aufzeichnung durch den Eintritt von Elementarteilchen in das Zählrohr ausgelöster Elektrometerausschläge läßt

Abb. 20 erkennen. Es zeigt sich so, daß die *Ladung* e_α des Alphateilchens *zwei positive* Elementarquanten beträgt, seine *Masse* m_α
also das *Vierfache* der Protonenmasse ausmachen muß:

$$e_\alpha = 2\,e, \quad m_\alpha = 4\,m_p\,.$$

Abb. 18. Stereoaufnahme des Zusammenstoßes eines α-Teilchens mit einem Sauerstoffatom.
Die längere Spur stellt die Rückstoßbahn des α-Teilchens, die kürzere die des Sauerstoffatoms dar (RUTHERFORD-CHADWICK-ELLIS).

Jenes Element aber, das viermal so schwer wie N ist, ist He; also
ist das Alphateilchen offenbar ein *Heliumkern*: $^4_2\mathrm{He} \equiv \mathrm{He}^{++}$. Die

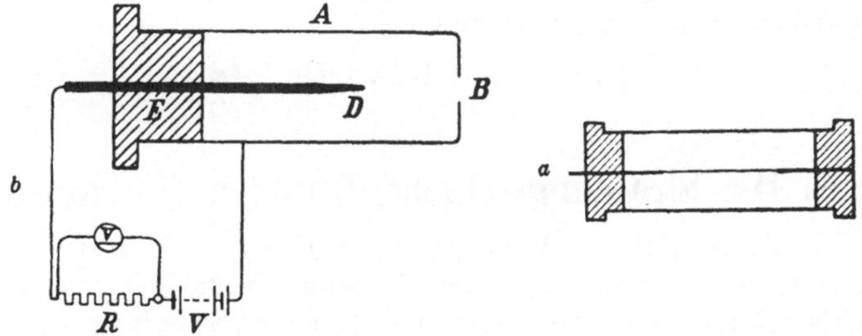

Abb. 19. a GEIGERscher Spitzenzähler. Metallrohr A mit Öffnung B zum Eintritt der
geladenen Teilchen, durch einen Ebonitstopfen E von der Innenelektrode D (Grammophon-
nadel) isoliert. Spannung V etwa 600 bis 2000 Volt. Großer Überbrückungswiderstand R
von etwa $10^9\,\Omega$ zur raschen Dämpfung der Stromstöße. b GEIGER-MÜLLERsches Zählrohr.

neuesten Messungen mit dem Massenspektrographen ergaben, bezogen auf $^{16}\mathrm{O} = 16$, nach MATTAUCH

$$A_{\mathrm{He}} = 4{,}003860 \pm 0{,}000031\,,$$

woraus im Hinblick auf $1\,\mathrm{ME} = 1{,}660 \cdot 10^{-24}\,\mathrm{g}$

$$m_{\mathrm{He}} = 6{,}6465 \cdot 10^{-24}\,\mathrm{g}\,,$$

$$m_{\alpha} = m_{\mathrm{He}} - 2\,m_e = 6{,}6447 \cdot 10^{24}\,\mathrm{g}$$

folgt.

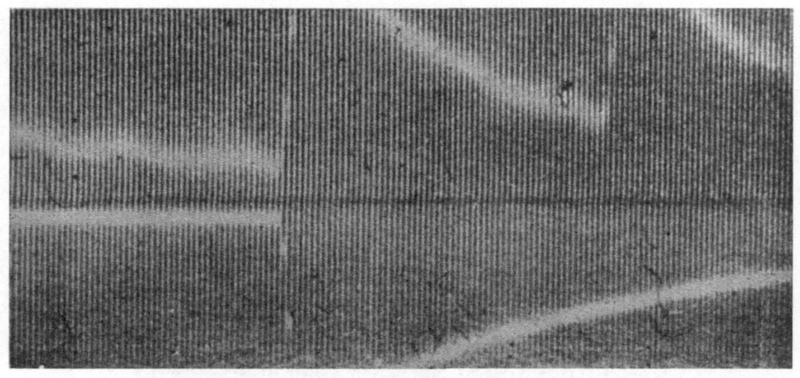

Abb. 20. Photographische Aufzeichnung in das Zählrohr eintretender Elementarteilchen. Die senkrechten Schraffen sind Zeitmarken im Abstande von 0,0001ˢ, die durch Drehung von Sektorscheiben erzeugt werden, die den Gang der Lichtstrahlen periodisch unterbrechen. Ihre Schnittpunkte mit dem Schatten des sich bewegenden Elektrometerfadens erscheinen als helle Flecke, die eine Zeitmessung bis auf 0,0001ˢ zulassen. Die Abb. zeigt (übereinander angeordnet) die Aufzeichnung der Ausschläge zweier Elektrometer, die zu zwei verschiedenen Zählrohren gehören. Die gleichzeitige Auslösung beider Zählrohre (*Koinzidenz*) durch einen Höhenstrahl ist deutlich erkennbar und nach dem Gesagten bis auf 0,0001ˢ genau festzustellen.

Auch das Alphateilchen ist *kein* echtes Urteilchen. Gewisse Kernumwandlungen von Li und B (Abb. 69 und 70) lassen seine *zusammengesetzte* Natur erkennen:

$$\tfrac{4}{2}\alpha = 2\,\tfrac{1}{1}p + 2\,\tfrac{1}{0}n \text{ oder } 2\,\tfrac{2}{1}d\,.$$

B. Die Strahlungs-(Licht)-Quanten (Photonen).

Die geradlinige Ausbreitung des Lichtes, seine Reflexion an spiegelnden Oberflächen, seine Brechung beim Übertritt in ein anderes Mittel erscheint mit der *Teilchen*vorstellung durchaus vereinbar, wenngleich der zuletzt genannte Vorgang bereits auf eine grundsätzliche Schwierigkeit hinsichtlich der Ausbreitungsgeschwindigkeit des Lichtes führt (s. S. 244f.). Bei allen Erscheinungen aber, wie *Interferenz, Beugung*, die wir heute gewohnt sind, als Ausdruck der *Wellennatur* des Lichtes aufzufassen, hat die Vorstellung mechanischer Teilchen nach Art der Atome versagt. Dies war auch der Grund, warum die von HUYGENS begrün-

dete *Wellen*theorie des Lichtes der NEWTONschen *Korpuskular-*
theorie sehr rasch den Rang ablief und bis in die jüngste Zeit nie-
mand an der Allgemeingültigkeit der Wellentheorie ernstlich ge-
zweifelt hat.

NEWTON hat zwar selbst versucht, seine Lichtteilchen auch
zur Erklärung von *Interferenz*erscheinungen, z. B. der nach
ihm benannten *Ringe*, geeignet zu machen und ihnen zu diesem
Zwecke „*fits*"(„Launen"), das sind *Anwandlungen*, zugeschrieben,
die sie bald zu leichterem Durchgang, bald zu leichterer Reflexion
befähigen und sich *regelmäßig wiederholen*. Man könnte diese Teilchen mit *pulsierenden Wassertropfen* vergleichen, die bald eine läng-
liche, bald eine breite Form haben, wie wir sie in Wasserstrahlen
bei intermittierender Beleuchtung beobachten. In dem Versuch
NEWTONS, seine *Emissions*theorie mit Hilfe von „fits" zu retten,
können wir den ersten Schritt zu einer *semikorpuskularen* Theorie
der Strahlung erblicken, die uns heute die *Wellenmechanik* in
vollendeter Form beschert hat.

Schon die einfache Vorstellung pulsierender Teilchen erlaubt
es, von einer *Frequenz (Schwingungszahl)* ν zu sprechen, wenn wir
darunter die sekundliche Zahl der Pulsationen („fits") verstehen.
Wir können jedem Lichtteilchen auch eine „*Wellenlänge*" λ zuordnen, die den während zweier aufeinanderfolgender Pulsationen
zurückgelegten Weg des Lichtteilchens bedeutet. Bezeichnen wir
in üblicher Weise die Lichtgeschwindigkeit im Vakuum mit c, so
gilt für ein im Vakuum bewegtes Lichtteilchen:

$$\lambda = \frac{c}{\nu}\,, \quad c = 2{,}99774 \cdot 10^{10}\ \mathrm{cm}\ \mathrm{s}^{-1}\,. \tag{16}$$

Es liegt nahe, den verschiedenen Lichtteilchen je nach ihrer Farbe
eine bestimmte, unterschiedliche Frequenz ν zuzuweisen und sie so
in eindeutiger Weise zu kennzeichnen. Jedes solche Lichtteilchen
wird je nach seiner mechanischen *Masse m_ν* mit einer bestimmten
Energie E_ν und mit einem entsprechenden *Impuls p_ν* begabt sein,
für die wir im Sinne der *Relativitätstheorie* den Ansatz machen:

$$E_\nu = m_\nu\, c^2,\ ^1 \quad p_\nu = m_\nu\, c\,. \tag{17}$$

Es erübrigt sich noch, m_ν bzw. E_ν mit der Frequenz ν des Lichtteilchens in Verbindung zu bringen, was wir im Sinne M. PLANCKS
tun wollen, der 1900 aus Strahlungsrechnungen festgestellt hat,
daß ein Lichtteilchen mit der Frequenz ν eine Energie

$$E_\nu = h\,\nu,\quad h = 6{,}61 \cdot 10^{-27}\ \mathrm{erg}\ \mathrm{s}\,, \tag{18}$$

---

[1] Der Gedanke, daß der *Strahlungs*energie *träge Masse* zukommt,
stammt von dem Wiener Physiker F. HASENÖHRL (1904).

Zahlentafel 3. Elektromagnetische Wellen (Strahlungsquanten).

Strahlenart	Wellenlänge λ	Wellenzahl $\omega = \dfrac{1}{\lambda}$ cm^{-1}	Frequenz ν Hertz (s^{-1})	Energie $E_\nu = h\nu$		Masse m_ν in Elektronen-massen m_e $\dfrac{m_\nu}{m_e} = \dfrac{h\nu}{m_e c^2}$
				erg	eV[1]	
Rundfunkwellen	1 km $= 10^5$ cm	10^{-5}	$3 \cdot 10^5$	$1,99 \cdot 10^{-21}$	$1,24 \cdot 10^{-9}$	$2,43 \cdot 10^{-15}$
Hertzsche Wellen	10 cm	10^{-1}	$3 \cdot 19^9$	$1,99 \cdot 10^{-17}$	$1,24 \cdot 10^{-5}$	$2,43 \cdot 10^{-11}$
Ultrakurze Wellen	10^{-1} cm	10	$3 \cdot 10^{11}$	$1,99 \cdot 10^{-15}$	$1,24 \cdot 10^{-3}$	$2,43 \cdot 10^{-9}$
Infra(ultra-)rote Strahlen .	$10\,\mu = 10^{-3}$ cm	10^3	$3 \cdot 10^{13}$	$1,99 \cdot 10^{-13}$	$1,24 \cdot 10^{-1}$	$2,43 \cdot 10^{-7}$
Sichtbares Licht	$0,5\,\mu = 5 \cdot 10^{-5}$ cm	$2 \cdot 10^4$	$6 \cdot 10^{14}$	$3,98 \cdot 10^{-12}$	2,48	$4,86 \cdot 10^{-6}$
Ultraviolette Strahlen . .	$0,1\,\mu = 10^{-5}$ cm	10^5	$3 \cdot 10^{15}$	$1,99 \cdot 10^{-11}$	$1,24 \cdot 10$	$2,43 \cdot 10^{-5}$
Röntgenstrahlen	$1\,m\mu = 10^{-7}$ cm	10^7	$3 \cdot 10^{17}$	$1,99 \cdot 10^{-9}$	$1,24 \cdot 10^3$	$2,43 \cdot 10^{-3}$
	$1\,\text{Å} = 10^{-8}$ cm	10^8	$3 \cdot 10^{18}$	$1,99 \cdot 10^{-8}$	$1,24 \cdot 10^4$	$2,43 \cdot 10^{-2}$
Vernichtungsstrahlen . . .	$.24,3\,X = 2,43 \cdot 10^{-10}$ cm	$4,12 \cdot 10^9$	$1,24 \cdot 10^{20}$	$8,20 \cdot 10^{-7}$	$5,12 \cdot 10^5$	1
γ-Strahlen.	$10\,X = 10^{-10}$ cm	10^{10}	$3 \cdot 10^{20}$	$1,99 \cdot 10^{-6}$	$1,24 \cdot 10^6$	2,43
Sehr kurze γ-Strahlen . .	$1\,X = 10^{-11}$ cm	10^{11}	$3 \cdot 10^{21}$	$1,99 \cdot 10^{-5}$	$1,24 \cdot 10^7$	$2,43 \cdot 10$
Photonen der Höhenstrahlung	$0,01\,X = 10^{-13}$ cm	10^{13}	$3 \cdot 10^{23}$	$1,99 \cdot 10^{-3}$	$1,24 \cdot 10^9$	$2,43 \cdot 10^8$.

[1] 1 eV (*Elektronvolt*) bedeutet jene Energie, die der kinetischen Energie eines Elektrons (allgemein jedes Trägers einer Elementarladung) beim Durchlaufen einer Spannung von 1 Volt gleichkommt:

$$1\,\varrho V = 4,80 \cdot 10^{-10} \cdot \frac{1}{300}\,\text{erg} = 1,60 \cdot 10^{-12}\,\text{erg}\,,$$

$$1\,\text{erg} = 6,24 \cdot 10^{11}\,\text{eV};\ 1\,\text{MeV} = 10^6\,\text{eV}\,.$$

mit sich führt, wobei das PLANCKsche „*Wirkungsquantum*" h eine für alle Lichtteilchen gültige Konstante bedeutet. Ein mit dieser Eigenschaft ausgestattetes Lichtteilchen wollen wir im folgenden ein *Lichtquantum* oder *Photon* nennen. Für jedes solche Teilchen gilt:

$$m_\nu = \frac{h\,\nu}{c^2}\,, \quad p_\nu = \frac{h\,\nu}{c} = \frac{h}{\lambda} \qquad (19)$$

mit Rücksicht auf Gl. (16).

Zahlentafel 3 gibt für einen weiten Bereich elektromagnetischer Strahlungsquanten Wellenlänge, Wellenzahl, Frequenz, Energie und Masse (ausgedrückt in Elektronenmassen m_e) an.

Die *Teilchen*natur des Lichtes (der Strahlung) wird besonders sinnfällig bei den *Wechselwirkungen zwischen Licht und Materie*, zwischen *Photonen* und *Elektronen*.

1. Der lichtelektrische Effekt (Photoeffekt).

Wie zuerst HERTZ (1887) und HALLWACHS (1888) beobachteten und später LENARD (1902) genauer untersuchte, geben Metalle bei Bestrahlung mit *kurz*welligem Licht Elektronen frei. EINSTEIN hat diese Erscheinung 1905 gedeutet: Es handelt sich um eine Wechselwirkung zwischen je zwei Teilchen; jedes Photon wirkt auf ein einzelnes Metallelektron, das es durch die ihm innewohnende Energie $h\,\nu$ aus dem Metall in Freiheit setzt. Die kinetische Energie des Elektrons ist dabei etwas *kleiner* als der Betrag $h\,\nu$. Die *Energiedifferenz* wird erklärt durch die *Abtrennungsarbeit A*, die zur Befreiung (Ablösung) des Elektrons aus dem Metall erforderlich ist und nur einige eV (s. weiter unten) beträgt. Für *langsame* Elektronen gilt:

$$h\,\nu = \frac{m_e}{2}\,v^2 + A\,. \qquad (20)$$

In strenger Fassung mit Berücksichtigung der Massenveränderlichkeit [Gl. (5)] lautet die auch für *schnellste* Elektronen gültige Gleichung:

$$h\,\nu - A = (m - m_e)\,c^2 = m_e\,c^2 \cdot \left(\frac{1}{\sqrt{1 - \dfrac{v^2}{c^2}}} - 1\right). \qquad (21)$$

Die Geschwindigkeit der austretenden Elektronen wird nach LENARD mittels einer *Gegenspannung* gemessen, gegen die man die Elektronen anlaufen läßt (*Gegenfeldmethode*, Abb. 21). Bei geringer Gegenspannung können sie an die Elektrode gelangen, bei größerer nicht mehr. Man ändert also die Spannung bis zu einem Betrage U_{max}, wo kein Teilchen mehr gegen das Feld aufkommt. Dadurch erfährt man die *maximale kinetische Energie* der Elektronen, die gleich $e \cdot U_{max}$ sein muß:

$$e \cdot U_{max} = (m - m_e)\, c^2 \approx \frac{m_e}{2}\, v^2. \tag{22}$$

Zufolge Gl. (21) und Gl. (22) besteht zwischen der Spannung U_{max} des Gegenfeldes und der Frequenz v der Lichtquanten ein *linearer* Zusammenhang:

$$h\,v - A = e \cdot U_{max}, \tag{23}$$

der experimentell mit größter Genauigkeit von MILLIKAN (1916) bestätigt worden ist (Abb. 22). Für die Neigung der Geraden ergibt sich im Mittel:

$$\frac{h}{e} = 1{,}377 \cdot 10^{-17}\ \text{abs. E.},$$

woraus mit Rücksicht auf $e = 4{,}8025\ 10^{-10}$ e. st. E. im Mittel

$$h = 6{,}613 \cdot 10^{-27}\ \text{erg s}$$

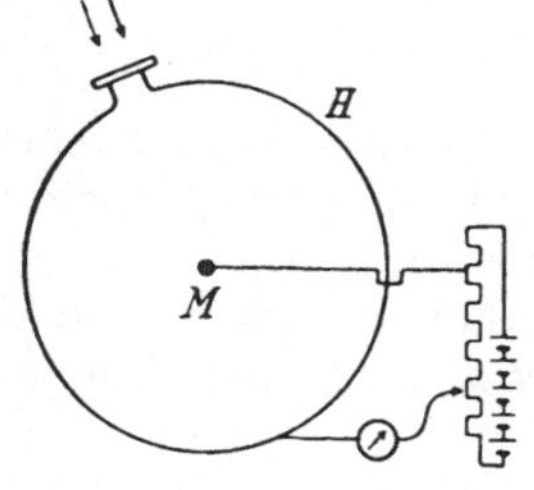

Abb. 21. Gegenfeldmethode mit kugelsymmetrischer Anordnung. *H* leitende Hohlkugel, gegen die die aus *M* ausgelösten Elektronen anlaufen.

folgt, was mit dem S. 5 und 25 angegebenen Wert sehr gut übereinstimmt. Die Gerade trifft ferner die v-Achse bei $v = 4{,}39 \cdot 10^{14} \text{s}^{-1}$.

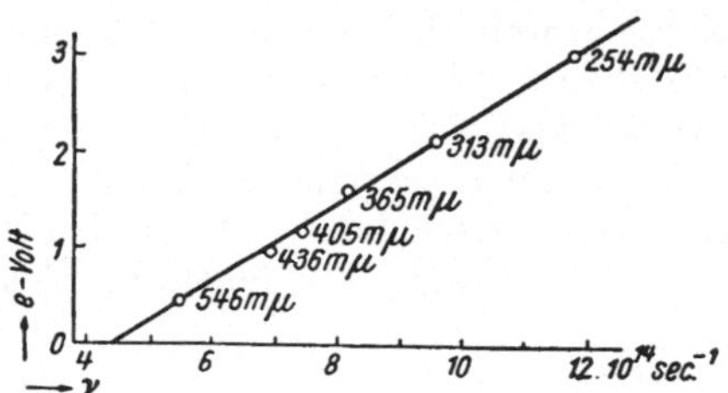

Abb. 22. Elektronenhöchstenergien in Abhängigkeit von der Frequenz.

Wir errechnen hieraus im Hinblick auf Gl. (23) für $U_{max} = 0$ die *Abtrennungsarbeit*:

$$A = 6{,}61 \cdot 10^{-27} \cdot 4{,}39 \cdot$$
$$\cdot 10^{14}\,\text{erg} = 2{,}90 \cdot 10^{12}$$
$$\text{erg} = 1{,}81\ \text{eV}$$

(s. hierzu die Fußnote auf S. 26f.).

Es gilt aber auch die *Umkehrung* von Gl. (23) für die *Erzeugung von Röntgenlicht* durch *Abbremsung* von Elektronen, die durch eine gewisse Spannung U (abs. E.) beschleunigt worden sind:

$$e\,U = (m - m_e)\, c^2 = h\, v_{max}. \tag{24}$$

Gemessen wird dabei die Spannung U an der Röntgenröhre; die wenigen Volt, die auf die Austrittsarbeit A entfallen, spielen gegenüber den vielen tausend Volt der Röhrenspannung keine Rolle. Die maximale Röntgenfrequenz (*Bremsstrahlungskante*) v_{max} ist spektroskopisch sehr genau beobachtbar; sie bestätigt in geradezu glänzender Weise diese Gleichung, wie Versuche von DUANE,

PALMER, WAGNER u. a. ergeben haben („*Verschiebungsgesetz*" für die Endkante des Röntgenspektrums).

2. Der Compton-Effekt (A. H. COMPTON, 1923).

Zum Unterschied vom Photoeffekte handelt es sich in diesem Falle um eine Wechselwirkung zwischen Photonen und den *locker gebundenen* Elektronen eines Streukörpers von kleinem Atomgewicht (z. B. Graphit), die wir in der folgenden Rechnung praktisch als *frei* ansehen dürfen (Abtrennungsarbeit $A = 0$).

Trifft ein Photon auf ein solches Elektron, so haben wir es mit einem *Stoßvorgang* zu tun. Das ruhend gedachte Elektron bekommt einen Impuls; das Photon verliert dabei Energie und vermindert infolgedessen seine Frequenz. Wir beobachten eine *Streufrequenz* v', die kleiner ist wie die eingestrahlte Frequenz v. Es gelten wie bei jedem Stoßvorgang die folgenden Sätze:

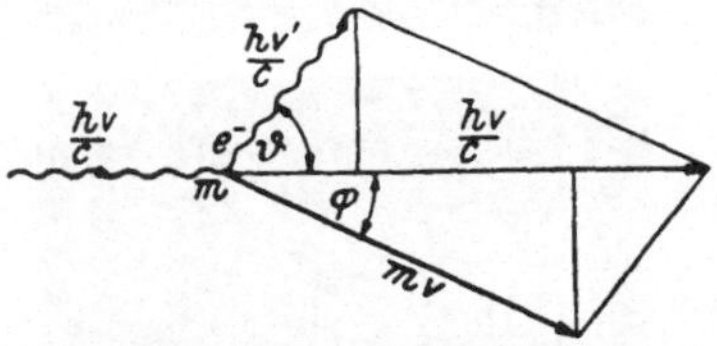

α) Der *Energiesatz*.

Eingestrahlte Energie = Streulichtenergie + kinetische Energie des Elektrons:

$$h v = h v' + c^2 \cdot (m - m_e). \quad (25)$$

Abb. 23. Zusammenstoß eines Elektrons mit einem Photon (COMPTON-Effekt).

Als *Näherungs*gleichung kann für *langsame* COMPTON-Elektronen

$$h v = hv' + \frac{m_e}{2} v^2 \quad (26)$$

gesetzt werden.

β) Der *Impulssatz*.

Aus Abb. 23 entnimmt man die beiden Gleichungen:

$$\frac{h v}{c} = \frac{h v'}{c} \cos \vartheta + m v \cos \varphi ,$$

$$0 = \frac{h v'}{c} \sin \vartheta - m v \sin \varphi ; \quad (27)$$

dabei ist gemäß Gl. (5)

$$m = \frac{m_e}{\sqrt{1 - \beta^2}} , \; \beta = \frac{v}{c} .$$

Quadrieren und Addieren der Impulssatzgleichungen ermöglichen zunächst die Elimination von φ:

$$\left(\frac{h v}{c^2} - \frac{h v'}{c^2} \cos \vartheta \right)^2 + \left(\frac{h v'}{c^2} \sin \vartheta \right)^2 = m^2 \beta^2 = \frac{m_e^2 \beta^2}{1 - \beta^2}$$

oder

$$\frac{h^2}{c^4} (v - v' \cos \vartheta)^2 + \frac{h^2 v'^2}{c^4} \sin^2 \vartheta = \frac{m_e^2}{1 - \beta^2} - m_e^2 .$$

Dazu liefert der *Energiesatz* (25):

$$\frac{h}{c^2}(\nu - \nu') + m_e = \frac{m_e}{\sqrt{1-\beta^2}}.$$

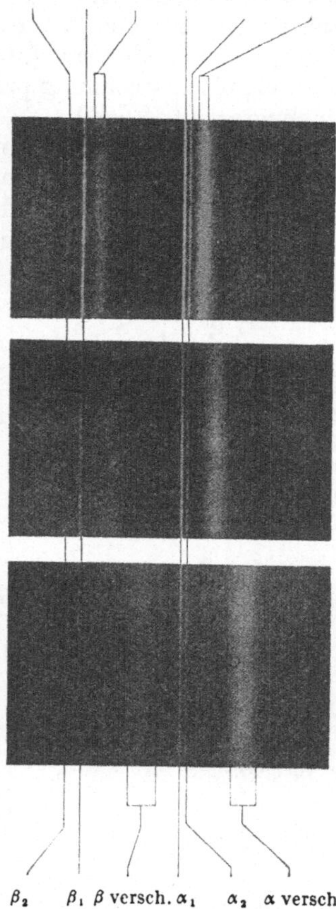

Abb. 24. Photographisches Spektrum des COMPTON-Effektes (nach DU MOND). Streuwinkel: oben 63½°, in der Mitte 90°, unten 135°.

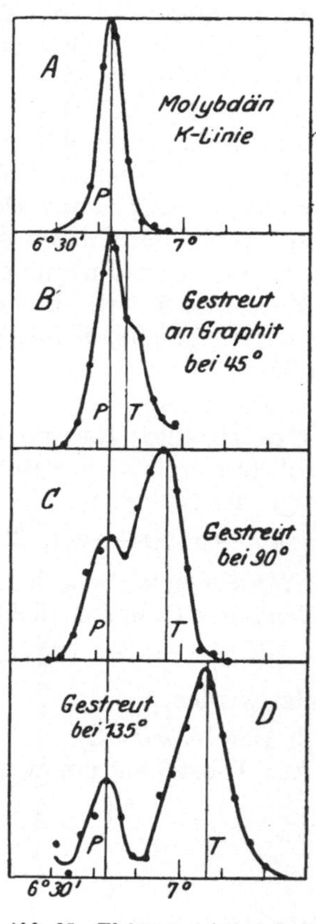

Abb. 25. Elektrometrisches Spektrum der COMPTON-Streuung an Graphit.

P unveränderte Wellenlänge (Primärlinie), *T* gestreute Wellenlänge (Comptonlinie).

Elimination von β bzw. $\dfrac{m_e}{\sqrt{1-\beta^2}}$ und Division durch $\dfrac{h^2}{c^4}$ ergibt ferner:

$$(\nu - \nu' \cos \vartheta)^2 + \nu'^2 \sin^2 \vartheta = (\nu - \nu')^2 + \frac{2\,m_e\,c^2}{h}(\nu - \nu')$$

oder nach Ausrechnung der Quadrate:

$$\nu\,\nu'\,(1 - \cos\vartheta) = \frac{m_e\,c^2}{h}\,(\nu - \nu')\,,$$

wofür wir schließlich nach Division durch $\nu\,\nu'$

$$\frac{1}{\nu'} - \frac{1}{\nu} = \frac{h}{m_e\,c^2}\,(1 - \cos\vartheta) = \frac{2\,h}{m_e\,c^2}\sin^2\frac{\vartheta}{2} \qquad (28)$$

schreiben können.

Diese Gleichung kennzeichnet das Wesen des *Compton-Effektes*. Wir führen, um die Ausdrucksform noch zu vereinfachen, die Wellenlänge $\lambda = \dfrac{c}{\nu}$ ein und berechnen $\varDelta\,\lambda = \lambda' - \lambda$ („*Compton-Verschiebung*"):

$$\varDelta\,\lambda = c\,\frac{1}{\nu'} - \frac{1}{\nu} = \frac{h}{m_e\,c}\,(1 - \cos\vartheta) = \frac{2\,h}{m_e\,c}\sin^2\frac{\vartheta}{2}\,. \qquad (29)$$

Durch die *Compton-Streuung* tritt eine *Vergrößerung der Wellenlänge* um den Betrag $\varDelta\,\lambda$ ein, der nur vom Streuwinkel ϑ, nicht aber von der Wellenlänge λ des eingestrahlten Lichtes abhängt. Diese theoretische Folgerung wurde experimentell durch genaue Messungen bestätigt (Abb. 24 und 25). Trägt man den Wellenlängenunterschied $\varDelta\cdot\lambda$ als Funktion des Streuwinkels ϑ in

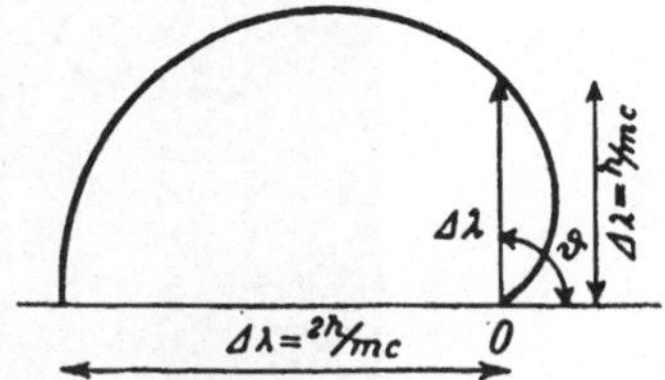

Abb. 26. Winkelabhängigkeit der Wellenlängenänderung beim COMPTON-Effekt.

Polarkoordinaten auf, so erhält man eine *Kardioide* (Abb. 26). Besonders genau fand so GINGRICH (1930):

$$\frac{h}{m_e\,c} = (0{,}02424 \pm 0{,}00004)\cdot 10^{-8}\ \mathrm{cm}$$

oder

$$\frac{h}{m_e} = (7{,}270 \pm 0{,}001)\ \mathrm{cm^2\,s^{-1}}\,.$$

Nimmt man das Wirkungsquantum h als bekannt an ($h = 6{,}613\cdot 10^{-27}$ erg s), so erhält man

$$m_e = 9{,}096\cdot 10^{-28}\ \mathrm{g}$$

in guter Übereinstimmung mit dem Ergebnis der *Ablenkungsversuche* (s. S. 10, Zahlentafel 2).

3. Umwandlung von Strahlung in Materie.

Wie zuerst ANDERSON (1932) und etwas später BLACKETT und OCCHIALINI (1933) beim Durchgang von *Höhenstrahlung* durch eine Bleischicht beobachteten, kann es geschehen, daß sich ein *energiereiches Photon* in der Nähe eines Atomkerns, der einen Teil des

Impulses aufnimmt, in ein *Elektronenpaar*, d. h. in ein *positives*
und ein *negatives Elektron* verwandelt. Curie und Joliot ist es
erstmals 1934 gelungen, einen solchen Umwandlungsvorgang in
einer Nebelkammeraufnahme festzuhalten (Abb. 27), wobei sie
die sehr energiereiche γ-Strahlung von Th C″ in Anwendung
brachten. Während das von unten kommende Photon keine Spur

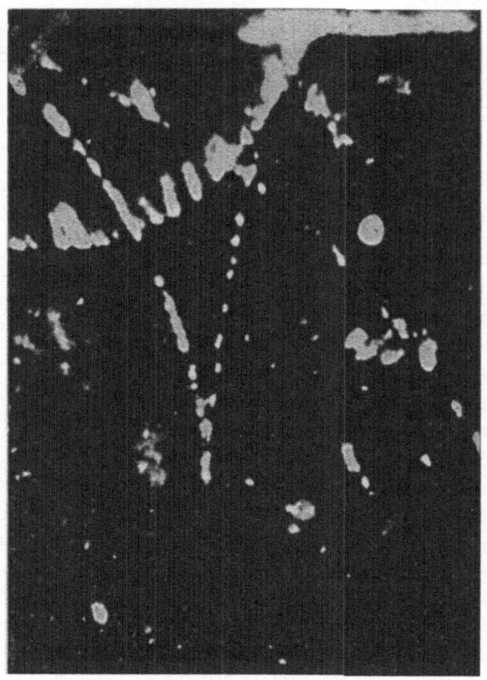

Abb. 27. Umwandlung eines Photons in ein Elektronenpaar. Nebelkammeraufnahme im Magnetfeld von J. Curie und F. Joliot.

hinterläßt, bemerkt man deutlich das unmittelbare Auftreten
zweier, entgegengesetzt gekrümmter Bahnen (Aufnahme im Magnetfeld!), die von der Umwandlungsstelle ausgehen: $\gamma \rightarrow e^+ + e^-$.
Eine solche Umwandlung ist natürlich nur denkbar, wenn die
Energie $h\nu$ des Photons *mindestens* gleich der Summe der Gesamtenergien der beiden Elektronen ist:

$$h\nu \geq 2\,m_e\,c^2 = 1{,}64 \cdot 10^{-6}\,\text{erg} \approx 10^6\,\text{eV} = 1\,\text{MeV}$$

(s. Fußnote, S. 26f.).

Die Energie des Röntgenlichtes reicht hierzu nicht hin, wohl
aber die der *Höhenstrahlung* (s. Abschnitt C) oder der *Gamma-*

strahlung von Th C'' (2,6 · 10^6 eV) oder von Be (5 · 10^6 eV). Bei γ (Th C'') wurden Einzelelektronen mit Energien bis 2,5 · 10^6 eV, *Elektronenpaare* jedoch nur mit Energien bis 1,6 · 10^6 eV, bei γ (Be) *Positronen* mit Energien bis 4 · 10^6 eV beobachtet. Der Unterschied beträgt in jedem Falle 10^6 eV, die zur *Erzeugung des Paares* erforderlich sind (ANDERSON, CHADWICK, BLACKETT und OCCHIALINI).

Eine einfache energetische Betrachtung zeigt, daß die Entstehung eines *Elektronenpaares* ohne die Mitwirkung eines impulsaufnehmenden Atomkernes M nicht denkbar ist. Zu diesem Behuf wollen wir uns vorstellen, daß sich der Impuls $\dfrac{h\,v}{c}$ des Photons im

Augenblick der „Zwillingsgeburt" nicht nur auf die beiden Elektronen, sondern zum Teil auch auf den in unmittelbarer Nähe befindlichen, ruhend gedachten Kern von der *Ruhmasse* M_0 verteilt (Abb. 28). Der *Impulssatz* liefert dann ähnlich wie früher (S. 29) die beiden Gleichungen:

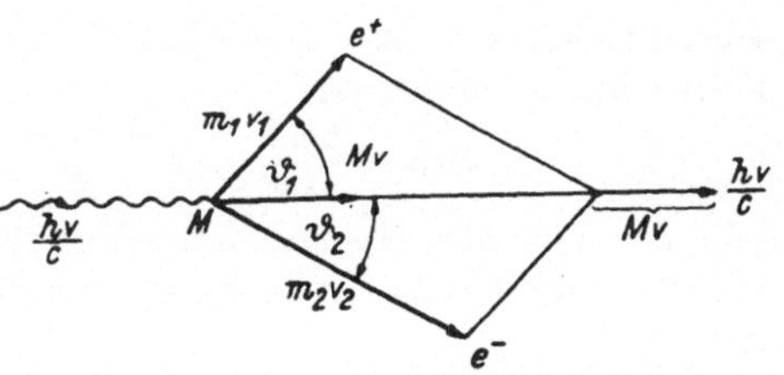

Abb. 28. Entstehung eines Elektronenpaares.

$$\begin{aligned}
\frac{h\,v}{c} &= m_1 v_1 \cos\vartheta_1 + m_2 v_2 \cos\vartheta_2 + M v\,, \\
0 &= m_1 v_1 \sin\vartheta_1 - m_2 v_2 \sin\vartheta_2\,,
\end{aligned} \right\} \qquad (30)$$

aus denen man durch Quadrieren und Addieren mit Berücksichtigung von

$$\beta_1 = \frac{v_1}{c}\,, \quad \beta_2 = \frac{v_2}{c}\,, \quad \beta = \frac{v}{c} \qquad (31)$$

die Beziehung

$$\left(\frac{h\,v}{c^2} - M\beta\right)^2 = m_1^2\,\beta_1^2 + m_2^2\,\beta_2^2 + 2\,m_1\,m_2\,\beta_1\,\beta_2 \cos(\vartheta_1 + \vartheta_2)$$

erhält. Daneben gilt der *Energiesatz*:

$$h\,v = (m_1 + m_2)\,c^2 + (M - M_0)\,c^2$$

oder

$$\frac{h\,v}{c^2} = m_1 + m_2 + M - M_0 \approx m_1 + m_2\,, \qquad (32)$$

indem wir überlegen, daß in Anbetracht der großen Kernmasse[1] die *Energieaufnahme* durch den Kern, die zu einer Änderung seiner

---

[1] $M \gtrsim m_{\mathrm{H}} = 1836\,m_e$.

Masse führen muß, jedenfalls nur *äußerst gering* und deshalb *vernachlässigbar* sein wird ($\beta \ll 1$), was uns berechtigt, $M \approx M_0$ zu setzen. Wir bilden nun

$$\left(\frac{h\nu}{c^2}\right)^2 - \left(\frac{h\nu}{c^2} - M\beta\right)^2 \approx$$

$$\approx m_1^2\,(1 - \beta_1^2) + m_2^2\,(1 - \beta_2^2) + 2\,m_1 m_2\,[1 - \beta_1\beta_2 \cos(\vartheta_1 + \vartheta_2)],$$

wofür wir mit Rücksicht auf die Gln. (5) und (31)

$$m_1\sqrt{1 - \beta_1^2} = m_2\sqrt{1 - \beta_2^2} = m_e$$

$$M\beta\left(\frac{2h\nu}{c^2} - M\beta\right) \approx$$

$$\approx 2\,m_e^2 + 2\,m_1 m_2\,[1 - \beta_1\beta_2\cos(\vartheta_1 + \vartheta_2)] > 0 \qquad (33)$$

schreiben können. Aus dieser Beziehung geht aber bereits mit aller Deutlichkeit hervor, daß

$$0 < \beta < \frac{2h\nu}{M c^2} \approx 2\,\frac{m_1 + m_2}{M} < \frac{m_1 + m_2}{918\,m_e}\,1 \qquad (34)$$

sein, *der Kern also Impuls*, wenn auch sehr wenig, *aufnehmen muß*, soll die Entstehung eines Elektronenpaares überhaupt möglich sein.

Auch den *umgekehrten* Vorgang finden wir verwirklicht. Durch *Verschwinden eines Positrons* tritt *Gammastrahlung* auf. Man spricht von einer *Vernichtungsstrahlung* des Positrons. Auch dieser Vorgang ist nur unter Mitwirkung eines *impulsaufnehmenden Atomkernes* möglich, wie eine der früheren entsprechende Betrachtung zeigt. Das Positron ist nur losgelöst von der übrigen Materie existenzfähig und beobachtbar. Es verschwindet sofort beim Zusammentreffen mit Materie. Wir haben uns dabei vorzustellen, daß es sich mit einem verfügbaren Elektron vereinigt, das gleichzeitig verschwindet. Die Summe der Energien beider beträgt (S. 32) etwa 1 MeV; als Strahlung treten in der Tat nach Beobachtungen von JOLIOT und anderen entweder 2 γ-Quanten von je 500 ekV oder 1 γ-Quant von etwa 1 MeV auf.

C. Höhenstrahlung (kosmische oder Ultrastrahlung).

Wir schicken einen kurzen geschichtlichen Überblick voraus. 1785 entdeckte COULOMB die sog. *natürliche Zerstreuung*, derzufolge jedes aufgeladene und sich selbst überlassene Elektroskop seine Ladung allmählich an die umgebende Luft verliert. Wir wissen heute dank den um die Jahrhundertwende ausgeführten

---

[1] $M \geq m_{\mathrm{H}} = 1836\,m_e$.

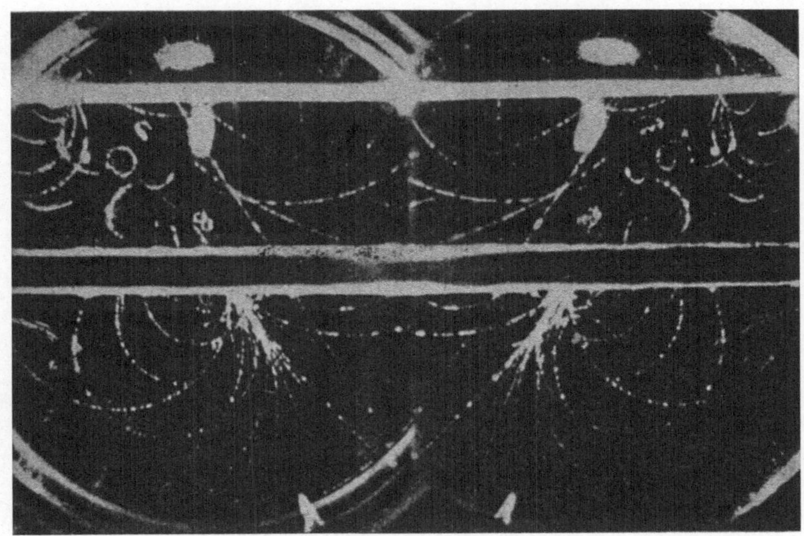

Abb. 29. Stereoaufnahme eines Schauers von Elektronen und Positronen nach dem Zählrohrkoinzidenzverfahren (nach C. D. ANDERSON).
Magnetfeld 17 000 Gauß. Der aus der unteren Bleiplatte ausgelöste Schauer besteht aus
15 Elektronen und 7 Positronen. Ein Positron von 520 MeV durchsetzt beide Bleiplatten.

Untersuchungen von ELSTER und GEITEL, C. T. R. WILSON u. a.,
daß diese Erscheinungen auf die *Ionisation der Luft* durch β- *und*
γ-*Strahlen*, die aus den obersten Bodenschichten (*Erdstrahlung*) sowie von den *radioaktiven Gasen* (Ra-, Th- und Ac-Em) der Luft
(*Luftstrahlung*) stammen, zurückzuführen sind.

Diese *radioaktiven Strahlen* können durch Bleipanzer abge-
schirmt werden. Gleichwohl konnten 1902 RUTHERFORD und
COOKE, McLENNAN und BURTON feststellen, daß auch innerhalb
dicker Bleipanzer eine Entladung stattfand. Damit war das Vorhandensein einer „*durchdringenden Strahlung*" erkannt.

Untersuchungen 1909/10 von WULF auf dem 300 m hohen
Eiffelturm und von GOCKEL im Freiballon bis 4500 m Höhe ließen
eine *unbekannte Zusatzstrahlung* in größeren Höhen vermuten.

In den Jahren 1911 bis 1913 stellte V. F. HESS bei Ballon-
fahrten bis 5350 m Höhe nach anfänglichem Absinken oberhalb
800 m eine immer stärker werdende Zunahme der Strahlung mit
der Höhe fest und wies auf den *außerirdischen* Ursprung derselben hin.

1913/14 bestätigte KOLHÖRSTER die HESSschen Angaben bis
9300 m Höhe. Er erkannte die große *Durchdringungskraft* der

Strahlen und schrieb ihnen *kosmischen* Ursprung zu. Von ihm stammt die Bezeichnung *Höhenstrahlen.*

Im weiteren Verlauf der Untersuchungen tauchte sodann die Frage auf: Sind diese außerirdischen Strahlen *Wellen-* oder *Teilchen*strahlen? Es wurden, beiden Erscheinungsformen Rechnung tragend, die Namen *Ultragamma-* bzw. *Ultrabeta*strahlung, allgemein *Ultrastrahlung* vorgeschlagen.

1927 führten GEIGER und MÜLLER das *Zählrohr*, SKOBELZYN die *Nebelkammer* als Beobachtungsmittel ein. Dadurch wurde alsbald die *Teilchennatur* fast aller *Primär*strahlen sichergestellt und ihre *Koinzidenzfähigkeit*, d. h. die Fähigkeit, zwei oder mehr Zählrohre zugleich auszulösen, erwiesen.

Um nicht aufs Geratewohl zu photographieren und eine bessere Ausbeute zu erzielen, werden Nebelkammer und Kamera automatisch gesteuert, und zwar durch die Stromstöße, die ein Ultrastrahl in zwei oder mehreren, über und unter der Nebelkammer angebrachten Zählrohren hervorruft; es erfolgt so die Auslösung von Expansion und Belichtung nur beim Durchgang eines Höhenstrahles durch *Zählrohrkoinzidenzen* (*Koinzidenzsteuerung*). Eine nach diesem Verfahren hergestellte Stereoaufnahme zeigt Abb. 29. Siehe auch die photographische Aufzeichnung einer Koinzidenz in Abb. 20.

1. Intensitätsmessung der Höhenstrahlung mittels Ionisationskammer und Zählrohr.

Wie jede Ionen erzeugende Strahlung kann auch die Höhenstrahlung mit Geräten gemessen werden, die die gebildeten Ionen zur Auf- oder Entladung einem Elektrometer zuführen. Während aber *Spitzenzähler* und *Zählrohr* (s. S. 22f.) im Bereiche der *selbständigen* Entladung arbeiten, d. h. ihre Betriebsspannung so eingestellt ist, daß schon *ein* künstlich erzeugtes Ionenpaar die Entladung auslöst, ist dies bei der sonst in ihrem Aufbau ähnlichen *Ionisationskammer* nicht der Fall. Diese arbeitet im Bereiche der *unselbständigen* Entladung und mißt jenen Ionisationsstrom, der unmittelbar durch die einfallende Strahlung hervorgerufen wird und dessen Stärke der Zahl der gebildeten Ionenpaare proportional ist.

a) Ionisierungsstärke. Die Zahl der in einem cm^3 Normalluft bzw. Normalgas je Sekunde erzeugten Ionenpaare bezeichnen wir als *Ionisierungsstärke* q und nennen ihre Einheit nach einem Vorschlage KOLHÖRSTERS ein I. Mit wachsendem Kammervolumen V und zunehmender Gasdichte ϱ vergrößert sich die sekundliche

Zahl N der gebildeten Ionenpaare ungefähr proportional, so daß wir

$$N = q \cdot V \cdot \frac{\varrho}{\varrho_0} \quad (\varrho_0 = \text{Normaldichte des Füllgases}) \qquad (35)$$

setzen dürfen. Demgemäß werden zur Untersuchung der Höhenstrahlung meist *große Kammern* (bis 50 l Inhalt) und außer atmosphärischer Luft Stickstoff, Argon oder CO_2 als Füllgas bei *hohem Druck* (bis 50 atü) verwendet. Aus der letzten Gleichung folgt

$$q = \frac{N}{V} \cdot \frac{\varrho_0}{\varrho} \, I \left(\frac{\text{Ionenpaare}}{\text{cm}^3 \cdot \text{s}} \right) . \qquad (35a)$$

Der durch die Entladung dem Elektrometer zugeführte Ionisationsstrom beträgt:

$$i = N \cdot e = \frac{C}{300} \cdot \frac{dU}{dt} \, \frac{\text{e. st. E.}}{\text{s}} = \frac{C}{9 \cdot 10^{11}} \cdot \frac{dU}{d_, t} \, \text{Amp.} \, , \qquad (36)$$

wenn wir unter U die an der Kammer liegende, in Volt gemessene Spannung, unter $\frac{dU}{dt}$ somit die Auf- bzw. Entladungsgeschwindigkeit der Kammer in Volt/s und unter C ihre in cm gemessene Kapazität verstehen. Für die *Ionisierungsstärke* erhalten wir so schließlich die Formel:

$$q = \frac{i}{V \cdot e} \cdot \frac{\varrho_0}{\varrho} \, I = \frac{C}{300 \, V e} \cdot \frac{\varrho_0}{\varrho} \cdot \frac{dU}{dt} \, I = f \cdot \frac{dU}{dt} \, I , \qquad (37)$$

indem wir den „*Eichfaktor*"

$$f = \frac{C}{300 \, V e} \cdot \frac{\varrho_0}{\varrho} \qquad (38)$$

einführen und hierin die Elementarladung $e = 4,80 \cdot 10^{-10}$ e. st. E. setzen.

Man fand so die folgenden, auf Meereshöhe bezogenen Werte der Ionisierungsstärke q:

Ising am Meeresstrand in Schweden . . . .   3,0 I,
Schweidler aus Messungen über Land und Wasser . .   1,6 I,
Kolhörster durch Extrapolation aus dem Verlauf in
    größeren Höhen . . . .   2,08 I,
Mc Lennan und Murray auf dem Ontariosee . . . . .   2,6 I;

Myssowsky und Tuwim und ebenso Büttner beobachteten den für mittlere Breiten heute als gültig angesehenen Wert von *rund* 2 I.

b) Höhen- und Tiefeneffekt. Mit *zunehmender Höhe* (abnehmendem Luftdruck) ergab sich ein *Anstieg der Ionisierungsstärke* als klarer Hinweis auf den außerirdischen Ursprung der Strahlung. Abb. 30 gibt eine Zusammenfassung der Meßergebnisse verschiedener Forscher. Einen ähnlichen Verlauf wie in der Atmosphäre

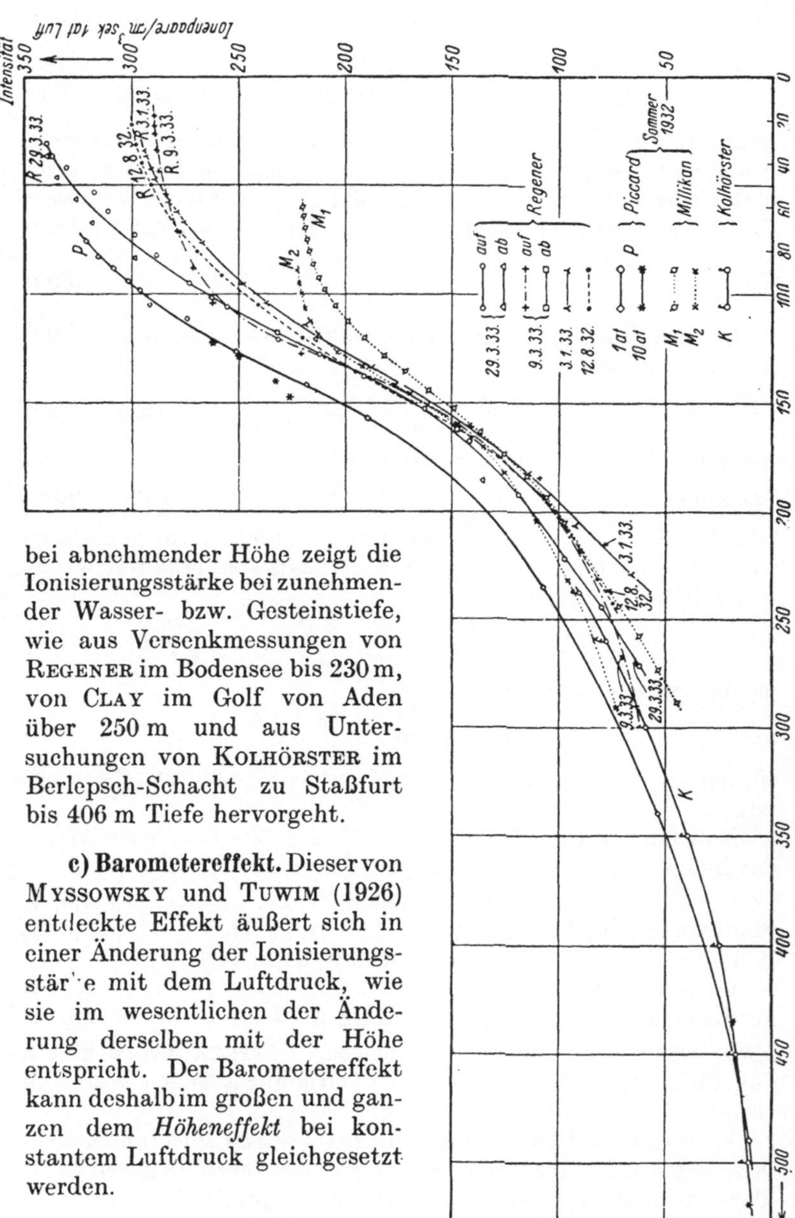

bei abnehmender Höhe zeigt die Ionisierungsstärke bei zunehmender Wasser- bzw. Gesteinstiefe, wie aus Versenkmessungen von REGENER im Bodensee bis 230 m, von CLAY im Golf von Aden über 250 m und aus Untersuchungen von KOLHÖRSTER im Berlepsch-Schacht zu Staßfurt bis 406 m Tiefe hervorgeht.

c) Barometereffekt. Dieser von MYSSOWSKY und TUWIM (1926) entdeckte Effekt äußert sich in einer Änderung der Ionisierungsstärke mit dem Luftdruck, wie sie im wesentlichen der Änderung derselben mit der Höhe entspricht. Der Barometereffekt kann deshalb im großen und ganzen dem *Höheneffekt* bei konstantem Luftdruck gleichgesetzt werden.

Abb. 30. Zusammenstellung der Meßergebnisse über den Intensitätsverlauf der Höhenstrahlung in der Erdatmosphäre (nach E. LENZ).

d) Durchdringungsfähigkeit (Härte) der Höhenstrahlung. Denken wir uns zunächst die Höhenstrahlung als homogene, in der x-Richtung verlaufende Parallelstrahlung (ihrem Wesen nach also als *Wellenstrahlung*, was hauptsächlich auf die Sekundärstrahlung zutrifft), so muß deren *Intensität J* beim Durchdringen von Materie allmählich abnehmen. Wir können diese Abnahme durch eine *lineare Schwächungszahl* μ beschreiben:

$$dJ = -\mu J\,dx\,, \quad \mu = -\frac{1}{J}\cdot\frac{dJ}{dx}\ \mathrm{cm}^{-1}\,. \tag{39}$$

Durch Integration erhalten wir daraus das *Schwächungsgesetz*:

$$J = J_0\cdot e^{-\mu x}\,, \quad \mu = \frac{1}{x}\cdot\ln\frac{J_0}{J}\ \mathrm{cm}^{-1}\,, \tag{39a}$$

wobei J_0 die Anfangsintensität bedeutet.

Aus seiner Höhenkurve (Abb. 30) errechnete KOLHÖRSTER für die Höhenstrahlung die Schwächungszahl $\mu = 10^{-5}\ \mathrm{cm}^{-1}$ und erkannte so die *außerordentliche Härte* dieser neuen Strahlung im Vergleich mit der γ-Strahlung von RaC, deren Schwächungszahl $\mu_\gamma = 4{,}5\cdot 10^{-5}\ \mathrm{cm}^{-1}$ doch wesentlich größer ist.

Um die Natur der die Strahlung schwächenden Materie noch besser zu kennzeichnen, bedient man sich beim Vergleich verschiedener Stoffe der *Massenschwächungszahl*

$$\frac{\mu}{\varrho} = -\frac{1}{\varrho J}\cdot\frac{dJ}{dx} = \frac{1}{\varrho x}\cdot\ln\frac{J_0}{J}\ \frac{\mathrm{cm}^2}{\mathrm{g}}\,, \tag{40}$$

deren Dimension $\mathrm{cm}^{-1}/\mathrm{g}\cdot\mathrm{cm}^{-3} = \mathrm{cm}^2/\mathrm{g}$ diejenige eines Wirkungsquerschnittes ist. So ergab sich für die *ungefilterte* Höhenstrahlung in Seehöhe als Mittelwert

$$\frac{\mu}{\varrho} = 2{,}5\cdot 10^{-3}\,\frac{\mathrm{cm}^2}{\mathrm{g}}\,.$$

BÜTTNER erhielt in Göttingen für Eisen $5\cdot 10^{-3}$, für Blei $26\cdot 10^{-3}$, für Wasser $2{,}5\cdot 10^{-3}$, BOTHE und KOLHÖRSTER in Meereshöhe für Gold $3{,}5\cdot 10^{-3}\ \mathrm{cm}^2/\mathrm{g}$.

Das oben für die Intensität einer Wellenstrahlung gewonnene Schwächungsgesetz (39a) läßt sich ohne weiteres auch auf *Teilchenstrahlung* anwenden, wenn wir an die Stelle der Intensität J die Energie E des Teilchens setzen:

$$E = E_0\cdot e^{-\mu x}\,, \quad E_0 = \text{Anfangsenergie}\,. \tag{41}$$

Diese Anfangsenergie des primären Höhenstrahlteilchens wird auf seinem Wege durch die Materie infolge *Stoßionisation*, Bildung von *Elektronenpaaren* und *Bremsstrahlung* allmählich aufgezehrt. Man kann das Ausmaß der Schwächung statt durch Angabe der Schwächungszahl μ auch durch diejenige Strecke X beschreiben, auf der das Teilchen die Hälfte seiner Energie einbüßt (*Halbwertsstrecke*).

Diese sog. *Strahlungseinheit* X steht mit der *Schwächungszahl* μ in folgendem Zusammenhang:

$$X = \frac{\ln 2}{\mu} = \frac{0{,}693}{\mu}, \tag{42}$$

wie aus Gl. (41) für $E = E_0/2$ folgt. Zu ihrer Ermittlung bedient man sich der *Koinzidenzfähigkeit* der Höhenstrahlen und bringt den absorbierenden Stoff zwischen zwei Zählrohre, die von demselben Höhenstrahl gleichzeitig ausgelöst werden. Aus der *Koinzidenzabnahme* bei zunehmender Schichtdicke des Stoffes kann μ bzw. X erschlossen werden.

Es muß als wichtiges und keineswegs selbstverständliches Ergebnis der Versuche von BOTHE, KOLHÖRSTER und ROSSI vermerkt werden, daß die Messungen mit Hilfe der *Ionisationskammer*, die sich auf die Ionisierungsstärke (Strahlungs*energie*) beziehen, annähernd *dieselben Schwächungszahlen* lieferten wie die Koinzidenzmessungen mit Hilfe der *Zählrohre*, die sich auf die Stahlen*zahl* beziehen.

Genauere Untersuchungen nach dem Koinzidenzverfahren haben ferner ergeben, daß sich mit Bezug auf einen bestimmten Stoff für die *gesamte* Höhenstrahlung *keine einheitliche* Massenschwächungszahl angeben läßt, daß vielmehr mindestens zwei primäre Komponenten verschiedener Absorbierbarkeit angenommen werden müssen. Für die *harte Komponente* kann man den konstanten Wert

$$\frac{\mu}{\varrho} = 0{,}7 \cdot 10^{-3} \, \frac{\text{cm}^2}{\text{g}}$$

als zutreffend ansehen, während für die *weiche Komponente*, die stark dem Einfluß der *Kernfelder* unterliegt, nach Beobachtungen an Pb, Sn, Cu und Al bis 22 cm Dicke die *atomare Schwächungszahl* $\frac{\mu}{\varrho} \cdot A$ (A = Atomgewicht) von der Kernladungszahl Z abhängig erscheint:

$$\frac{\mu}{\varrho} \cdot A = 2{,}6 \cdot Z + 0{,}058 \cdot Z^2. \tag{43}$$

e) Mindestenergie eines lotrecht einfallenden, die Erdoberfläche erreichenden Höhenstrahlelektrons. Ein Bild von der Energie eines solchen Elektrons kann man sich schon durch eine ganz einfache Rechnung machen. Das Teilchen muß die Atmosphäre durchstoßen. Es erzeugt dabei Ionen und verliert dadurch Energie. In *Normalluft* entstehen durch einen Ultrastrahl 150 Ionenpaare je Zentimeter, wie man aus der Aufladung von Zählrohren errechnet hat. Zur Herstellung eines Ionenpaares sind ungefähr 30 eV erforderlich. Wir fragen nach der *Zahl der Ionenpaare*, die ein Höhenstrahlelektron beim Durchdringen der Atmosphäre erzeugen muß, und weiter nach der *Mindestenergie*, die es dazu befähigt. Zu diesem Zwecke muß die *Höhe der Atmosphäre* auf jene von Luft von *Normaldruck* umgerechnet werden. Für die Höhe einer entsprechenden Atmosphäre von Normalluft finden wir:

$$H = \frac{p_0{}^1}{s_0} = \frac{1033}{1{,}293} \cdot 10^3 \text{ cm} = 799 \cdot 10^3 \text{ cm} \approx 8 \text{ km} .$$

Daraus ergibt sich für die *Mindestenergie* des Teilchens bei lotrechtem Einfall:

$$E_{\min} \approx 150 \, \frac{\text{Ionenp.}}{\text{cm}} \cdot 30 \, \frac{\text{eV}}{\text{Ionenp.}} \cdot 8 \cdot 10^5 \text{ cm} = 3{,}6 \cdot 10^9 \text{ eV} .$$

Das ist eine Energie, die wesentlich größer ist als jene, welche wir gegenwärtig in unseren Laboratorien erzeugen können. Da aber häufig mit dem Durchdringen der Luft die Energie des Höhenstrahlteilchens noch nicht aufgezehrt ist, muß seine Energie sicher größer als $3{,}6 \cdot 10^9$ eV gewesen sein. Teilchen mit kleinerer Energie können die Erdoberfläche überhaupt nicht erreichen. Bei schrägem Einfall ist nach CLAY infolge des längeren Luftweges mit einem Energieverlust von durchschnittlich $6 \cdot 10^9$ eV zu rechnen.

2. Die Höhenstrahlung im Magnetfeld der Erde.

Wie schon oben bemerkt, hat sich die primäre Höhenstrahlung zum überwiegenden Teil als Teilchenstrahlung erwiesen. Wir wollen im folgenden einige Betrachtungen über das Verhalten elektrisch geladener Teilchen unter dem Einfluß des magnetischen Feldes der Erde anstellen.

a) Die Erde und ihr Magnetfeld. Nach AD. SCHMIDT können wir die Erde als einen *magnetischen Dipol* mit dem Momente $M = 8 \cdot 10^{25} \, \Gamma \, \text{cm}^3$ auffassen, dessen Mittelpunkt 300 km vom Erdmittelpunkt in der Richtung nach $10{,}5°$ n. B. und $168{,}5°$ ö. L. entfernt liegt und dessen Achse gegen die Drehachse der Erde unter einem Winkel von $11{,}5°$ geneigt ist (Abb. 31). Diese exzentrische Lage des hypothetischen Dipols trägt dem Umstande Rechnung, daß die beiden magnetischen Pole der Erde nicht an den Enden eines gemeinsamen Erddurchmessers liegen. Es befindet sich nämlich der nördliche Magnetpol auf $70° \, 5'$ n. B., $96° \, 46'$ w. L. westlich der nordamerikanischen Halbinsel Boothia Felix, der südliche

---

[1] $p_0 = 1033 \, \dfrac{\text{p}}{\text{cm}^2}$ bedeutet den normalen Luftdruck,

$$s_0 = 1{,}293 \cdot 10^{-3} \cdot \frac{\text{p}}{\text{cm}^3}$$

das spezifische Gewicht von Normalluft.

Magnetpol auf 72° 25′ s. B., 154° ö. L. in der Antarktis zwischen Viktorialand und Wilhelmsland. Die *Feldstärke H* des Erdmagnetes beträgt in Äquatornähe ungefähr $^1/_3\ \Gamma$.

b) Energie eines entlang des magnetischen Erdäquators eingefangenen Höhenstrahlelektrons. Wir berechnen zunächst die *Kraft des Erdmagnetes* (Abb. 31), auf das *tangential* ankommende Höhenstrahlteilchen (Abb. 5, S. 8). Soll das Elektron in den Bann des Erdmagnetes gezogen werden, so muß seine *Fliehkraft* gleich der *magnetischen Kraft* der Erde (s. Gl. [11])

$$\frac{m\,v^2}{r} = \frac{e}{c}\,v \cdot H \ ,$$

also

$$m = \frac{eHr}{v\,c} \qquad (11\,\text{d})$$

sein. Für die *Energie* des Höhenstrahlteilchens folgt daraus:

$$E = m\,c^2 = \frac{c}{v}\,eHr \ . \qquad (44)$$

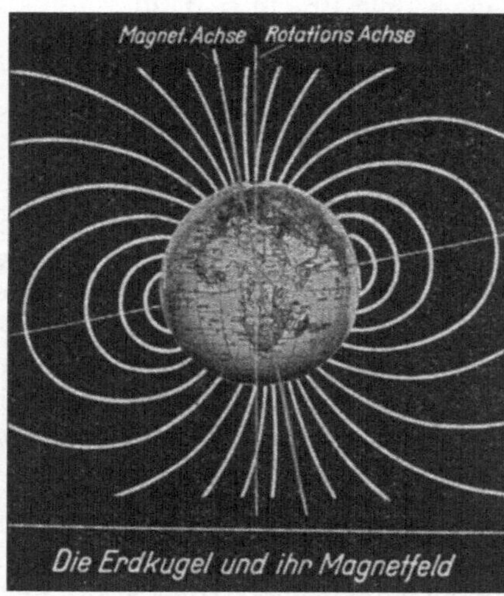

Abb. 31. Magnetisches Feld der Erde
(nach A. E. G., Berlin).

Wir setzen die besonderen Werte ein (Erdradius $r = 6{,}4 \cdot 10^8$ cm) und finden, weil die Teilchen bei so großer Energie fast Lichtgeschwindigkeit haben, für $v \approx c$:

$$E \approx eHr \ \text{abs. E.} = 300\,Hr\ \text{eV} = 300 \cdot \frac{1}{3} \cdot 6{,}4 \cdot 10^8\ \text{eV} =$$
$$= 6{,}4 \cdot 10^{10}\ \text{eV}$$

Die betrachteten Beispiele geben uns ein Bild von der Größe der *Energie der Höhenstrahlteilchen*, die nach Beobachtungsergebnissen zwischen 10^9 und 10^{12} eV liegt.

c) Bahnen der Höhenstrahlteilchen im magnetischen Erdfeld. Mit der Absicht, eine Erklärung des *Nordlichts* zu finden, hat BIRKELAND die erdmagnetischen Störungen einer genauen Untersuchung unterzogen und wurde dadurch auf den Gedanken gebracht, die Ursache in einem *Strom elektrisch geladener Teilchen* zu sehen, die von der Sonne ausgehend, in das Magnetfeld der Erde gelangen und hier einerseits die genannten Störungen, andererseits in der Erdatmosphäre in etwa 100 km Höhe das *Polarlicht* hervorrufen.

Zur Erhärtung seiner Theorie hat BIRKELAND Modellversuche mit einer kleinen, magnetisierten Kugel, der sog. *Terrella*, angestellt, gegen die er in einem luftleeren Raum Elektronenstrahlen richtete

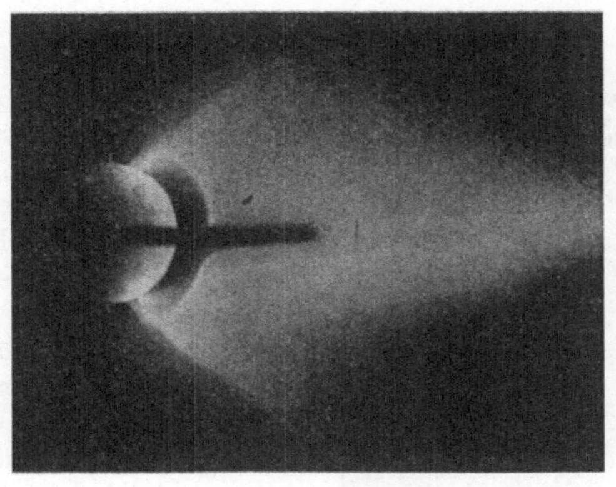

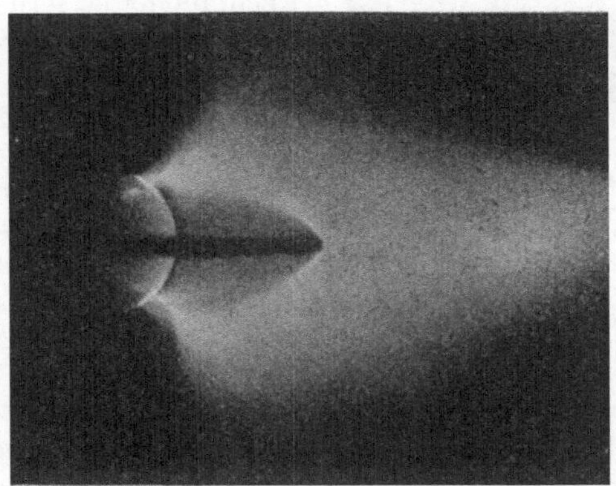

Abb. 32. Modellversuche von E. BRÜCHE mit der Terrella zur Erklärung des Nordlichtes. Elektronentorus und Auftreffzonen, oben ohne, unten mit äquatorialem Ringstrom.

und so dem Nordlichte ähnliche Lichterscheinungen hervorbrachte. Diese Versuche wurden später von BRÜCHE wiederholt (Abb. 32) und mit Fadenstrahlen vervollkommnet (Abb. 33). Im Anschluß an BIRKELANDS Polarlichttheorie ging C. STRÖMER daran, die Bahnen elektrisch geladener Teilchen im Felde eines magnetischen

Dipols, als welchen wir nach a) unsere Erde auffassen können, *rechnerisch* festzulegen. Die überaus mühevollen Rechnungen ergaben je nach den Anfangsbedingungen verschiedene Bahntypen für die von der Sonne ausgesandten elektrischen Teilchen. Neben solchen Bahnen, die die Erde überhaupt nicht erreichen, gibt es geschlossene Bahnen in der Äquatorebene, die weit außerhalb der Erdatmosphäre in etwa Mondentfernung verlaufen und einen *Ringstrom* bilden, dessen Magnetfeld sich dem der Erde überlagert und zur genaueren Deutung des Polarlichtes einen wesentlichen Beitrag leistet (Abb. 32 unten). Die übrigen Bahnen endigen auf der Erdoberfläche vorzugsweise in der Nähe der Pole, wobei die Teilchen auf der Nachtseite die Erde erreichen. Eine Darstellung des Verlaufes solcher Bahnen zeigt Abb. 34. Ein besonders bemerkenswertes Ergebnis der Modellversuche und Rechnungen ist ferner die Feststellung „*verbotener*" Bereiche, vor allem eines den Dipol umgebenden, *wulstförmigen* Raumes (Abb. 35), in den kein geladenes Teilchen eindringen kann (*elektronenfreier Torus*). Gestalt und Größe dieses Raumes sind durch Ladung und Energie (Bewegungsgröße) der Teilchen bedingt.

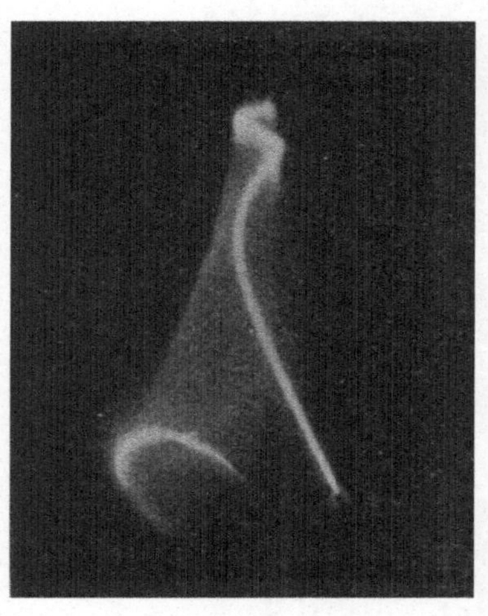

Abb. 33. Modell eines Nordlichtbogens nach E. BRÜCHE.

Ein Elektronenstrahl (Fadenstrahl) wird durch ein starkes Magnetfeld zu einem Bogen ausgebreitet. Der Halbkreis links ist die Spur dieses Bogens auf einem Fluoreszenzschirm und entspricht der Absorption und Lichterregung in den tieferen Schichten der Atmosphäre.

d) Geomagnetischer Breiteneffekt. Aus STÖRMERS Rechnungen geht hervor, daß ein Höhenstrahlelektron, wenn wir naheliegenderweise die Höhenstrahlteilchen mit den polarlichterregenden Elektronen identifizieren, bei lotrechtem Einfall den Erdboden in einer bestimmten geomagnetischen Breite φ_m nur mit einer gewissen *Mindestenergie* $E_{\min}$ erreichen kann, worüber die folgende Zahlentafel 4 Aufschluß gibt.

Allgemein gilt:

$$E_{\min} = 1{,}9 \cdot 10^{10} \cos^4 \varphi_m \; \text{eV}. \tag{45}$$

Dies bedeutet, daß ein Höhenstrahlelektron, dessen Energie den Betrag von $1{,}9 \cdot 10^{10}$ eV übersteigt, überall bis zur Erdoberfläche

Zahlentafel 4.

Geomagnetische Breite φ_m	Mindestenergie E_{min} in 10^{10} eV
0°	1,9
20°	1,5
40°	0,65
60°	0,12
80°	0,0017
90°	0

vordringen kann, wobei es allerdings den unter 1. e) errechneten Energieverlust von $3,6 \cdot 10^9$ bzw. $6 \cdot 10^9$ eV erleidet, so daß seine

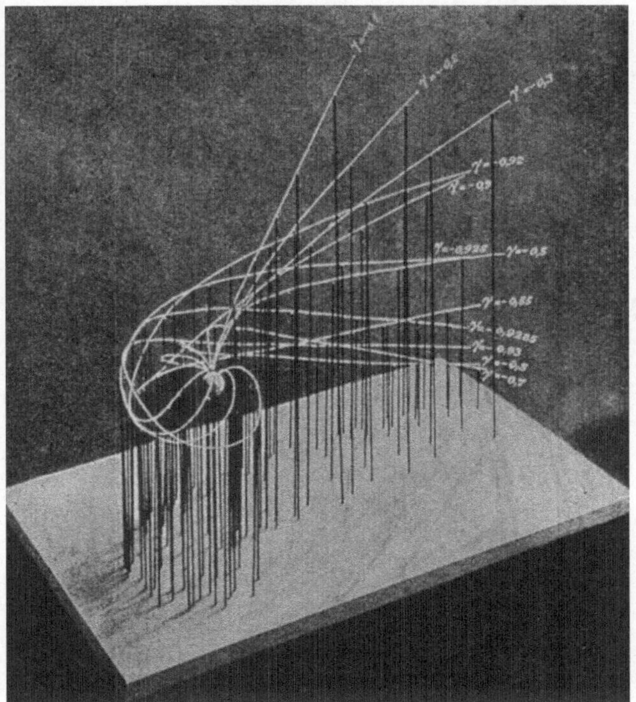

Abb. 34. Bahnen elektrisch geladener Teilchen im Magnetfeld der Erde, die die Erdoberfläche auf der Nachtseite erreichen (nach STÖRMER).

Mindestenergie auf der Erdoberfläche nur mehr $15,4 \cdot 10^9$ bzw. $13 \cdot 10^9$ eV je nach seiner Einfallsrichtung beträgt. Mit zunehmender geomagnetischer Breite können Elektronen immer geringerer Energie bis zum Erdboden gelangen. An den Polen bildet die angegebene Absorptionsschranke von $3,6 \cdot 10^9$ bzw. $6 \cdot 10^9$ eV die untere Energiegrenze. Demgemäß muß die *Intensität* der Höhenstrahlung *mit der geomagnetischen Breite zunehmen*, was tatsächlich der Fall ist (s. die Meßpunkte der Abb. 36). Es zeigt sich jedoch daß die beobachtete Strahlung nicht homogen ist, sondern ein *Gemisch verschieden geschwinder Teilchen* darstellt, da ihr Intensitätsverlauf mit demjenigen von Elektronen einheitlicher Energie (gestrichelte Kurven der Abb. 36) nicht übereinstimmt. Am besten kommt man mit den Beobachtungen in Einklang, wenn man zur Erklärung *vier Komponenten* zwischen $0,5 \cdot 10^{10}$ und $1,3 \cdot 10^{10}$ eV annimmt.

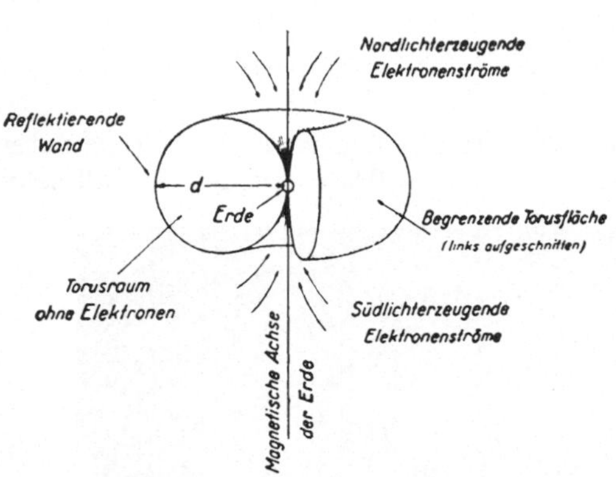

Abb. 35. Anordnung des die Erde umgebenden, elektronenfreien Ringwulstraumes (Torus).

e) Längeneffekt. Eine genauere Erforschung des *Breiteneffektes* hat eine merkwürdige *Asymmetrie* zutage gefördert, die darin besteht, daß der Verlauf der Strahlungsintensität in nördlicher bzw. südlicher Richtung weder zum geomagnetischen noch zum

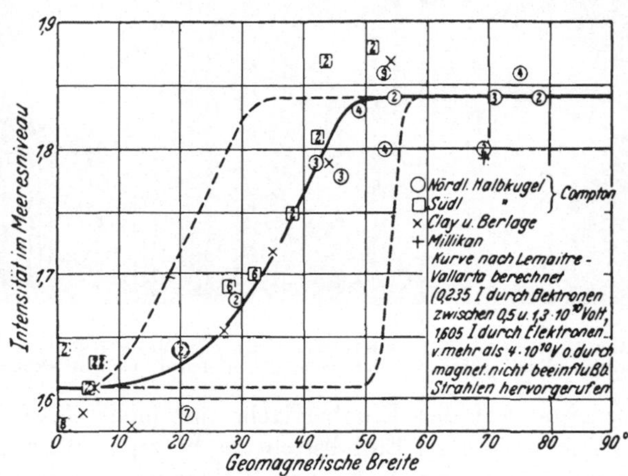

Abb. 36. Abhängigkeit der Höhenstrahlungsintensität von der magnetischen Breite (nach COMPTON).

Die gestrichelten Kurven sind für Elektronen von $1,3 \cdot 10^{10}$ bzw. $0,24 \cdot 10^{10}$ eV berechnet, die ausgezogene ist durch Zusammensetzung aus vier Komponenten zwischen 0,5 und $1,3 \cdot 10^{10}$ eV gewonnen.

geographischen Äquator symmetrisch erfolgt. Die Folge davon ist das Auftreten eines *Längeneffektes*, den CLAY auf die *exzentrische Lage* des Mittelpunktes des *erdmagnetischen Dipols* (s. oben unter a) zurückführt.

f) Azimutaleffekt (West-Ost-Asymmetrie). Wie man mit Hilfe einer der bekannten Handregeln für die Ablenkung eines elektrischen Stromes in einem Magnetfeld leicht feststellt, können anfänglich lotrecht einfallende *positive* Teilchen nur aus *westlichen*, *negative* Teilchen nur aus *östlichen* Richtungen ankommen. Zählt man nach dem Zählrohrkoinzidenzverfahren (s. oben unter 1. d) die Teilchen unter Berücksichtigung ihrer *Einfallsrichtung*, so zeigt sich, daß *mehr Teilchen von Westen als von Osten* einfallen. Die Höhenstrahlung enthält somit *mehr positive* Teilchen (e^+, p, α) als negative (e^-). Dieser Überschuß nimmt mit der Höhe und mit Abnahme der geomagnetischen Breite zu.

3. Untersuchung der Höhenstrahlung mittels Nebelkammer und Magnetfeld.

Als höchst wertvolles Hilfsmittel zur Erforschung der Teilchennatur der Höhenstrahlung hat sich die *Nebelkammer* unter Anwendung *starker Magnetfelder* erwiesen.

a) Unterscheidung bewegter Ladungsträger durch ihre Nebelspuren. Die von geladenen Teilchen erzeugten *Nebelspuren* erscheinen bald stärker, bald schwächer je nach der *Tröpfchendichte*, die beim Kondensationsvorgang auftritt. Diese hängt im wesentlichen von der Größe der Ladung und der Geschwindigkeit des Teilchens ab. Bei gleicher Ladung bringen *langsame* Teilchen *stärkere Spuren* hervor als schnelle. Die Masse des Teilchens spielt hierbei nur insoweit eine Rolle, als sie seine Geschwindigkeit beeinflußt. Massigere Teilchen, z. B. Protonen, bewegen sich zumeist langsamer und erzeugen daher stärkere Spuren als Elektronen. Bewegen sich jedoch *beide nahezu mit Lichtgeschwindigkeit*, was bei Höhenstrahlen vorkommt, so weisen *beide dünne Spuren* auf, die sich kaum voneinander unterscheiden, da nun die Tröpfchendichte durch die in beiden Fällen gleiche Ladung bestimmt wird. Zur Beurteilung der Natur eines durch seine Nebelspur wahrnehmbar gewordenen Teilchens ist somit die Kenntnis seiner *Geschwindigkeit* vonnöten.

b) Geschwindigkeits- bzw. Impulsmessung im Magnetfeld. Durch Anwendung eines genügend starken Magnetfeldes H gelingt es, die Teilchen in kreisförmige Bahnen zu zwingen. Aus dem Krümmungsradius r der Nebelspur kann dann auf Grund der

Gl. (11) zunächst nur der Impuls mv bzw. das Produkt

$$m\,v\,c = e\,H\,r = A\ \mathrm{eV} \qquad (11\mathrm{e})$$

erschlossen werden, sofern die Ladung e des Teilchens bekannt ist. Im Hinblick auf die Massenformel (5) ergibt sich hieraus die *Geschwindigkeit* v des Teilchens folgendermaßen:

$$m_0\,v\,c = A \cdot \sqrt{1 - \frac{v^2}{c^2}} \quad (m_0 = \text{Ruhmasse}) \qquad (46)$$

und somit

$$v = \frac{A\,c}{\sqrt{(m_0\,c^2)^2 + A^2}}. \qquad (46\mathrm{a})$$

Zur Berechnung von v ist also noch die Kenntnis der *Ruhmasse* m_0 des Teilchens erforderlich. Wir erkennen ferner:

Für $m_0\,c^2 > A$ wird $v < c$; ist dagegen $m_0\,c^2 \ll A$, so wird $v \approx c$. Dies bedeutet, daß sich *Elektronen* mit $m_0 = m_e = 9 \cdot 10^{-28}$ g und $m_0\,c^2 = 8{,}1 \cdot 10^{-7}$ erg $= 5 \cdot 10^5$ eV auf Bahnen, deren

$$A \gg 5 \cdot 10^5\ \mathrm{eV}$$

ist, nahezu mit *Lichtgeschwindigkeit* bewegen müssen. Dagegen laufen *Protonen* mit $m_0 = m_p = 1{,}67 \cdot 10^{-24}$ g und $m_0 c^2 = 1{,}5 \cdot 10^{-3}$ erg $= 9{,}4 \cdot 10^8$ eV auf Bahnen, für die

$$9{,}4 \cdot 10^8\ \mathrm{eV} > A > 5 \cdot 10^5\ \mathrm{eV}$$

ist, noch wesentlich *langsamer als das Licht* und erlangen erst für

$$A \gg 10^9\ \mathrm{eV}$$

nahezu *Lichtgeschwindigkeit*. Im Bereich $A < 10^9$ eV werden also *Elektronen* und *Protonen* durch ihre verschieden starken Spuren *deutlich unterscheidbar* sein; ist dagegen $A \gg 10^9$ eV, so ist eine Entscheidung, ob es sich um eine Elektronen- oder Protonenspur handelt, auf Grund der Spurenstärke nicht mehr möglich.

c) **Entdeckung des „schweren Elektrons" (Mesotrons).** Die dem Impulsbereich

$$2 \cdot 10^8\ \mathrm{eV} < m\,v\,c < 5 \cdot 10^8\ \mathrm{eV}$$

angehörenden Höhenstrahlteilchen zeigen in der Nebelkammer insgesamt Spuren, die sich im allgemeinen nur wenig von denen der Elektronen unterscheiden, oft jedoch *merklich stärker*, keinesfalls aber so stark wie die langsamer Protonen sind. Aus diesem Tatbestande kann man im Hinblick auf die Ausführungen unter a) schließen, daß es sich bei den betreffenden Teilchen jedenfalls nicht um Protonen handeln. kann, ihre Masse also sicherlich *kleiner als die Protonenmasse* ist. Die im Vergleich mit den Elektronen merklich größere Spurenstärke zwingt jedoch zu der Vermutung, daß wir es hier möglicherweise mit Teilchen zu tun haben, deren Masse *die Elektronenmasse wesentlich übertrifft*. Dazu kommt, daß sich der *Bremsstrahlungsverlust* dieser Teilchen, der dem Quadrat ihrer Ruhmasse verkehrt proportional ist, wesentlich *schwächer* erweist *als bei Elektronen*, was wiederum auf eine Masse größer als die Elektronenmasse m_e schließen läßt. NEDDERMEYER und ANDERSON zogen 1937 diesen Schluß und letzterer schlug für das so erkannte „*schwere Elektron*" den Namen „*Mesotron*" vor; es wird dafür heute auch die Bezeichnung „*Meson*" gebraucht. Die Ruhmasse m_ε des neuen Teilchens konnte in An-

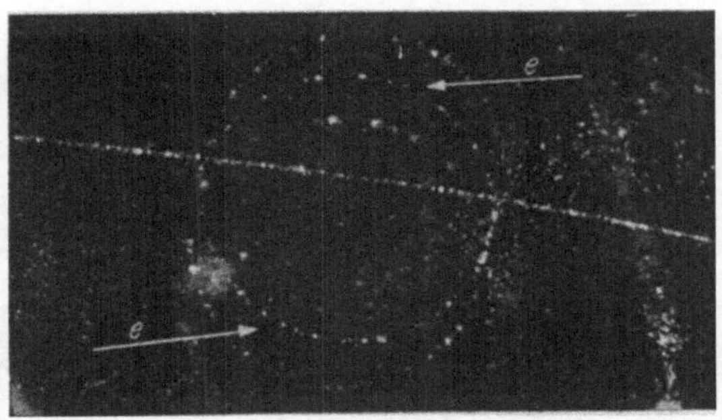

Abb. 37. Nebelkammeraufnahme eines *schweren* Elektrons in einem Magnetfeld von 2200 Gauß (nach WILLIAMS und PICKUP). Zum Vergleich wurde die Spur eines *leichten* Elektrons von $5 \cdot 10^5$ eV einkopiert.

betracht der Seltenheit für die Messung geeigneter Spuren — die Teilchengeschwindigkeit muß bereits wesentlich kleiner als die des Lichtes sein — bisher nur mit großer Unsicherheit bestimmt werden. Die Messungen ergaben:

$$120 \, m_e \leq m_\varepsilon \leq 430 \, m_e.$$

Die beobachteten Mesotronen ($\varepsilon^+, \varepsilon^-$) wiesen *positive* und *negative* Ladungen von der Größe des Elementarquantums auf.

Abb. 37 zeigt eine Nebelkammeraufnahme eines *schweren Elektrons* von WILLIAMS und PICKUP, in die zum Vergleich die Spur eines leichten Elektrons von $5 \cdot 10^5$ eV einkopiert wurde. Die Aufnahme erfolgte in einem Magnetfeld $H = 2200 \, \Gamma$; die Nebelspur des Mesotrons weist einen Krümmungsradius $r = 55$ cm auf. Diese Angaben ermöglichen zunächst die Berechnung der *magnetischen Steifigkeit* des Mesotrons auf Grund der Gl. (11b) der Fußnote auf S. 9:

$$\frac{m \, v \, c}{e} = H \cdot r = 2200 \cdot 55 \, \Gamma \, \text{cm} = 1{,}21 \cdot 10^5 \, \Gamma \, \text{cm} =$$
$$= 3{,}63 \cdot 10^7 \, \text{Volt} ,$$

da $1\varGamma = 300$ Volt/cm (s. S. 8, Fußnote [1]). Damit ist zugleich die Größe

$$A = m\,v\,c = 3{,}63 \cdot 10^7\,\text{eV} = 1{,}21 \cdot 10^5 \cdot 4{,}8 \cdot 10^{-10}\,\text{erg} =$$
$$= 5{,}8 \cdot 10^{-5}\,\text{erg}$$

bekannt. Die Bestimmung der *Ruhmasse* m_ε des Mesostrons kann sodann mit Hilfe der Gl. (46) erfolgen:

$$m_\varepsilon = \frac{A}{v \cdot c} \cdot \sqrt{1 - \frac{v^2}{c^2}}\,, \tag{46b}$$

sobald die Geschwindigkeit v des Teilchens bekannt ist. Ein Vergleich der Tröpfchendichten der Spuren von Mesotron und Elek-

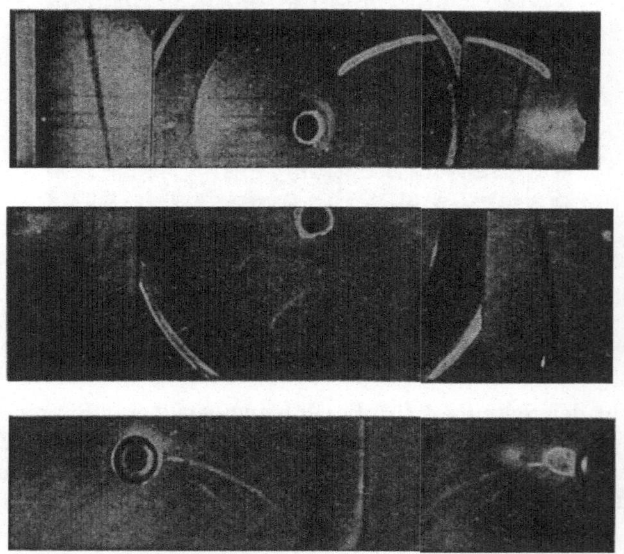

Abb. 38. Nebelkammeraufnahmen langsamer Mesotronen, deren Bahnen in der Kammer endigen (nach MAIER-LEIBNITZ). Magnetfeldstärke 2700 $\varGamma$. Infolge der längeren Expansionsdauer der „langsamen" Nebelkammer (s. S. 12 f) erscheinen die Bahnspuren verbreitert.

tron läßt erkennen, daß die *Ionisation* des schweren Elektrons 3,3 mal so stark ist wie die des leichten. WILLIAMS und PICKUP schlossen hieraus auf eine *Geschwindigkeit*

$$v = 0{,}41\,c\,.$$

Nun ist die Berechnung der *Ruhmasse* möglich und wir finden:

$$m_\varepsilon = \frac{5{,}8 \cdot 10^{-5}}{0{,}41 \cdot 9 \cdot 10^{10}} \cdot \sqrt{1 - 0{,}17} = 1{,}43 \cdot 10^{-25}\,\text{g}$$

oder

$$m_\varepsilon = \frac{1{,}43 \cdot 10^{-25}}{9 \cdot 10^{-28}} \cdot m_e = 160\,m_e\,.$$

In jüngster Zeit ist es H. MAIER-LEIBNITZ gelungen, mit seiner „langsamen" Nebelkammer (s. S. 12 f.) Aufnahmen *langsamer* Mesotronen zu erzielen, deren Bahnen in der Kammer endigen (Abb. 38).

Diese experimentellen Ergebnisse kamen nicht unerwartet, da bereits 1935 H. YUKAWA aus einer *wellenmechanischen* Theorie der Kernkräfte (s. S. 120 f.) die Existenz von Teilchen mit der Masse

$$m \approx \frac{h\,c}{2\,\pi\,e^2} \cdot m_e = 137\,m_e$$

und sowohl positiver wie negativer Ladung, aber auch ohne Ladung gefolgert hatte. Es liegt nahe, dieses YUKAWA-*Teilchen* mit dem *Mesotron* zu *identifizieren*.

4. Beschaffenheit der Höhenstrahlung.

Die Erscheinungsformen der Höhenstrahlung, wie sie uns in einer Fülle von Beobachtungen und Versuchen entgegentreten, sind ungemein vielfältig und verwickelt.

a) Intensität der harten und weichen Komponente. Nach dem Vorgange von AUGER erscheint es zweckmäßig, bei der Beschreibung der Höhenstrahlung grundsätzlich zwei Komponenten zu unterscheiden: eine *harte* (*durchdringende*), die durch einen Panzer von mehr als 10 cm Blei hindurchgeht, und eine *weiche*, die von 10 cm Blei zurückgehalten wird. Das Verhältnis der weichen Strahlung zur harten, das nach Ionisationsmessungen von BOWEN, MILLIKAN und NEHER in Meereshöhe etwa 30 % beträgt, nimmt mit wachsender Höhe zu (Abb. 39). In den höchsten Atmosphärenschichten (Stratosphäre) bei einem Druck von etwa 8 cm Hg erreicht die Vertikalintensität der Höhenstrahlung ein ausgeprägtes Maximum und fällt dann stark ab (Abb. 40). Die *gesamte* aus dem Weltraum einfallende *Energie* besitzt eine *Stromdichte* von etwa $1{,}7 \cdot 10^{11}\,\text{eV/cm}^2 \cdot \text{min}$, in Meereshöhe beträgt die Energiestromdichte der *durchdringenden* Strahlung etwa $6 \cdot 10^9\,\text{eV/cm}^2 \cdot \text{min}$. Das Verständnis für den geschilderten Intensitätsverlauf der Höhenstrahlung schöpfen wir aus der

b) Kaskadentheorie der Multiplikationsschauer. Wenn ein Elektron hoher Energie in Materie eindringt, so erzeugt es, z. B. bei

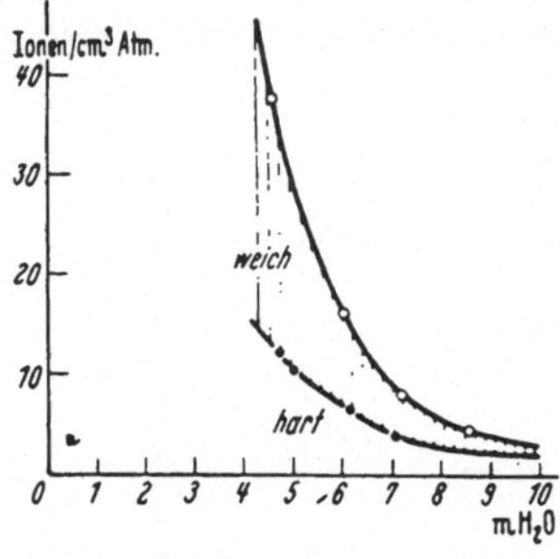

Abb. 39. *Harte* und *weiche Komponente* der Höhenstrahlung in der unteren Atmosphäre, deren Tiefe in m Wassersäule gemessen ist. Meßpunkte, die durch Ringe bezeichnet sind, beziehen sich auf Ionisationsmessungen ohne Panzer, schwarze Meßpunkte auf Messungen mit einem Panzer von 10 cm Pb. Die geschraffte Fläche stellt den Anteil an weicher Strahlung dar. (Nach BOWEN, MILLIKAN und NEHER.)

Blei schon in einer Tiefe von 4 mm, ein Lichtquant gleich hoher
Energie. Dieses Lichtquant kann im weiteren Verlauf ein Elektronenpaar hervorbringen, jeder Bestandteil dieses Paares wiederum
ein Lichtquant usw. Auf diese Weise kommt aus der betrachteten
Schichte Materie eine ganze Garbe von Elektronen, Positronen und
Lichtquanten heraus, die wir als *Schauer* und zwar ihrer Ent-
stehungsweise nach als *Multiplikationsschauer* bezeichnen (Abb. 29).

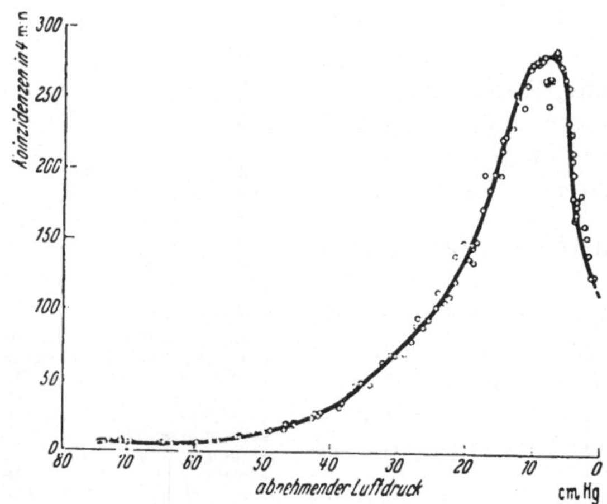

Abb. 40. *Vertikalintensität* der Höhenstrahlung, gemessen in Koinzidenzzahlen/4 min, als
Funktion der Atmosphärenhöhe (gemessen durch den Luftdruck in cm Hg). (Nach PFOTZER.)

Bei lückenlosem Ablauf dieses Vorganges muß die Zahl der geladenen Teilchen *kaskadenartig* nach einer *geometrischen Folge* anwachsen. Abb. 41 zeigt diese Erscheinung nach einer Nebelkammeraufnahme von FUSSELL: Ein in die Kammer von oben eintretender Höhenstrahl vervierfacht seine Teilchenzahl beim Durchtritt durch die erste Bleiplatte von 6,3 mm Dicke, er vervierfacht
sie weiter in der zweiten, ebenso dicken Bleiplatte; in einer dritten,
dünneren Platte (0,7 mm Pb) erfolgt nur mehr eine geringe
Streuung.

Auf die oberste Schichte unserer Atmosphäre angewandt, heißt
dies, daß sich die aus dem Weltraum einfallenden Elektronen dort
durch Multiplikationsschauer stark vermehren und auf solche Art
die *weiche* Komponente der Höhenstrahlung erzeugen, wodurch das
bei 8 cm Hg beobachtete *Strahlungsmaximum* verständlich wird.
Daß bei dieser Erklärung die *weiche* Strahlung neben zahlreichen
Elektronen beiderlei Vorzeichens auch eine große Zahl von energiereichen Lichtquanten enthalten muß, ist klar.

c) Schwere Elektronen als Hauptbestandteil der durchdringenden Strahlung. YUKAWAsche Theorie der Mesotronen. Eine befriedigende Erklärung für die Eigenschaften der *harten Komponente* der Höhenstrahlung glaubt man in der Theorie der schweren Elektronen von YUKAWA gefunden zu haben. Nach dieser ist ein solches Teilchen nach Art eines radioaktiven Körpers *instabil*, es kann unter Wahrung des Impuls- und Energiesatzes in ein *leichtes* (gewöhnliches) *Elektron* und ein *Neutrino* (s. S. 118) *zerfallen*. Um-

gekehrt kann ein *energiereiches Lichtquant* beim Zusammenstoß mit einem Atomkern ein oder mehrere YUKAWA-*Teilchen* erzeugen. Dieser Vorgang wird sich nach dem unter b) Gesagten erstmalig in jener Atmosphärenschichte (bei 8 cm Hg) abspielen, in der das Strahlungsmaximum erreicht wird. Indem wir nun vorzugsweise die schweren Elektronen neben Protonen und allenfalls auch Neutronen als Träger der *durchdringenden* Strahlung ansehen, werden wir ihren Entstehungsort gerade in dieser Stratosphärenhöhe vermuten. Die dort gebildeten Mesotronen werden einerseits in leichte Elektronen und Neutrinos *zerfallen* (s. oben), andererseits beim Zusammenstoß mit Atomkernen wieder *Licht-*

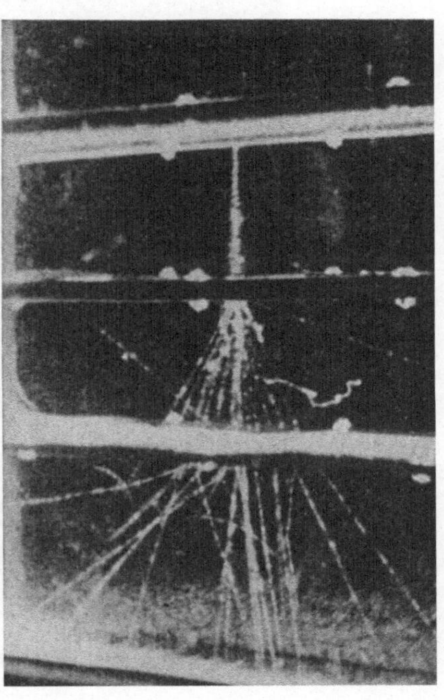

Abb. 41. *Kaskadenschauer* nach einer Aufnahme von FUSSELL. Der von oben kommende Höhenstrahl durchsetzt drei Bleiplatten von 6,3 mm, 6,3 und 0,7 mm Dicke.

quanten erzeugen, die ihrerseits nach b) *Kaskaden* von Teilchen hervorrufen.

Nach W. HEITLER kommen dabei folgende Entstehungsvorgänge in Frage:

1. $\varepsilon^+ + {}^1_0 n = {}^1_1 p + h\nu$, $h\nu \rightarrow$ *Kaskadenschauer*;
2. $\varepsilon^+ + {}^1_0 n = {}^1_1 p + \varepsilon^+ + \varepsilon^-$ und anschließend 1. und 3. Fall;
3. $\varepsilon^- + {}^1_1 p = {}^1_0 n + h\nu$, $h\nu \rightarrow$ *Kaskadenschauer*.

Auf solche Weise wird die *weiche Strahlung* in den **unteren**

Atmosphärenschichten als *Sekundärwirkung* der *harten* Komponente verständlich.

Um das beobachtete Verhältnis von weicher zu harter Strahlung in Meereshöhe (s. oben unter a) richtig wiederzugeben, muß man eine *mittlere Lebensdauer* t_m des *schweren* Elektrons im Betrage von $2 \cdot 10^{-6}$ Sekunden annehmen. Eine *direkte* Bestimmung

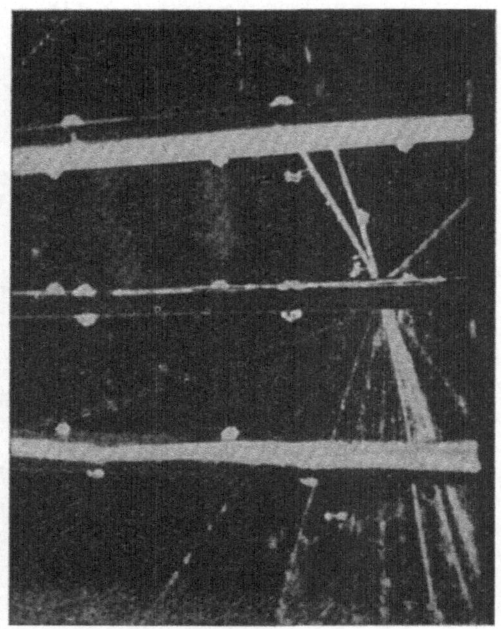

Abb. 42. *Explosionsschauer* nach einer Aufnahme von FUSSELL. Bleiplattenanordnung wie in Abb. 41.

der mittleren Mesotronenlebensdauer gelang P. EHRENFEST. Er hat die Intensität eines bestimmten Energiebereiches der harten Strahlung einmal auf dem Jungfraujoch und einmal in Paris gemessen. Aus dem Intensitätsunterschied konnte er auf die Zahl der Mesotronen schließen, die bei Zurücklegung des Höhenunterschiedes von etwa 3000 m zerfallen sind. Aus der Geschwindigkeit der Teilchen ergab sich ferner die von ihnen auf diesem Wege benötigte Zeit im Betrage von 10^{-4} s. Aus beiden Ergebnissen errechnete EHRENFEST eine *mittlere Lebensdauer* von $3{,}4 \cdot 10^{-6}$ s. Die Theorie von YUKAWA ergibt allerdings $t_m = 5 \cdot 10^{-7}$ s, also einen wesentlich kleineren Wert.

d) Ionisationsschauer. Außer den unter b) beschriebenen Multiplikationsschauern beobachtet man hinter dicken Schichten von Materie (Pb) sog. *Ionisationsschauer*, die von den *schweren Teilchen* (Protonen und Mesotronen) der durchdringenden Strahlung durch *Stoßionisation* erzeugt werden, indem Hüllenelektronen der getroffenen Atome so stark angeregt werden, daß sie ihrerseits Kaskaden hervorrufen.

e) Explosionsschauer. Die YUKAWAsche Theorie der Mesotronen läßt beim Zusammenstoß eines solchen Teilchens mit einem Proton oder Neutron, wenn die zur Verfügung stehende Energie 10^8 eV übersteigt, eine *explosionsartige* Erscheinung erwarten, in

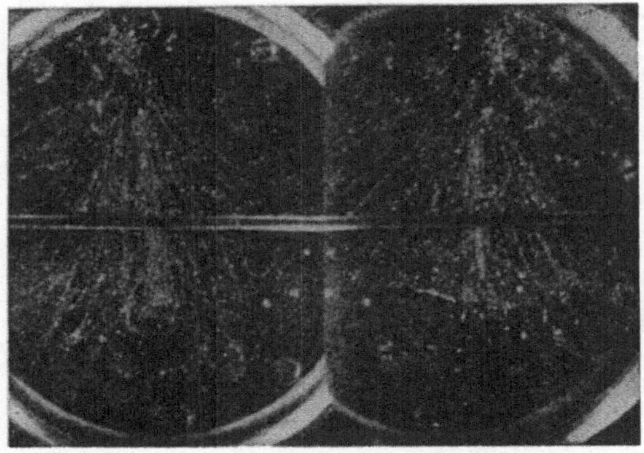

Abb. 43. *Stoßartiger Schauer* von schätzungsweise mehr als 300 Teilchen und mehr als 1,5 · 19⁹ eV Gesamtenergie. (Nach ANDERSON und NEDDERMEYER.)

deren Verlauf ein Schauer von Teilchen erzeugt wird, der zumeist aus Protonen, Neutronen und Mesotronen, mit geringerer Wahrscheinlichkeit aber auch aus Lichtquanten und Elektronen besteht. Abb. 42 zeigt einen solchen *Explosionsschauer*, der dadurch gekennzeichnet ist, daß der erzeugende Strahl die erste Bleiplatte von 6 mm Dicke ungestört durchsetzt und den ganzen Schauer in der zweiten Platte (6 mm) allein auslöst. Der Schauer selbst weist einige stark ionisierende Spuren auf, die entweder Protonen oder im Schauer selbst erzeugte Mesotronen sein können. Unter 900 Kaskadenaufnahmen sind von FUSSELL nur 3 Explosionsschauer festgestellt worden.

f) Große Schauer und HOFFMANN sche Stöße. Eine besonders merkwürdige Erscheinung sind *große Schauer*, die bis 1000 schwach ionisierende Teilchen (Elektronen) enthalten können und offenbar die sog. HOFFMANNschen *Stöße* hervorrufen. Diese wurden erstmals (1927) von G. HOFFMANN in einer Hochdruckionisationskammer auf dem Muottas Muraigl (Ostschweiz) beobachtet. Abb. 43

zeigt einen *stoßartigen Schauer*, der schätzungsweise mehr als 300 Teilchen mit einer Gesamtenergie von über $1,5 \cdot 10^9$ eV enthält, nach einer Nebelkammeraufnahme von ANDERSON und NEDDER-MEYER. Es handelt sich bei diesen Stößen zum Teil um *Kaskaden* leichter Elektronen, häufiger aber um *Explosionen*, an denen vorwiegend *schwere* Elektronen beteiligt sind.

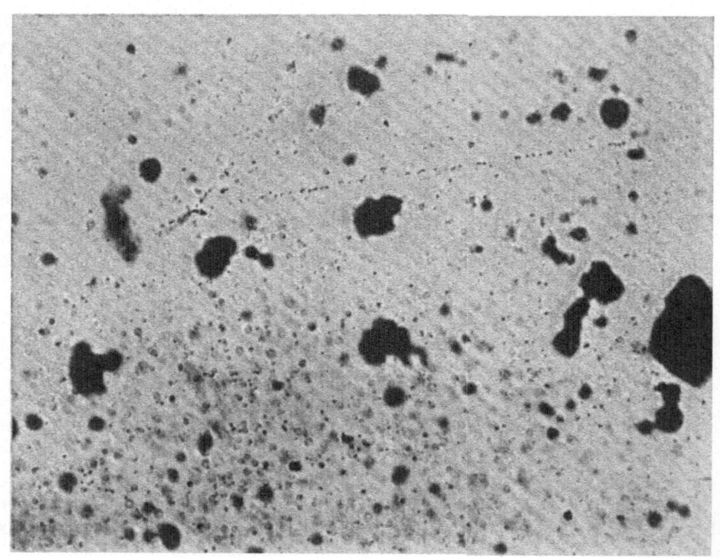

Abb. 44. *Sternbildung* durch „*Kernverdampfung*" nach BLAU und WAMBACHER.

g) Kernzertrümmerungen. Mit zunehmender Höhe beobachtet man in steigendem Maße das Auftreten langsamer schwerer Teilchen, vermutlich *Protonen* oder *Mesotronen*, in einzelnen Fällen vielleicht auch α-*Teilchen*, die auf photographischen Platten, die der Höhenstrahlung ausgesetzt werden, deutliche Bahnspuren zurücklassen. BLAU und WAMBACHER haben so strahlenförmig von einem Punkte ausgehende Spuren, sog. „*Sterne*" erhalten (Abb. 44), bei denen es sich wohl um *Protonen* handeln dürfte, die durch „*Kernverdampfung*" unter Einwirkung eines energiereichen Höhenstrahles entstanden sind.

5. Herkunft der Höhenstrahlung.

Es fehlt nicht an Versuchen, die Entstehung der durch ihren Energiereichtum so merkwürdigen und geheimnisvollen Höhenstrahlung zu erklären. Weder *radioaktive Vorgänge* noch *Kern-*

zertrümmerungen vermögen Energien der erforderlichen Größenordnung zu liefern. So erhielten z. B. JOLIOT und KOWARSKI bei der Beschießung von Silber mit Neutronen Elektronen von höchstens $3 \cdot 10^7$ eV. Die künstliche Zertrümmerung des Lithiums durch Protonen liefert eine γ-Strahlung von etwa $1{,}7 \cdot 10^7$ eV. Wir erhalten also bestenfalls Energien, wie sie in der *weichen* Höhenstrahlung auftreten.

MILLIKAN hat versucht, die Höhenstrahlen als „*Geburtsschreie der Atome*" zu deuten. Nach seiner Meinung sollen vier Kernprozesse: der *Aufbau* des He-, O-, Si- und Fe-Kernes aus H-Kernen die Grundenergien der Höhenstrahlung liefern. Diese bestünde danach aus folgenden vier Komponenten:

Z a h l e n t a f e l 5.

Entstehungsvorgang	Energie in 10^8 eV	Massenschwächungszahl theoretisch	$\frac{\mu}{\varrho}$ in $10^{-3} \frac{cm^2}{g}$ beobachtet
H → He	0,27	7,96	8,0
H → O	1,16	2,41	2,0
H → Si	2,16	1,42	1,0
H → Fe	5,00	0,75	0,28

Energien über 10^9 eV vermag jedoch kein Kernaufbau zu erbringen. Solche Energien können nur bei „*Zerstrahlung*" *von Materie* (Umwandlung von Materie in Strahlung) entstehen. Während bei der gegenseitigen Vernichtung von Elektronen und Positron nur eine Strahlungsenergie von etwa 10^6 eV frei wird (s. S. 32), ergäbe sich bei der Zerstrahlung eines *Protons* mit der 1836-fachen Elektronenmasse (gegenseitigen Vernichtung eines Protons und eines Elektrons) immerhin schon ein Energiebetrag in der Höhe von $9{,}3 \cdot 10^8$ eV. Die Vernichtung eines α-*Teilchens* (*Heliumzerstrahlung*) könnte die vierfache Energie, also etwa $4 \cdot 10^9$ eV liefern. Entsprechend müßte bei der Zerstrahlung höherer Atomkerne der freiwerdende Energiebetrag ansteigen, er könnte aber die Höhe von $2 \cdot 10^{11}$ eV nicht überschreiten. Da nun aber Höhenstrahlen mit 10^{12} eV beobachtet worden sind, reichen also auch Zerstrahlungsvorgänge zur Erklärung der Höhenstrahlung nicht hin.

BOTHE und KOLHÖRSTER vermuten, daß die Höhenstrahlteilchen ihre Geschwindigkeiten in verhältnismäßig schwachen, aber weit ausgedehnten *elektrischen Feldern im interstellaren Raum* erlangen; MILNE möchte hierfür die *Gravitation* des Universums verantwortlich machen.

Die *Sonne*, genauer die *Sonnenflecke* können nur als *Teil*quellen der Höhenstrahlung angesehen werden. Ihren eigentlichen Ursprung vermuten BAADE und ZWICKY in den *Supernova-Sternen,* die besonders stark exotherme Entwicklungsvorgänge durchmachen und dabei Energien ausstrahlen, die in Erdnähe der tatsächlich gemessenen Gesamtenergie der Höhenstrahlung von $3 \cdot 10^{-3}$ erg/cm$^2 \cdot$ s gleichkommen. Nach ZANSTRA senden z. B. die Supernovae 1885 im Andromedanebel (Entfernung $0{,}8 \cdot 10^6$ Lichtjahre) und 1907 im Messier 101 (Entfernung $1{,}3 \cdot 10^6$ Lichtjahre) Protonen aus, die heute die Erde mit Energien von $0{,}84 \cdot 10^{11}$ bzw. $1{,}43 \cdot 10^{11}$ eV erreichen, wodurch allerdings nur etwa 1% der Gesamtintensität der Höhenstrahlung gedeckt würde.

Es fehlt ferner nicht an dem Versuch, *irdische* Quellen der Höhenstrahlung in den höchsten Atmosphärenschichten namhaft zu machen; doch hat sich ihre Unzulänglichkeit sowohl hinsichtlich der Gesamtintensität wie derjenigen des Einzelstrahles herausgestellt. Auf die Vermutung *interstellarer* und *intergalaktischer* Quellen sei zum Schlusse noch hingewiesen.

D. Die zusammengesetzten Atomkerne.

1. Feststellung der Kernarten durch Kanalstrahlenanalyse.

a) Parabelmethode von J. J. THOMSON. 1886 hat E. GOLDSTEIN das Gegenstück zur Kathodenstrahlung entdeckt. Er benützte eine *durchlöcherte* Kathode K (Abb. 45). Noch ehe das Kathodenstrahlvakuum erreicht war, zeigte sich hinter der Kathode eine Strahlung, die, aus dem Raume zwischen Anode A und Kathode K stammend, diese durchsetzt hatte. Wie die Untersuchung durch *elektrische* und *magnetische Ablenkung* ergibt, handelt es sich hierbei um *positiv geladene Kerne*

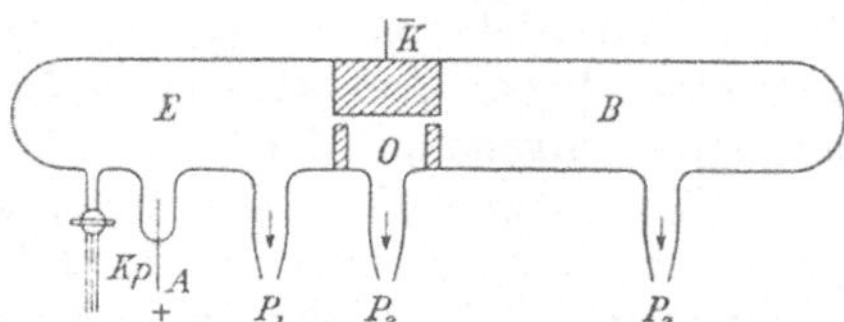

Abb. 45. Kanalstrahlrohr (schematisch).

A Anode, K ein durchbohrte Kathode, E Entladungsraum, B Beobachtungsraum, P_1, P_2, P_3 Anschlüsse für Hochvakuumpumpen, Kp Kapillare mit Hahn zur Nachlieferung von Gas.

des in der Röhre befindlichen Gases, z. B. O$^+$, N$^+$, CO$^+$ usw. Da die Strahlen durch eine mit *Löchern* („*Kanälen*“) versehene Kathode gehen, nannte sie GOLDSTEIN *Kanal*strahlen. Um einerseits Kanalstrahlen genügender Intensität zu erhalten, andererseits diese Strahlen möglichst ungestört beobachten zu können, muß im Entladungsraum E vor der Kathode verhältnismäßig hoher Gasdruck (0,01 mm Hg), im Beobachtungsraum B hinter derselben ein möglichst vollkommenes Hochvakuum (mindestens 10^{-4} mm Hg) vorhanden sein. Dies wird durch in geeigneter Weise an die Röhre angeschlossene Hochvakuumpumpen erreicht.

Wir wenden uns nun zur *mathematischen* Behandlung des Ablenkungsvorganges (Abb. 46). Wir wollen annehmen, daß ein in der x-Richtung fliegendes, positives Teilchen mit der Geschwindigkeit v bei O in das *elektrische Feld* mit der Feldstärke F (senk-

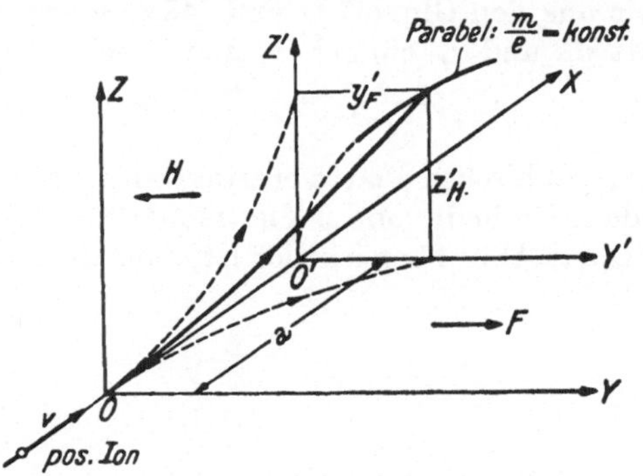

Abb. 46. Ablenkung eines Kanalstrahlteilchens im elektrischen und magnetischen Feld.

recht zur Richtung der Bewegung) eintritt. Dieses Feld biegt seine Bahn nach einer *Parabel* in der xy-Ebene:

$$y = \frac{b_e}{2\,v^2}\,x^2\,,\quad b_e = \frac{eF}{m} \tag{47}$$

(vgl. S. 8). Bei $x = a$ wird parallel zur yz-Ebene eine photographische Platte angebracht ($y'\,z'$-Ebene). Durch das elektrische Feld wird die Schwärzung statt in O' im Punkte

$$y_F' = \frac{a^2}{2}\cdot\frac{eF}{m\,v^2}\,,\quad z_F' = 0 \tag{47a}$$

hervorgebracht.

Würde auf das Teilchen statt des elektrischen Feldes ein *magnetisches Feld* mit der Feldstärke H einwirken, so würde es in einen *Kreis*bogen gelenkt, der in erster Annäherung durch einen *Parabel*bogen in der xz-Ebene ersetzt werden kann:

$$z = \frac{b_m}{2\,v^2}\,x^2\,,\quad b_m = \frac{v^2}{r} = \frac{eHv}{mc} \tag{48}$$

(vgl. S. 8). Der Schwärzungsfleck auf der Platte entstünde jetzt im Punkte

$$y_H' = 0\,,\quad z_H' = \frac{a^2}{2c}\cdot\frac{eH}{mv}\,. \tag{48a}$$

Verwendet man *beide Felder* gleichzeitig, so trifft das Teilchen die Platte im Punkt (y_F', z_H'). Diese Koordinaten hängen ab von der spezifischen Ladung $\frac{e}{m}$ der Teilchen und insbesondere von

ihrer Geschwindigkeit v. Wir wollen nun auf der Platte die
Spur solcher Teilchen ermitteln, die zwar die gleiche spezifische
Ladung, aber — wie dies ja durch Zusammenstöße hervorgerufen
wird — verschiedene Geschwindigkeit haben. Zu diesem Zwecke
entfernen wir aus den Gln. (47a) und (48a) v und erhalten, indem wir statt y'_F und z'_H einfach y' und z' schreiben:

$$y' = \frac{2\,c^2}{a^2} \cdot \frac{m}{e} \cdot \frac{F}{H^2} \cdot z'^2 . \tag{49}$$

Auf der photographischen Platte entsteht also eine *Parabel*; man
nennt daher diese Methode von J. J. Thomson (1913), deren praktische
Durchführung aus Abb. 47 ersichtlich ist, auch die *Parabelmethode*.

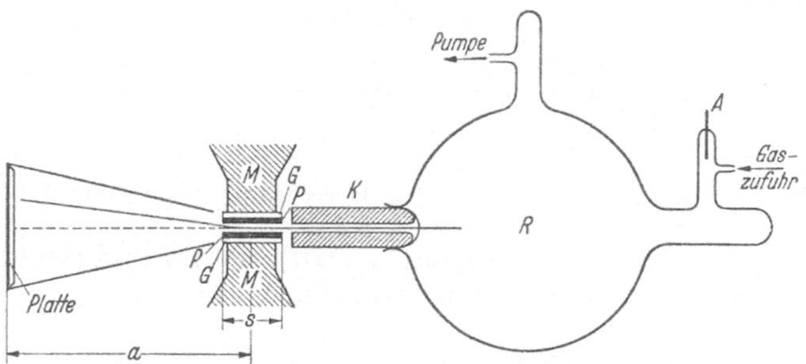

Abb. 47. *Parabelmethode* von J. J. Thomson.

R Entladungsrohr, an dem eine Spannung von 30 bis 50 kV liegt, K durchbohrte Kathode,
M Elektromagnet, dessen Polschuhe P durch dünne Glimmerplättchen G isoliert sind, so
daß sie zugleich als Kondensatorplatten eines elektrischen Feldes dienen können.

Alle Teilchen von gleicher spezifischer Ladung treffen auf demselben Parabelbogen auf. Die verschiedenen Parabeln unterscheiden sich bei gleichen äußeren Bedingungen (F, H) nur durch die
verschiedenen Werte von $\frac{e}{m}$. Für denselben Wert von y' ergibt sich

$$\frac{m_1}{e_1}z_1'^2 = \frac{m_2}{e_2}z_2'^2 \quad \text{oder} \quad \frac{e_1}{m_1} : \frac{e_2}{m_2} = z_1'^2 : z_2'^2 ; \tag{50}$$

insbesondere für $e_2 = e_1$:

$$m_1 : m_2 = z_2'^2 : z_1'^2 . \tag{50a}$$

Die *spezifischen Ladungen* bzw. die *reziproken Massen* verhalten
sich also wie die *Quadrate entsprechender Ordinaten*. Den Ursprung
des Koordinatensystems findet man mit Hilfe des unabgelenkten
Strahles durch Ausschalten der Felder. Die Umkehrung der Felder
liefert in den anderen Quadranten symmetrische Parabeln, die die
genaue Lage der Koordinatenachsen zu bestimmen gestatten
(Abb. 48 und 49).

Eine eindrucksvolle Anwendung der Parabelmethode zur Bestimmung der Masse des *schweren Wasserstoffes* ^{2}D im Vergleich mit jener von ^{1}H zeigt Abb. 50, auf der die Spuren der negativen Ionen von ^{1}H und ^{2}D (die letzteren natürlich bedeutend schwächer) zu erkennen sind. Wie man sich durch einfaches Ausmessen überzeugen kann, beträgt das Ordinatenverhältnis an einer beliebigen Stelle y'

$$z_{\mathrm{H}}' : z_{\mathrm{D}}' = 1,4 : 1 = \sqrt{2} : 1,$$

woraus

$$m_{\mathrm{D}} : m_{\mathrm{H}} = z_{\mathrm{H}}'^2 : z_{\mathrm{D}}'^2 = 2 : 1$$

folgt.

b) Der Massenspektrograph. Eine Anordnung, welche gestattet, Teilchen hinsichtlich ihrer spezifischen Ladung e/m zu sondern und solche mit gleichem e/m in demselben Punkte einer photographischen Platte zu vereinigen, bezeichnet man als einen *Massenspektrographen* und die auf der photographischen Platte erzeugten Schwärzungsflecke, die jeweils zu einem bestimmten e/m-Wert gehören, als *Massenspektrum*. Diese Sonderung kann erreicht werden durch:

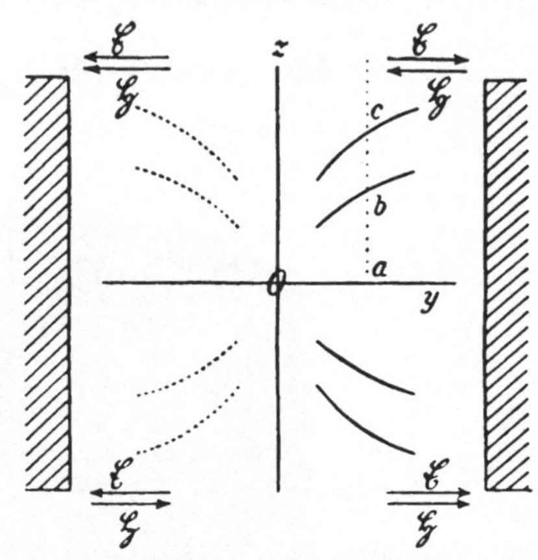

Abb. 48. Parabeln positiver Ionen bei Einwirkung paralleler elektrischer und magnetischer Felder.

α) Geschwindigkeitsfokussierung. Einen wesentlichen Fortschritt gegenüber der Parabelmethode erzielte F. W. Aston 1919 dadurch, daß es ihm mit Hilfe *gekreuzter Felder* gelang, Teilchen *verschiedener Geschwindigkeit* (bei gleicher spezifischer Ladung) zu vereinigen (zu fokussieren). Zu diesem Behufe verwandte er ein geeignetes *Magnetfeld* (Abb. 51), dessen Feldlinien *senkrecht* zu denen des *elektrischen* Feldes verlaufen. Während dieses den Strahl der eintretenden Teilchen verschiedener Geschwindigkeit um einen Winkel Θ ablenkt und ihn dabei in einen Fächer ausbreitet, aus dem die Blende D den Mittelteil aussondert, besorgt das in *entgegengesetzter* Richtung ablenkende Magnetfeld unter einem gewissen Winkel Φ die Wiedervereinigung dieser verschieden geschwinden Teilchen, die auf der photographischen Platte in F gesammelt werden.

Nehmen wir die im Bogenmaß gemessenen Ablenkungswinkel Θ und Φ als *klein* an, so gilt im Hinblick auf Gl. (47a) und (48a)

$$\Theta = k\,\frac{e\,F}{m\,v^2}, \qquad \Phi = k'\,\frac{e\,H}{m\,v}, \tag{51}$$

wobei k, k' von der Anordnung abhängige Proportionalitätsfaktoren bezeichnen. Die durch das elektrische bzw. magnetische Feld infolge der verschiedenen Geschwindigkeit v der Teilchen hervorgerufene Streuung beträgt:

$$\delta \Theta = -2\,k\,\frac{e\,F}{m\,v^3}\,\delta v\,, \qquad \frac{\delta \Theta}{\Theta} = -2\,\frac{\delta v}{v}\,;$$

$$\delta \Phi = -k'\,\frac{e\,H}{m\,v^2}\,\delta v\,, \qquad \frac{\delta \Phi}{\Phi} = -\,\frac{\delta v}{v}\,.$$

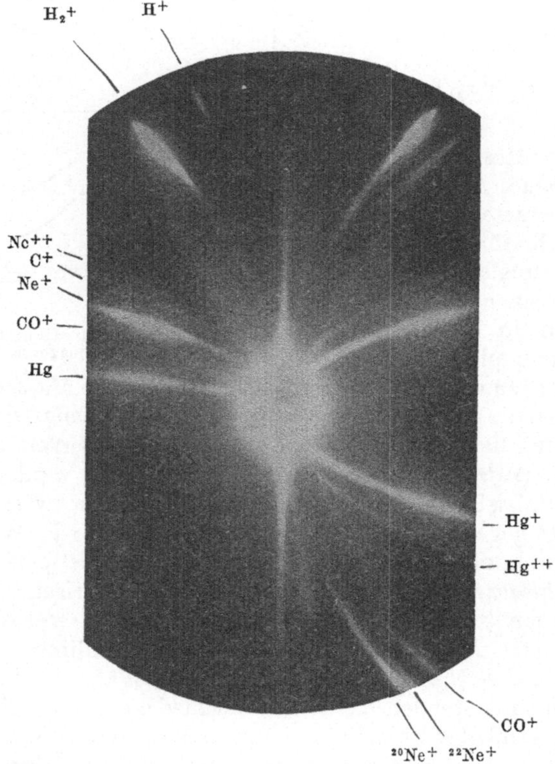

Abb. 49. Kanalstrahlparabeln bei Neonfüllung (nach F. W. Aston).

Daraus folgt:

$$\frac{\delta \Theta}{\Theta} = 2\,\frac{\delta \Phi}{\Phi}\,. \tag{52}$$

Setzen wir mit Bezug auf Abb. 51 die Strecken $\overline{ZO} = l$, $\overline{OF} = r$, so finden wir unter der bereits gemachten Voraussetzung *kleiner Ablenkungswinkel* Θ und Φ und mit Berücksichtigung von Gl. (52)

für die gesamte Streuung

$$\Delta = (l + r)\,\delta\Theta - r\,\delta\Phi = \left[l + r\left(1 - \frac{\Phi}{2\,\Theta}\right)\right]\delta\,\Theta.$$

Diese Streuung muß, um die angestrebte *Fokussierung* zu erreichen, *verschwinden*, d. h. es muß

$$r\,(\Phi - 2\,\Theta) = l \cdot 2\,\Theta \approx \overline{ON}$$

werden. Um *scharfe Massenspektren* zu erhalten, muß somit die photographische Platte in die Lage der Astonschen *Geraden Z B* nach *GF* gebracht werden (Abb. 51).

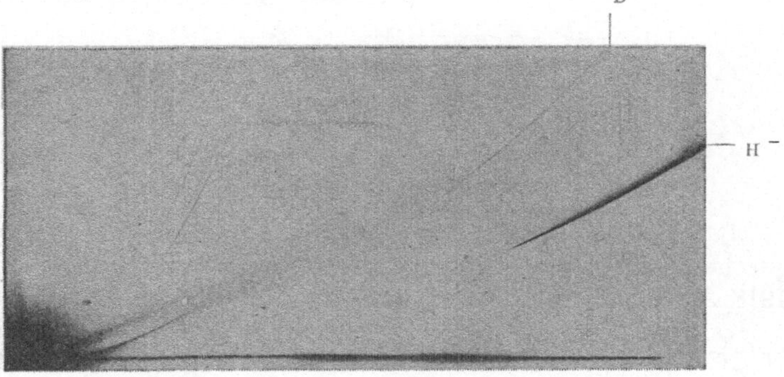

Abb. 50. Massenspektren der negativen Ionen von H und D.

Die Anordnung des Astonschen Gerätes, das einem *Prismenspektrographen ohne Linsen* vergleichbar ist, zeigt Abb. 52. Aus

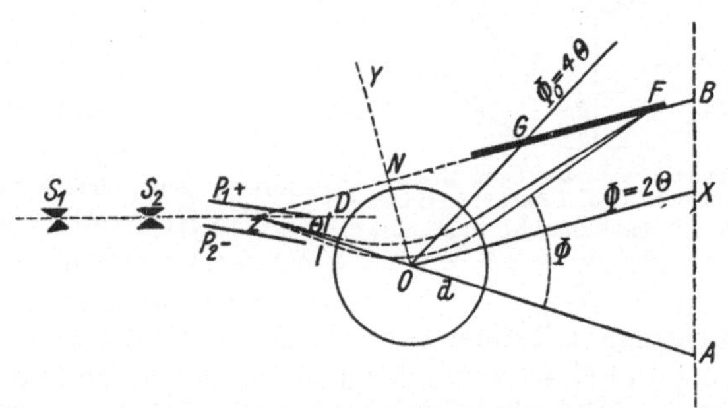

Abb. 51. Geschwindigkeitsfokussierung beim Astonschen Massenspektrographen
(nach F. W. Aston).

dem Entladungsrohr *B* treten die Kanalstrahlen durch die mit einem sehr feinen Kanal S_1 von 0,03 mm Weite versehene Kathode *C* und eine weitere Schlitzblende S_2 in das elektrische Feld des Ablenkkondensators mit den Platten J_1, J_2 ein, aus dem sie durch den verstellbaren Hahnspalt L in das Feld des Magneten M und von dort je nach ihrer spezifischen Ladung $\frac{e}{m}$ (hinsichtlich ihrer verschiedenen Geschwindigkeiten fokussiert) auf verschiedene Stellen der photographischen Platte W gelangen. Das Rohr R mit einer Lichtquelle bei T erlaubt die Anbringung einer Meßmarke auf der photographischen Platte. Der Leuchtschirm Y dient zur Überprüfung der Einstellung der ablenkenden Felder.

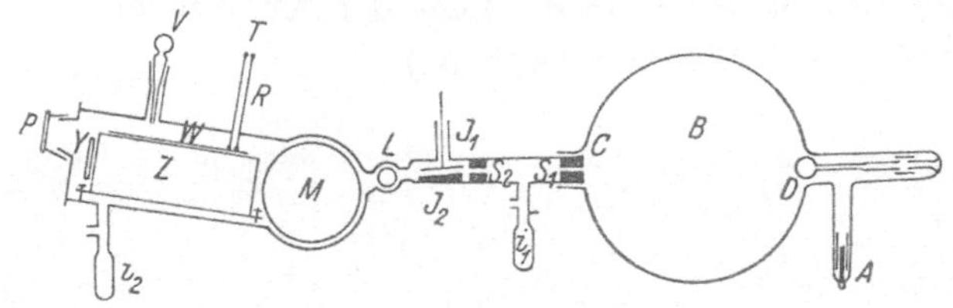

Abb. 52. Massenspektrograph von F. W. ASTON.

β) Richtungsfokussierung. Einen anderen Weg, Teilchen gleicher spezifischer Ladung in einem Punkte zu vereinigen, schlug 1918 A. J. DEMPSTER ein. Seine Anordnung zeigt Abb. 53. Die bei K erzeugten Ionen werden auf dem Wege zur Schlitzblende S durch ein Spannungsgefälle U beschleunigt. Für jedes Teilchen gilt dann die Energiegleichung:

$$\frac{m}{2} \cdot v^2 = e \cdot U, \qquad (4)$$

d. h. alle Teilchen gleicher spezifischer Ladung langen mit derselben Endgeschwindigkeit v beim Eintrittsspalt S an. Ihre *Richtungen* werden jedoch ein wenig *verschieden* sein. Damit ergibt sich die Aufgabe, Teilchen verschiedener Richtung (bei gleicher spez. Ladung und Geschwindigkeit) zu vereinigen (zu fokussieren). Dies gelingt mit Hilfe eines *Magnetfeldes* (senkrecht zur Ebene der Abb. 53), das Teilchen gleicher Geschwindigkeit, die unter einem nicht allzu großen Öffnungswinkel in dasselbe eintreten, auf *Kreisbahnen* ablenkt und nach einer *Drehung um* 180° wieder in einem Punkte vereinigt. Durch geeignete Wahl der magnetischen Feldstärke wird es so möglich, Teilchen mit bestimmtem $\frac{e}{m}$ dem Auf-

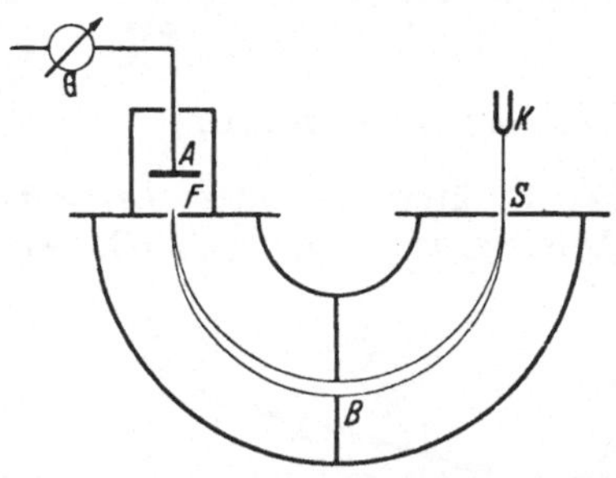

Abb. 53. *Richtungsfokussierung* beim Massenspektrographen von A. J. DEMPSTER (1918). K Ionenquelle, S Schlitzblende, B Blende, F Auffängerspalt, A Auffänger, G Galvanometer.

fängerspalt F zuzuführen und durch einen Ausschlag des Galvanometers G nachzuweisen. An die Stelle des Spaltes F kann auch eine photographische Platte treten, auf der Teilchen mit verschiedenem $\dfrac{e}{m}$, also auch verschiedenem v (die Ablenkungskreise werden verschieden groß) ein Massenspektrum erzeugen.

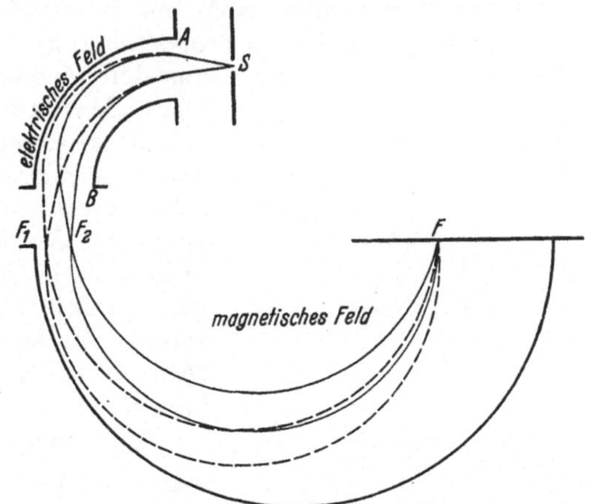

Abb. 54. *Richtungs-* und *Geschwindigkeitsfokussierung* beim neuen Massenspektrographen von A. J. DEMPSTER (1935).
Durch das elektrische Feld werden Strahlen verschiedener Richtungen in F_1 und F_2 fokussiert, durch das magnetische Feld die Strahlen verschiedener Geschwindigkeit in F vereinigt.

γ) Doppelfokussierung. Es liegt nahe, die Vorteile beider Verfahren zu vereinigen und eine Anordnung zu ersinnen, bei der Teilchen gleicher spez. Ladung sowohl hinsichtlich der Richtung wie der Geschwindigkeit fokussiert werden. Eine Lösung dieser Art stellt der *neue* Massenspektograph von DEMPSTER (1935) dar. Abb. 54 zeigt die Anordnung. Ein *elektrisches Radialfeld* von 90° besorgt zunächst für die verschiedenen Geschwindigkeiten v_1 und v_2 die *Richtungsfokussierung* in F_1 und F_2, worauf durch ein *Magnetfeld* von 180° eine abermalige *Richtungs-* und zugleich *Geschwindigkeitsfokussierung* in F erfolgt. Diese *Doppel*fokussierung kann jedoch wegen der bei verschiedener Geschwindigkeit verschiedenen Größe der Kreisbahnen im Magnetfeld nur für *eine* bestimmte Masse in Strenge erreicht werden.

Doppelfokussierung für den *gesamten Massenbereich* erzielten 1934 J. MATTAUCH und R. HERZOG mit ihrer in Abb. 55 dargestellten Anordnung. Sie haben in einer besonderen Untersuchung gezeigt, daß dieses Ziel durch geeignete Wahl der Ablenkwinkel des elektrischen und magnetischen Feldes (Φ_e und Φ) sowie der

Entfernung l_e des Ausgangsspaltes S auf verschiedene Weise erreicht werden kann. Bei dem von ihnen gebauten Massenspektrographen wird das von S ausgehende Strahlenbündel zuerst in einem *elektrischen Radialfeld* von 31° 50′ in eine Reihe von Parallelstrahlbündeln verschiedener Geschwindigkeit zerlegt, worauf diese in einem *Magnetfeld* von 90° *doppelt* fokussiert werden. Diese Anordnung besitzt den Vorteil einer *einfachen Massenskala*, da sich die Abstände ϱ der einzelnen Linien proportional zu den Wurzeln aus den Massen erweisen. Der MATTAUCH-HERZOGsche *Massenspektrograph* ist das vollständige Gegenstück zum *optischen Prismenspektrographen*, den er sogar an Linienschärfe übertrifft, wie die im folgenden besprochenen Massenspektren (Abb. 56 und 57) erkennen lassen.

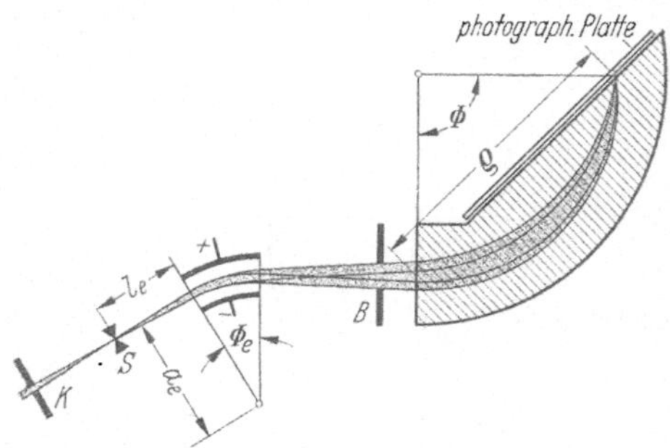

Abb. 55. *Richtungs-* und *Geschwindigkeitsfokussierung* beim MATTAUCH-HERZOGschen Massenspektrographen (nach J. MATTAUCH).

K Kanalende; *S* abzubildender Spektrographenspalt im Brennpunkt eines elektrischen Radialfeldes vom Öffnungswinkel Φ_e = 31° 50′ und mittleren Radius a_e; *B* Blende; Φ = 90° Ablenkungswinkel im Magnetfeld. Eingezeichnet sind zwei Strahlenbündel verschiedener Geschwindigkeit einer bestimmten Masse, die jedes für sich und beide zusammen in einem Punkt der photographischen Platte vereinigt werden. Diese Abbildung des Spaltes *S* findet in der Entfernung ϱ vom Eintrittspunkt des Mittelstrahles statt. Die photographische Platte stellt den geometrischen Ort der Bildpunkte für die verschiedenen Massen des Strahles dar.

Alle Massenspektren zeigen, abgesehen von den der besonderen Füllung des Entladungsrohres entsprechenden Linien, immer wieder dieselben Linien, die von *Verunreinigungen*, insbesondere von Gasen (C-Verbindungen) herrühren, die den Hahnfetten entstammen. Diese Linien eignen sich vorzüglich als *Bezugslinien*. Abb. 56, die eine der Breite nach halbierte Platte mit 6 Aufnahmen (3 mit größerem, 3 mit kleinerem Magnetfeld und Expositionszeiten von 1 Stunde, 20 Minuten und 3 Minuten hergestellt) zur Darstellung bringt, zeigt viele solche Linien. Die beigedruckten Zahlen bedeuten die Massenzahlen (bezogen auf $O = 16$). Man findet z. B. CO^+ $(12 + 16)$ und $C_2H_4^+$ $(2 \cdot 12 + 4 \cdot 1)$ bei der Massenzahl 28, N^+ und CH_2^+ $(12 + 2 \cdot 1)$ bei der Massenzahl 14, O^{++} bei der Massenzahl 8 (doppelte Ladung kommt halber Masse gleich). Man erkennt ferner (deutlich getrennt) bei der Massenzahl 16 die Linien CH_4^+ und NH_2^+ (Dublett), die einer Massendifferenz $CH_4 - NH_2 = (12{,}0039 + 4 \cdot 1{,}0081) - (14{,}0075 + 2 \cdot 1{,}0081) = 16{,}0363 - 16{,}0237 = 0{,}0126$ M. E. entsprechen und ein Maß für das *Auflösungsvermögen* des Apparates darstellen. Ein besonders eindruckvolles Bild vom Auflösungsvermögen eines modernen Massenspektrographen vermittelt Abb. 57, die das Massenspektrum in der Umgebung der Massenzahl 20 zeigt und von J. MATTAUCH stammt. Über dem Bild der photographischen Platte, wie es unter dem Mikroskop erscheint, ist die zugehörige Mikrophotometerkurve mit Angabe der Zuordnung der einzelnen Linien dargestellt. Der Abstand der äußersten Linien von $^{40}A^{++}$ (39,975:2 = 19,988 ME) bis $^{12}CD_4^+$ (12,004 + 2,014,₇ · 4 = 20,063 ME) beträgt nur 0,075 ME, also nicht ganz 0,4% der Masse 20.

Um die Zugehörigkeit einer bestimmten Linie zu einem bestimmten Ion (z. B. CO_2^+) festzustellen, kann man so verfahren, daß man den entsprechenden Stoff (CO_2) der Füllung des Entladungsrohres beifügt, was zu einer deutlichen Verstärkung der betreffenden Linie führen muß. Die Massenzahl eines Ions wird an der Massenskala abgelesen, die im Falle des MATTAUCHschen Apparates eine quadratische Funktion des Abstandes ist.

Als ein wesentliches Er-

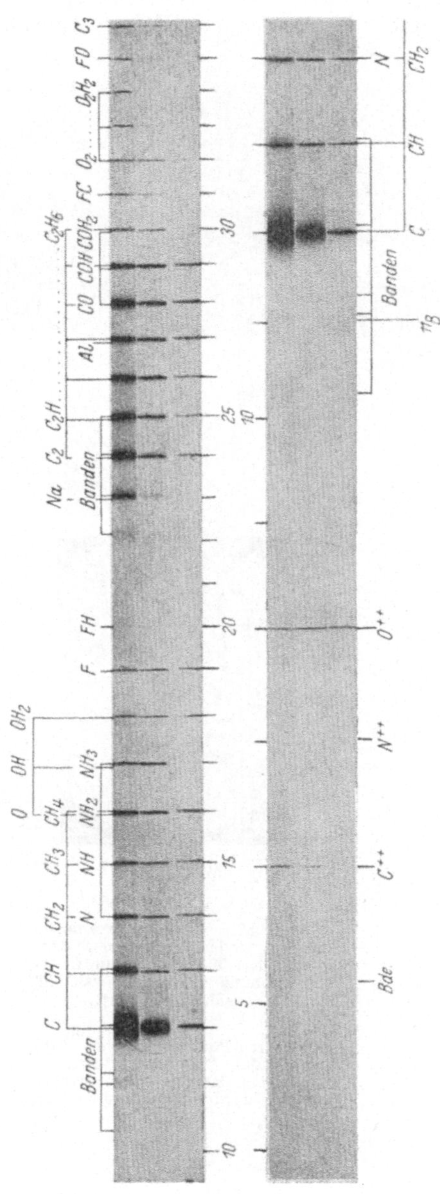

Abb. 56. Massenspektren von J. MATTAUCH.

gebnis der Massenspektroskopie ist die Tatsache anzusehen, daß die *Massen der Atome* sämtlicher Elemente, bezogen auf $O = 16$, *nahezu ganzzahlig* erscheinen und Abweichungen von dieser Ganzzahligkeit (z. B. bei $Cl = 35{,}46$) darauf hindeuten, daß das betreffende chemische Element keine einheitlichen Atome, sondern solche mit *verschiedener* Massenzahl, sog. *Isotope* (bei Cl gibt es Atome mit der Massenzahl 35 und 37) besitzt. Die Gesamtheit der zu demselben Element gehörigen Atome mit verschiedener Massenzahl bezeichnet man als eine *Plejade* und das betreffende Element als *Mischelement*. Als *Reinelemente* gelten heute noch etwa zwei Dutzend Grundstoffe[1].

c) **Die chemischen Grundstoffe, ihre Entdeckung und ihre stabilen Isotope.** Übersichten über *sämtliche* bekannten *chemischen Elemente* und deren *stabile Isotope* findet man in dem nachfolgenden *alphabetischen Verzeichnis* und in der *Zahlentafel* 6 (S. 73 ff.).

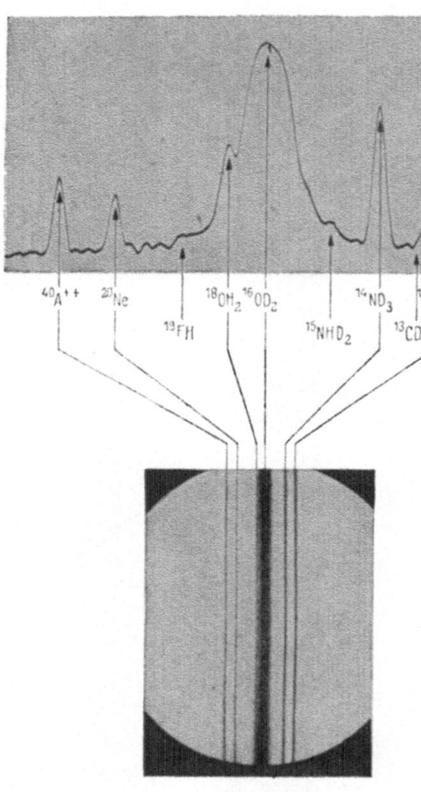

Abb. 57. Auflösungsvermögen eines modernen Massenspektrographen: Massenspektrum in der Umgebung der Massenzahl 20 (nach MATTAUCH).

Unten: Photographisches Bild unter dem Mikroskop. Oben: Zugehörige Mikrophotometerkurve mit Zuordnung der einzelnen Linien.

---

[1] Be, F, Na, Al, P, Sc, V, Mn, Co, As, Y, Nb, Rh, J, Cs, La, Pr, Tb, Ho, Tm, Ta, Au, Bi.

Alphabetisches Verzeichnis der chemischen Elemente.

Name des Grundstoffes [1]	Zeichen	Atomnummer	Häufigstes Isotop	Entdecker und Jahr der Entdeckung [2]
Aktinium . . .	Ac	89	227	A. DEBIERNE, 1899; F. GIESEL, 1902
Aluminium . . .	Al	13	27	F. WÖHLER, 1827; erstes Herstellungspatent von COWLES, 1885
Antimon (stibium). . .	Sb	51	121	BASILIUS VALENTINUS (J. THÖLDE aus Hessen) 1450
Argon	A	18	40	Lord RAYLEIGH und W. RAMSAY, 1894
Arsen	As	33	75	ALBERTUS MAGNUS, 1250
Barium	Ba	56	138	H. DAVY, 1808
Beryllium . . .	Be	4	9	das Oxyd entdeckt von VAUQUELIN, 1798; das Metall gewonnen von F. WÖHLER; BUSSY und DEBRAY, 1828
Blei (plumbum) .	Pb	82	208	seit alter Zeit bekannt
Bor	B	5	11	H. DAVY; GAY-LUSSAC und THÉNARD, 1808
Brom	Br	35	79	A. J. BALARD, 1826
Cadmium . . .	Cd	48	114	STROMEYER, 1817
Caesium	Cs	55	133	W. BUNSEN und R. KIRCHHOFF, 1860 (spektroskopisch)
Cer	Ce	58	140	M. H. KLAPROTH; J. J. v. BERZELIUS und HISINGER, 1803; das Metall gewonnen von HILLEBRAND und NORTON, 1875
Chlor	Cl	17	35	K. W. SCHEELE, 1774; benannt von H. DAVY, 1810
Chrom	Cr	24	52	VAUQUELIN, 1797
Dysprosium . .	Dy	66	164	LECOQ DE BOISBAUDRAN, 1886
Eisen (ferrum) .	Fe	26	56	schon von den Ägyptern verarbeitet, 3000 v. d. Zw.
Erbium	Er	68	166	MOSANDER, 1843
Europium . . .	Eu	63	153	DEMARCAY, 1901
Fluor	F	9	19	K. W. SCHEELE, 1771; rein dargestellt von H. MOISSAN, 1886
Gadolinium. . .	Gd	64	156, 158	J. CH. GALISSARD DE MARIGNAC, 1880
Gallium	Ga	31	69	LECOQ DE BOISBAUDRAN, 1875 (spektroskopisch); als Eka Al vorausgesagt von MENDELEJEFF
Germanium . .	Ge	32	74	KL. WINKLER, 1886; als Eka Si vorausgesagt von MENDELEJEFF

[1] Im *ausländischen* Schrifttum finden sich noch folgende Namen: *Celtium* (Ct) für Hafnium, *Columbium* (Cb) für Niob, *Glucinium* (Gl) für Beryllium, *Lutecium* (Lu) für Kassiopeium, *Pottassium* für Kalium, *Sodium* für Natrium und *Tungsten* für Wolfram. Siehe ferner die Fußnote* zur Zahlentafel 12, S. 166.

[2] Siehe Handbook of Chemistry and Physics, 20. Aufl., herausgegeben von Chemical Rubber Publishing Co., Cleveland, Ohio, U. S. A., 1935.

Name des Grundstoffes	Zeichen	Atom-nummer	Häufig-stes Isotop	Entdecker und Jahr der Entdeckung
Gold (aurum) . .	Au	79	197	seit ältesten Zeiten bekannt
Hafnium . . .	Hf	72	180	D. COSTER und G. v. HEVESY, 1922 (röntgenspektroskopisch)
Helium	He	2	4	N. LOCKYER, 1868 (im Sonnen-spektrum); das Gas gewonnen v. W. RAMSAY, 1895
Holmium . . .	Ho	67	165	CLÈVE, 1879; Ho$_2$O$_3$ rein darge-stellt von HOLMBERG, 1911
Indium	In	49	115	REICH und RICHTER, 1863 (spek-troskopisch); der letztere ge-winnt später das Metall
Iridium	Ir	77	193	TENNANT, 1803
Jod	J	53	127	COURTOIS, 1811
Kalium	K	19	39	H. DAVY, 1807 (elektrolytisch)
Kalzium	Ca	20	40	H. DAVY; J. J. v. BERZELIUS und PONTIN, 1808
Kassiopeium . .	Cp	71	175	URBAIN, 1907; C. AUER v. WELS-BACH, 1908 (durch Zerlegung von Marignacs Yb in eigent-liches Yb und Cp)
Kobalt	Co	27	59	BRANDT, 1735
Kohlenstoff (carbo). . . .	C	6	12	schon in vorgeschichtlicher Zeit bekannt
Krypton. . . .	Kr	36	84	W. RAMSAY und TRAVERS, 1898
Kupfer (cuprum)	Cu	29	63	schon in vorgeschichtlicher Zeit entdeckt; Kupfergruben vor mehr als 5000 Jahren
Lanthan	La	57	139	MOSANDER, 1839
Lithium	Li	3	7	ARFVEDSON, 1817
Magnesium . .	Mg	12	24	J. BLACK, 1755; rein dargestellt von H. DAVY, 1808; in zusam-menhängender Form gewonnen von BUSSY, 1831
Mangan	Mn	25	55	GAHN, 1774
Molybdän . . .	Mo	42	98	HJELM, 1782
Natrium	Na	11	23	H. DAVY, 1807 (elektrolytisch)
Neodym	Nd	60	142	C. AUER v. WELSBACH, 1885 (durch Zerlegung von Mosan-ders Didym in Nd und Praseo-dym Pr)
Neon	Ne	10	20	W. RAMSAY und TRAVERS, 1898
Nickel	Ni	28	58	CRONSTEDT, 1751
Niob	Nb	41	93	HATCHETT, 1801; das Metall ge-wonnen von BLOMSTRAND, 1864
Osmium	Os	76	192	TENNANT, 1803
Palladium . . .	Pd	46	106	W. H. WOLLASTON, 1803
Phosphor. . . .	P	15	31	Alchimist BRAND, 1669
Platin	Pt	78	195	A. DE ULLOA, 1735 (in Südame-rika); WOOD 1744

Name des Grundstoffes	Zeichen	Atomnummer	Häufigstes Isotop	Entdecker und Jahr der Entdeckung
Polonium . . .	Po	84	210	M. Curie, 1898 (bei Untersuchung der Radioaktivität der Joachimstaler Pechblende)
Praseodym . .	Pr	59	141	C. Auer v. Welsbach, 1885 (s. Neodym Nd)
Protaktinium . .	Pa	91	231	F. Soddy und Cranston; O. Hahn und L. Meitner, 1917; identisch mit Eka Ta und isotop mit UX_2 (UZ)
Quecksilber (hydrargyrum). .	Hg	80	202	schon den alten Chinesen und Hindus bekannt; gefunden in ägyptischen Gräbern, 1500 v. d. Zw.
Radium	Ra	88	226	M. Curie und A. Debierne, 1911 (durch Elektrolyse von $RaCl_2$)
Radon (Radium-Emanation, Niton) . . .	Rn	86	222	E. F. Dorn, 1900; rein dargestellt von Ramsay und Gray, 1908
Rhenium. . . .	Re	75	187	Noddack, Tacke (jetzt Frau Noddack) und Berg, 1925
Rhodium . . .	Rh	45	103	W. H. Wollaston, 1803
Rubidium . . .	Rb	37	85	W. Bunsen und R. Kirchhoff, 1861 (spektroskopisch)
Ruthenium. . .	Ru	44	102	Claus, 1844
Samarium . . .	Sm	62	152	Lecoq de Boisbaudran, 1879
Sauerstoff (oxygenium) . . .	O	8	16	J. Priestley, 1774 (Erhitzung von HgO durch Sonnenstrahlen mit einem Brennglas)
Scandium . . .	Sc	21	45	Nilson, 1879 (= Eka B)
Schwefel (sulfur)	S	16	32	schon im Altertum bekannt
Selen	Se	34	80	J. J. v. Berzelius, 1817
Silber (argentum)	Ag	47	107	schon im Altertum bekannt
Silizium	Si	14	28	J. J. v. Berzelius, 1823
Stickstoff (nitrogenium) . . .	N	7	14	D. Rutherford, 1772
Strontium . . .	Sr	38	88	Crawford, 1790; rein dargestellt von H. Davy, 1808 (durch Elektrolyse)
Tantal.	Ta	73	181	Ekeberg, 1802
Tellur	Te	52	130	Müller v. Reichenstein, 1782; benannt von M. H. Klaproth, 1798
Terbium	Tb	65	159	Mosander, 1843
Thallium. . . .	Tl	81	205	W. Crookes, 1861 (spektroskopisch); das Metall gewonnen von Crookes und von Lamy, 1862
Thorium	Th	90	232	J. J. v. Berzelius, 1828
Thulium	Tm	69	169	Cleve, 1879; Tm_2O_3 rein dargestellt von James, 1911

Name des Grundstoffes	Zeichen	Atomnummer	Häufigstes Isotop	Entdecker und Jahr der Entdeckung
Titan	Ti	22	48	GREGOR, 1791; benannt von M. H. KLAPROTH, 1795; das Metall rein dargestellt von HUNTER, 1910
Uran . . . . :	U	92	238	M. H. KLAPROTH, 1789; das Metall gewonnen von Peligot, 1841
Vanadium . . .	V	23	51	SEFSTRÖM, 1830; rein dargestellt von H. E. ROSCOE, 1869
Wasserstoff (hydrogenium). .	H	1	1	H. CAVENDISH, 1766; benannt von A. L. LAVOISIER
Wismut (bismutum) . . .	Bi	83	209	Alchimist BASILIUS VALENTINUS, 1450
Wolfram . . .	W	74	184	Brüder D'ELHUJAR, 1783
Xenon	X	54	132	W. RAMSAY und TRAVERS, 1898
Ytterbium . . .	Yb	70	174	J. CH. GALISSARD DE MARIGNAC, 1878; s. ferner Kassiopeium Cp
Yttrium	Y	39	89	Yttererde entdeckt von J. GADOLIN, 1794; ihre Zusammensetzung aus Y_2O_3, Er_2O_3 und Tb_2O_3 erkannt von MOSANDER, 1843; Y rein dargestellt von F. WÖHLER, 1828
Zink	Zn	30	64	TH. PARACELSUS, 1530
Zinn (stannum) .	Sn	50	120	schon im Altertum bekannt
Zirkon	Zr	40	90	M. H. KLAPROTH, 1789; rein dargestellt von J. J. v. BERZELIUS, 1824

Die Massenspektroskopie ermöglicht so eine *Reihung sämtlicher Atome nach steigender Massenzahl*, wie sie im wesentlichen mit der später zu besprechenden Aufeinanderfolge im „*periodischen System*" (S. 166) übereinstimmt. Doch sei schon hier festgestellt, daß für eine solche Anordnung die *Massenzahl* (das *Atomgewicht*) als *Ordnungsprinzip nicht in Betracht* kommen kann, da ja gerade mit Hilfe des Massenspektrographen nachgewiesen werden konnte, daß es Atome verschiedener Elemente mit derselben Massenzahl, sog. *Isobare* gibt, z. B. A, K und Ca mit der Massenzahl 40, Ti und Cr mit der Massenzahl 50, Cr und Fe mit der Massenzahl 54, Zn und Ge mit der Massenzahl 70, Se und Kr mit den Massenzahlen 78, 80 und 82 usw.

Die durch die Massenspektroskopie zutage geförderte *Ganzzahligkeit der Atomgewichte* gab dem Gedanken, daß *alle schweren Atome zusammengesetzt* und aus einem einzigen *Grundatom* (H-*Atom* nach der *Hypothese von Prout*, 1815) aufgebaut sein könnten, neue

(Fortsetzung S. 77.)

Zahlentafel 6. Die stabilen Isotope und ihre relative Häufigkeit.

Kern-ladungs-zahl	Zeichen	Massen-zahl	Isotopen-gewicht	Relative Häufigkeit %
1	H	1	1,008 131	99,985
	D	2	2,014 725	0,015
	T	3	3,017 004	10^{-10}
2	He	3	3,016 988	10^{-5}
		4	4,003 860	~100
3	Li	6	6,016 917	7,9
		7	7,018 163	92,1
4	Be	9	9,014 958	100
5	B	10	10,016 169	20
		11	11,012 901	80
6	C	12	12,003 880	98,9
		13	13,007 561	1,1
7	N	14	14,007 530	99,62
		15	15,004 870	0,38
8	O	16	16,000 000	99,76
		17	17,004 50	0,04
		18	18,004 85	0,20
9	F	19	19,004 54	100
10	Ne	20	19,998 895	90,00
		21	21,000 02	0,27
		22	21,998 58	9,73
11	Na	23	22,996 44	100
12	Mg	24	23,993 00	77,4
		25	24,994 62	11,5
		26	25,990 12	11,1
13	Al	27	26,990 69	100
14	Si	28	27,987 23	89,6
		29	28,986 51	6,2
		30	29,983 99	4,2
15	P	31	30,984 41	100

Kern-ladungs-zahl	Zeichen	Massen-zahl	Isotopen-gewicht	Relative Häufigkeit %
16	S	32	31,982 52	95,1
		33	32,981 9	0,74
		34	33,979 81	4,2
		36	—	0,016
17	Cl	35	34,978 84	75,4
		37	36,977 70	24,6
18	A	36	35,977 28	0,31
		38	37,974 63	0,06
		40	39,975 49	99,63
19	K	39	38,976	93,44
		40β	—	0,012
		41	—	6,55
20	Ca	40	—	96,96
		42	—	0,64
		43	—	0,15
		44	—	2,07
		46	—	0,003
		48	—	0,185
21	Sc	45	44,969 77	100
22	Ti	46	—	7,95
		47	—	7,75
		48	47,965 70	73,45
		49	48,964	5,51
		50	49,963	5,34
23	V	51	100	50,960 35
24	Cr	50	—	4,49
		52	51,959	83,78
		53	—	9,43
		54	—	2,30
25	Mn	55	—	100
26	Fe	54	53,961	5,84
		56	55,957 1	91,68
		57	—	2,17
		58	—	0,31

---

[1] MATTAUCH, J.: Kernphysikalische Tabellen. Der einer Massenzahl beigefügte Buchstabe α bzw. β bedeutet, daß sich das betreffende Isotop als *instabil* und zwar als α- bzw. β-Strahler sehr großer Halbwertszeit (s. S. 81) erwiesen hat.

Fortsetzung der Zahlentafel 6.

Kernladungszahl	Zeichen	Massenzahl	Isotopengewicht	Relative Häufigkeit %
27	Co	59	—	100
28	Ni	58	57,959 71	67,4
		60	59,949 81	26,7
		61	60,954 0	1,2
		62	61,949 59	3,8
		64	63,947 44	0,88
29	Cu	63	62,957	68
		65	64,955	32
30	Zn	64	63,957	50,9
		66	65,953	27,3
		67	—	3,9
		68	67,955	17,4
		70	69,954	0,5
31	Ga	69	68,956	61,2
		71	70,954	38,8
32	Ge	70	—	21,2
		72	—	27,3
		73	—	7,9
		74	—	37,1
		76	—	6,5
33	As	75	—	100
34	Se	74	—	0,9
		76	—	9,5
		77	—	8,3
		78	—	24,0
		80	—	48,0
		82	—	9,3
35	Br	79	—	50,6
		81	—	49,4
36	Kr	78	77,945	0,35
		80	—	2,01
		82	81,938	11,52
		83	—	11,52
		84	83,939	57,13
		86	85,939	17,47

Kernladungszahl	Zeichen	Massenzahl	Isotopengewicht	Relative Häufigkeit %
37	Rb	85	—	72,8
		87β	—	27,2
38	Sr	84	—	0,56
		86	—	9,86
		87	—	7,02
		88	—	82,56
39	Y	89	—	100
40	Zr	90	—	48
		91	—	11,5
		92	—	22
		94	—	17
		96	—	1,5
41	Nb	93	—	100
42	Mo	92	—	14,9
		94	93,945	9,40
		95	94,945	16,1
		96	95,946	16,6
		97	96,945	9,65
		98	97,944	24,1
		100	99,939	9,25
43	—	—	—	—
44	Ru	96	95,945	(5)
		98	—	—
		99	98,944	(12)
		100	—	(14)
		101	—	(22)
		102	—	(30)
		104	—	(17)
45	Rh	103	102,949	100
46	Pd	102	—	0,8
		104	—	9,3
		105	—	22,6
		106	105,946	27,2
		108	—	26,8
		110	109,944	13,5

Fortsetzung der Zahlentafel 6.

Kernladungszahl	Zeichen	Massenzahl	Isotopengewicht	Relative Häufigkeit %	Kernladungszahl	Zeichen	Massenzahl	Isotopengewicht	Relative Häufigkeit %
47	Ag	107	106,950	52,5			124	—	0,094
		109	108,949	47,5			126	—	0,088
							128	—	1,91
							129	128,946	26,23
					54	X	130	—	4,06
48	Cd	106	—	1,4			131	—	21,18
		108	—	1,0			132	131,946	26,98
		110	—	12,8			134	—	10,55
		111	—	13,0			136	—	8,95
		112	—	24,2					
		113	—	12,3					
		114	—	28,0	55	Cs	133	—	100
		116	—	7,3					
							130	—	0,101
							132	—	0,097
							134	—	2,42
49	In	113	—	4,5	56	Ba	135	—	6,6
		115	—	95,5			136	—	7,8
							137	—	11,3
							138	—	71,7
		112	—	1,1					
		114	—	0,8	57	La	139	—	100
		115	—	0,4					
		116	115,943	15,5			136	—	$\ll 1$
		117	—	9,1	58	Ce	138	—	$\ll 1$
50	Sn	118	117,940	22,5			140	—	89
		119	118,938	9,8			142	—	11
		120	—	28,5					
		122	121,946	5,5					
		124	123,945	6,8	59	Pr	141	—	100
							142	—	25,95
							143	—	13,0
51	Sb	121	—	56			144	—	22,6
		123	—	44	60	Nd	145β	—	9,2
							146	145,964	16,5
		120	—	< 0,1			148	147,964	6,8
		122	—	2,9			150	149,970	5,95
		123	—	1,6					
52	Te	124	—	4,5	61	—	—	—	—
		125	—	6,0					
		126	—	19,0			144	—	3
		128	—	32,8			147	—	17
		130	—	33,1			148α	—	14
					62	Sm	149	—	15
							150	—	5
53	J	127	—	100			152	—	26
							154	—	20

Fortsetzung der Zahlentafel 6.

Kern-ladungszahl	Zeichen	Massenzahl	Isotopengewicht	Relative Häufigkeit %
63	Eu	151	—	49
		153	—	51
64	Gd	152	—	0,2
		154	—	1,5
		155	154,977	21
		156	155,977	22
		157	156,976	17
		158	157,976	22
		160	159,976	16
65	Tb	159	—	100
66	Dy	158	—	0,1
		160	—	1,5
		161	—	22
		162	—	24
		163	—	24
		164	—	28
67	Ho	165	—	100
68	Er	162	—	0,25
		164	—	2
		166	—	(35)
		167	—	(24)
		168	—	(29)
		170	—	(10)
69	Tm	169	—	100
70	Yb	168	—	0,06
		170	—	4,21
		171	—	14,26
		172	—	21,49
		173	—	17,02
		174	—	29,58
		176	—	13,38
71	Cp	175	—	97,5
		176β	—	2,5
72	Hf	174	—	(0,3)
		176	—	(5)
		177	—	(19)
		178	—	(28)
		179	—	(18)
		180	—	(30)
73	Ta	181	—	100

Kern-ladungszahl	Zeichen	Massenzahl	Isotopengewicht	Relative Häufigkeit %
74	W	180	—	0,2
		182	—	22,6
		183	—	17,3
		184	—	30,1
		186	—	29,8
75	Re	185	—	38,2
		187	—	61,8
76	Os	184	—	0,018
		186	—	1,59
		187	—	1,64
		188	—	13,3
		189	—	16,2
		190	190,038	26,4
		192	182,038	40,9
77	Ir	191	191,038	38,5
		193	193,039	61,5
78	Pt	192	—	0,8
		194	194,039	30,2
		195	195,039	35,3
		196	196,039	26,6
		198	198,044	7,2
79	Au	197	197,039	100
80	Hg	196	—	0,15
		198	—	10,12
		199	—	17,04
		200	—	23,25
		201	—	13,18
		202	—	29,54
		204	—	6,72
81	Tl	203	203,059	29,1
		205	205,059	70,9
82	Pb	204	204,061	1,5
	RaG	206	—	23,6
	AcD	207	—	22,6
	ThD	208	208,060	52,3
83	Bi	209	209,056	100

Nahrung. Eine besondere Stütze hatte diese Auffassung schon früher durch die bei den schwersten Atomen entdeckte Erscheinung des *radioaktiven Zerfalls* erhalten, mit der wir uns nun näher beschäftigen wollen.

2. Natürliche Radioaktivität.

Die von H. BECQUEREL 1896 zuerst am Uran und von einer Reihe anderer Forscher noch an anderen schweren Atomen beobachtete Strahlung erwies sich als von *dreifacher* Art (Abb. 58). Es handelt sich in jedem Fall um eine Veränderung des Atomkerns. Die bereits besprochene *α-Strahlung* (s. S. 20 ff.) besteht in der Aussendung von He-*Kernen* ($^4_2$He), die *doppelt positiv* geladen sind; demgemäß vermindert sich die Massenzahl M des strahlenden Kerns um 4, seine Kernladungszahl Z um 2 Einheiten. Die *β-Strahlung* ist eine *Elektronen*strahlung, die bei unveränderter Massenzahl eine Erhöhung der Kernladung um 1 Elementarquantum zur Folge hat. Diese beiden Aussagen bilden den Inhalt der *Verschiebungssätze* von SODDY und FAJANS (vgl. Abb. 59). Bei der *γ-Strahlung*, die

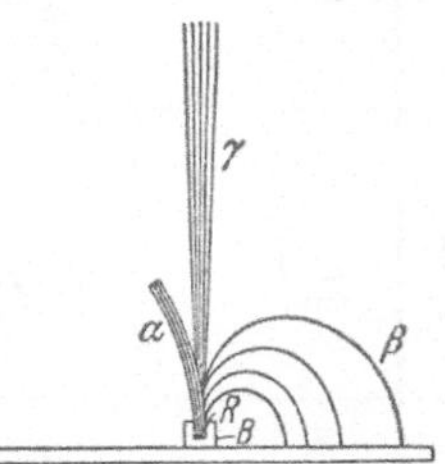

Abb. 58. Radioaktive Strahlen in einem Magnetfeld, senkrecht zur Zeichenebene von vorne nach hinten. R radioaktiver Körper, B Bleibehälter.

immer in Begleitung von sekundärer $β$-Strahlung auftritt, werden von dem gebildeten Folgekern *Lichtquanten* (*Photonen*, s. S. 24 ff.) ausgesandt, die dem Übergang dieses zunächst in einem angeregten Zustand entstehenden Kerns in den Grundzustand ihre Entstehung verdanken. Die $γ$-Strahlung ist mit keiner Änderung der Massen- und Kernladungszahl verknüpft. Bedienen wir uns für einen beliebigen Kern der Darstellung:

$$^M_Z K \qquad \begin{aligned} M &= \text{Massenzahl (abgerundetes Atomgewicht),} \\ Z &= \text{Kernladungszahl (Zahl der pos. Elementarladungen),} \end{aligned}$$

so können wir die bei der $α$- und $β$-Strahlung auftretenden *Kernumwandlungen* leicht verständlich in der Form ausdrücken:

$$^M_Z K \rightarrow {}^{M-4}_{Z-2}\overline{K} + {}^4_2\text{He}$$

bzw.

$$^M_Z K \rightarrow {}^{M}_{Z+1}\overline{K} + e^- .$$

Die *radioaktiven Umwandlungen* vollziehen sich nach dem statistischen *Zerfallsgesetz*. Demgemäß ist die Zahl dN der in der Zeit dt umgewandelten Atome proportional der Gesamtzahl N derselben und der Zeit dt:

$$dN = -\lambda N dt, \qquad (53)$$

Zahlentafel 7. Die radioaktiven Stoffe.

Stoff	Zeichen	Z	Art des Zerfalls	Halbwertszeit	Zerfallsenergie in MeV	v 10^9 cm/s	Reichweite[1] in cm bei 15° C	Massenzahl
Uran I.	UI	92	α	$4,56 \cdot 10^9$ a	4,21	1,40	2,70	238
Uran X_1	UX_1	90	β	24,1 d	—	14,4 bis 17,7	—	234
99,65% $\mid \beta$ $\beta \downarrow$ 0,35%								
Uran Z	UZ	91	β	6,7 h	—	—	—	234
Uran X_2 $\mid \beta$	UX_2	91	β (γ 0,15%)	1,14 m	—	24,6 bis 28,8	—	234
Uran II	UII	92	α	$2,7 \cdot 10^5$ a	4,79	1,50	3,28	234
Ionium	Io	90	α	$8,3 \cdot 10^4$ a	4,76	1,48	3,03	230
Radium	Ra	88	α	1590 a	4,879	1,51	3,38	226
Radium-Emanation (Radon)	Rn	86	α	3,825 d	$5,5886_7$	1,61	4,12	222
Radium A	Ra A	84	α	3,05 m	$6,1123_9$	1,69	4,72	218
Radium B	Ra B	82	β	26,8 m	0,65	10,8 bis 24,1	—	214
Radium C	Ra C	83	$\{ \begin{matrix} \alpha \\ \beta \end{matrix}$	19,7 m	$5,611_7$ / 3,15	1,6	4 / —	214
$\alpha \downarrow$ 0,04%								
99,96% $\mid \beta$ Radium C'' . . .	Ra C''	81	β	1,32 m	1,8	—	—	210
Radium C' $\downarrow \beta$	Ra C'	84	α	$1,50 \cdot 10^{-4}$ s	$7,829_{34}$	1,92	6,97	214
Radium D (Radioblei). . .	Ra D	82	β	22 a	0,0255	9,9 bis 12,1	—	210
Radium E	Ra E	83	β	5,0 d	1,170	~23,1	—	210
Polonium (Radium F) . .	Po, RaF	84	α	140 d	$5,403_3$	1,59	3,92	210
Uranblei (Radium G) . . .	RaG	82	—	∞	—	—	—	206
Aktinium-Uran	AcU	92	α	$7,13 \cdot 10^8$ a	4,59	—	—	235
Uran Y	UY	90	β	24,6 h	—	—	—	231
Protoaktinium	Pa	91	α	$3,2 \cdot 10^4$ a	5,142	1,55	3,68	231
Aktinium	Ac	89	$\{ \begin{matrix} \alpha \\ \beta \end{matrix}$	13,5 a	5,10 / 0,220	1,54	3,58 / —	227
$\beta \downarrow$ 99%								
1% $\mid \alpha$ Radio-Aktinium	Rd Ac	90	α	18,9 d	6,159	1,68	4,68	227
Aktinium K $\downarrow \alpha$	Ac K	87	β	21 m	1,2	—	—	223
Aktinium X	Ac X	88	α	11,4 d	5,823	1,65	4,41	223

Aktinium-Emanation (Aktinon)	An	86	α	3,92 s	6,953	1,81	5,79	219
Aktinium A	Ac A	84	α	0,002 s	7,508	1,89	6,58	215
Aktinium B	Ac B	82	β	36,1 m	0,5; 1,39	11,4 bis 19,5	—	211
Aktinium C	Ac C	83	$\begin{cases}\alpha\\\beta\end{cases}$	2,16 m	6,739 —	1,78	5,51	211
99,68% α Aktinium C' . . .	Ac C'	84	α	~0,005 s	7,581	1,88	6,49	211
Aktinium C'' α	Ac C''	81	β	4,76 m	1,47	18 bis 27,3	—	207
Aktiniumblei (Aktinium D)	Ac D	82	—	∞	—	—	—	207
Thorium	Th	90	α	$1,39 \cdot 10^{10}$ a	4,28	1,39	2,59	232
Mesothor I	Ms Th$_1$	88	β	6,7 a	0,053	—	—	228
Mesothor II	Ms Th$_2$	89	β	6,13 h	1,55	11 bis 29,97	—	228
Radiothor	Rd Th	90	α	1,90 a	5,517	1,60	4,01	228
Thorium X.	Th X	88	α	3,64 d	5,7858	1,64	4,35	224
Thorium-Emanation (Thoron)	Tn	86	α	54,5 s	6,399$_5$	1,73	5,06	220
Thorium A	Th A	84	α	0,14 s	6,903$_8$	1,80	5,68	216
Thorium B	Th B	82	β	10,6 h	0,362	18 bis 23,1	—	212
Thorium C	Th C	83	$\begin{cases}\alpha\\\beta\end{cases}$	60,5 m	6,200$_{69}$ 2,20	1,7 —	4,79	212
35% α Thorium C' . . .	Th C'	84	α	$3 \cdot 10^{-7}$ s	8,947$_6$	2,06	8,62	212
Thorium C'' α	Th C''	81	β	3,1 m	1,82	8,7 bis 25,2	—	208
Thoriumblei (Thorium D) .	Th D	82	—	∞	—	—	—	208

β 0,32% (Aktinium C → C')

β 65% (Thorium C → C')

[1] Bezogen auf Luft bei Atmosphärendruck.

$\lambda = Zerfallskonstante$ (das negative Vorzeichen drückt die *Ab-*nahme der Atomzahl aus). Durch Integration folgt daraus

$$N = N_0\, e^{-\lambda t}, \qquad (54)$$

$N_0 =$ Atomzahl zur Zeit $t = 0$. Die Bedeutung der Konstanten λ

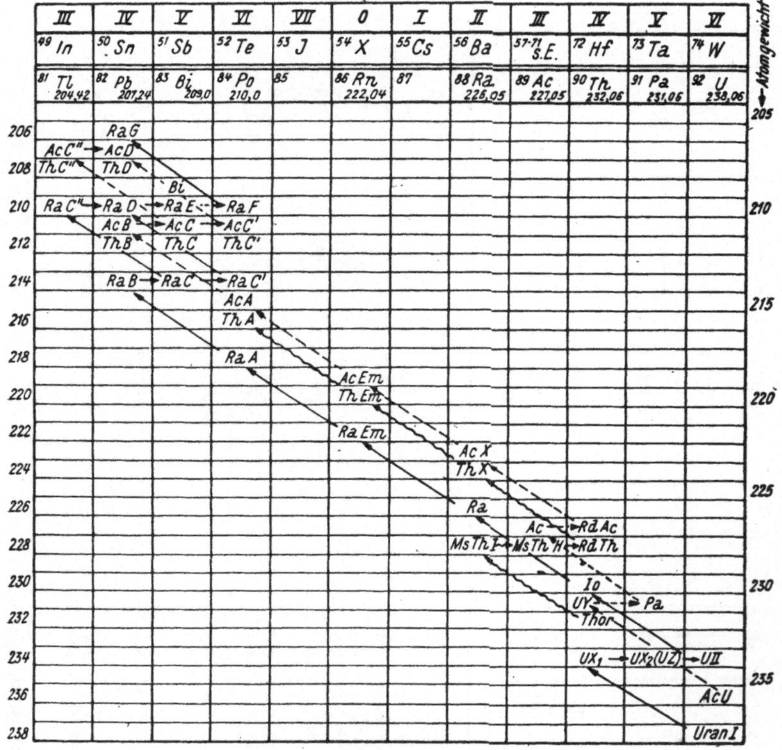

Abb. 59. Die radioaktiven Zerfallsreihen und ihre Einordnung in das periodische System. ⎯⎯⎯→ Uran-Radiumreihe; ⎯⎯⎯→ Aktiniumreihe (über die Verzweigung bei *Ac* siehe die Zahlentafel 7, S. 78); ⌇⌇⌇→ Thoriumreihe (der Übersichtlichkeit halber nur bis *ThA* gezeichnet, dann parallel zur Aktiniumreihe mit um 1 vermindertem Atomgewicht)

α-Umwandlung bedeutet Verminderung des Atomgewichts um 4 Einheiten, Verschiebung um 2 Spalten nach links (= Abnahme der Kernladungszahl um 2); β-Umwandlung bedeutet ungeändertes Atomgewicht, Verschiebung um eine Spalte nach rechts (= Zunahme der Kernladungszahl um 1).

kommt in der *mittleren Lebensdauer* t_m, bzw. in der *Halbwerts-zeit* T zum Ausdruck:

$$t_m = \frac{1}{\lambda}, \qquad (55)$$

für welche Zeit $N = \dfrac{N_0}{e} = 0{,}368\,N_0$ wird;

$$T = \frac{\ln 2}{\lambda} = \frac{0{,}693}{\lambda} = 0{,}693\,t_m \,, \tag{56}$$

für welche Zeit $N = \dfrac{N_0}{2}$ wird. Sind λ_α, λ_β die Zerfallskonstanten für die α- bzw. β-Umwandlung, so gilt für den Fall, daß sich *beide Umwandlungen zugleich* vollziehen:

$$\lambda = \lambda_\alpha + \lambda_\beta \,, \tag{57}$$

$$t_m = \frac{(t_m)_\alpha \cdot (t_m)_\beta}{(t_m)_\alpha + (t_m)_\beta} \,, \tag{58}$$

$$T = \frac{T_\alpha \cdot T_\beta}{T_\alpha + T_\beta} \,. \tag{59}$$

Setzt sich der radioaktive Zerfall bei den Folgekernen fort, so stellt sich schließlich zwischen der *Muttersubstanz* und ihren *Abkömmlingen radioaktives Gleichgewicht* ein, das durch die folgende Beziehung gekennzeichnet wird:

$$\frac{d N_1}{d t} = \frac{d N_2}{d t} = \frac{d N_3}{d t} = \ldots$$
$$= -\lambda_1 N_1 = -\lambda_2 N_2 = -\lambda_3 N_3 = \ldots \tag{60}$$

oder

$$N_1 : N_2 : N_3 : \ldots = \frac{1}{\lambda_1} : \frac{1}{\lambda_2} : \frac{1}{\lambda_3} : \ldots$$
$$= (t_m)_1 : (t_m)_2 : (t_m)_3 : \ldots = T_1 : T_2 : T_3 : \ldots; \tag{61}$$

d. h. die jeweils vorhandenen Mengen N_1, N_2, N_3, ... der Muttersubstanz und ihrer Abkömmlinge sind den mittleren Lebensdauern (Halbwertszeiten) proportional.

Aus der Erfahrung haben sich die folgenden drei großen *Zerfallsreihen* ergeben: die *Uran-Radium-*, die *Aktinium-* und die *Thorium-*Reihe. Über Massen- und Kernladungszahl, Art des Zerfalles und Halbwertszeit der einzelnen Abkömmlinge geben Abb. 59 und Zahlentafel 7 Auskunft. Außerdem wurde bei *Kalium* ($Z = 19$), *Rubidium* ($Z = 37$), *Samarium* ($Z = 62$) und *Kassiopeium* ($Z = 71$) Radioaktivität festgestellt[1]:

$$^{40}_{19}\mathrm{K}^{*} \longrightarrow \,^{40}_{20}\mathrm{Ca} + e^-, \quad T = (14{,}2 \pm 3{,}0) \cdot 10^8 \text{ Jahre};$$

$$^{87}_{37}\mathrm{Rb}^{*} \longrightarrow \,^{87}_{38}\mathrm{Sr} + e^-, \quad T = 6{,}3 \cdot 10^{10} \text{ Jahre};$$

$$^{148}_{62}\mathrm{Sm}^{*} \longrightarrow \,^{144}_{60}\mathrm{Nd} + \,^{4}_{2}\alpha, \quad T = 1{,}4 \cdot 10^{11} \text{ Jahre};$$

$$^{176}_{71}\mathrm{Cp}^{*} \longrightarrow \,^{176}_{72}\mathrm{Hf} + e^-, \quad T = (7{,}3 \pm 2) \cdot 10^{10} \text{ Jahre}.$$

---

[1] Siehe die Fußnote auf S. 95.

a) Besondere Gesetzmäßigkeiten des α-Zerfalles.

α) Die GEIGER-NUTTALLsche Beziehung. Zwischen der *Zerfallskonstanten* λ bzw. der *Halbwertszeit* T einerseits und der *Reichweite* R bzw. der *Geschwindigkeit* v der α-Teilchen andererseits besteht eine sehr bemerkenswerte Beziehung, die in der näherungsweise gültigen Gleichung[1]:

$$-\lg \lambda = 0{,}1593 + \lg T = A + B \cdot \lg R \qquad (62)$$

ihren Ausdruck findet. Da nach Untersuchungen von H. GEIGER die Reichweite R der α-Strahlen in Luft der dritten Potenz ihrer Geschwindigkeit v proportional ist:

$$R = a \cdot v^3, \qquad (63)$$

kann die GEIGER-NUTTALLsche Beziehung auch in der Form geschrieben werden:

$$-\lg \lambda = A + C \cdot \lg v . \qquad (64)$$

Daß dieser lineare Zusammenhang zwischen $\lg \lambda$ und $\lg R$ wirklich mit guter Näherung zutrifft, zeigt Abb. 60.

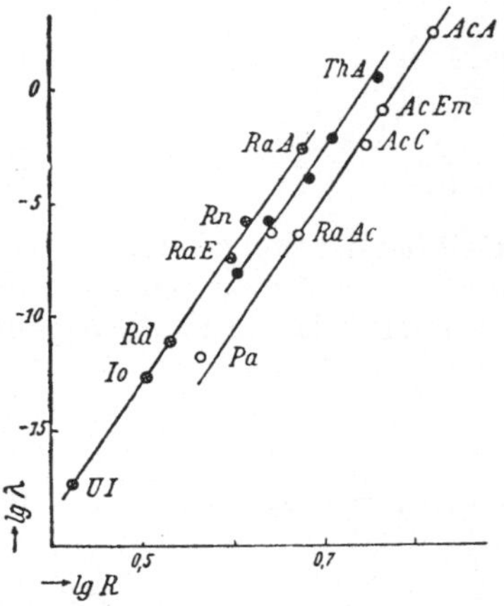

β) Gestaffelter α-Zerfall (Energiespektrum der α-Strahlen). Es gibt α-Strahler, die mehrere Gruppen von α-Teilchen deutlich unterscheidbarer Reichweite (Energie) aussenden.

Abb. 60. GEIGER-NUTTALLsche Beziehung zwischen der α-Strahlen-Reichweite R und der Zerfallskonstanten λ.

Hierher gehört z. B. Th C, bei dessen Zerfall in Th C'' α-Teilchen folgender Energien beobachtet wurden:

Zahlentafel 8.

Hundertsatz	Energie E_α in MeV
27,2	6,084
69,8	6,044
1,8	5,762
0,1	5,620
1,1	5,601

Der Sinn dieser Energieverteilung ist offenbar der, daß in jenen Fällen, wo E_α *kleiner* als der Höchstwert ist, ein Th C''-Kern *in angeregtem Zustande* (mit höherem Energieinhalt) entsteht. Der Energieüberschuß ΔE_α wird beim darauffolgenden Übergang des angeregten Kernes in seinen Grundzustand als *γ-Strahlung* einer

---

[1] Siehe dazu Gl. (56).

bestimmten Frequenz ν ausgestrahlt, wobei in erster Näherung — ohne Rücksicht auf die vom Ausgangskern aufgenommene Energie — $h\nu = \Delta E_\alpha$ ist. Diese γ-Linien wurden tatsächlich beobachtet; sie lassen sich aus den in Abb. 61 dargestellten *Energiestufen* des *Folgekernes* Th C″ ablesen.

Beim Zerfall der sehr kurzlebigen Kerne Th C′ und Ra C′ treten mit sehr geringer Intensität *α-Strahlen übermäßiger Reichweite* auf, deren Energie die der Hauptgruppe wesentlich übersteigt. Da offenbar anzunehmen ist, daß die α-Strahlen der Hauptgruppe beim Übergang des im Grundzustande befindlichen Th C′-Kernes in den Grundzustand des

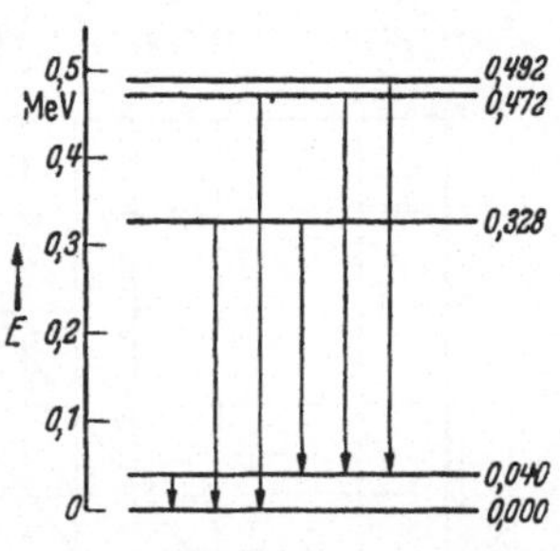

Abb. 61. Energiestufen des *ThC″*-Kernes.

Th D-Kernes entstehen, müssen diese besonders energiereichen α-Strahlen dem Umstande zugeschrieben werden, daß sich bei ihrer Aussendung der Th C′-Kern, also in diesem Falle der *Ausgangskern in angeregtem Zustande* befunden hat.

b) Besondere Gesetzmäßigkeiten des β-Zerfalles. Die beim natürlichen β-Zerfall ausgesandten *Elektronen* und ebenso die von künstlich radioaktiven Stoffen ausgesandten *Positronen* zeigen ein von den α-Strahlen abweichendes Verhalten.

α) Energieverteilung der β-Strahler. Zum Unterschiede von den diskreten Energiewerten der α-Teilchen (s. oben) beobachtet man eine

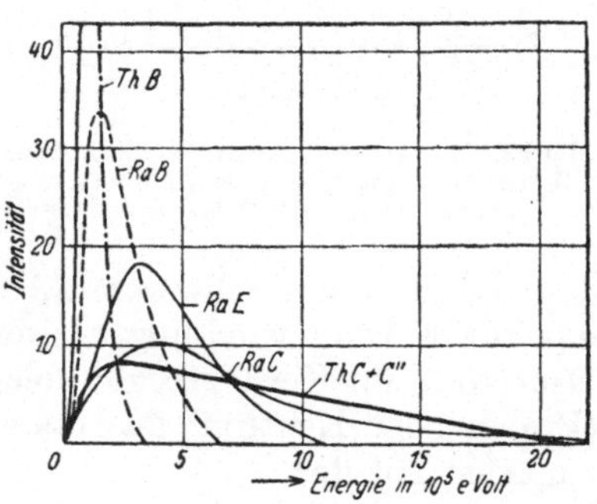

Abb. 62. Energieverteilung einiger β-Strahler.

stetige Energieverteilung bei den β-Teilchen, die Energien vom Werte Null bis zu einem *scharf begrenzten Höchstwert* aufweisen, der zwischen 10^4 und 10^7 eV liegt. Das Maximum der Verteilung befindet sich in jedem Falle bei einem mittleren, unter der Hälfte des Höchstwertes gelegenen Energiewert. Abb. 62 zeigt die *Energieverteilung* einiger β-Strahler. Eine Deutung dieses merkwürdigen Verhaltens wird später (s. S. 118) gegeben werden.

Bei einigen β-Strahlern hat man *verschiedene, sich überlagernde Gruppen* stetiger Energieverteilungen feststellen können, was darauf zurückzuführen ist, daß beim β-Zerfall zuweilen ein angeregter

Kern entsteht, bei dessen Übergang in den Grundzustand ähnlich wie beim gestaffelten α-Zerfall γ-Strahlung auftritt.

β) Das Sargent-Diagramm. Eine der Geiger-Nuttall-*Beziehung* beim α-Zerfall entsprechende Gesetzmäßigkeit kommt in dem sog. Sargent-*Diagramm* zum Ausdruck, das Abb. 63 wiedergibt. Es bringt die Abhängigkeit des Logarithmus der *Zerfallskonstanten* λ bzw. der *Halbwertszeit T* von der *Höchstenergie* der β-Teilchen zur Darstellung, wobei sich jedoch kein so eindeutiger Zusammenhang zeigt wie bei den α-Strahlern.

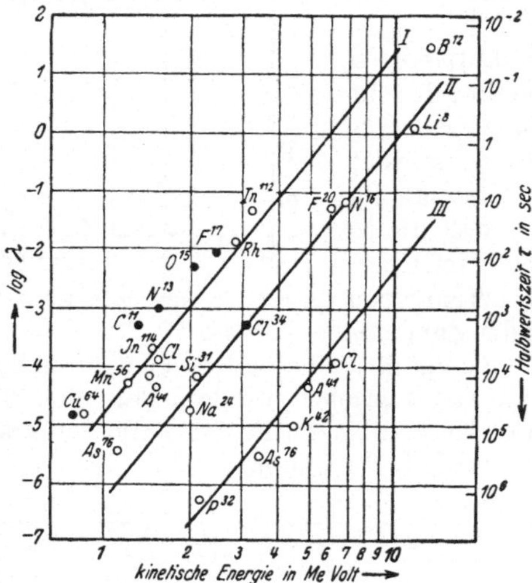

Abb. 63. Sargent-Diagramm, das die Abhängigkeit der Zerfallskonstanten bzw. der Halbwertszeit von der Höchstenergie der β-Teilchen darstellt.

3. Künstliche Atomumwandlung.

Der Ausdruck Atom*zertrümmerung* ist häufig *falsch* angebracht; denn oft handelt es sich um den *Aufbau* eines schwereren Atoms aus einem leichteren, wenn das zur Kernumwandlung verwendete Geschoß (α-Teilchen oder Deuteron) im Kern stecken bleibt und ein leichteres Teilchen (Proten oder Neutron) ausgesandt wird. Wir beschäftigen uns zunächst mit der

a) Erzeugung stabiler Kerne. Die erste, künstliche *Atomumwandlung* wurde von E. Rutherford im Jahre 1919 beobachtet. Bei der Beschießung von *Stickstoff* mit Alphateilchen gibt es hie und da (unter etwa 100000 Schuß einmal) einen Treffer. Mit Hilfe einer Nebelkammer kann der Umwandlungsvorgang sichtbar gemacht werden (Abb. 64). Es zeigt sich dabei eine lange, dünne und eine kürzere, meist dickere Spur. Die letztere rührt von dem getroffenen, in einen O-*Kern* verwandelten N-Kern her, die erstere von einem *Proton*, das an Stelle des steckengebliebenen Alphateilchens ausgesendet wird. Der Vorgang läßt sich durch die folgende *kernchemische* Gleichung beschreiben:

$$^{14}_{7}N + ^{4}_{2}\alpha \rightarrow ^{17}_{8}O + ^{1}_{1}p \quad \text{oder kürzer} \quad ^{14}_{7}N\,(\alpha,\,p)\,^{17}_{8}O\,.$$

Bei dieser und jeder anderen Umwandlung haben sich folgende Sätze als gültig erwiesen: der *Impuls-* und der *Energiesatz* sowie der Satz von der *Erhaltung der elektrischen Ladung*.

Abb. 64. Nebelkammeraufnahme der Kernumwandlung: $^{14}_{7}N$ (α, p) $^{17}_{8}O$ (nach BLACKETT).

α) Der Impulssatz. Angenommen (Abb. 65), eine Masse m, die in Ruhe sei, werde von einer Masse m_1 mit der Geschwindigkeit v_1 getroffen, z. B. ein N-Atom von einem Alphateilchen. Dabei bilden sich zwei neue Teilchen m_2 und m_3, welche mit den Geschwindigkeiten v_2 und v_3 unter den Winkeln ϑ und φ auseinanderfliegen, in unserem Beispiel ein O-Atom und ein Proton. Um eine Kernumwandlung zu bewirken, dürfen wir annehmen, daß es sich um einen zentralen Stoß handelt, bei dem das Geschoß in dem getroffenen Kern stecken bleibt und dabei ein *Zerplatzen* desselben (wie bei einer Rakete) in zwei, allenfalls auch drei neue Kerne hervorruft. Wir wollen hier nur den ersteren Fall näher betrachten.

Es gelten dann folgende Gleichungen (vgl. Gl. (27)):

$$m_1 v_1 = m_2 v_2 \cos \vartheta + m_3 v_3 \cos \varphi , \\ 0 = m_2 v_2 \sin \vartheta - m_3 v_3 \sin \varphi . \qquad (65)$$

Durch *Stereo*aufnahmen kann der *räumliche* Verlauf des Vorganges und damit die Winkel ϑ und φ festgestellt werden (Abb. 66).

β) **Der Energiesatz.** Wir wollen im folgenden die Massen m_1, m_2, m_3 gemäß Gl. (5) von ihren Geschwindigkeiten v_1, v_2, v_3 abhängig betrachten:

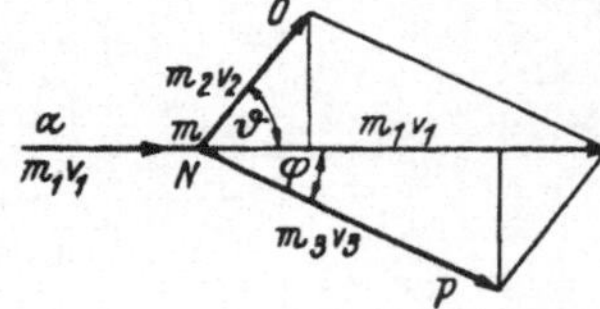

$$m_1 = \frac{(m_1)_0}{\sqrt{1 - \dfrac{v_1^2}{c^2}}} , \; \dots , \qquad (66)$$

Abb. 65. Impulssatz bei einer Kernumwandlung.

dann sind $m_1 c^2$, $m_2 c^2$, $m_3 c^2$ die Gesamtenergien (Ruh- und Bewegungsenergien) der einzelnen Teilchen. Für den beschriebenen *Zusammenstoß mit gleichzeitiger Kernumwandlung* des ruhend gedachten Teilchens m ($= m_0$) gilt somit der *Energiesatz* in der Form:

$$m_1 c^2 + m c^2 = m_2 c^2 + m_3 c^2 . \qquad (67)$$

Schreibt man Ruh- und Bewegungsenergien getrennt, so lautet die Gleichung:

$$(m_1)_0 c^2 + E_1 + m_0 c^2 = (m_2)_0 c^2 + E_2 + (m_3)_0 c^2 + E_3, \qquad (67a)$$

dabei sind:

$$E_1 \approx \frac{(m_1)_0 v_1^2}{2} , \; \dots \qquad (68)$$

die klassischen kinetischen Energien, erhalten aus den ersten Gliedern der Reihenentwicklungen der oben angegebenen Quadratwurzeln für den Fall, daß die Geschwindigkeiten v_1, v_2, v_3 klein gegen c sind.

Nach Division durch c^2 findet man die *Massengleichung*:

$$m_0 + (m_1)_0 - (m_2)_0 - (m_3)_0 = \frac{E_2 + E_3 - E_1}{c^2} . \qquad (67b)$$

Dabei bedeutet

$$m_0 + (m_1)_0 - (m_2)_0 - (m_3)_0 = \varDelta m \, [1] \qquad (69)$$

den bei der Kernreaktion auftretenden *Massendefekt*, der bei Kenntnis der kinetischen Energien E_1, E_2, E_3 aus der *Reaktionsenergie* (*Wärmetönung*)

$$W = E_2 + E_3 - E_1 = c^2 \cdot \varDelta m \qquad (70)$$

bestimmt werden kann.

---

[1] $\varDelta m$ ist gewöhnlich *positiv*, was einem *exothermen* Vorgang entspricht, der mit dem Übergang in einen Zustand *tieferer Energie (größerer Stabilität)* verknüpft ist (s. die Beispiele S. 91 ff.).

Meist ist die Bewegung des Rückstoßkernes m_2 sehr gering und infolgedessen ϑ und v_2 schlecht beobachtbar. Man trachtet daher für W eine Formel zu gewinnen, die E_2 nicht mehr enthält[1]. Dies

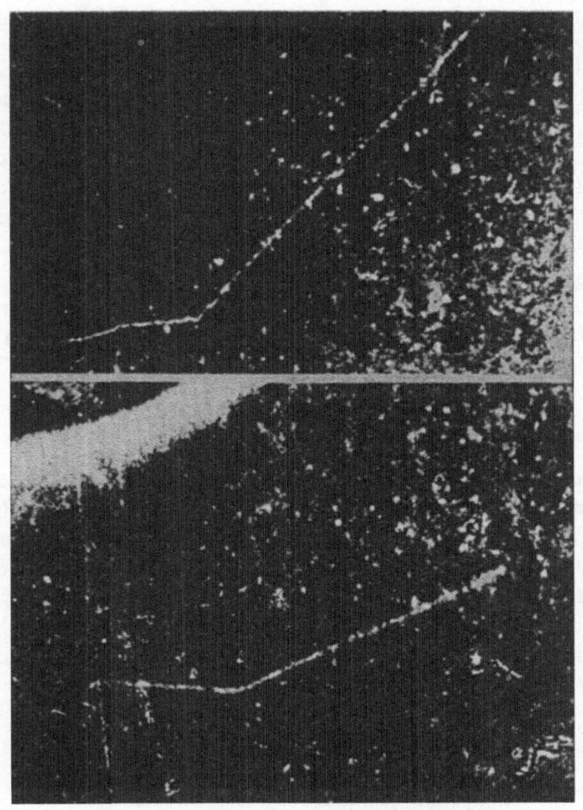

Abb. 66. Nebelkammeraufnahme der Kernumwandlung:
$^{20}_{10}$Ne (n, α) $^{17}_{8}$O aus zwei verschiedenen Richtungen (nach HARKINS, GANS und NEWSON).

gelingt mit Hilfe des Impulssatzes, indem man aus den beiden Gl. (65) zunächst den Winkel ϑ entfernt:

$$(m_1 v_1 - m_3 v_3 \cos \varphi)^2 + m_3{}^2 v_3{}^2 \sin^2 \varphi = m_2{}^2 v_2{}^2$$

oder mit Einführung der Energien E_1, E_2, E_3 gemäß Gl. (68)

$$(m_2)_0 E_2 = (m_1)_0 E_1 + (m_3)_0 E_3 - 2 \sqrt{(m_1)_0 (m_3)_0 E_1 E_3} \, \cos \varphi . \qquad (71)$$

[1] Siehe „Kernphysikalische Tabellen" von J. MATTAUCH (Springer-Verlag, Berlin 1942), S. 53 f.

Die Entfernung von E_2 aus Gl. (70) liefert sodann:

$$W = \frac{(m_2)_0 + (m_3)_0}{(m_2)_0} \cdot E_3 - \frac{(m_2)_0 - (m_1)_0}{(m_2)_0} \cdot E_1 -$$
$$- \frac{2}{(m_2)_0} \cdot \sqrt{(m_1)_0 \, (m_3)_0 \, E_1 \, E_3} \, \cos \varphi \, . \qquad (72)$$

Die Bedeutung dieser Beziehung besteht unter anderem darin, daß mit ihrer Hilfe eine *Überprüfung der Masse m_0 des Ausgangskernes* möglich ist. Die meist gut beobachtbaren Größen E_1 bzw. v_1, E_3 bzw. v_3 und φ gestatten nämlich bei Kenntnis der Massen $(m_1)_0$, $(m_2)_0$, $(m_3)_0$ die Berechnung der Reaktionsenergie W und damit des Massendefektes Δm, wodurch auf Grund von Gl. (67b) eine Neubestimmung von m_0 erfolgen kann.

Umgekehrt kann bei bekannter Reaktionsenergie W Gl. (72) dazu dienen, die in einer bestimmten Richtung φ zu erwartende Teilchenenergie E_3 zu berechnen. Für $\varphi = 90°$ ergibt sich aus der im allgemeinen quadratischen Gleichung für $\sqrt{E_3}$ einfach:

$$E_3 = \frac{(m_2)_0 \, W + [(m_2)_0 - (m_1)_0] \cdot E_1}{(m_2)_0 + (m_3)_0} \, . \qquad (72a)$$

Ist W *positiv*, der betrachtete Umwandlungsvorgang also *exotherm*, so ergibt es zu jedem Energiewert E_1 einen bestimmten Energiewert E_3[1]; die Reaktion ist somit immer möglich, wenn auch bei zu kleinen E_1-Werten die Ausbeute schlecht sein wird. Ist dagegen W *negativ*, die Reaktion also *endotherm*, so ist zur Auslösung des Umwandlungsvorganges eine *Mindestenergie E_1* erforderlich, deren Größe mathematisch durch das Verschwinden der Diskriminante der erwähnten quadratischen Gleichung bestimmt wird:

$$(E_1)_{\min} = \frac{-(m_2)_0 \cdot W}{(m_2)_0 - (m_1)_0 + \dfrac{(m_1)_0 \, (m_3)_0}{(m_2)_0 + (m_3)_0} \cdot \cos^2 \varphi} \, . \qquad (73)$$

Für $\varphi = 90°$ folgt insbesondere:

$$(E_1)_{\min} = - \frac{(m_2)_0}{(m_2)_0 - (m_1)_0} \cdot W \, . \qquad (73a)$$

Erst nach Überschreitung dieses *Schwellenwertes* kann die endotherme Kernreaktion überhaupt eintreten.

Als Beispiel sei der folgende Umwandlungsvorgang betrachtet:

$$^1_1 p + {}^9_4 \mathrm{Be} \rightarrow {}^9_5 \mathrm{Be} + {}^1_0 n \, ,$$

der nach experimentellem Ergebnis erst stattfindet, sobald die Protonen eine Mindestenergie von 2,01 MeV besitzen. In diesem

---

[1] $(m_2)_0 > (m_1)_0$ vorausgesetzt.

Falle ist $(m_2)_0 = 9\,(m_1)_0$, $(m_3)_0 = (m_1)_0$, $(E_1)_{min} = 2{,}01$ MeV; somit wird die Reaktionsenergie

$$W = -1{,}79 \cdot (1 + \tfrac{1}{80} \cos^2 \varphi) \approx -1{,}8 \text{ MeV};$$

die Richtungsabhängigkeit kommt hier kaum in Betracht.

Der Gleichung

$$(m_1)_0 + m_0 = (m_2)_0 + (m_3)_0 + \Delta m \tag{69}$$

entspricht der *Kernprozeß*:

$$^{M_1}_{Z_1}K_1 + ^{M}_{Z}K \to ^{M_2}_{Z_2}K_2 + ^{M_3}_{Z_3}K_3\,.$$

Für die *Massenzahlen* muß demgemäß die Gleichung gelten:

$$M_1 + M = M_2 + M_3\,. \tag{74}$$

γ) **Das Gesetz der Erhaltung der elektrischen Ladung.** Die *elektrische Ladung* erweist sich auch bei den Kernumwandlungen als *unzerstörbar*, was in der folgenden Beziehung der Kernladungszahlen zum Ausdruck kommt:

$$Z_1 + Z = Z_2 + Z_3\,. \tag{75}$$

δ) **Beobachtete Umwandlungen.** Um einen Überblick über die in Betracht kommenden Möglichkeiten zu gewinnen, richten wir unser Augenmerk zunächst auf die *Geschosse*, die bei solchen Umwandlungen zur Anwendung gelangen. Es sind dies die *materiellen* Teilchen:

$$^4_2\alpha\,,\ ^2_1d\,,\ ^1_1p\,,\ ^1_0n$$

sowie *Lichtquanten* hoher Energie (γ-Strahlen). Jede Umwandlung vollzieht sich in der Regel so, daß das Geschoß in den Kern eindringt — bei γ-Strahlen erfolgt eine Energieübertragung (Anregung des Kernes) — worauf ein anderes Teilchen oder γ-Strahlung ausgesandt wird. Von diesem Gesichtspunkte aus sind die folgenden 20 Fälle in Betracht zu ziehen (wir bedienen uns der bereits oben S. 84 erläuterten Schreibweise):

(α, d), (α, p), (α, n), (α, γ); (d, α), (d, p), (d, n), (d, γ);
(p, α), (p, d), (p, n), (p, γ); (n, α), (n, d), (n, p), (n, γ);
(γ, α), (γ, d), (γ, p), (γ, n).

In *energetischer* Hinsicht können die eben aufgezählten Kernumwandlungen zum Teile *exotherm* ($W > 0$), zum Teil *endotherm* ($W < 0$) verlaufen. Kennzeichnend hierfür ist die oben gewonnene Gl. (69) für den *Massendefekt* Δm, aus dem sich durch Multiplikation mit c^2 die *Reaktionsenergie* W ergibt. Ein *exothermer* Vorgang mit $W > 0$ liegt somit vor, wenn $\Delta m > 0$, also

$$m_0 + (m_1)_0 > (m_2)_0 + (m_3)_0$$

oder

$$m_0 - (m_2)_0 > (m_3)_0 - (m_1)_0$$

bzw

$$(m_2)_0 - m_0 < (m_1)_0 - (m_3)_0$$

ist, d. h. wenn bei *Abbau*prozessen mit

$$(m_2)_0 < m_0 \quad \text{und} \quad (m_1)_0 < (m_3)_0$$

die Massendifferenz zwischen Anfangs- und Endkern die Massendifferenz zwischen abgesplittertem Teilchen und Geschoß *übertrifft* bzw. wenn bei *Aufbauprozessen* mit

$$(m_2)_0 > m_0 \quad \text{und} \quad (m_1)_0 > (m_3)_0$$

die Massendifferenz der Kerne *kleiner* ist als die der leichten Teilchen. Für einen *endothermen* Vorgang mit $W > 0$ gilt das *Umgekehrte*:

$$m_0 - (m_2)_0 < (m_3)_0 - (m_1)_0$$
$$\text{bzw.}$$
$$(m_2)_0 - m_0 > (m_1)_0 - (m_3)_0 .$$

Über die Kernumwandlungen (α, p), (d, α), (d, p), (d, n), (p, α) und (p, n) liegen umfangreiche Beobachtungen vor. (d, α), (d, p) und (p, α) zeigen einen ausgesprochen *exothermen*, (p, n) einen rein *endothermen* Verlauf. Die Umwandlungen (α, p) und (d, n) verlaufen dagegen bald *exo-*, bald *endotherm*. Zu den rein *endothermen* Vorgängen zählt ferner die als *Kernphotoeffekt* bekannte Reaktion (γ, n). Bei den im folgenden angeführten Beispielen ist überall dort, wo genaue Bestimmungen vorhanden sind, die energetische Natur des Vorganges mit Hinzufügung der *Reaktionsenergie* (Wärmetönung)

$$W = c^2 \, (\varDelta \, m)_\mathrm{g} \, \text{erg} = 5{,}62 \cdot 10^{26} \, (\varDelta \, m)_\mathrm{g} \, \text{MeV} = 931 \cdot (\varDelta \, m)_\mathrm{ME} \, \text{MeV}$$

angemerkt.

Indem wir jedem Kern entsprechend seiner Ordnungszahl Z

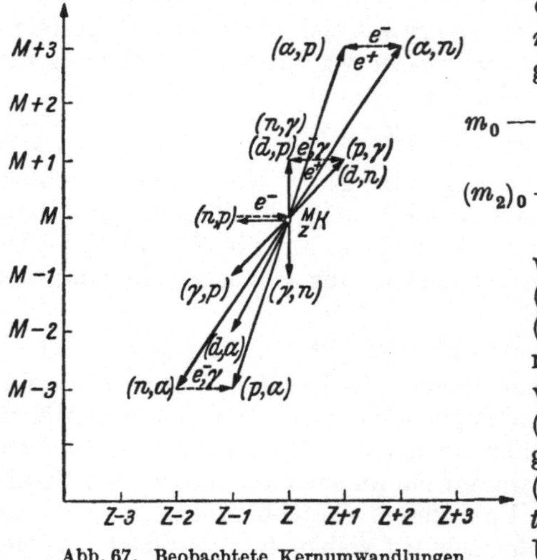

Abb. 67. Beobachtete Kernumwandlungen.
Radioaktive Vorgänge:
- - - - → Aussendung eines Elektrons e^-,
← - - - - Aussendung eines Positrons e^+.

und seiner Massenzahl M einen Punkt zuordnen, können wir jede Umwandlung schematisch in einem *Koordinatensystem* (Z, M) zur Darstellung bringen. Abb. 67 gibt in dieser Weise eine Übersicht über die wichtigsten Fälle.

Wir wollen nun die oben aufgezählten Kernumwandlungen im einzelnen näher betrachten und fallweise durch Beispiele belegen[1].

(α, d) wegen der *geringen Stabilität des Deutons* ^2_1D (s. S. 123) gleichbedeutend mit (α, $p\,n$), s. unter b (S. 97).

(α, p) kommt der *Anlagerung eines Tritons* ^3_1T gleich. Umwandlung mit stabilem Endkern bei *fast allen leichten* Elementen bis Z

$$^{10}_{5}B \xrightarrow[\text{3,7 MeV}]{\text{exoth.}} {}^{13}_{6}C, \quad {}^{14}_{7}N \xrightarrow[\text{--1,16 MeV}]{\text{endoth.}} {}^{17}_{8}O$$

$= 22$ beobachtet. Beispiele: (Abb. 64; *erste Atomumwandlung* durch RUTHERFORD, s. oben),

$$^{19}_{9}F \xrightarrow[\text{1,58 MeV}]{\text{exoth.}} {}^{22}_{10}Ne, \quad {}^{20}_{10}Ne \rightarrow {}^{23}_{11}Na \xrightarrow[\text{1,91 MeV}]{\text{exoth.}} {}^{26}_{11}Mg, \quad {}^{38}_{19}K \xrightarrow[\text{--0,89 MeV}]{\text{endoth.}} {}^{42}_{20}Ca,$$

$$^{45}_{21}Sc \xrightarrow[\text{--0,3 MeV}]{\text{endoth.}} {}^{48}_{22}Ti \xrightarrow[\text{1,10 MeV}]{\text{exoth.}} {}^{51}_{23}V .$$

(α, n) gleichbedeutend mit der *Anlagerung von* ^3_2He. Umwandlung mit stabilem Endkern, nur bei den folgenden *leichten* Elementen beobachtet: $^7_3Li \rightarrow {}^{10}_{5}B$, ${}^9_4Be \rightarrow {}^{12}_{6}C$ (*Entdeckung des Neutrons*), $^{11}_{5}B \rightarrow {}^{14}_{7}N$, ${}^{27}_{14}Si \rightarrow {}^{31}_{16}S$, ${}^{40}_{18}A \rightarrow {}^{43}_{20}Ca$.

(α, γ) wurde *nicht beobachtet.*

(d, α) entspricht der *Ausstoßung eines Deutons* ^2_1D. Die *meisten leichten* Elemente bis $Z = 17$ ergeben bei dieser Umwandlung stabile Endkerne: $^6_3Li \xrightarrow[\text{22,2 MeV}]{\text{exoth.}} {}^4_2\alpha$ (Abb. 68 b), ${}^9_4Be \xrightarrow[\text{7,19 MeV}]{\text{exoth.}}$

$$^7_3Li, \quad {}^{11}_{5}B \xrightarrow[\text{8,13 MeV}]{\text{exoth.}} {}^9_4Be, \quad {}^{13}_{6}C \xrightarrow[\text{5,24 MeV}]{\text{exoth.}} {}^{11}_{5}B, \quad {}^{14}_{7}N \xrightarrow[\text{13,4 MeV}]{\text{exoth.}} {}^{12}_{6}C,$$

$$^{15}_{7}N \xrightarrow[\text{7,54 MeV}]{\text{exoth.}} {}^{13}_{6}C, \quad {}^{16}_{8}O \xrightarrow[\text{3,13 MeV}]{\text{exoth.}} {}^{14}_{7}N, \quad {}^{19}_{9}F \xrightarrow[\text{9,84 MeV}]{\text{exoth.}} {}^{17}_{8}O, \quad {}^{25}_{12}Mg \rightarrow$$

$$^{23}_{11}Na, \quad {}^{27}_{13}Al \xrightarrow[\text{6,46 MeV}]{\text{exoth.}} {}^{25}_{12}Mg, \quad {}^{35}_{17}Cl \xrightarrow[\text{9,1 MeV}]{\text{exoth.}} {}^{33}_{16}S .$$

(d, p) bedeutet *Anlagerung eines Neutrons* ^1_0n, wodurch sich das *nächst höhere Isotop* mit der Massenzahl $M + 1$ ergibt. Umwandlungen mit stabilem Endkern wurden bei der *Mehrzahl der leichten Elemente* bis $Z = 16$ festgestellt: $^6_3Li \xrightarrow[\text{5,02 MeV}]{\text{exoth.}} {}^7_3Li$

$$\text{(Abb. 68 b)}, \quad {}^{10}_{5}B \xrightarrow[\text{9,14 MeV}]{\text{exoth.}} {}^{11}_{5}B, \quad {}^{12}_{6}C \xrightarrow[\text{2,71 MeV}]{\text{exoth.}} {}^{13}_{6}C, \quad {}^{14}_{7}N \xrightarrow[\text{8,55 MeV}]{\text{exoth.}} {}^{15}_{7}N,$$

$$^{16}_{8}O \xrightarrow[\text{1,95 MeV}]{\text{exoth.}} {}^{17}_{8}O, \quad {}^{20}_{10}Ne \xrightarrow[\text{4,88 MeV}]{\text{exoth.}} {}^{21}_{10}Ne, \quad {}^{25}_{12}Mg \rightarrow {}^{26}_{12}Mg, \quad {}^{29}_{14}Si \rightarrow {}^{30}_{14}Si,$$

$$^{32}_{16}S \xrightarrow[\text{6,62 MeV}]{\text{exoth.}} {}^{33}_{16}S .$$

---

[1] Die Angaben zu den folgenden Beispielen sind den „Kernphysikalischen Tabellen" von J. MATTAUCH (Springer-Verlag, Berlin 1942) entnommen.

a

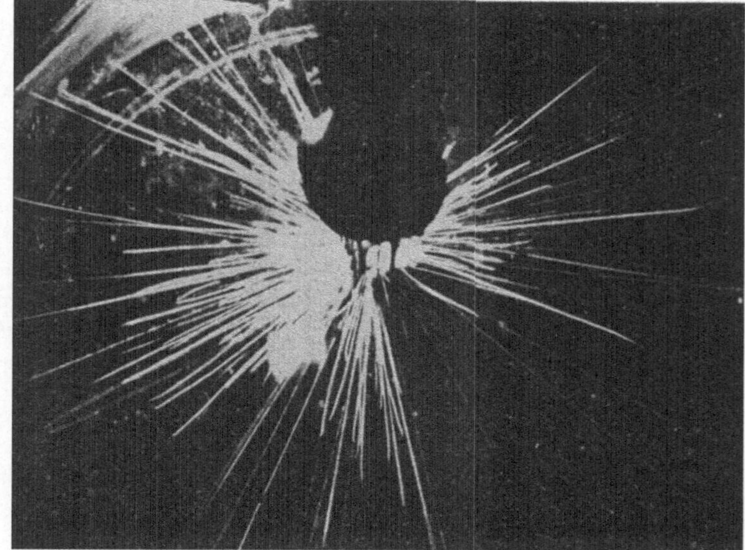

b

Abb. 68a und b. Zertrümmerung von Lithium durch Protonen (a) und Deuteronen (b)
(nach DEE und WALTON).
Es ist deutlich zu erkennen, daß im zweiten Falle (b) neben α-*Teilchen* (kürzere, dicke
Nebelspuren) auch *Protonen* (lange, dünne Spuren) entstehen.

(d, n) gleichbedeutend mit der *Anlagerung eines Protons* ^1_1p. Stabile Endkerne wurden bei der Umwandlung der folgenden *leichten Elemente* bis $Z = 13$ beobachtet: $^2_1\mathrm{D} \xrightarrow[3,18\,\text{MeV}]{\text{exoth.}} {}^3_2\mathrm{He}$,

$^9_4\mathrm{Be} \xrightarrow[4,20\,\text{MeV}]{\text{exoth.}} {}^{10}_5\mathrm{B}$ [1], $^{11}_5\mathrm{B} \xrightarrow[13,4\,\text{MeV}]{\text{exoth.}} {}^{12}_6\mathrm{C}$, $^{13}_6\mathrm{C} \rightarrow {}^{14}_7\mathrm{N}$, $^{19}_9\mathrm{F} \xrightarrow[10,80\,\text{MeV}]{\text{exoth.}}$ $^{20}_{10}\mathrm{Ne}$, $^{23}_{11}\mathrm{Na} \rightarrow {}^{24}_{12}\mathrm{Mg}$, $^{26}_{13}\mathrm{Al} \rightarrow {}^{28}_{14}\mathrm{Si}$.

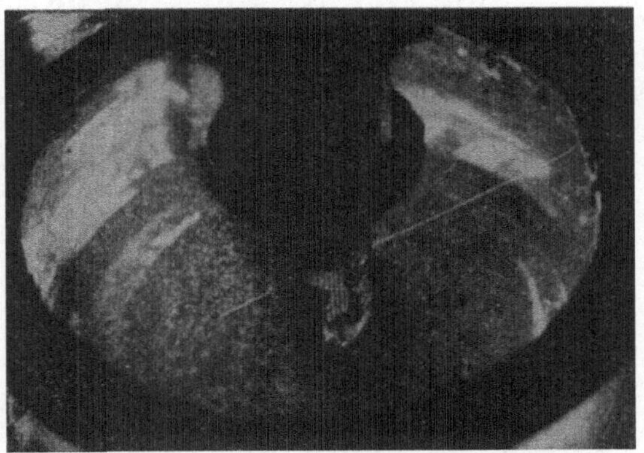

Abb. 69. Nebelkammeraufnahme der Kernumwandlung:
$^7_3\mathrm{Li} + {}^1_1p \longrightarrow 2 \cdot {}^4_2\alpha$ (nach KIRCHNER).

Eine dünne Lithiumschicht in der in der Mitte der Abbildung sichtbaren Kapsel wird durch von oben eintretende Protonen bestrahlt. Zwei α-Teilchen werden in entgegengesetzter Richtung ausgeschleudert, wobei das linke Teilchen in den Boden der Nebelkammer geht.

(d, γ) bedeutet *Einbau eines Deutons* $^2_1\mathrm{D}$ unter Aussendung von γ-Strahlung aus dem angeregten Kern. Einziger Fall: $^{12}_6\mathrm{C} \rightarrow {}^{14}_7\mathrm{N}$.

(p, α) kommt dem *Abbau eines Tritons* $^3_1\mathrm{T}$ gleich; bei den *leichten Kernen* bis $Z = 9$ beobachtet: $^6_3\mathrm{Li} \xrightarrow[3,94\,\text{MeV}]{\text{exoth.}} {}^3_2\mathrm{He}$, $^7_3\mathrm{Li} \xrightarrow[17,28\,\text{MeV}]{\text{exoth.}}$ $^4_2\alpha$ (Abb. 68a und 69), $^9_4\mathrm{Be} \xrightarrow[2,078\,\text{MeV}]{\text{exoth.}} {}^6_3\mathrm{Li}$, $^{15}_7\mathrm{N} \xrightarrow[5,00\,\text{MeV}]{\text{exoth.}} {}^{12}_6\mathrm{C}$, $^{18}_8\mathrm{O} \xrightarrow[3,96\,\text{MeV}]{\text{exoth.}} {}^{15}_7\mathrm{N}$ und $^{19}_9\mathrm{F} \xrightarrow[8,15\,\text{MeV}]{\text{exoth.}} {}^{16}_8\mathrm{O}$.

(p, d) bedeutet *Abbau eines Neutrons* ^1_0n, also Erzeugung des *nächst niedrigeren Isotopes* mit der Massenzahl $M - 1$; wegen zu geringer Stabilität des Deutons ebenso wie (α, d) *unwahrscheinlich*. Einziges Beispiel s. unter b (S. 99).

(p, n) führt zu einer Erhöhung der Kernladungszahl um 1, also zum *Isobar mit der Ordnungszahl* $Z + 1$. Sämtliche so erzeugten Kerne sind *radioaktiv*, s. unter b (S.99f).

---

[1] Beide Umwandlungen bilden die Grundlage von *Neutronengeneratoren,* die auf dem Prinzip des *Kaskadengenerators* (s. S. 105ff.) beruhen.

(p, γ) bedeutet *Anlagerung eines Protons* ^1_1p unter Aussendung von γ-Strahlung. Zuverlässige Beobachtungen mit stabilem End-kern bis $Z = 17$. Beispiele: $^9_4\text{Be} \rightarrow {}^{10}_5\text{B}$, ${}^{11}_5\text{B} \rightarrow {}^{12}_6\text{C}$, ${}^{13}_6\text{C} \rightarrow {}^{14}_7\text{N}$, ${}^{23}_{11}\text{Na} \rightarrow {}^{24}_{12}\text{Mg}$, ${}^{37}_{17}\text{Cl} \rightarrow {}^{38}_{18}\text{A}$.

(n, α) gleichbedeutend mit einem *Abbau von* ^4_2He. Umwandlungen mit stabilem Endkern bis $Z = 16$: ${}^{10}_5\text{B} \xrightarrow[\text{2,75 MeV}]{\text{exoth.}} {}^7_3\text{Li}$, ${}^{12}_6\text{C} \rightarrow {}^9_4\text{Be}$,

${}^{14}_7\text{N} \xrightarrow[-0,43 \text{ MeV}]{\text{endoth.}} {}^{11}_5\text{B}$, ${}^{16}_8\text{O} \rightarrow {}^{13}_6\text{C}$, ${}^{20}_{10}\text{Ne} \rightarrow {}^{17}_8\text{O}$, ${}^{32}_{16}\text{S} \rightarrow {}^{29}_{14}\text{Si}$.

(n, d) käme dem *Abbau eines Protons* gleich, wurde jedoch aus demselben Grunde wie bei (p, d) bisher *nicht beobachtet*.

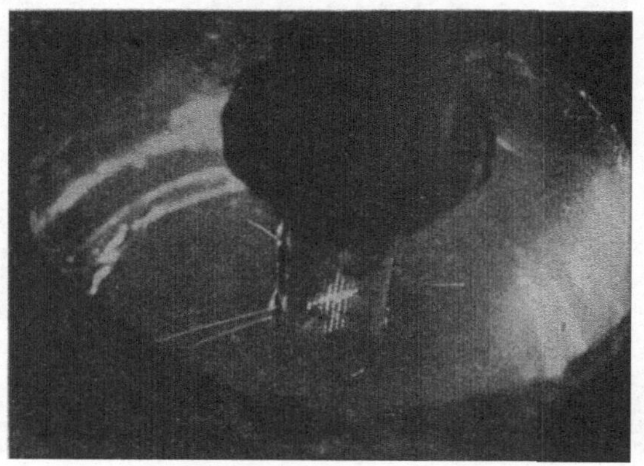

Abb. 70. Nebelkammeraufnahme der Kernumwandlung.
$${}^{11}_5\text{B} + {}^1_1p \longrightarrow 3 \cdot {}^4_2\alpha \quad \text{(nach Kirchner).}$$
Drei α-Teilchen werden unter Winkeln von annähernd 120° ausgeschleudert.

(n, p) bedeutet Verminderung der Kernladungszahl um 1, also Er-zeugung des *Isobares mit der Ordnungszahl* $Z - 1$. Die ent-stehenden Kerne sind sämtlich *radioaktiv*, s. unter b (S. 100).

(n, γ) führt zur *Anlagerung eines Neutrons* ^1_0n, also zum *Isotop mit der Massenzahl* $M + 1$ unter Aussendung von γ-Strahlung. Sämtliche Endkerne sind *radioaktiv* (s. unter b, S. 100) mit der einzigen Ausnahme: $^1_1\text{H} \rightarrow {}^2_1\text{D}$.

(γ, α)
(γ, d) $\Big\}$ wurden *nicht beobachtet*.
(γ, p)

(γ, n) bedeutet *Abbau eines Neutrons* ^1_0n unter dem Einfluß von γ-Strahlung, also Erzeugung des *Isotopes mit der Massen-zahl* $M - 1$. Alle so entstehenden Kerne sind *radioaktiv* (s. unter b, S. 100 f.) mit der einzigen Ausnahme: $^2_1D \xrightarrow[-\,2,18\,\text{MeV}]{\text{endoth.}} {}^1_1H$, besonders geeignet zur Bestimmung der *Neutronenmasse*.

Außer den eben erörterten Kernreaktionen, bei denen *nur ein* Teilchen den getroffenen Kern verläßt, sind noch solche zu nennen, bei denen dieser in *zwei und mehr* Teile (zumeist α-Teilchen) zerlegt wird. Hierher gehören die folgenden Kernprozesse:

α als Geschoß: $^9_4\text{Be} + {}^4_2\alpha \rightarrow 3\,{}^4_2\alpha + {}^1_0n$.

d als Geschoß: $^4_2\text{He} + {}^2_1d \rightarrow {}^4_2\alpha + {}^1_1p + {}^1_0n$ (das Geschoß zerspringt),

$\qquad\qquad {}^6_3\text{Li} + {}^2_1d \rightarrow {}^4_2\alpha + {}^3_2\text{He} + {}^1_0n$,

$\qquad\qquad {}^7_3\text{Li} + {}^2_1d \rightarrow 2\,{}^4_2\alpha + {}^1_0n$,

$\qquad\qquad {}^{10}_5\text{B} + {}^2_1d \rightarrow 3\,{}^4_2\alpha$,

$\qquad\qquad {}^{11}_5\text{B} + {}^2_1d \rightarrow 3\,{}^4_2\alpha + {}^1_0n$,

$\qquad\qquad {}^{14}_7\text{N} + {}^2_1d \rightarrow 4\,{}^4_2\alpha$.

p als Geschoß: $^2_1D + {}^1_1p \rightarrow 2\,{}^1_1p + {}^1_0n$,

$\qquad\qquad {}^{11}_5\text{B} + {}^1_1p \rightarrow 3\,{}^4_2\alpha$ (Abb. 70).

n als Geschoß: $^{12}_6\text{C} + {}^1_0n \rightarrow 3\,{}^4_2\alpha + {}^1_0n$ (der C-Kern zerspringt in die 3 α-Teilchen, aus denen er aufgebaut ist).

e^- als Geschoß: $^9_4\text{Be} + e^-\,(v) \rightarrow {}^8_4\text{Be} + {}^1_0n + e^-\,(v')$, wobei das stoßende Elektron Geschwindigkeit verliert ($v > v'$) .

b) Erzeugung instabiler Kerne. Künstliche Radioaktivität. Diese der natürlichen Radioaktivität entsprechende Erscheinung wurde von IRENE CURIE und F. JOLIOT (1934) bei der Beschießung von Al mit Alphastrahlen entdeckt. Man gibt den Alphastrahler (z. B. Polonium) in einen Topf, der außen von einer Aluminiumschicht umhüllt ist. Nach Entfernen des Alphastrahlers beobachtet man noch eine Zeit lang, daß vom Al-Blech *Positronen* ausgehen, also eine *selbsttätige Weiterzerlegung* mit genau bestimmter *Halbwertszeit* eintritt. Offenbar hat sich zunächst *radioaktiver* Phosphor[1] P* gebildet, der sich als *Positronenstrahler* erweist. Die Kernreaktionsgleichung lautet:

$$^{27}_{13}\text{Al}\,(\alpha,\,n)\,{}^{30}_{15}\text{P*}\,(e^+)\,{}^{30}_{14}\text{Si} \text{ mit der Halbwertszeit } T = 3^{\text{m}}\,15^{\text{s}} .$$

LISE MEITNER hat diesen Vorgang durch Nebelkammeraufnahmen im Bilde festgehalten (Abb. 71a, b und c). Bei der natürlichen Radioaktivität gibt es keinen solchen Positronenzerfall. Die Halbwertszeit der e^+-Strahlung ist durchwegs sehr kurz. Daher wurden auch die Positronen erst so spät entdeckt.

---

[1] *Radioaktive Kerne* werden im folgenden durch einen dem chemischen Zeichen beigefügten *Stern* gekennzeichnet.

α) **Austausch- und Einfangvorgänge.** Aus der Fülle der Untersuchungen der letzten Jahre geht hervor, daß alle unter a, δ (S. 89) aufgezählten Kernreaktionen, die zur Bildung stabiler

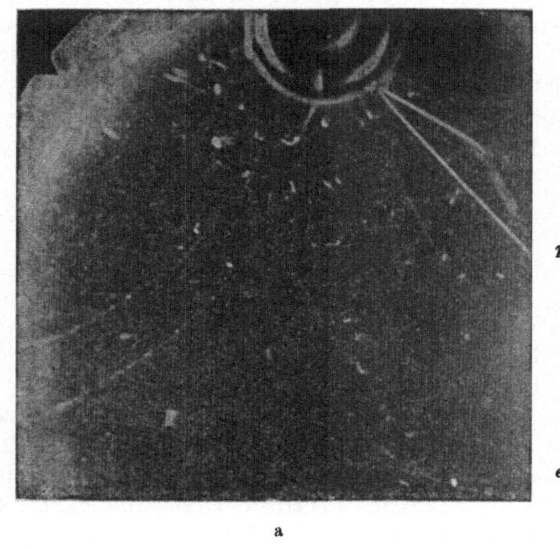

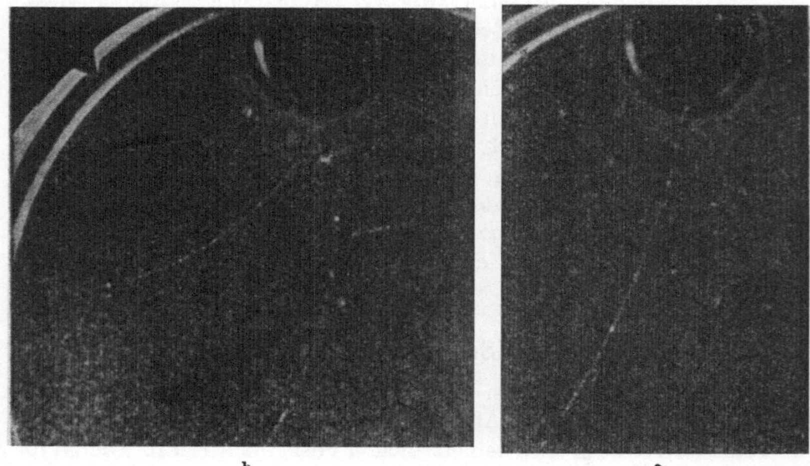

Abb. 71a. Aussendung von Elektronen, Positronen und Protonen aus Al bei Bestrahlung mit α-Teilchen.
Abb. 71b und c. Aussendung von Positronen aus Al: b kurz, c 9 min. nach Entfernen des α-Strahlers.
(Nebelkammeraufnahmen im Magnetfeld von L. MEITNER.)

Kerne führen, den einzigen Fall (d, γ) ausgenommen, auch zur *Erzeugung instabiler (radioaktiver) Kerne* dienen können. Ja es haben sogar gewisse Umwandlungen, wie schon oben bemerkt, bisher *ausschließlich radioaktive Kerne* ergeben. Es sind dies die folgenden Kernprozesse: (α, d) bzw. $(\alpha, p\,n)$, (p, d), (p, n) und (n, p). Wir erläutern wie früher die einzelnen *Austausch-* bzw. *Einfangreaktionen* durch kennzeichnende Beispiele[1] und verweisen dabei abermals auf Abb. 67. Es wird sich zeigen, daß die *Instabilität* der erhaltenen Kerne in *vier* verschiedenen Vorgängen zum Ausdruck kommt:

1. e^+-*Zerfall*: es wird ein *Positron* ausgesandt;
2. e^--*Zerfall*: ein *Elektron* tritt aus dem Kern;
3. *K-Einfang*: ein Hüllenelektron der K-Schale wird vom Kern eingefangen und bei Ausfüllung der entstandenen Lücke durch ein äußeres Elektron *Röntgenstrahlung* (K-Strahlung) ausgesandt (K-Einfang ist hinsichtlich des entstehenden Folgekernes mit e^+-Zerfall gleichwertig);
4. *Bildung eines isomeren Kernes*, der sich vom ursprünglichen nur durch eine *veränderte Lage* der Bausteine unterscheidet und sich infolgedessen in *angeregtem Zustande* befindet, aus dem er in den Anfangs-(Grund-)zustand unter Aussendung von γ-*Strahlung* zurückkehrt.

Bei *gleicher Halbwertszeit* können zwei der Vorgänge 1. bis 3., bisweilen auch alle drei gleichzeitig auftreten. *Radioaktive* Kerne werden im folgenden, wie bereits früher bemerkt, durch einen beigefügten *Stern*, *isomere* Kerne durch *Überstreichen* des Atomzeichens angedeutet.

(α, d) oder $(\alpha, p\,n)$: *d-Anlagerung mit nachfolgendem e^+-Zerfall*. Einziger Fall:

$$\ce{^{32}_{16}S} \xrightarrow{} \ce{^{34}_{17}Cl}^* \overset{(32 \pm 1)\,m}{(e^+)} \quad \ce{^{34}_{16}S}.$$

(α, p): ^3_1T-*Anlagerung mit nachfolgendem e^-- oder e^+- Zerfall oder K-Einfang*. Beispiele:

$$\ce{^{11}_{5}B} \xrightarrow[0,66\,\text{MeV}]{\text{exoth.}} \ce{^{14}_{6}C}^* \;\; (e^-) \overset{10^3 \text{ bis } 10^5\,a}{} \ce{^{14}_{7}N}, \quad \ce{^{25}_{12}Mg} \xrightarrow[-\,1,05\,\text{MeV}]{\text{endoth.}} \ce{^{28}_{13}Al}^* \overset{2,3\,m}{(e^-)} \ce{^{28}_{14}Si},$$

$$\ce{^{38}_{28}Ni} \xrightarrow{} \ce{^{61}_{29}Cu}^* \overset{(3,4 \pm 0,1)\,h}{(e^+, K)} \ce{^{61}_{28}Ni}, \quad \ce{^{64}_{30}Zn} \xrightarrow{} \ce{^{67}_{31}Ga}^* \overset{(79 \pm 2)\,h}{(K)} \ce{^{67}_{30}Zn},$$

$$\ce{^{67}_{30}Zn} \xrightarrow{} \ce{^{70}_{31}Ga}^* \overset{(19,8 \pm 0,4\,)m}{(e^-, K)} \ce{^{70}_{32}Ge}, \ce{^{70}_{30}Zn},$$

$$\ce{^{108}_{46}Pd} \xrightarrow{} \ce{^{111}_{47}Ag}^* \overset{7,5\,d}{(e^-)} \ce{^{111}_{48}Cd}.$$

(α, n): ^3_2He-*Anlagerung mit nachfolgendem e^+-Zerfall, K-Einfang oder γ-Strahlung*. Beispiele:

---

[1] Siehe „Kernphysikalische Tabellen" von J. MATTAUCH. Berlin: Springer 1942.

$$^{10}_{5}B \longrightarrow {}^{13}_{7}N^{*} \xrightarrow{(9,93 \pm 0,03)\,m} (e^{+}) \quad {}^{13}_{6}C \;,$$

$$^{27}_{13}Al \longrightarrow {}^{30}_{15}P^{*} \xrightarrow{(130,6 \pm 1,5)\,s} (e^{+}) \quad {}^{30}_{14}Si \quad \text{(Entdeckung der künstlichen Radioaktivität)},$$

$$^{45}_{21}Sc \longrightarrow {}^{48}_{23}V^{*} \xrightarrow{(16,0 \pm 0,2)\,d} (e^{+}, K)\; {}^{48}_{22}Ti\;, \qquad {}^{51}_{23}V \longrightarrow {}^{54}_{25}Mn^{*} \xrightarrow{(310 \pm 20)\,d} (K) \;\; {}^{54}_{24}Cr\;,$$

$$^{54}_{26}Fe \longrightarrow {}^{57}_{28}Ni^{*} \xrightarrow{(36 \pm 2)\,h} (e^{+})\; {}^{57}_{27}Co^{*} \xrightarrow{18,2\,h} (e^{+})\; {}^{57}_{26}Fe\;,$$

$$^{80}_{34}Se \longrightarrow {}^{83}_{26}Kr \xrightarrow{113\,m} (\gamma)\; {}^{83}_{36}Kr\;, \qquad {}^{93}_{41}Nb \longrightarrow {}^{96}43^{*} \xrightarrow{(2,7 \pm 0,4)\,h} (e^{+}) \;\; {}^{96}_{42}Mo\;.$$

(d, α): *${}^{2}_{1}D$-Abbau mit nachfolgendem e^{-}-Zerfall, e^{+}-Zerfall oder K-Einfang.* Beispiele:

$$^{7}_{3}Li \xrightarrow[12,7\,MeV]{exoth.} {}^{5}_{2}He^{*} \xrightarrow{6 \cdot 10^{-20}\,s} {}^{4}_{2}\alpha + {}^{1}_{0}n \text{ (vgl. die Zerlegung von } {}^{6}_{3}Li$$

unter a, S. 91 und Abb. 68 b),

$$^{10}_{5}B \xrightarrow[17,76\,MeV]{exoth.} {}^{8}_{4}Be^{*} \xrightarrow{inst. < 1\,s} 2\,{}^{4}_{2}\alpha\;,$$

$$^{20}_{10}Ne \longrightarrow {}^{18}_{9}F^{*} \xrightarrow{(107 \pm 4)\,m} (e^{+}) \;\; {}^{18}_{8}O\;, \qquad {}^{26}_{12}Mg \longrightarrow {}^{24}_{11}Na^{*} \xrightarrow{14,8\,h} (e^{-})\; {}^{24}_{12}Mg\;,$$

$$^{50}_{24}Cr \longrightarrow {}^{48}_{23}V^{*} \text{ siehe } (\alpha, n)\;, \qquad {}^{56}_{26}Fe \longrightarrow {}^{54}_{25}Mn^{*} \text{ siehe } (\alpha, n)\;,$$

$$^{72}_{32}Ge \longrightarrow {}^{70}_{31}Ga^{*} \xrightarrow{19,8 \pm 0,4)\,m} (e^{-}, K) \;\; {}^{70}_{32}Ge\;,$$

$$^{76}_{34}Se \longrightarrow {}^{74}_{33}As^{*} \xrightarrow{(16 \pm 1)\,d} (e^{+}, e^{-})\; {}^{74}_{32}Ge\;, \quad {}^{74}_{34}Se\;.$$

(d, p): *${}^{1}_{0}n$-Anlagerung mit nachfolgendem e^{-}-Zerfall, e^{+}-Zerfall, K-Einfang oder γ-Strahlung.* Beispiele:

$$^{2}_{1}D \xrightarrow[3,98\,MeV]{exoth.} {}^{3}_{1}T^{*} \xrightarrow{(31 \pm 8)\,a} (e^{-}) \;\; {}^{3}_{2}He\;,$$

$$^{7}_{3}Li \xrightarrow[-0,2\,MeV]{endoth.} {}^{8}_{3}Li^{*} \xrightarrow{(0,9 \pm 0,1)\,s} (e^{-}) \quad 2\,{}^{4}_{2}\alpha\;,$$

$$^{23}_{11}Na \xrightarrow[4,92\,MeV]{exoth.} {}^{24}_{11}Na^{*} \xrightarrow{14,8\,h} (e^{-})\; {}^{24}_{12}Mg, \text{ siehe auch } (d, \alpha)$$

(dem durch Beschießung von *Steinsalz* mit hochgeschwinden Deutonen erhaltenen *radioaktiven Natrium* scheint besondere *medizinische* Bedeutung zuzukommen, da sich durch Verabreichung von radioaktivem Steinsalz an Kranke die Möglichkeit zur *inneren Bestrahlung* von Magen und Darm mit einer durch die Halbwertszeit von etwa 15 Stunden beschränkten Dosierung eröffnet),

$$^{40}_{20}Ca \longrightarrow {}^{41}_{20}Ca^{*} \xrightarrow{(8,5 \pm 0,8)\,d} (K) \;\; {}^{41}_{19}K\;,$$

$$^{45}_{21}Sc \xrightarrow[6,78\,MeV]{exoth.} {}^{46}_{21}Sc^{*} \xrightarrow{(85 \pm 1)\,d} (e^{-}, K)\; {}^{46}_{22}Ti\;, \quad {}^{46}_{20}Ca\;,$$

$$^{63}_{29}\mathrm{Cu} \xrightarrow[5{,}70\ \mathrm{MeV}]{\text{exoth.}} {}^{64}_{29}\mathrm{Cu}^* \overset{(12{,}8 \pm 0{,}3)\,\mathrm{h}}{(e^-,\, e^+,\, K)} {}^{64}_{30}\mathrm{Zn}\ ,\quad {}^{64}_{28}\mathrm{Ni}\ ,$$

$$^{64}_{30}\mathrm{Zn} \to {}^{65}_{20}\mathrm{Zn}^* \overset{(250 \pm 5)\,\mathrm{d}}{(K,\, e^+)} {}^{65}_{29}\mathrm{Cu}\ ,\quad {}^{70}_{32}\mathrm{Ge} \to {}^{71}_{32}\mathrm{Ge}^* \overset{(87 \pm 1{,}5)\,\mathrm{h}}{(e^+)} {}^{71}_{31}\mathrm{Ga}\ ,$$

$$^{86}_{38}\mathrm{Sr} \to {}^{87}_{38}\mathrm{Sr} \overset{(2{,}75 \pm 0{,}1)\,\mathrm{h}}{(\gamma)} {}^{87}_{38}\mathrm{Sr}\ .$$

(d, n): ^1_1p-*Anlagerung mit nachfolgendem e^--Zerfall, e^+-Zerfall, K-Einfang oder γ-Strahlung.* Beispiele:

$$^6_3\mathrm{Li} \to {}^7_4\mathrm{Be}^* \overset{(53 \pm 2)\,\mathrm{d}}{(K)} {}^7_3\mathrm{Li}\ ,\quad {}^7_3\mathrm{Li} \xrightarrow[14{,}55\ \mathrm{MeV}]{\text{exoth.}} {}^8_4\mathrm{Be}^*\ \text{siehe}\ (d, \alpha)\ ,\,{}^1$$

$$^{10}_5\mathrm{B} \xrightarrow[6{,}08\ \mathrm{MeV}]{\text{exoth.}} {}^{11}_6\mathrm{C}^* \overset{21\,\mathrm{m}}{(e^+)} {}^{11}_5\mathrm{B}\ ,\quad {}^{48}_{20}\mathrm{Ca} \to {}^{49}_{21}\mathrm{Sc}^* \overset{(57 \pm 2)\,\mathrm{m}}{(e^-)} {}^{49}_{22}\mathrm{Ti}\ ,$$

$$^{47}_{22}\mathrm{Ti} \to {}^{48}_{23}\mathrm{V}^*\ \text{siehe}\ (d, \alpha)\ ,\quad {}^{53}_{24}\mathrm{Cr} \to {}^{54}_{25}\mathrm{Mn}^*\ \text{siehe}\ (d, \alpha)\ ,$$

$$^{73}_{32}\mathrm{Ge} \to {}^{74}_{33}\mathrm{As}^*\ \text{siehe}\ (d, \alpha)\ ,\quad {}^{95}_{42}\mathrm{Mo} \to {}^{96}43^*\ \text{siehe}\ (\alpha, n)\ ,$$

$$^{112}_{48}\mathrm{Cd} \to {}^{113}_{49}\mathrm{In} \overset{(104 \pm 2)\,\mathrm{m}}{(\gamma)} {}^{113}_{49}\mathrm{In}\ .$$

(p, α): ^3_1T-*Abbau mit nachfolgendem e^+-Zerfall oder K-Einfang.* Nur die folgenden drei Fälle wurden beobachtet:

$$^{10}_5\mathrm{B} \to {}^7_4\mathrm{Be}^* \overset{(53 \pm 2)\,\mathrm{d}}{(K)} {}^7_3\mathrm{Li}\ ,\quad {}^{11}_5\mathrm{B} \xrightarrow[8{,}6\ \mathrm{MeV}]{\text{exoth.}} {}^8_4\mathrm{Be}^*\ \text{siehe}\ (d, \alpha)\ ,$$

$$^{14}_7\mathrm{N} \to {}^{11}_6\mathrm{C}^*\ \text{siehe}\ (d, n)\ .$$

(p, d): ^1_0n-*Abbau.* Einziger Fall:

$$^9_4\mathrm{Be} \xrightarrow[0{,}534\ \mathrm{MeV}]{\text{exoth.}} {}^8_4\mathrm{Be}^*\ \text{siehe}\ (d, \alpha)\ .$$

(p, n): *Isobarenbildung mit der Ordnungszahl $Z + 1$, in deren Folge e^-- oder e^+-Zerfall, K-Einfang oder γ-Strahlung.* Beispiele:

$$^7_3\mathrm{Li} \xrightarrow[-\,1{,}62\ \mathrm{MeV}]{\text{endoth.}} {}^7_4\mathrm{Be}^*\ \text{siehe}\ (p, \alpha)\ ,$$

$$^9_4\mathrm{Be} \xrightarrow[-\,1{,}83\ \mathrm{MeV}]{\text{endoth.}} {}^9_5\mathrm{B}^* \to 2\,{}^4_2\alpha + {}^1_1p\ ,$$

$$^{11}_5\mathrm{B} \xrightarrow[-\,2{,}72\ \mathrm{MeV}]{\text{endoth.}} {}^{11}_6\mathrm{C}^*\ \text{siehe}\ (d, n)\ \text{und}\ (p, \alpha)\ ,$$

$$^{40}_{18}\mathrm{A} \to {}^{40}_{19}\mathrm{K}^* \overset{(14{,}2 \pm 3{,}0)\cdot 10^8\,\mathrm{a}}{(e^-)} {}^{40}_{20}\mathrm{Ca}\ ,$$

$$^{48}_{22}\mathrm{Ti} \to {}^{48}_{23}\mathrm{V}^*\ \text{siehe}\ (\alpha, n)\ ,\ (d, \alpha)\ \text{und}\ (d, n)\ ,$$

$$^{64}_{28}\mathrm{Ni} \xrightarrow[-\,2{,}5\ \mathrm{MeV}]{\text{endoth.}} {}^{64}_{29}\mathrm{Cu}^*\ \text{siehe}\ (d, p)\ ,$$

$$^{70}_{30}\mathrm{Zn} \xrightarrow[-\,1{,}6\ \mathrm{MeV}]{\text{endoth.}} {}^{70}_{31}\mathrm{Ga}^*\ \text{siehe}\ (\alpha, p)\ ,$$

---

[1] Dieser Kernprozeß liefert *Neutronen besonders hoher Energie* (bis zu 14 MeV) und eignet sich als Grundlage für einen *Neutronengenerator* (s. auch die Fußnote auf S. 93).

$$^{76}_{32}\mathrm{Ge} \longrightarrow \ ^{76}_{33}\mathrm{As}^* \overset{(26,75 \pm 0,15)\,\mathrm{h}}{(e^-, e^+, K)} \ ^{76}_{34}\mathrm{Se}\ , \quad ^{76}_{32}\mathrm{Ge}\ ,$$

$$^{87}_{37}\mathrm{Rb} \longrightarrow \ ^{87}_{38}\overline{\mathrm{Sr}} \overset{(2,75 \pm 0,1)\,\mathrm{h}}{(\gamma)} \ ^{87}_{38}\mathrm{Sr}\ .$$

(p, γ): *^1_1p-Anlagerung unter Aussendung von γ-Strahlung mit nach-folgendem e^+-Zerfall oder K-Einfang.* Beispiele:

$$^7_3\mathrm{Li} \longrightarrow \ ^8_4\mathrm{Be}^* \ \text{siehe}\ (d, \alpha)\ , \quad (d, n)\ \ \text{und}\ \ (p, \alpha)\ ,$$

$$^{12}_6\mathrm{C} \longrightarrow \ ^{13}_7\mathrm{N}^* \ \text{siehe}\ (\alpha, n)\ , \quad ^{14}_7\mathrm{N} \longrightarrow \ ^{15}_8\mathrm{O}^* \overset{(125 \pm 5)\,\mathrm{s}}{(e^+)} \ ^{15}_7\mathrm{N}\ ,$$

$$^{60}_{28}\mathrm{Ni} \longrightarrow \ ^{61}_{29}\mathrm{Cu}^* \ \text{siehe}\ (\alpha, p)\ ,$$

$$^{64}_{30}\mathrm{Zn} \longrightarrow \ ^{65}_{31}\mathrm{Ga}^* \overset{15\,\mathrm{m}}{(K)} \ ^{65}_{30}\mathrm{Zn}^* \overset{(250 \pm 5)\,\mathrm{d}}{(e^+, K)} \ ^{65}_{29}\mathrm{Cu}$$

(n, α): *^3_4He-Abbau mit nachfolgendem e^-- oder e^+-Zerfall, K-Einfang oder γ-Strahlung.* Beispiele:

$$^6_3\mathrm{Li} \xrightarrow[4,86\,\mathrm{MeV}]{\text{exoth.}} \ ^3_1\mathrm{T}^* \ \text{siehe}\ (d, p)\ , \quad ^9_4\mathrm{Be} \longrightarrow \ ^6_2\mathrm{He}^* \overset{(0,8 \pm 0,1)\,\mathrm{s}}{(e^-)} \ ^6_3\mathrm{Li}\ ,$$

$$^{74}_{34}\mathrm{Se} \longrightarrow \ ^{71}_{32}\mathrm{Ge}^* \ \text{siehe}\ (d, p)\ , \quad ^{79}_{35}\mathrm{Br} \longrightarrow \ ^{76}_{33}\mathrm{As}^* \ \text{siehe}\ (p, n)\ ,$$

$$^{90}_{40}\mathrm{Zr} \longrightarrow \ ^{87}_{38}\overline{\mathrm{Sr}} \ \text{siehe}\ (p, n)\ ,$$

$$^{127}_{53}\mathrm{J} \longrightarrow \ ^{124}_{51}\mathrm{Sb}^* \overset{60\,\mathrm{d}}{(e^-, K)} \ ^{124}_{52}\mathrm{Te}\ , \quad ^{124}_{50}\mathrm{Sn}\ .$$

(n, p): *Isobarenbildung mit der Ordnungszahl $Z - 1$, in deren Folge e^-- oder e^+-Zerfall oder K-Einfang.* Beispiele:

$$^{14}_7\mathrm{N} \xrightarrow[0,55\,\mathrm{MeV}]{\text{exoth.}} \ ^{14}_6\mathrm{C}^* \ \text{siehe}\ (\alpha, p)\ , \quad ^{58}_{28}\mathrm{Ni} \longrightarrow \ ^{58}_{27}\mathrm{Co}^* \overset{70\,\mathrm{d}}{(e^+)} \ ^{58}_{26}\mathrm{Fe}\ ,$$

$$^{64}_{30}\mathrm{Zn} \longrightarrow \ ^{64}_{29}\mathrm{Cu}^* \ \text{siehe}\ (d, p)\ \text{und}\ (p, n)\ ,$$

$$^{70}_{32}\mathrm{Ge} \longrightarrow \ ^{70}_{31}\mathrm{Ga}^* \ \text{siehe}\ (\alpha, p)\ \text{und}\ (p, n)\ .$$

(n, γ): *^1_0n-Anlagerung (Isotopenbildung) unter Aussendung von γ-Strahlung mit nachfolgendem e^-- oder e^+-Zerfall, K-Einfang oder γ-Strahlung.* Beispiele:

$$^{19}_9\mathrm{F} \longrightarrow \ ^{20}_9\mathrm{F}^* \overset{12\,\mathrm{s}}{(e^-)} \ ^{20}_{10}\mathrm{Ne}\ , \quad ^{45}_{21}\mathrm{Sc} \longrightarrow \ ^{46}_{21}\mathrm{Sc}^* \ \text{siehe}\ (d, p)\ ,$$

$$^{63}_{29}\mathrm{Cu} \longrightarrow \ ^{64}_{29}\mathrm{Cu}^* \ \text{siehe}\ (d, p)\ , \ (p, n)\ \text{und}\ (n, p)\ ,$$

$$^{64}_{30}\mathrm{Zn} \longrightarrow \ ^{65}_{30}\mathrm{Zn}^* \ \text{siehe}\ (d, p)\ , \quad ^{70}_{32}\mathrm{Ge} \longrightarrow \ ^{71}_{32}\mathrm{Ge}^* \ \text{siehe}\ (d, p)\ ,$$

$$^{86}_{38}\mathrm{Sr} \longrightarrow \ ^{87}_{38}\overline{\mathrm{Sr}} \ \text{siehe}\ (p, n)\ \text{und}\ (n, \alpha)\ ,$$

$$^{112}_{50}\mathrm{Sn} \longrightarrow \ ^{113}_{50}\mathrm{Sn}^* \overset{(105 \pm 15)\,\mathrm{d}}{(K)} \ ^{113}_{49}\mathrm{In},$$

$$^{238}_{92}\mathrm{UI} \longrightarrow \ ^{239}_{92}\mathrm{U}^* \overset{23,5\,\mathrm{m}}{(e^-)} \ ^{239}93^* \overset{2,3\,\mathrm{d}}{(e^-, \gamma)} \ ^{239}94\ .$$

(γ, n): *Kernphotoeffekt, ^1_0n-Abbau (Isotopenbildung) mit nachfolgen-*

dem e^-- *oder* e^+-*Zerfall, K-Einfang oder* γ-*Strahlung.* Beispiele:

$$^9_4\text{Be} \xrightarrow[-1{,}63\,\text{MeV}]{\text{endoth.}} {}^9_4\text{Be*} \quad \text{siehe } (d, \alpha)\,,\ (d, n)\,,\ (p, \alpha)\,,\ (p, d) \text{ und } (p, \gamma),$$

$$^{16}_{8}\text{O} \longrightarrow {}^{15}_{8}\text{O*} \quad \text{siehe } (p, \alpha)\,,$$

$$^{71}_{31}\text{Ga} \longrightarrow {}^{70}_{31}\text{Ga*} \quad \text{siehe } (\alpha, p)\,,\ (p, n) \text{ und } (n, p)\,,$$

$$^{81}_{35}\text{Br} \longrightarrow {}^{80}_{35}\text{Br*} \xrightarrow{(18{,}5 \pm 0{,}5)\,\text{m}} (e^-) \quad {}^{80}_{36}\text{Kr}$$

$$\searrow\ {}^{80}_{35}\text{Br} \xrightarrow{(4{,}54 \pm 0{,}10)\,\text{h}} (\gamma) \quad {}^{80}_{35}\text{Br*} \xrightarrow{(18{,}5 \pm 0{,}5)\,\text{m}} (e^-) \quad {}^{80}_{36}\text{Kr}$$

(Klarstellung der *Kernisomerie* am Brom durch Bothe und Gentner mit Hilfe des von ihnen 1937 entdeckten *Kernphotoeffektes*.)

β) **Kernanregung durch unelastische Stöße (Isomerenbildung).** Unter den Kernumwandlungen, bei denen *ein* materielles Teilchen oder γ-Quant den getroffenen Kern verläßt, sind besonders noch diejenigen zu erwähnen, bei denen ein *mit dem Geschoß gleichartiges Teilchen* ausgesandt wird. Man kann in diesem Falle auch von *Streuung* sprechen und zwar von *unelastischer* bzw. *elastischer*, je nachdem ob dabei Energie auf den Kern übertragen wird oder nicht. Im ersteren Falle gelangt der Kern in einen *angeregten* (energetisch höheren) Zustand, es wird ein *isomerer Kern* veränderter Bauart gebildet, der unter *Aussendung von* γ-*Strahlung* mit bestimmter Halbwertszeit wieder in den Grundzustand zurückkehrt. Hierher gehören die Kernreaktionen (α, α), (d, d), (p, p) und besonders (n, n). Der zuletzt genannte Prozeß eignet sich vor allem zur Gewinnung *isomerer* Kerne, da Neutronen infolge ihres ungeladenen Zustandes schon mit kleinen Geschwindigkeiten in Kerne eindringen können.

$$(\alpha, \alpha)\colon\ {}^{115}_{49}\text{In} \longrightarrow {}^{115}_{49}\overline{\text{In}} \xrightarrow{(272 \pm 2)\,\text{m}} (\gamma) \quad {}^{115}_{45}\text{In} \text{ (einziger Fall).}$$

$$(d, d)\colon\ {}^{83}_{36}\text{Kr} \longrightarrow {}^{83}_{36}\overline{\text{Kr}} \text{ siehe } (\alpha, n) \text{ (einziger Fall).}$$

$$(p, p)\colon\ {}^{87}_{38}\text{Sr} \longrightarrow {}^{87}_{38}\overline{\text{Sr}} \text{ siehe } (p, n),\ (n, \alpha) \text{ und } (n, \gamma)\,,$$

$$^{115}_{49}\text{In} \longrightarrow {}^{115}_{49}\overline{\text{In}} \text{ siehe } (\alpha, \alpha)\,.$$

$$(n, n)\colon\ {}^{87}_{37}\text{Sr} \longrightarrow {}^{87}_{38}\overline{\text{Sr}} \text{ siehe } (p, p)\,,\quad {}^{107}_{47}\text{Ag} \longrightarrow {}^{107}_{47}\overline{\text{Ag}} \xrightarrow{(40 \pm 2)\,\text{s}} (\gamma) \quad {}^{107}_{47}\text{Ag}\,,$$

$$^{115}_{49}\text{In} \longrightarrow {}^{115}_{49}\overline{\text{In}} \text{ siehe } (\alpha, \alpha) \text{ und } (p, p)\,,$$

$$^{197}_{79}\text{Au} \longrightarrow {}^{197}_{79}\overline{\text{Au}} \xrightarrow{5{,}6\,\text{d}} (\gamma) \quad {}^{197}_{79}\text{Au}\,.$$

γ) **$2n$-Umwandlungen.** Außer den bisher besprochenen Kernumwandlungen verdienen noch jene Beachtung, bei denen *zwei Neu-*

tronen den Kern verlassen. $(n, 2n)$ wurde als erster Vorgang dieser Art von F. A. HEYN beobachtet. Neben diesem häufig auftretenden Fall wurden noch die folgenden Kernreaktionen festgestellt: $(\alpha, 2n)$, $(d, 2n)$ und eine Umwandlung mit *drei* austretenden Teilchen: $(n, p\,2n)$. Dazu die folgenden Beispiele:

$(\alpha, 2n)$: *Anlagerung von zwei Protonen* ^1_1p *mit nachfolgendem* e^+-*Zerfall oder K-Einfang und* α-*Zerfall.* Es wurden nur die beiden folgenden Fälle beobachtet:

$$^{109}_{47}\mathrm{Ag} \longrightarrow {}^{111}_{49}\mathrm{In}^* \quad \overset{(23{,}0 \pm 1{,}0)\,\mathrm{m}}{(e^+)} \quad {}^{111}_{48}\mathrm{Cd}\,,$$

$$^{209}_{83}\mathrm{Bi} \longrightarrow {}^{211}85^* \overset{7{,}5\,\mathrm{h}}{(K, \alpha)}\ {}^{211}_{84}\mathrm{AcC}'\,(\alpha)\,,\ ({}^{207}_{83}\mathrm{Bi}^*)\,.$$

$(d, 2n)$: *Isobarenbildung mit der Ordnungszahl* $Z + 1$, *in deren Folge* e^--, e^+-*Zerfall oder K-Einfang.* Beispiele:

$$^{44}_{20}\mathrm{Ca} \longrightarrow {}^{44}_{21}\mathrm{Sc}^* \quad \overset{(4{,}1 \pm 0{,}1)\,\mathrm{h}}{(e^+)} \quad {}^{44}_{20}\mathrm{Ca}\,,\ {}^{48}_{20}\mathrm{Ca} \longrightarrow {}^{49}_{21}\mathrm{Sc}^* \quad \overset{(44 \pm 1)\,\mathrm{h}}{(e^-)}\ {}^{48}_{22}\mathrm{Ti}\,,$$

$$^{65}_{29}\mathrm{Cu} \longrightarrow {}^{65}_{30}\mathrm{Zn}^* \text{ siehe } (d, p) \text{ und } (n, \gamma)\,.$$

$(n, 2n)$: *Isotopenbildung mit der Massenzahl* $M{-}1$, *in deren Folge* e^--, e^+-*Zerfall, K-Einfang oder* γ-*Strahlung.* Gleicher Endkern wie beim *Kernphotoeffekt* (γ, n). Beispiele:

$$^{9}_{4}\mathrm{Be} \longrightarrow {}^{8}_{4}\mathrm{Be}^* \text{ siehe } (d, \alpha)\,,\ (d, n)\,,\ (p, \alpha)\,,\ (p, d)\,,\ (p, \gamma)$$
$$\text{und } (\gamma, n)\,,$$

$$^{12}_{6}\mathrm{C} \longrightarrow {}^{11}_{6}\mathrm{C}^* \text{ siehe } (p, \alpha)\,,\ {}^{42}_{20}\mathrm{Ca} \longrightarrow {}^{41}_{20}\mathrm{Ca}^* \quad \overset{(8{,}5 \pm 0{,}8)\,\mathrm{d}}{(K)}\ {}^{41}_{19}\mathrm{K}\,,$$

$$^{64}_{28}\mathrm{Ni} \longrightarrow {}^{63}_{28}\mathrm{Ni}^* \quad \overset{(2{,}6 \pm 0{,}03)\,\mathrm{h}}{(e^-)} \quad {}^{63}_{29}\mathrm{Cu}\,,$$

$$^{65}_{29}\mathrm{Cu} \longrightarrow {}^{64}_{29}\mathrm{Cu}^* \text{ siehe } (d, p)\,,\ (p, n)\,,\ (n, p) \text{ und } (n, \gamma)\,,$$

$$^{82}_{34}\mathrm{Se} \longrightarrow {}^{81}_{34}\overline{\mathrm{Se}} \quad \overset{(57 \pm 1)\,\mathrm{m}}{(\gamma)} \quad {}^{81}_{34}\mathrm{Se}^* \overset{19\,\mathrm{m}}{(e^-)}\ {}^{81}_{35}\mathrm{Br}\,,$$

$$^{238}_{92}\mathrm{U\,I} \longrightarrow {}^{237}_{92}\mathrm{U}^* \quad \overset{(7{,}0 \pm 0{,}2)\,\mathrm{d}}{(e^-)} \quad ({}^{237}93^*)\,.$$

$(n, p\,2n)$: ^2_1D-*Abbau mit nachfolgendem* e^+-*Zerfall*:

$$^{32}_{16}\mathrm{S} \longrightarrow {}^{30}_{15}\mathrm{P}^* \text{ siehe } (\alpha, n) \text{ (einziger Fall)}.$$

δ) **Kernspaltungen.** Bei der Suche nach den sog. „*Transuranen*", von denen nur $_{93}$Eka Re und vielleicht noch $_{94}$Eka Os durch Kernreaktionen — siehe die letzte Kernumwandlung unter (n, γ) — nachgewiesen erscheinen, entdeckten 1939 O. HAHN und F. STRASSMANN einen neuen Umwandlungstypus: die *Spaltung schwerster Kerne* in *zwei mittelschwere,* deren Massenzahlen um 95 und 140 liegen. Diese Kernspaltungen sind bei Th, Pa und U gelungen. In jedem Falle wird durch *Anlagerung eines Neutrons* ein Zwischenkern gebildet, der instabil ist. Dabei geht die anfängliche (stabile) Kugelform des Kernes in eine *gestreckte* und schließlich *eingeschnürte* Form über, die zur Spaltung führt. Die erforderliche Neutronenenergie liegt zwischen 5 und 7 MeV. Die Energie der *leichten* Spaltstücke (Massenzahl um 95) beträgt etwa 90 MeV, ihre Reichweite in Luft etwa 1,5 cm, die Energie der *schweren* Trümmer (Massenzahl um 140) etwa 60 MeV, ihre Reichweite in Luft etwa 2,1 cm. Alle Bruchstücke sind *radioaktiv* und zeigen wegen ihres Neutronenüberschusses e^--Zerfall. Während die *Ladungsbilanz* (Summe der Ordnungszahlen der beiden Trümmer = Ordnungszahl des Kernes) gewahrt bleibt, ist die *Massenbilanz* infolge der zusätzlichen Absplitterung einiger Neutronen meist gestört, wie die folgenden Beispiele zeigen. Man kann daher im allgemeinen zu jedem Spaltstück zwar die Kernladungszahl, nicht aber die Massenzahl des anderen angeben. Als primäre Bruchstücke wurden einerseits (*leichte* Trümmer) ein Br-Isotop, drei Kr-Isotope und zwei Mo-Isotope, andererseits (*schwere* Trümmer) drei Sb-Isotope, drei Te-Isotope, drei X-Isotope und ein Ba-Isotop sicher nachgewiesen, doch entstehen bei der Spaltung auch noch andere Kerne.

$$\ce{^{232}_{90}Th} + \ce{^{1}_{0}n} \rightarrow \begin{cases} \overset{8,5\,\text{h}}{\ce{^{91}_{38}Sr*}} (e^-) \overset{50\,\text{m}}{\ce{^{91}_{39}Y*}} (e^-)\, \ce{^{91}_{40}Zr}\ ? \\[1ex] \overset{60\,\text{m}}{\ce{^{133}_{52}Te*}} (e^-) \overset{18,5\,\text{h}}{\ce{^{133}_{53}J*}} (e^-) \overset{(4,3 \pm 0,4)\,\text{d}}{\ce{^{133}_{54}X*}} (\gamma)\ \ce{^{133}_{54}X} \end{cases}$$

$$\ce{^{235}_{92}U} + \ce{^{1}_{0}n} \rightarrow \begin{cases} \ce{^{88}_{36}Kr*} \overset{(175 \pm 10)\,\text{m}}{(e^-)} \ce{^{88}_{37}Rb*} \overset{(17,8 \pm 0,2)\,\text{m}}{(e^-)} \ce{^{88}_{38}Sr} \\[1ex] >\ce{^{140}_{56}Ba*} \overset{(14 \pm 2)\,\text{m}}{(e^-)} >\ce{^{140}_{57}La*} (e^-) \overset{2,5\,\text{h}}{>\ce{^{140}_{58}Ce}}\ ? \end{cases}$$

Als Bruchstücke von $\ce{^{235}_{92}U}$ wurden erhalten: $_{35}$Br, $_{36}$Kr, $_{37}$Rb, $_{38}$Sr, $_{39}$Y, $_{40}$Zr, $_{41}$Nb, $_{42}$Mo, 43, $_{51}$Sb, $_{52}$Te, $_{53}$J, $_{54}$X, $_{55}$Cs, $_{56}$Ba und $_{57}$La. $\ce{^{232}_{90}Th}$ lieferte noch außerdem: $_{44}$Ru, $_{46}$Pd und $_{47}$Ag. $\ce{^{231}_{91}Pa}$ ergab die Trümmer $_{37}$Rb und $_{55}$Cs.

c) Erzeugung energiereicher Protonen und Deuteronen. α) **Elektrostatische Hochspannungsgeneratoren.** Während A. Brasch und F. Lange in einer Anlage auf dem *Monte Generoso* (Tessin, Schweiz) die Spannungen atmosphärischer Gewitterfelder (bis zu 8 MV) zur Beschleunigung geladener Teilchen auszunützen versuchten, sind außerordentlich hohe Spannungen im *Massachusetts Institute of Technology* 1931 mit dem *Bandgenerator* von Van de Graaff erreicht worden, bei dem mit Ausnützung der *Influenzwirkung* ähnlich wie bei den Influenzmaschinen auf zwei großen kugel-

förmigen Konduktoren von 4,5 m Durchmesser Elektrizitäts-
mengen bis zu einer Spannung von 2,5 MV gegen Erde angesam-
melt werden können, die in einem Entladungsrohr einen *Protonen-*
bzw. *Deutonenstrom* von $25 \cdot 10^{-6}$ Amp. liefern. Die dabei erzielten
kinetischen Energien rei-
chen hin, um die unter 3,
a, δ beschriebenen Kernumwandlungen (p, α) und (d, α),
$(d,\ p)$ und $(d,\ n)$ durchzuführen. Ein schematisches
Bild des Elektrizitätstrans-
portes mittels laufender,
aus isolierendem Stoff be-
stehender *Bänder*[1] zeigt
Abb. 72, Gesamtbilder der
Anlage bieten die Abb. 73
und 74. Um die Leistungs-
fähigkeit der Anlage von atmosphärischen Einflüssen
unabhängig zu machen und
überdies eine *Erhöhung der
Spannung* auf 3 bis 5 MV
zu erzielen, ist man neuerdings dazu übergegangen,
den ganzen Generator in
einen *Hochdruckbehälter* ein-
zubauen (Abb. 75). Eine
leistungsfähige Hochspan-
nungsanlage gleicher Art
jedoch kleineren Umfanges
von BOTHE und GENTNER,
die sich im *Heidelberger*
Physikalischen Institut befindet und auf einer zylin-
drischen Elektrode von 58 cm Durchmesser eine Spannung von
540 kV liefert, ist in Abb. 76 dargestellt. Die Entladung findet in
der unter der zylindrischen Elektrode angebrachten Porzellanröhre
von 43,5 cm Innendurchmesser und 167 cm Länge statt.

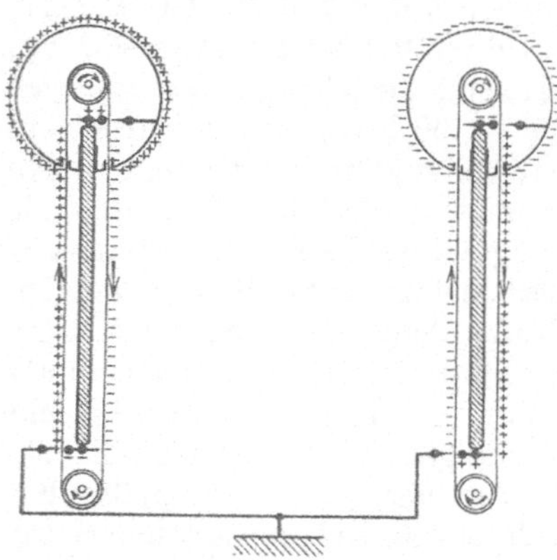

Abb. 72. Prinzip des elektrostatischen Hoch-
spannungsgenerators (nach R. J. VAN DE GRAAFF,
K. T. COMPTON und L. C. VAN ATTA).

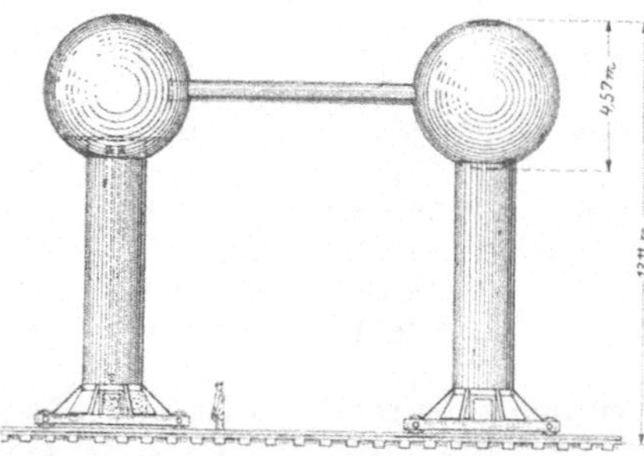

Abb. 73. Gesamtbild des VAN DE GRAAFFschen
Hochspannungsgenerator (nach R. J. VAN DE
GRAAFF, K. T. COMPTON und L. C. VAN ATTA).

---

[1] Bei einer maximalen Ladungsdichte $\sigma = 1,4 \cdot 10^{-9}$ C/cm², einer Band-
breite $b = 300$ cm und einer Geschwindigkeit $v = 2000$ cm/s wird im Höchst-
falle eine Stromstärke

$$J = \sigma\, b\, v = 1,4 \cdot 10^{-9} \cdot 6 \cdot 10^5 \text{ A} = 8,4 \cdot 10^{-4} \text{ A} = 0,84 \text{ mA}$$

erreicht.

Wesensverwandt mit dem Bandgenerator ist der 1937 von M. Pauthenier und M. Moreau-Hanot gebaute *Staubgenerator*, bei dem an die Stelle des Bandes ein *mit Staub beschickter Luftstrom* tritt, der durch einen Ventilator in Umlauf gesetzt wird (Abb. 77). Mit einer solchen Anlage wurden bisher Spannungen von über 1 MV bei einer Stromstärke von jedoch höchstens 0,1 mA erreicht.

β) **Kaskadengeneratoren.** In jüngster Zeit hat eine zuerst von H. Greinacher (1920) angegebene Anordnung von Kondensatoren und Ventilröhren zur Erreichung hoher Gleichspannungen eine weitere Ausbildung erfahren, deren Ergebnis der heutige „*Kaskadengenerator*" darstellt. Die Schaltung einer solchen Anlage, wie sie gegenwärtig N. V. Philips Glühlampenfabriken herstellen, zeigt Abb. 78. Man kann vergleichsweise sagen, daß beim Kaskadengenerator an die Stelle des den Ladungstransport besorgenden, laufenden Bandes der Van de Graaffschen Anlage eine Reihe von Ventilröhren tritt, die die elektrischen Ladungen auf eine bestimmte Höchstspannung gegen Erde emporpumpen. Der dabei erzielte Vorteil gegenüber den zuerst beschriebenen elektrostatischen Anlagen besteht, einerseits in den geringeren Abmessungen der Apparatur, anderseits und ganz besonders in dem Gewinn an Stromstärke der Teilchenstrahlen (einige mA) sowie in der Unabhängigkeit von atmosphärischen Einflüssen (Luftfeuchtigkeit). Das Gesamtbild eines *neunstufigen Kaskadengenerators* mit Hochfrequenzheizung der Ventilröhren aus dem Philips-Laboratorium zu *Eindhoven* sehen wir in Abb. 79. Die *vier-*

Abb. 74. Van de Graaff-Generator in einer Luftschiffhalle (L. C. und C. M. Van Atta, Northrup, Van de Graaff). Höchstspannung zwischen den Kugeln 5 MV, größte Stromstärke (bei nicht angegebener Spannung) 2 mA. Höhe des Generators 14 m.

stufige Anlage des *Kaiser-Wilhelm-Instituts* für Physik in *Berlin*
zeigt Abb. 80.

γ) **Mehrfachbeschleuniger.** Die *stufenweise* Beschleunigung eines *geradlinig* bewegten, geladenen Teilchens ist 1928

Abb. 75. Hochdruckbehälter für VAN DE GRAAFF-Generator und Beschleunigungsröhre mit
einer Höchstspannung von 5 MV gegen Erde (Westinghouse, Pittsburg).

R. WIDERÖE mit der in Abb. 81 dargestellten Entladungsröhre
gelungen. Das aus einer Ionenquelle (links) austretende Teilchen
mit der Ladung e und der Masse m durchläuft der Reihe nach die
zylindrischen Elektroden Z_1 bis Z_n, wobei es durch eine zweck-

Abb.76. Hochspannungsanlage zur Erzeugung schneller Korpuskularstrahlen von W. Bothe und W. Gentner im *Heidelberger* Physikalischen Institut.

mäßig gewählte Wechselspannung U beim Übertritt in die nächste Elektrode immer aufs neue beschleunigt wird. Die nach Durchlaufung der i-ten Elektrode von der Länge l_i erlangte Geschwindigkeit v_i bestimmt sich aus der Gleichung:

$$\frac{m}{2} \cdot (v_i{}^2 - v_{i-1}) = e \cdot U \text{ oder } v_i = \sqrt{\frac{2 e \cdot U \cdot i}{m}}, \qquad (76)$$

wobei $v_0 = 0$ angenommen ist. Die dazu erforderliche Zeit ist

$$t_i = \frac{l_i}{v} = l_i \cdot \sqrt{\frac{m}{2 e \cdot U \cdot i}}. \qquad (77)$$

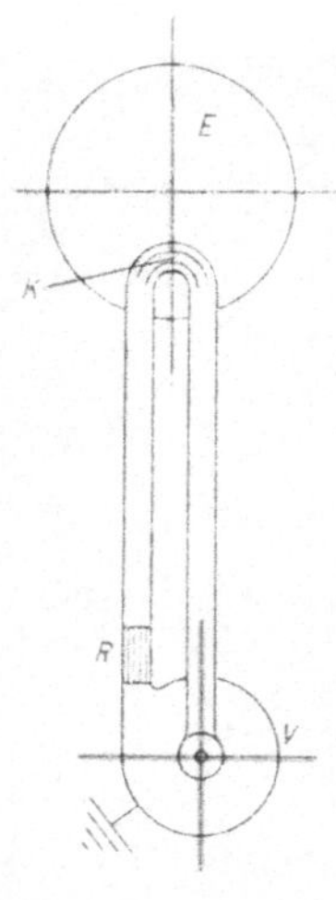

Die Frequenz f des Wechselstromes muß also so gewählt werden, daß das Teilchen beim Eintritt in die $(i + 1)$-te-Elektrode wieder unter Gegenspannung kommt, was durch die Bedingung

$$f = \frac{1}{2\,t_i} = \frac{1}{2\,l_i} \cdot \sqrt{\frac{2\,e \cdot U \cdot i}{m}} = \text{konst}. \qquad (78)$$

Abb. 77. Prinzip des Staubgenerators (nach A. Bouwers). Ventilator, der einen mit Staub (Flugasche einer Kohlenstaubfeuerung) beschickten Luftstrom in Umlauf setzt; R Raum mit Sprühelektroden zur Aufladung der Staubteilchen; K metallische Führungskanäle der Hochspannungselektrode E, an deren Wände die elektrische Ladung abgegeben wird. Höchstspannung über 1 MV, größte Stromstärke etwa 0,1 mA.

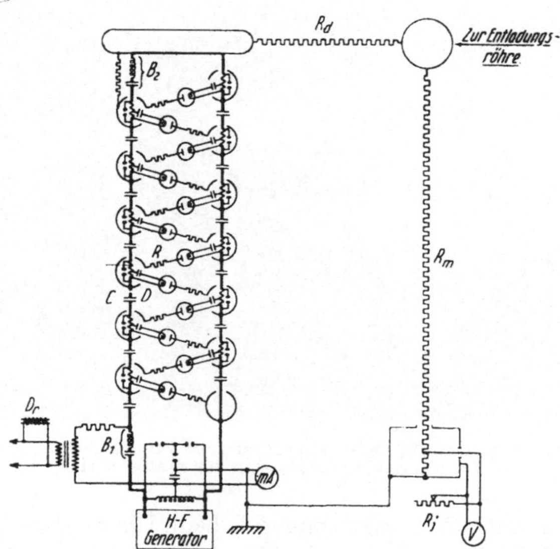

Abb. 78. 6stufiger Kaskadengenerator mit Hochfrequenzheizung der Ventilkathoden (Schaltbild).

Gleichspannungsanlage: Hochspannungstransformator von 120 kV Scheitelspannung bei 200 Hz mit Drossel Dr (links unten); zwei Reihen von je 6 Kondensatoren C in Serie, dazwischen 12 Ventilröhren; R_d und R_m Hochohmwiderstände; R_j Regelwiderstand für das Spannungsmeßgerät V.

Hochfrequenzkreis (stark ausgezogen): H—F Hochfrequenzgenerator mit 250 W abgegebener Leistung und einer festen Frequenz von 500 000 Hz; B_1 und B_2 Überbrückungsglieder zur linken bzw. zwischen beiden Kondensatorreihen; T Hochfrequenztransformatoren zur Heizung der Ventilkathoden; R Dämpfungswiderstände zur Verhinderung eines Hochfrequenzkurzschlusses zwischen den Kondensatorreihen; D Kondensatoren zur Verminderung der Strahlung der ganzen Anordnung.

(Nach A. Bouwers und A. Kuntke.)

mit l_i *proportional* $\sqrt{i}$ erreicht wird. Die *Länge der Elektroden* muß
also mit der *Quadratwurzel aus der Stufenzahl* zunehmen. Auf
diesem Wege ist es gelungen, Teilchengeschwindigkeiten zu erzielen, die einem Spannungsgefälle von über 1 MV entsprechen.

Abb. 79. Neunstufiger Kaskadengenerator für 2 MV Gleichspannung und 5 mA Stromstärke
im Laboratorium der N. V. Philips Glühlampenfabriken (Eindhoven). Gesamthöhe 6,25 m.

Das Gerät von WIDERÖE ist jedoch von dem im folgenden geschilderten, wesentlich eleganteren und leistungsfähigeren „*Zyklotron*"
übertroffen und verdrängt worden.

Nach einem anderen Verfahren sind LAWRENCE und LIVING-
STONE im *California Institute of Technology* vorgegangen. In dem
von ihnen gebauten „*Zyklotron*" (Abb. 82) werden *Protonen* und

Deutonen durch ein *starkes Magnetfeld* auf *Kreisbahnen* gezwungen, die sie mit stets *gleichbleibender Umlaufszeit* durchlaufen. Durch ein mit dieser Umlaufszeit *synchronisiertes Wechselfeld* von 100 kV werden die Teilchen jeweils nach Durchlaufung eines Halbkreises

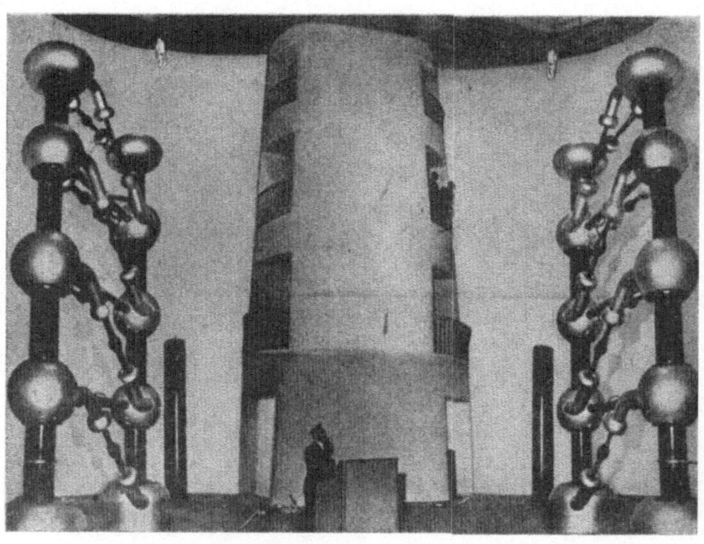

Abb. 80. Vierstufige Kaskadengeneratoren von Siemens aus dem Kaiser-Wilhelm-Institut für Physik in Berlin-Dahlem. Die Heizung der Ventilkathoden erfolgt durch kleine Dynamomaschinen, deren Antriebswellen im Inneren der als Hohlzylinder ausgeführten Kondensatoren untergebracht sind. Nennspannung gegen Erde 1,5 MV, Gesamthöhe 7 m. Beide Anlagen befinden sich im Turm des Institutes.

nachbeschleunigt, bis sie (bei zunehmendem Bahnradius) schließlich die kinetische Energie von $5 \cdot 10^6$ eV erreichen, die sie unter anderem befähigt, die unter 3, b beschriebene Erzeugung von *radioaktivem* Na durch einen (d, p)-Prozeß durchzuführen. Der in Abb. 82

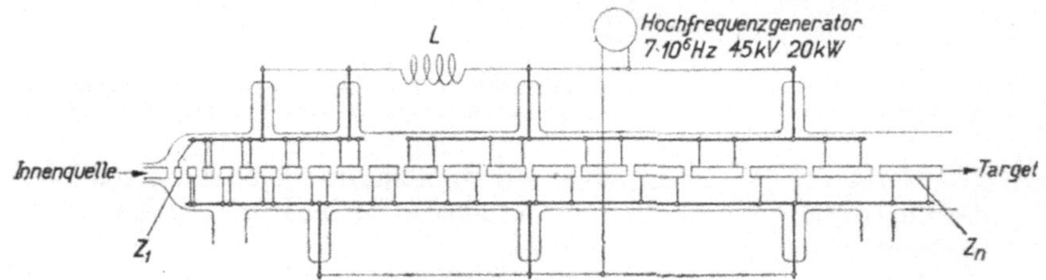

Abb. 81. Stufenweise Beschleunigung eines geladenen Teilchens nach Wideröe. $Z_1 \ldots Z_n$ an eine hochfrequente Wechselspannung gelegte Zylinderelektroden, deren Länge mit der Quadratwurzel aus der Stufenzahl zunimmt.

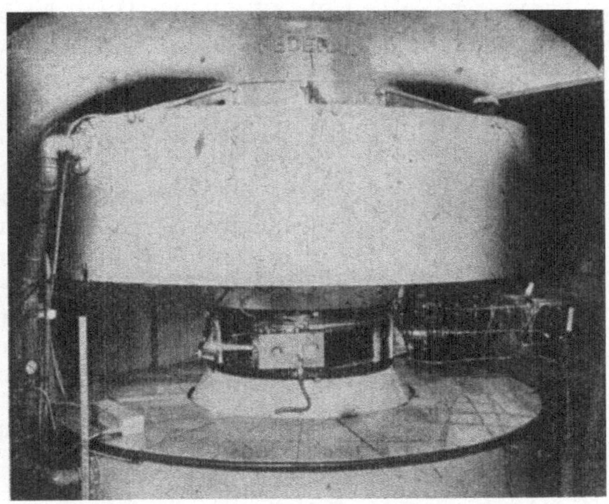

Abb. 82. Zyklotron der California-Universität (Berkeley). Ein Deutonenstrahl von etwa
30 cm Länge ist deutlich erkennbar. Die entsprechende Spannung beträgt 7,5 MV.

dargestellte Elektromagnet erforderte zu seiner Herstellung 65 t
Magnetstahl und 9 t Kupferdraht für die 3600 Windungen der
Magnetspulen.

Das Verfahren, nach dem beim *Zyklotron* die *Mehrfachbeschleu-
nigung* der Ionen bewerkstelligt wird, wollen wir noch etwas näher

Abb. 83. Entladungskammer eines Zyklotrons mit den beiden an eine hochfrequente
Wechselspannung gelegten D-förmigen Büchsen (gewöhnlich als D's bezeichnet).

betrachten. Abb. 83 und 84 zeigen die in der Mitte durch einen Spalt geteilte, zylindrische Dose, deren Hälften je an einen Pol eines Hochfrequenzgenerators gelegt sind. Die von einem Glühfaden Z über dem Spalt ausgehenden Elektronen erzeugen im Innern der Dose durch Stoß Gasionen, die durch die Wechselspannung beschleunigt und von dem senkrecht zur Dose verlaufenden Magnetfeld H in immer größer werdende, halbkreisförmige Bahnen gelenkt werden. Ist v die augenblickliche Geschwindigkeit eines Ions mit der Masse m und der Ladung e, so ist sein Bahnradius r (s. S. 9) durch die Gleichung bestimmt:

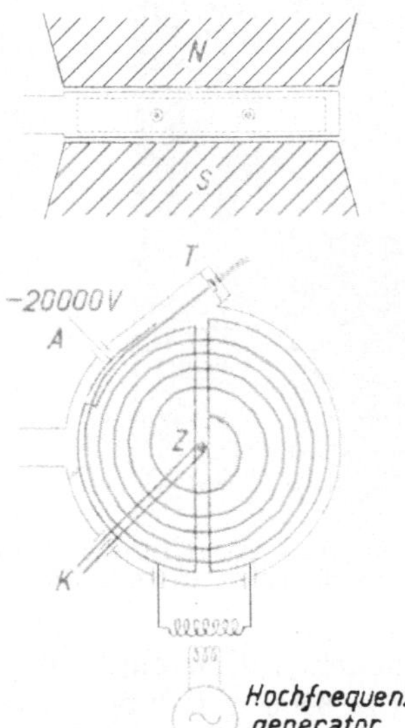

Abb. 84. Ionenbahn im Zyklotron
(nach A. Bouwers).

Z Glühfaden, geheizt von der Spannungsquelle K, wirkt als Ionenquelle; A Hilfsspannung dient zur Auswärtsbeschleunigung der den Entladungsraum verlassenden (positiven) Ionen, die bei T durch ein dünnes Fenster ins Freie austreten können.

$$\frac{m\,v^2}{r} = \frac{e}{c}\,v\,H, \quad r = \frac{m\,c\,v}{e\,H}, \quad (11)$$

und die zur Durchlaufung des Halbkreises erforderliche Zeit beträgt:

$$\tau = \frac{\pi\,r}{v} = \frac{\pi\,m\,c}{e\,H}; \quad (79)$$

sie erweist sich also *unabhängig* von r und v, d. h. bei zunehmendem Bahnradius und wachsender Geschwindigkeit bleibt die Umlaufszeit des Ions unverändert. So wird es möglich, durch eine im gleichen Rhythmus veränderliche Wechselspannung die Ionen jeweils beim Durchlaufen des Spaltes neuerdings zu beschleunigen. Für die *Wellenlänge* des Wechselstromes ergibt sich:

$$\lambda = 2\,c\,\tau = \frac{2\,\pi\,m\,c^2}{e\,H}. \quad (80)$$

Abb. 84 zeigt die aus Halbkreisen gebildete, spiralige Bahn eines Ions. Durch eine Ablenkspannung von etwa 20000 V wird schließlich das Ion aus seiner Endbahn ($r = r_e$) herausgelenkt. Die erlangte *Endenergie* beträgt:

$$E_e = \frac{m\,v_e^2}{2} = \frac{m}{2} \cdot \frac{r_e^2\,e^2\,H^2}{m^2\,c^2}\ \text{erg} = 150\,\frac{e}{m\,c^2}\,H^2\,r_e^2\ \text{eV}, \quad (81)$$

die *Endgeschwindigkeit*

$$v_e = \frac{e\,H\,r_e}{m\,c}. \quad (82)$$

Bei einer Feldstärke $H = 15000\ \Gamma$ und einem Endbahnradius $r_e = 30$ cm ergibt sich somit für *Protonen*

$$E_e = 9{,}7 \cdot 10^6\ \text{eV}, \quad v_e = 4{,}3 \cdot 10^9\ \frac{\text{cm}}{\text{s}} = 0{,}144\ c\,,$$

für *Deuteronen* mit derselben Ladung und doppelter Masse

$$E_e = 4{,}8 \cdot 10^6\ \text{eV}, \quad v_e = 2{,}2 \cdot 10^9\ \frac{\text{cm}}{\text{s}} = 0{,}072\ c\,,$$

für α-Teilchen mit der doppelten Ladung und vierfachen Masse

$$E_e = 9{,}7 \cdot 10^6\ \text{eV}, \quad v_e = 2{,}2 \cdot 10^9\ \frac{\text{cm}}{\text{s}} = 0{,}072\ c\,.$$

Auf *Elektronen* sind die unter Voraussetzung der *Massenkonstanz* abgeleiteten Formeln — für v_e ergäbe sich ein Vielfaches der Lichtgeschwindigkeit — nicht mehr anwendbar. Aus eben diesem Grunde erscheint das *Zyklotron* auch zur *Beschleunigung von Elektronen ungeeignet*.

4. Kernbestandteile und Kernkräfte.

Aus den Versuchsergebnissen der Kernforschung geht hervor, daß als *Kernbausteine* die Teilchen e^+, e^-, ${}^1_1p$, ${}^1_0n$, ${}^4_2\alpha$ in Betracht kommen, also *Positronen, Elektronen, Protonen, Neutronen* und *Alphateilchen*, welch letztere, selbst zusammengesetzt, wahrscheinlich im Kern Gebilde mit besonderer Festigkeit darstellen.

Wegen der *Unabhängigkeit* der Massenzahl M von der Kernladungszahl Z sind zum Aufbau eines Kernes *mindestens zwei* Bestandteile erforderlich. e^+ und e^- für sich allein scheiden aus, weil sie keinen ausreichenden Beitrag zur Masse des Kerns zu liefern vermögen. Wenn Masse und Ladung sichergestellt sein sollen, so bleiben nur folgende Möglichkeiten:

a) $\ {}^M_Z K = M \cdot {}^1_1p + (M - Z) \cdot e^-;$

b) $\ {}^M_Z K = M \cdot {}^1_0n + Z \cdot e^+;$

c) $\ {}^M_Z K = Z \cdot {}^1_1p + (M - Z) \cdot {}^1_0n.$

Dabei zeigt sich, daß für Elemente, deren Kernladungszahl $Z > 20$ ist, $M - Z > Z$, also $M > 2Z$ ist.

Fall a ist lange Zeit als zutreffend angesehen worden, mußte aber schließlich so wie Fall b aufgegeben werden, da es heute sicher zu sein scheint, daß im Kern *weder* e^+ noch e^- als *solche* vorhanden sind. Die für die Existenz solcher Kernteilchen sprechende *Elektronenradioaktivität* dürfte ihre Erklärung darin finden, daß die ausgesandten *Positronen* und *Elektronen erst im Augenblick des Zerfalls entstehen*. Überdies bildet der Umstand, daß der *Elektronen-*

radius größenordnungsmäßig mit dem der Kerne übereinstimmt [1], schon längst eine Schwierigkeit für die Vorstellung, daß nach a $(M - Z) \cdot e^-$, nach b $Z \cdot e^+$ im Kern Platz finden sollen, wobei noch zu bemerken ist, daß diese Teilchen als Massenträger gar nicht in Betracht kommen, also für die eigentliche schwere Materie noch genügend Raum vorhanden sein muß.

Aufschluß über die *Größe der Atomkerne* haben nach den grund-

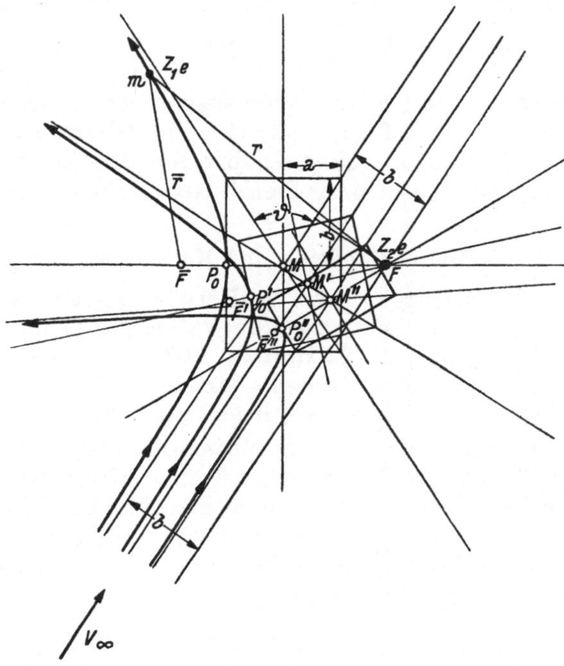

Abb. 85. Hyperbelbahnen an einem Atomkern (bei *F*) gestreuter Teilchen.

---

[1] Der „*klassische*" *Elektronenradius* r_e wird aus der Überlegung abgeleitet, daß die *potentielle* Energie des Elektrons, das wir uns zunächst als Kugel mit *Oberflächen*ladung denken wollen, dessen gesamten Energieinhalt darstellt und dadurch auch dessen Ruhmasse m_e bestimmt:

$$\frac{e^2}{2\,r_e} = m_e\,c^2\,, \quad r_e = \frac{e^2}{2\,m_e\,c^2} = 1{,}4 \cdot 10^{-13}\ \text{cm}\,.$$

Die Annahme einer zusätzlichen *Kohäsions*energie vom gleichen Betrage führt zum üblichen Elektronenradius $2{,}8 \cdot 10^{-13}$ cm. Nimmt man eine Kugel mit *Raumladung* an, so wird die potentielle Energie und damit $r_e\ \frac{6}{5}$-mal so groß.

legenden Versuchen PH. LENARDS über die Streuung und Absorption von Kathodenstrahlen vor allem die *Streuversuche* von GEIGER und MARSDEN (1909) gebracht, die die 1906 von E. RUTHERFORD entdeckte Streuung von α-Strahlen zum Gegenstande hatten. Bei der Erklärung dieser Streuversuche ging 1911 RUTHERFORD von der Annahme aus, daß das COULOMBsche Gesetz auch noch in inneratomaren Bereichen gültig sei und demgemäß der beobachtete Streuvorgang eines positiv geladenen Teilchens an einem gleichfalls positiv geladenen Atomkern darin bestehen müsse, daß das gestreute Teilchen dem Kern in einer *Hyperbelbahn* ausweicht (Abb. 85). Es befinde sich also der ruhend gedachte Kern mit einer Ladung von Z_2 positiven Elementarquanten $(+ Z_2 e)$ im Brennpunkt F und das gegen ihn anlaufende Teilchen mit der Masse m und der Ladung $+ Z_1 e$ bewege sich auf dem ihm abgewandten Hyperbelast, wie dies aus Abb. 85 ersichtlich ist. Da in großer Entfernung vom Kern die Hyperbel ohne weiteres durch ihre Asymptoten ersetzt werden kann, bedeutet der von diesen eingeschlossene Winkel ϑ die Richtungsänderung, die das Teilchen unter dem Einfluß des Kernes erfährt, d. h. ϑ ist der beobachtete *Streuwinkel*. Ist v_∞ die Geschwindigkeit, mit der sich das Teilchen aus großer Entfernung entlang einer Asymptote im Abstand b vom Kern diesem nähert, und bedeutet v die Geschwindigkeit des Teilchens in der Entfernung r in Kernnähe, so gilt:

1. der *Energiesatz*:

$$\frac{m}{2} \cdot v^2 + Z_1 Z_2 \cdot \frac{e^2}{r} = \frac{m}{2} \cdot v_\infty{}^2 , \tag{83}$$

2. der *Flächensatz*:

Flächengeschwindigkeit im Perizentrum P_0 mit den zugehörigen Werten r_0 und $v_0 = $ Flächengeschwindigkeit im Unendlichen auf der Asymptote im Abstande b oder:

$$\frac{1}{2} \cdot r_0 v_0 = \frac{1}{2} \cdot b v_\infty . \tag{84}$$

Aus Gl. (83) folgt für den Punkt P_0:

$$\frac{m}{2} \cdot v_0{}^2 + Z_1 Z_2 \cdot \frac{e^2}{r_0} = \frac{m}{2} \cdot v_\infty{}^2$$

und weiter mit Berücksichtigung des Flächensatzes:

$$Z_1 Z_2 \cdot \frac{e^2}{r_0} = \frac{m}{2} \cdot (v_\infty{}^2 - v_0{}^2) = \frac{m}{2} \cdot v_\infty{}^2 \left(1 - \frac{b^2}{r_0{}^2}\right)$$

oder

$$2 Z_1 Z_2 e^2 r_0 = m v_\infty{}^2 \cdot (r_0{}^2 - b^2) . \tag{85}$$

Indem wir die Exzentrizität der Hyperbel in zweifacher Weise ausdrücken, nämlich

$$r_0 - a = \sqrt{a^2 + b^2} \tag{86}$$

oder

$$r_0^2 - b^2 = 2\,a\,r_0\,, \qquad (86a)$$

finden wir schließlich:

$$a = \frac{Z_1 Z_2 e^2}{m\,v_\infty^2}\,. \qquad (87)$$

Alle mit derselben Geschwindigkeit v_∞ sich dem Kern nähernden Teilchen beschreiben Hyperbelbahnen mit derselben Halbachse a. Dieser Umstand wurde für die Konstruktion der Bahnhyperbeln in Abb. 85 verwertet. Für den Streuwinkel ϑ ergibt sich ferner aus dieser Abbildung:

$$\operatorname{ctg}\frac{\vartheta}{2} = \frac{b}{a} = \frac{m\,v_\infty^2}{Z_1 Z_2 e^2}\cdot b\,, \qquad (88)$$

d. h. für Teilchen gleicher Geschwindigkeit ist $\operatorname{ctg}\dfrac{\vartheta}{2}$ dem Asymptotenabstand b proportional.

Um die *Streuwirkung* besser beurteilen zu können, betrachten wir ein *Bündel paralleler Teilchenstrahlen* im Abstandsbereich $(b,\ b + d\,b)$ vom Kern. Die *Teilchendichte* je cm² senkrecht zur Strahlrichtung sei n. Durch den Querschnitt des betrachteten Strahlenzylinders treten dann

$$d\,N = 2\,\pi\,n\,b\,|\,d\,b\,| = 2\,\pi\,n\left(\frac{Z_1 Z_2 e^2}{m\,v_\infty^2}\right)^2 \operatorname{ctg}\frac{\vartheta}{2}\left[d\,\operatorname{ctg}\frac{\vartheta}{2}\right] =$$

$$= \pi\,n\left(\frac{Z_1 Z_2 e^2}{m\,v_\infty^2}\right)^2\cdot\frac{\cos\dfrac{\vartheta}{2}\,d\,\vartheta}{\sin^3\dfrac{\vartheta}{2}} \qquad (89)$$

Teilchen, die im Winkelbereich $(\vartheta,\ \vartheta + d\,\vartheta)$ kegelförmig gestreut werden. Der Streukegel schneidet aus einer um den Kern geschlagenen Kugel vom Radius R eine Zone von der Breite $R\,d\,\vartheta$ und der Fläche

$$d\,F = 2\,\pi\,R^2\sin\vartheta\,d\,\vartheta \qquad (90)$$

aus, so daß die Teilchendichte auf der Kugel in dem betrachteten Winkelbereich

$$\frac{d\,N}{d\,F} = \frac{n}{4\,R^2}\cdot\left(\frac{Z_1 Z_2 e^2}{m\,v_\infty^2}\right)^2\cdot\frac{1}{\sin^4\dfrac{\vartheta}{2}} \qquad (91)$$

beträgt. Von den parallel einfallenden Teilchen wird also der Bruchteil

$$\frac{d\,N}{n\,d\,F} = \left(\frac{Z_1 Z_2 e^2}{2\,R\,m\,v_\infty^2}\right)^2\cdot\frac{1}{\sin^4\dfrac{\vartheta}{2}} \qquad (91a)$$

in der Richtung ϑ gestreut.

Die RUTHERFORDsche *Streuformel* ist von GEIGER und MARSDEN

mit Hilfe des in Abb. 86 dargestellten Gerätes geprüft worden. Die von einem Rn-Präparat R ausgehenden α-Strahlen werden durch eine Metallfolie F zerstreut und erzeugen auf einem ZnS-Schirm S *Szintillationen* (s. auch S. 21f.), die durch das Mikroskop M beobachtet und gezählt werden können. Durch Drehung des Behälters B, mit dem Mikroskop und Schirm fest verbunden sind, um den Schliff C können verschiedene Streuwinkel ϑ eingestellt werden. Gl. (91a) ließ sich so in sehr befriedigender Weise bestätigen.

Um ein Bild von Größe eines Atomkernes zu gewinnen, soll für Cu ($Z_2 = 29$) und α-Strahlen von Rn:

$$Z_1 = 2\,,\quad m = m_\alpha = 6{,}645 \cdot 10^{-24}\,g\,,$$
$$v_\infty = 1{,}61 \cdot 10^9\,\text{cm s}^{-1}$$

die *Halbachse a* der Streuhyperbeln nach Gl. (87) berechnet werden:

$$a = \frac{2 \cdot 29 \cdot 4{,}8^2 \cdot 10^{-20}}{6{,}645 \cdot 10^{-24} \cdot 1{,}61^2 \cdot 10^{18}}$$
$$= 7{,}76 \cdot 10^{-13}\,\text{cm}\,.$$

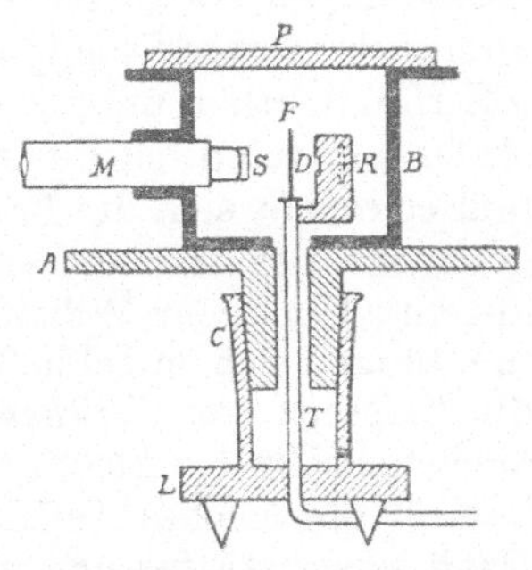

Abb. 86. Versuchsanordnung zur Messung der Streuung von α-Teilchen nach GEIGER und MARSDEN.
R Röhrchen mit Radiumemanation, D Blende, F zerstreuende Metallfolie, befestigt auf der Röhre T, durch die der Behälter B entlüftet werden kann, um Streuung der α-Strahlen in Luft zu vermeiden. M Mikroskop mit ZnS-Schirm S, fest verbunden mit dem Behälter B, der um den Schliff C der Grundplatte A drehbar ist. P Verschlußplatte aus Glas.

Dieses Ergebnis läßt erkennen, da $2\,a = \lim_{b \to 0} r_0$ den *kleinsten Abstand* bedeutet, bis zu welchem bei zentralem Stoß das α-Teilchen sich dem Cu-Kern nähern kann, daß der *Kernradius* von Cu jedenfalls *kleiner* als $2\,a = 1{,}55 \cdot 10^{-12}$ cm, also tatsächlich von der Größenordnung des *Elektronenradius* sein muß.

Es vermag somit *nur Fall c die Wirklichkeit richtig wiederzugeben.*

d) Die *natürlich radioaktiven* Prozesse legen ferner die Annahme nahe, daß beim Kernaufbau die *Alphateilchen* eine besondere Rolle spielen. Wir müssen dabei unterscheiden:

α) $Z = 2\,z$ (gerade Kernladungszahl):

$$^{M}_{2z}K = z \cdot {}^4_2\alpha + (M - 4\,z) \cdot {}^1_0 n, \text{ wenn } M \geq 4\,z;$$

β) $Z = 2\,z + 1$ (ungerade Kernladungszahl):

$$^{M}_{2z+1}K = z \cdot {}^4_2\alpha + (M - 4\,z - 1) \cdot {}^1_0 n + {}^1_1 p, \text{ wenn } M \geq 4\,z + 1\,.$$

Dieser Aufbau dürfte in vielen Fällen Bedeutung haben.

Zu der oben erwähnten *Elektronenradioaktivität* natürlicher und künstlich hergestellter Kerne sei noch ergänzend bemerkt, daß die Tatsache der Aussendung von Elektronen und Positronen aus Kernen, die diese Teilchen von vornherein gar nicht enthalten, die nur aus Protonen und Neutronen aufgebaut sind, nicht das einzige Rätsel dieses Vorganges darstellt, daß vielmehr der *β-Zerfall* auch vom *energetischen* Standpunkt rätselhaft erscheint. Während beim α-Zerfall deutlich unterschiedene, *quantenmäßig* bedingte Energiestufen auftreten, ist das Spektrum des β-Zerfalles *kontinuierlich*, und es erhebt sich die Frage, was mit dem jeweiligen Energie*rest* geschieht, der den langsameren β-Teilchen an kinetischer Energie abgeht. Um einem Widerspruch mit dem *Energiesatz* zu entgehen, mußte man sich entschließen, einem Vorschlag W. PAULIS folgend, die Existenz von *Teilchen ohne Ladung* und mit einer *Masse*, die höchstens der des *Elektrons* gleichkommt, anzunehmen. E. FERMI hat für ein solches Teilchen den Namen „*Neutrino*" eingeführt. Nach seiner Auffassung vollzieht sich der β-Zerfall eines Kernes folgendermaßen:

$$n \rightarrow p + e^- + n^*;$$

beim Übergang eines Kernneutrons n in ein Proton p wird ein Elektron e^- zugleich mit einem Neutrino n^* ausgesendet. Für die bei der Kernumwandlung freiwerdende Energie gilt dann der Energiesatz in der Form:

$$E = m_e\, c^2 + (E_{\mathrm{kin}})_e + m_{n^*}\, c^2 + (E_{\mathrm{kin}})_{n^*} . \tag{92}$$

Mit der kinetischen Energie des ausgesandten Elektrons $(E_{\mathrm{kin}})_e$ ändert sich diejenige des gleichzeitig ausgesandten Neutrinos $(E_{\mathrm{kin}})_{n^*}$ derart, daß die gesamte freiwerdende Energie E stets gleichbleibt. Der höchste Wert von $(E_{\mathrm{kin}})_e$ wird offenbar dann erreicht, wenn $(E_{\mathrm{kin}})_{n^*} = 0$ wird. Der Satz von der *Erhaltung des Drehimpulses* macht ferner die Annahme notwendig, daß das *Neutrino* einen *Spin vom gleichen Betrag wie das Elektron* (s. S. 172), aber *entgegengesetzter Richtung* besitzt. In ähnlicher Weise wie den β-Zerfall haben wir uns auch den e^+-Zerfall vorzustellen:

$$p \rightarrow n + e^+ + n^*,$$

bei dem die Umwandlung eines Kernprotons p in ein Neutron n unter Aussendung eines Positrons e^+ in Verbindung mit der eines Neutrinos n^* erfolgt.

Die FERMIsche Deutung des β-Zerfalles liefert die Handhabe zu einer Erklärung der Natur der *Kernkräfte*, die als Anziehungskräfte zwischen geladenen und ungeladenen Teilchen wirken und so den Zusammenhalt des Kernes ermöglichen. Der vielleicht zunächst naheliegende Gedanke, die gegenseitige Anziehung der Kernteilchen der zwischen ihnen wirksamen *Schwerkraft (Gravi-*

tation) zuzuschreiben, wird sofort hinfällig, wenn man sich vergegenwärtigt, daß die Schwerkraft gegenüber der Coulombschen Kraft größenordnungsmäßig gar nicht in Betracht kommt[1]. Die zwischen den Elementarteilchen im Kerne wirkende Anziehung muß *von völlig anderer Natur* sein, insbesondere muß sie mit dem Kehrwert der Entfernung *sehr viel rascher anwachsen* als die Coulombsche Kraft und in ihrer Auswirkung *auf den Bereich des Atomkernes beschränkt* bleiben.

Tamm und Iwanenko haben im Anschluß an Fermis Erklärung des β-Zerfalles den Begriff einer zwischen einem Neutron und einem Proton wirkenden „*Austauschkraft*" entwickelt, die dadurch zustandekommt, daß sich das Neutron n durch Abspaltung eines Elektrons e^- und eines Neutrinos n^* virtuell in ein Proton p' verwandelt, während das Proton p durch Aufnahme dieser Teilchen ebenso in ein Neutron n' übergeht. Wir beschreiben diesen Vorgang durch das Schema:

$$n + p \rightarrow (p' + e^- + n^*) + p \rightarrow p' + (e^- + n^* + p) \rightarrow p' + n'.$$

Durch dieses Hin- und Herwechseln von e^- und n^*, das jedesmal einen *Ortsaustausch* zwischen Neutron und Proton zur Folge hat, wird das Wesen der „*Austausch*"-*Kraft* gekennzeichnet. Im Hinblick auf die symmetrische Rolle, die beim e^+-Zerfall das *Positron* e^+ spielt, ist auch der entsprechende Vorgang denkbar:

$$n + p \rightarrow n + (e^+ + n^* + n') \rightarrow (n + e^+ + n^*) + n' \rightarrow p' + n'.$$

Die *Austauschkraft* wird so zu einer der *chemischen Valenz* verwandten Kraft mit *Sättigungscharakter*. Durch einen geeigneten Ansatz für das *Potential U* der Austauschkraft:

$$U(r) = U_0 \cdot e^{-\frac{r}{r_0}} \text{ bzw. } U_0 \cdot e^{-\left(\frac{r}{r_0}\right)^2} \tag{93}$$

wird dafür gesorgt, daß der Wirkungsbereich im wesentlichen auf den Kern mit dem Radius r_0 beschränkt bleibt.

Die obige Beschreibung der Austauschkraft hat durch Berücksichtigung des *Spins* noch eine Ergänzung erfahren. Offenbar kann der Spin bei der Ladung e^- bzw. e^+ verbleiben und mit ihr den Ort wechseln oder er kann am Orte selbst verbleiben; je nachdem das

---

[1] Zwei Protonen stoßen einander ab mit der Coulombschen Kraft $K = \dfrac{e^2}{r^2}$, sie ziehen einander an mit der Schwerkraft $G = \varkappa \cdot \dfrac{m_p^2}{r^2}$ (Grav.-Konst. $\varkappa = 6{,}7 \cdot 10^{-8}$ abs. E.), woraus

$$\frac{G}{K} = \varkappa \, \frac{m_p^2 \cdot}{e^2} = \frac{6{,}7 \cdot 10^{-8} \cdot 1{,}7^2 \cdot 10^{-48}}{4{,}8^2 \cdot 10^{-20}} = 8{,}4 \cdot 10^{-37}$$

folgt.

eine oder andere der Fall ist, sprechen wir von einer MAJORANA-
oder HEISENBERG-*Kraft*. Abb. 87 erläutert diesen Sachverhalt,
wobei der Spin durch einen beigefügten Pfeil angedeutet ist.·

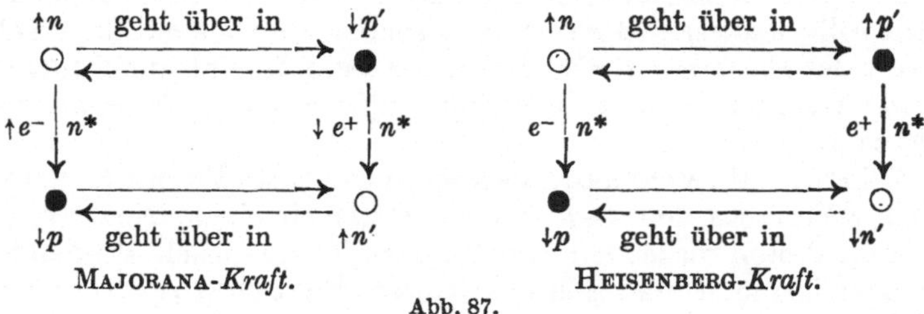

Abb. 87.

Auf die *Wechselwirkung geladener (ungeladener) Teilchen untereinander* ist der beschriebene Mechanismus der Austauschkraft
nicht anwendbar. Dadurch, daß später YUKAWA neben dem
schweren Elektron (Mesotron) beiderlei Vorzeichens ε^+ und ε^- noch
ein *ungeladenes* Teilchen ε^0, das *Neutretto* eingeführt und den
Austauschvorgang in *zwei Stufen* zerlegt hat, ist es ihm gelungen,
außer der *Neutron-Proton-Kraft* auch die *Proton-Proton-* und
Neutron-Neutron-Kraft, die vermutlich alle untereinander *gleich*
sein dürften, zu erfassen, wie aus der folgenden Darstellung wohl
ohne weiteres ersichtlich ist:

$$n \to p + \varepsilon^-, \; \varepsilon^- \to e^- + n^*;$$
$$p \to n + \acute{e}^+, \; \varepsilon^+ \to e^+ + n^*;$$
$$n \to n' + \varepsilon^\circ; \; p \to p' + \varepsilon^\circ \; (\varepsilon^\circ = Neutretto).$$
$$n + p \to (p' + \varepsilon^-) + p \to p' + (\varepsilon^- + p) \to p' + n';$$
$$n + p \to n + (\varepsilon^+ + n') \to (n + \varepsilon^+) + n' \to p' + n';$$
$$n_1 + n_2 \to (n_1' + \varepsilon^\circ) + n_2 \to n_1' + (\varepsilon^\circ + n_2) \to n_1' + n_2';$$
$$p_1 + p_2 \to (p_1' + \varepsilon^\circ) + p_2 \to p_1' + (\varepsilon^\circ + p_2) \to p_1' + p_2'.$$

Ausgehend von einer der *Wellenmechanik* (s. S. 257f.) entnom-
menen und auf das *schwere Elektron* angewandten *Wellengleichung*,
hat YUKAWA das *Potential* der Austauschkraft zwischen zwei
schweren Teilchen im Kern berechnet und dafür den Ausdruck
gefunden:

$$U(r) = \frac{k}{r} \cdot e^{-\frac{2\pi m_\varepsilon c}{h} \cdot r}, \quad k = \text{konst.}, \tag{94}$$

wobei m_ε die Masse des schweren Elektrons bedeutet. Aus der
Forderung, daß die Kernkräfte außerhalb des Kernes, also für
$r > r_0$ ($r_0 =$ Elektronenradius, der größenordnungsmäßig mit dem
Kernradius übereinstimmt) sehr rasch abklingen müssen, ergibt

sich durch Vergleich mit dem früheren Potentialansatz (93) und mit
Berücksichtigung des in der Fußnote von S. 114 abgeleiteten
Ausdruckes für den Elektronenradius r_0 die folgende Beziehung:

$$r_0 = \frac{e^2}{m_e\, c^2} = \frac{h}{2\,\pi\, m_\varepsilon\, c}\,, \tag{95}$$

aus der die *Masse des Mesotrons* (schweren Elektrons)

$$m_\varepsilon = \frac{h\, c}{2\,\pi\, e^2}\cdot m_e = 137\, m_e\,, \tag{95a}$$

wie S. 51 angegeben, folgt.

Aus dieser Auffassung von der Natur der Kernkräfte wird auch
das *Eindringen* und *Verbleiben positiv geladener Partikel*, z. B.
α-Teilchen, im *Innern eines schweren Kernes* verständlich. Wir
wollen uns zunächst vorstellen, das α-Teilchen bewege sich gegen
den Kern. Vorerst wird die COULOMBsche Abstoßung zu überwinden sein und die bei der Annäherung zu leistende Arbeit gemäß
der in Abb. 88 dargestellten Potentialkurve ansteigen. Dies wird
bis in unmittelbare Kernnähe $r_0 \approx 10^{-12}$ cm der Fall sein. Dann
werden die Austauschkräfte wirksam werden, die sehr viel rascher
anwachsen als die COULOMBsche Abstoßung. Die Folge hiervon
ist ein starker Abfall der Potentialkurve, die Ausbildung eines
„*Potentialtopfes*", wie ihn Abb. 88 zeigt, die man sich zur Gewinnung eines räumlichen Bildes um die E_{pot}-Achse gedreht zu
denken hat. Die Verhältnisse liegen hier ganz ebenso wie bei einer

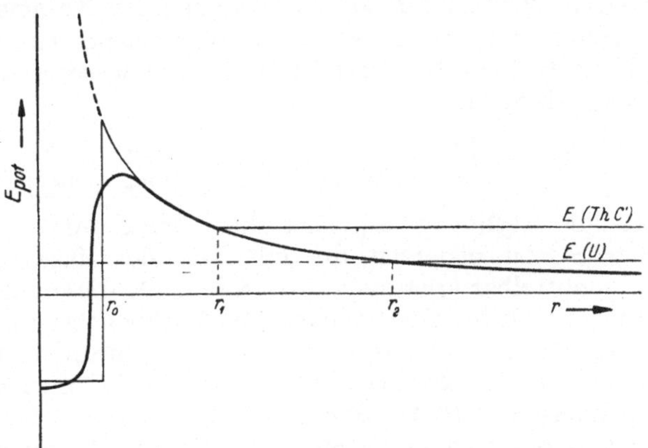

Abb. 88. Verlauf der potentiellen Energie zwischen einem schweren Kern und einem
α-Teilchen (nach G. GAMOW).

r_0 Kernradius; $E\,(U)$ bzw. $E\,(Th\,C')$ Energie eines Uran- bzw. Thorium C'-α-Teilchens,
die geringer ist als die Höhe des „Potentialwalles". Nach klassischen Vorstellungen ist
somit der Austritt eines α-Teilchens aus dem Kern ausgeschlossen. Der radioaktive α-Zerfall
findet seine Erklärung erst durch die Quantenmechanik, die für seinen Eintritt eine gewisse
Wahrscheinlichkeit anzugeben vermag.

mit einem Wall umgebenen Erdmulde, in die eine heranrollende Kugel nach Überwindung des Walles hineinfällt. Die Protonen bzw. α-Teilchen eines Atomkerns liegen in ihm wie Kugeln in einer solchen Erdmulde. Ebenso wie diese in ihr nur in beschränkter Zahl Platz haben und bei einer Überfüllung schließlich über den äußeren Wall hinabrollen werden, so können auch Protonen bzw. α-Teilchen nicht in beliebiger Zahl in einem Atomkern angehäuft werden. Sobald (von einem gewissen Z an) die Abstoßungsenergie der Coulombschen Kräfte die Anziehungsenergie der Austauschkräfte überwiegt, ist ein stabiler Zusammenhalt der positiven Teilchen nicht mehr möglich, es kommt zum *Zerfall* des Kernes mit Aussendung eines geladenen, schweren Teilchens, wie wir dies bei den natürlich *radioaktiven* Vorgängen beobachten.

5. Massendefekt, Packungsanteil, Bindungsenergie und Stabilität der Kerne.

Wie schon bemerkt (s. S. 86), tritt in der Massengleichung einer Kernumwandlung in der Regel ein *Massendefekt Δm* zutage, der der *Reaktionsenergie* des Vorganges entspricht und als Maß für die *Stärke der Bindung* (*Stabilität*) des entsprechenden Kerngebildes angesehen werden kann.

Wenn wir für den Aufbau eines Kernes die Annahme 4, c (S. 113) machen, ihn also aus Protonen- und Neutronen zusammengesetzt betrachten, so können wir aus der zwischen der Kernmasse m_K und der Summe der Protonen- und Neutronenmassen bestehenden *Massendifferenz Δm* (*Massendefekt*) die *Bindungsenergie* des Kerns berechnen (vgl. S. 86):

$$W = c^2 \Delta m = c^2 \cdot [Z\, m_p + (M - Z)\, m_n - m_K] =$$
$$= c^2 \cdot [Z\, m_\mathrm{H} + (M - Z)\, m_n - m_A] . \qquad (96)$$

Es ist für die Rechnung bequemer, statt der Kernmasse m_K die *Atommasse m_A* zu benützen, die mit Hilfe des Massenspektrographen unmittelbar erhalten werden kann. Da diese aber außer der Kernmasse auch noch die Masse der Z Hüllenelektronen enthält, ist es nötig, die Masse derselben wieder in Anrechnung zu bringen, was am einfachsten dadurch geschieht, daß man statt der Z Protonenmassen Z H-*Atommassen m_H* in Rechnung stellt.

Oft ist es zweckmäßig, an Stelle des Massendefektes Δm den sog. *Packungsanteil f* zu verwenden, zu dessen Berechnung die Kenntnis der genauen Massen m_p und m_n nicht erforderlich ist. Er wird definiert durch die Beziehung:

$$f = \frac{m_A - M}{M} = \frac{m_A}{M} - 1 \qquad (97)$$

und gewöhnlich in 10^{-4} ME angegeben (s. Zahlentafel 9). Er ist für die *leichtesten* und *schwersten Kerne positiv*, sonst negativ. Zwischen Massendefekt Δm und Packungsanteil f besteht der aus Gl. (96) und (97) folgende Zusammenhang:

$$f + 1 = m_n - \frac{Z}{M} \cdot (m_n - m_H) - \frac{\Delta m}{M} \qquad (98)$$

oder bei Umrechnung auf *Masseneinheiten* (ME):

$$f + 1 = A_n - \frac{Z}{M} \cdot (A_n - A_H) - \frac{\Delta m}{M} \qquad (98a)$$

und mit Rücksicht auf die Zahlwerte A_n und A_H (s. Zahlentafel 1, S. 5):

$$f = 0{,}00895 - 0{,}00082 \cdot \frac{Z}{M} - \frac{\Delta m}{M} \qquad (98b)$$

bzw.

$$\Delta m = M \cdot \left(0{,}00895 - 0{,}00082 \cdot \frac{Z}{M} - f\right). \qquad (98c)$$

Wir wollen nun mit Hilfe von Gl. (96) und Zahlentafel 1 die *Bindungsenergien* des *Deuterons* und des α-*Teilchens* berechnen.

a) Bindungsenergie des Deuterons $_1^2 D \left\{ _1^1 p + _0^1 n \right\}$.

$$\Delta m_d = m_p + m_n - m_d = (1{,}6726 + 1{,}6748 - 3{,}3435) \cdot 10^{-24}\,\text{g},$$

$$\Delta m_d = 0{,}39 \cdot 10^{-26}\,\text{g} = \frac{0{,}0039}{1{,}660}\,\text{ME} = 2{,}35 \cdot 10^{-3}\,\text{ME}.$$

$$W_d = c^2 \cdot \Delta m_d = 0{,}39 \cdot 10^{-26} \cdot 9 \cdot 10^{20}\,\text{erg} = 3{,}51 \cdot 10^{-6}\,\text{erg} =$$
$$= 2{,}19\,\text{MeV}. \,^{[1]}$$

b) Bindungsenergie des Alphateilchens $_2^4 \alpha \left\{ 2\,_1^1 p + 2\,_0^1 n \right\}$.

$$\Delta m_\alpha = 2\,(m_p + m_n) - m_\alpha =$$
$$= [2\,(1{,}6726 + 1{,}6748) - 6{,}6447] \cdot 10^{-24}\,\text{g} = 5{,}01 \cdot 10^{-26}\,\text{g}$$
$$= \frac{0{,}0501}{1{,}660}\,\text{ME} = 30{,}2 \cdot 10^{-3}\,\text{ME}.$$

$$W_\alpha = c^2\,\Delta m_\alpha = 5{,}01 \cdot 10^{-26} \cdot 9 \cdot 10^{20}\,\text{erg}, = 45{,}09 \cdot 10^{-6}\,\text{erg}$$
$$= 28{,}1\,\text{MeV} \approx 14\,W_d.$$

Aus dieser Rechnung geht mit aller Deutlichkeit die *große Stabilität des Aphateilchens* hervor, das erst unter dem Einfluß außerordentlich hoher Spannung, wie sie in keinem Laboratorium der Gegenwart erzeugt werden kann, zerlegt werden könnte. *Wesentlich geringer* ist dagegen die *Festigkeit des Deuterons*, dessen Zertrümmerung durch harte γ-Strahlung ($h\nu = 2{,}18$ MeV, s. S. 95 oben) bereits gelungen ist. Als Grund für die wesentlich *stärkere Bindung* des α-Teilchens gegenüber dem Deuteron ist nach WIGNER der Um-

---

[1] Siehe die Fußnote zu Zahlentafel 3, S. 26.

stand maßgebend, daß bei der Vereinigung von einem Neutron und einem Proton zu einem Deuton die beiden Teilchen einander noch nicht genügend nahe kommen, um im Bereiche stärkster Wirkung der *Neutron-Proton-Kraft* (s. S. 119) zu sein, die sich nur auf eine sehr geringe Entfernung erstreckt. Erst beim Zusammentritt von vier Teilchen (2 Neutronen und 2 Protonen) oder von zwei Deutonen zu einem α-Teilchen erfolgt eine so starke Annäherung der Teilchen, daß die Bindungsenergie, wie angegeben, auf den 14 fachen Wert ansteigt.

c) Bindungsenergien der übrigen Kerne. Die mit Hilfe von Gl. (96) unter Zugrundelegung genauer Massenwerte ermittelten Bindungsenergien verschiedener Atomkerne enthält Zahlentafel 9.

Zahlentafel 9. Packungsanteile, Massendefekte und Bindungsenergien einiger Kerne.[1]

Atomkern	Packungsanteil f in 10^{-4} ME	Massendefekt Δm in 10^{-3} ME $\widehat{=}$ 0,931 MeV	Bindungsenergie W in MeV $\widehat{=}$ 1,074 $\cdot 10^{-3}$ ME	Atomkern	Packungsanteil f in 10^{-4} ME	Massendefekt Δm in 10^{-3} ME $\widehat{=}$ 0,031 MeV	Bindungsenergie W in MeV $\widehat{=}$ 1,074 10^{-3} ME
$^2_1$H	73,63	2,35	2,19	$^{35}_{17}$Cl	—6,05	320,4	298,3
$^3_2$He	56,77	8,18	7,61	$^{40}_{18}$Ar	—6,12	367,7	342,3
$^4_2$He	9,65	30,29	28,20	$^{52}_{24}$Cr	—7,9	487	453
$^6_3$Li	28,20	34,31	31,94	$^{58}_{28}$Ni	—6,95	536,3	499,3
$^7_3$Li	25,95	42,01	39,11	$^{64}_{30}$Zn	—6,7	591	550
$^9_4$Be	16,62	62,3	58,0	$^{84}_{36}$Kr	—7,3	783	729
$^{10}_5$B	16,17	69,2	64,4	$^{98}_{42}$Mo	—5,7	899	837
$^{11}_5$B	11,73	81,4	75,8	$^{118}_{50}$Sn	—5,1	1075	1001
$^{12}_6$C	3,233	98,6	91,8	$^{139}_{57}$La	—3,2	1241	1155
$^{13}_6$C	5,82	103,8	96,7	$^{146}_{60}$Nd	—2,5	1294	1204
$^{14}_7$N	5,368	112,0	104,3	$^{156}_{64}$Gd	—1,5	1367	1273
$^{15}_7$N	3,29	123,5	115,0	$^{192}_{76}$Os	2,0	1618	1506
$^{16}_8$O	0,000	136,6	127,2	$^{195}_{78}$Pt	2,0	1642	1529
$^{17}_8$O	2,65	141,1	131,3	$^{205}_{81}$Tl	2,9	1710	1592
$^{18}_8$O	2,73	149,6	139,3	$^{204}_{82}$Pb	3,0	1698	1581
$^{19}_9$F	2,39	158,1	147,2	$^{209}_{83}$Bi	2,7	1747	1626
$^{20}_{10}$Ne	—0,553	171,9	160,0	$^{222}_{86}$Rn	4,59	1813	1688
$^{24}_{12}$Mg	—2,92	211,9	197,3	$^{226}_{88}$Ra	4,96	1838	1711
$^{27}_{13}$Al	—3,45	240,2	223,7	$^{227}_{89}$Ac	5,02	1845	1718
$^{28}_{14}$Si	—4,56	251,8	234,5	$^{232}_{90}$Th	5,60	1873	1744
$^{31}_{15}$P	—5,03	280,7	261,3	$^{231}_{91}$Pa	5,45	1868	1739
$^{32}_{16}$S	—5,46	290,7	270,6	$^{238}_{92}$UI	6,18	1908	1776

[1] MATTAUCH, J.: Kernphysikalische Tabellen. Springer-Verlag, Berlin, 1942.

6. Aufbau der Kerne. Tröpfchenmodell, α-Teilchenmodell und Energiefläche der Atomkerne.

a) Tröpfchenmodell. Denken wir uns am Aufbau der Kerne ausschließlich *Protonen* und *Neutronen* beteiligt, so gibt uns die Massenzahl

$$M = Z + N \quad (N = M - Z = \text{Neutronenzahl})$$

unmittelbar die *Zahl der Teilchen* an. Aus der Zahlentafel 9 und der Abb. 89 geht mit Deutlichkeit die annähernde *Proportionali-*

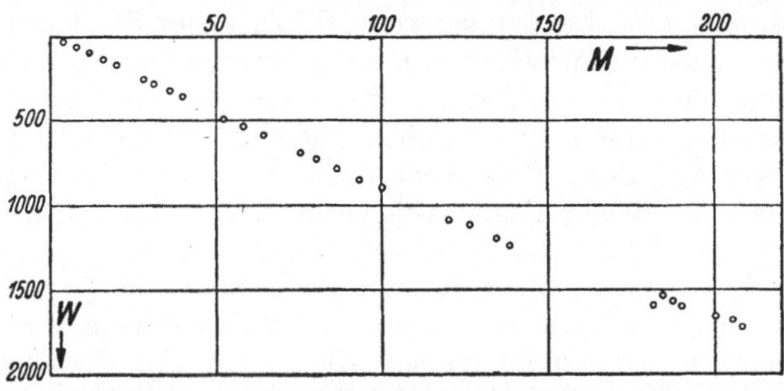

Abb. 89. Bindungsenergie W der stabilen Kerne (in 10^{-3} ME) als Funktion der Teilchenzahl (= Massenzahl) M (nach WEIZSÄCKER).

tät zwischen *Bindungsenergie* und *Teilchenzahl* hervor. Dieser Umstand legt den Vergleich des Kernes mit einem *Flüssigkeitströpfchen* nahe, ein Bild, das erstmals von G. GAMOW (1930) auf den Atomkern angewendet wurde, der sich ihn jedoch aus α-Teilchen aufgebaut dachte. Die Tatsache, daß bei den natürlichen Kernen nicht jedes beliebige Mischungsverhältnis zwischen Protonen und Neutronen auftritt, läßt erwarten, daß sich die aus der gesamten Bindungsenergie W durch Division durch die Massenzahl M errechnete *mittlere Bindungsenergie w je Teilchen* insbesondere von dem

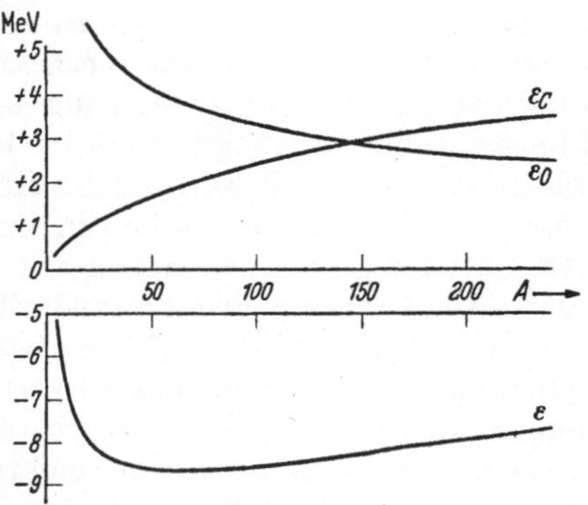

Abb. 90. Bindungsenergie ($-\varepsilon$) und deren Bestandteile: Oberflächenspannung ($-\varepsilon_0$) und COULOMBsche Energie ($-\varepsilon_c$) je Teilchen als Funktion der Massenzahl $A \equiv M$ (nach S. FLÜGGE).

Mischungsverhältnis N/Z abhängig erweisen wird. In Abb. 90 ist $\varepsilon = -w$ als Funktion der Teilchenzahl $A \equiv M$ dargestellt. Man erkennt daraus, daß der Betrag von w im Bereiche der leichten Kerne verhältnismäßig rasch ansteigt und im Gebiete der mittleren Kerne mit Massenzahlen um 50 seinen Höchstwert von etwa 8,7 MeV erreicht, worauf bis zu den schwersten Kernen eine langsame Abnahme erfolgt. Im Mittel entfällt auf das einzelne Teilchen ein Energiebetrag von etwa 8 MeV. Da bei den stabilen Isotopen mit Kernladungszahlen $Z < 20$ $N = Z$, das Mischungsverhältnis also gleich 1 ist und auch bei den schwersten Atomkernen den Betrag 1,6 nicht überschreitet, liegt es nahe, an der Bindungsenergie vor allem die *Teilchenpaare* (p, n) beteiligt anzusehen. Wir wollen also annehmen, daß auch bei den schweren Kernen nur die Paare (p, n), in denen „Austauschkräfte" mit Absättigungscharakter nach Art der chemischen Valenzkräfte auf äußerst kleine Entfernungen wirksam sind, einen wesentlichen Beitrag zur Bindungsenergie leisten, während der auf die Wechselwirkung gleichartiger Teilchen entfallende Anteil verhältnismäßig gering ist. In Übereinstimmung mit den natürlichen Verhältnissen folgern wir daraus, daß bei gleicher Teilchenzahl M ein Kern um so stabiler ist, je mehr Teilchenpaare (p, n) er enthält; unter den denkbaren Isobaren mit der Massenzahl M werden demgemäß die Kerne mit der Protonenzahl $Z = M$ $(N = 0)$ und ebenso jene mit der Neutronenzahl $N = M$ $(Z = 0)$ die Bindungsenergie 0 und jene mit $Z = N = \dfrac{M}{2}$ die größte Bindungsenergie und damit die *größte Stabilität* aufweisen. Das trifft für die Kerne, bei denen $Z < 20$ ist, in der Tat genau zu; daß bei den *schwereren* Kernen zur Erzielung der notwendigen Stabilität die *Neutronenzahl N überwiegt*, erscheint gleichwohl verständlich, wenn man überlegt, daß die mit wachsender Protonenzahl immer stärker werdenden COULOMBschen Kräfte, die schließlich zu einer Sprengung des Kernes führen müssen, offenbar durch den Neutronenüberschuß in ihrer Wirkung ausgeglichen werden. Streng genommen haben wir uns die Bindungsenergie W eines Atomkerns aus *drei* Bestandteilen zusammengesetzt zu denken: aus der eigentlichen „*Flüssigkeitsenergie*" W_F, die im wesentlichen durch die Teilchenpaare (p, n) bestimmt wird, einer besonders bei den leichten Kernen zu berücksichtigenden „*Oberflächenspannung*" W_O und der von der elektrischen Ladung herrührenden *Coulombschen Energie* W_C:

$$W = W_F + W_O + W_C . \tag{99}$$

Von dem Modell des *Flüssigkeitstropfens* ausgehend, gelingt es unschwer, sich von der Größe der drei Energiebeträge ein auch zahlenmäßig ungefähr zutreffendes Bild zu machen. w_0 möge die Bindungsenergie bezeichnen, die auf ein einzelnes Teilchen im Inneren des Tropfens entfällt, wobei wir annehmen wollen, daß

die kugelig gedachten Teilchen in „*kubisch dichtester Kugelpackung*"
angeordnet sind. Es ist dann jedes Teilchen von zwölf es berüh-
renden Nachbarteilchen umgeben (s. Abb. 91a, b). Den zwölf Be-
rührungspunkten entsprechend, können wir jedem Teilchen zwölf
„*Valenzen*" zuordnen, auf deren jede der Betrag $w_0/12$ kommt. Ist
M die Massenzahl und zugleich Teilchenzahl, so wäre, sofern sich
jedes Teilchen im *Innern*
befände und seine sämt-
lichen 12 Valenzen betätigen könnte, die gesamte
Bindungsenergie

$$W_F = M \cdot w_0 . \quad (100)$$

Abb. 91a, b. Kubisch dichteste Kugelpackung und deren Elementarzelle. (Nach BIJVOET
KOLKMEIJER und MACGILLAVRY.)

Nun liegt aber eine Anzahl Teilchen an der *Oberfläche* des als Kugel
gedachten Tropfens und erfüllt eine Kugelschale vom Inhalte

$$4 \pi R^2 \cdot 2 r = 8 \pi R^2 r \ (R = \text{Tropfen-}, \ r = \text{Teilchenradius}) .$$

In ihr befinden sich somit

$$\frac{M}{\frac{4 \pi R^3}{3}} \cdot 8 \pi R^2 r = \frac{6 r M}{R}$$

Teilchen, deren jedes im Durchschnitt 3 *nach außen gerichtete* Valenzen nicht betätigen kann, wofür wir den Energiebetrag

$$W_O = - \frac{6 r M}{R} \cdot \frac{3 w_0}{12} = - \frac{3 r M w_0}{2 R} \quad (101)$$

in Rechnung stellen müssen. Nun fehlt noch die Berücksichtigung
der COULOMBschen *Abstoßungsenergie*, die bei Z räumlich verteilten
Kernladungen vom Betrage e (s. die Fußnote auf S. 114)

$$W_C = - \frac{6}{5} \cdot \frac{(Ze)^2}{2 R} = - \frac{3}{5} \cdot \frac{Z^2 e^2}{R} \quad (102)$$

ausmacht. Wir erhalten somit für die *gesamte Bindungsenergie* den
Ausdruck:

$$W = M \cdot w_0 - 3 \cdot \frac{r M w_0}{2 R} - \frac{3}{5} \cdot \frac{Z^2 e^2}{R} . \quad (103)$$

Beachtet man noch den Zusammenhang zwischen M, R und r, der durch die Gleichung vermittelt wird:

$$\frac{4\,\pi\,R^3}{3} = M \cdot (2\,r)^3 \tag{104}$$

— die kugeligen Teilchen erfüllen den Raum nicht lückenlos — so kann

$$R = r \cdot \sqrt[3]{\frac{6\,M}{\pi}} = 1{,}24 \cdot r \cdot M^{1/3} \approx \frac{5}{4} \cdot r\, M^{1/3} \tag{104a}$$

und die *gesamte Bindungsenergie* in abs. E.

$$W = M \cdot w_0 - \frac{6}{5} \cdot w_0 \cdot M^{2/3} - \frac{12}{25} \cdot \frac{Z^2\,e^2}{r} \cdot M^{-1/3} \tag{105}$$

gesetzt werden. Für die *mittlere Bindungsenergie je Teilchen* folgt daraus in abs. E.:

$$w = \frac{W}{M} = w_0 - \frac{6}{5}\, w_0\, M^{-1/3} - \frac{12}{25} \cdot \frac{Z^2 e^2}{r} \cdot M^{-4/3} . \tag{105a}$$

Bei den kleinen (leichten) Kernen mit verhältnismäßig großer Oberfläche kommt mehr das zweite, bei den großen (schweren) Kernen mit einem durch die Abstoßungskräfte bereits gelockerten Gefüge mehr das dritte Glied der rechten Seite von Gl. (105) bzw. (105a) in Betracht.

Bei dieser Rechnung hat das eingangs erwähnte ungleiche *Mischungsverhältnis* N/Z keine Beachtung gefunden. Trägt man auch diesem Umstande Rechnung und mißt w_0 und w in MeV, so gelangt man zu der allgemeineren Formel:

$$w = w_0 \cdot \left[1 - \gamma \left(\frac{N-Z}{N+Z}\right)^2\right] - \frac{6}{5} \cdot w_0 \cdot M^{-1/3} +$$
$$- \frac{12}{25} \cdot \frac{Z^2\,e}{r} \cdot M^{-4/3} \cdot \frac{300}{10^6}, \tag{106}$$

die mit den Werten $w_0 = 14{,}66$ MeV, $\gamma = 1{,}40$, $r = 1{,}14 \cdot 10^{-13}$ cm eine gute Näherung darstellt:

$$w = 14{,}66 \cdot \left[1 - 1{,}40 \left(\frac{N-Z}{N+Z}\right)^2\right] - 17{,}6 \cdot M^{-1/3} + \tag{106a}$$
$$- 0{,}606 \cdot Z^2\, M^{-4/3}\ \text{MeV};$$

dazu der *Kernradius* gemäß Gl. (104a)

$$R = 1{,}42 \cdot 10^{-13}\, M^{1/3}\ \text{cm} .$$

b) α-Teilchenmodell. Als besonderer Fall des Tröpfchenmodells und zugleich als Weiterführung des GAMOWschen Kernaufbaues (s. S. 125) erscheint das *α-Teilchenmodell* von W. WEFELMEIER. Dieser betrachtet den Kern als einen kleinen *Kristall* aus α-Teilchen, wobei letztere als starre Kugeln angenommen werden, zwischen denen Kräfte mit Absättigungscharakter wirken. Die in der Natur verwirklichten Kerne erscheinen dadurch ausgezeichnet, daß die α-Teilchen die *dichteste Packung*, also die *meisten gegenseitigen Berührungspunkte* aufweisen. Bei $^{12}_{6}$C z. B. bilden die α-Teilchen ein gleichseitiges Dreieck, bei $^{16}_{8}$O ein Tetraeder, bei $^{20}_{10}$Ne, $^{24}_{12}$Mg, $^{28}_{14}$Si ein regelmäßiges Drei-, Vier- bzw. Fünfeck, über dessen Mittelpunkt oben und unten je ein weiteres α-Teilchen liegt. Die Bindungsenergien der Kerne, auf das α-Teilchen als Bauelement bezogen, liefert dieses Modell in überraschend guter Übereinstimmung mit der Erfahrung, wobei im Mittel auf jede „Berührung" der gleiche Betrag an Bindungsenergie, nämlich etwa $2{,}5 \cdot 10^{-3}$ ME entfällt. Die große Stabilität und Häufigkeit des Eisens $(Z = 26)$, dessen Kern gerade 13 α-Teilchen enthält, findet so in der Tatsache ihre Erklärung, daß die Vereinigung eines α-Teilchens mit 12 unmittelbaren Nachbarn, die *dichteste Kugelpackung überhaupt* darstellt (s. Abb. 91 a, b).

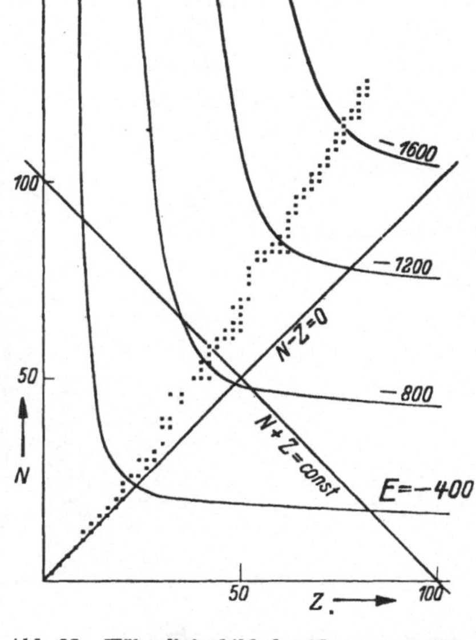

Abb. 92. Höhenlinienbild der Kernenergiefläche
(nach C. F. v. WEIZSÄCKER).

E Kernenergie in 10^{-3} ME. Die eingezeichneten Punkte geben die Lage der stabilen Isotope (den Verlauf des „Baches" der stabilen Elemente) an.

c) **Energiefläche.** Diese Erwägungen haben zur Konstruktion einer *Energiefläche* $E = f(Z, N)$ für alle wirklichen und denkbaren Kerne geführt, die so beschaffen ist, daß die in der Natur verwirklichten Kerne, für die wir in erster Näherung $N = Z$ annehmen dürfen, unter allen Isobaren die größte Bindungsenergie, also den *tiefsten Energiewert* aufweisen. In diesem Sinn setzen wir wie üblich den *Energiewert E* eines Kernes seiner *negativ* genommenen, durch Gl. (96) bestimmten Bindungsenergie W gleich:

$$E = -W.$$

Das *Höhenlinien*bild dieser Energiefläche zeigt Abb. 92; die hyperbelähnlichen Höhenlinien tragen jeweils die Bezeichnung des zugehörigen Energiewertes E in 10^{-3} ME. Abb. 93 gibt eine Darstellung in vergrößertem Maßstab mit Kurven konstanter Energie in MeV. Die Gerade $N + Z = 100$ (Abb. 92) stellt die Projektion der auf der Energiefläche verlaufenden *Isobarenkurve* dar, die der Massenzahl $M = 100$ entspricht und dort, wo der „*Bach*" der stabilen Elemente „*fließt*", ihren tiefsten Punkt besitzt. Diesen Verlauf der Isobarenkurven (s. Abb. 94) bestätigen die *künstlich radioaktiven* Kerne, die infolge ihrer geringeren Bindungsener-

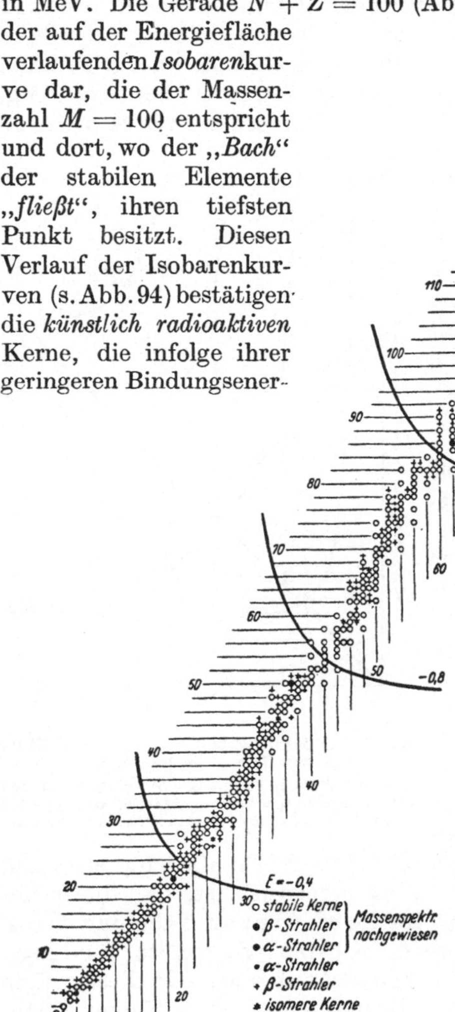

Abb. 93. Energiefläche mit den Isotopen sämtlicher Kerne und Kurven konstanter Energie in MeV (nach J. MATTAUCH).

gie auf die „*Hänge*" des „*Tales der stabilen Elemente*" zu liegen kommen: z. B. hat $^{8}_{3}$Li* die Bindungsenergie $44,1 \cdot 10^{-3}$ ME; es geht durch einen e^{-}-Zerfall in das isobare $^{8}_{4}$Be* mit der Bindungsenergie $60,48 \cdot 10^{-3}$ ME über, das zwar selbst instabil ist — es zerfällt [s. S. 98 unter (d, α)] in kurzer Zeit in zwei α-Teil-

chen — aber nicht mehr β-labil ist; ebenso verwandelt sich $^{13}_{7}$N* mit der Bindungsenergie $100,69 \cdot 10^{-3}$ ME durch einen e^{+}-Zerfall in das stabile, isobare $^{13}_{6}$C mit der Bindungsenergie $103,8 \cdot 10^{-3}$ ME.

Auch der ohneweiters verständliche Doppelprozeß:

$$^{27}_{12}\mathrm{Mg}^* \xrightarrow{e^-} {}^{27}_{13}\mathrm{Al} \xleftarrow{e^+} {}^{27}_{14}\mathrm{Si}^*$$

zeigt, daß auf der Isobarenkurve $M = 27$ das stabile $^{27}_{13}$Al die tiefste Lage einnimmt. Ähnliche Verhältnisse zeigen die Isobaren der Massenzahl 41:

$$^{41}_{18}\mathrm{A}^* \xrightarrow{e^-} {}^{41}_{19}\mathrm{K} \xleftarrow{K} {}^{41}_{20}\mathrm{Ca}^* \xleftarrow{e^+} {}^{41}_{21}\mathrm{Sc}^*$$

mit dem stabilen K-Isotop als energetisch tiefst gelegenem Kern.

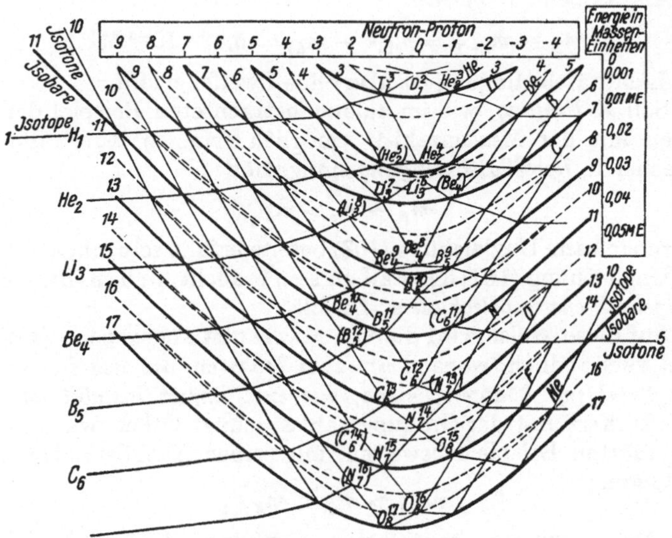

Abb. 94. Verlauf der aufeinanderfolgenden Isobarenkurven im Gebiet der leichten Kerne (nach H. Euler).

Die stark ausgezogenen Kurven entsprechen den ungeraden Massenzahlen, die gestrichelten, die stets doppelt vorhanden sind und auf eine Zweischichtigkeit der Energiefläche hinweisen, entsprechen den geraden Massenzahlen. Die an den „Talhängen" gelegenen instabilen (radioaktiven) Isobaren sind in Klammern gesetzt worden. Als Abszisse wurde $N—Z$ aufgetragen.

Allgemein kann der Übergang von einem energetisch höher gelegenen Kern zu einem tiefer gelegenen durch einen e^-- oder e^+-Zerfall nur erfolgen, wenn die *Labilitätsbedingung*:

$$m_Z > m_{Z\pm1} + m_e \quad \text{oder} \quad m_Z - m_{Z\pm1} > m_e \tag{107}$$
$$(m_Z = \text{genauer Massenwert})$$

erfüllt ist, d. h. wenn die Energiedifferenz der beiden Kerne größer ist als die Ruhenergie $m_e\, c^2$ des Elektrons bzw. Positrons. Es muß ja zumindest soviel Energie zur Verfügung stehen, um den Energieinhalt des β-Teilchens zu bestreiten:

$$m_e\, c^2 = 8{,}19 \cdot 10^{-7}\ \text{erg} = 0{,}511\ \text{MeV} \;\hat{=}\; 0{,}549 \cdot 10^{-3}\ \text{ME}.$$

(Die Ruhmasse des beim β-Zerfall zugleich entstehenden *Neutrinos* ist erfahrungsgemäß gleich Null.) Im Falle der oben angeführten Isobaren der Massenzahl 27 ist z. B. in ME

$$m_{Al} = 26{,}99069\,, \quad m_{Mg^*} = 26{,}99256\,, \quad m_{Si^*} = 26{,}99611\,,$$

somit einerseits beim e^--Zerfall:

$$m_Z - m_{Z+1} = m_{Mg^*} - m_{Al} = 1{,}87 \cdot 10^{-3}\,\text{ME}\,,$$

anderseits beim e^+-Zerfall:

$$m_Z - m_{Z-1} = m_{Si^*} - m_{Al} = 5{,}42 \cdot 10^{-3}\,\text{ME}\,;$$

die Labilitätsbedingung ist also ohne Zweifel erfüllt.

Soll *K-Einfang*, wie im zuletzt betrachteten Beispiel der Isobaren mit der Massenzahl 41, möglich sein, so lautet die entsprechende *Labilitätsbedingung* sinngemäß:

$$m_Z + m_e > m_{Z-1}\,. \tag{108}$$

Offenbar kann Ungleichung (108) bereits erfüllt sein, ohne daß dies bei Ungleichung (107) der Fall zu sein braucht, d. h. *K-Einfang ist energetisch eher möglich als e^+-Zerfall.*

Auf diese Weise wird die von MATTAUCH angegebene *Isobarenregel* verständlich, wonach *von zwei Isobaren, die sich in der Ordnungszahl um 1 unterscheiden, das eine immer instabil ist.* Ein *stabiler Kern* mit der Ordnungszahl Z genügt daher, wie auch die angeführten Beispiele beweisen, mit seinen Nachbarisobaren der Bedingung:

$$m_{Z-1} > m_Z < m_{Z+1}\,.$$

Die MATTAUCHsche Regel kann auch dazu dienen, das *Fehlen stabiler Isotope der Ordnungszahlen 43 und 61* begreiflich zu machen. Die Nachbarelemente von 43, $_{42}$Mo und $_{44}$Ru, und ebenso die Nachbarelemente von 61, $_{60}$Nd und $_{62}$Sm, besitzen nämlich so dicht liegende stabile Isotope, daß für keine in Betracht kommende Massenzahl ein stabiles Isobar der Ordnungszahl 43 bzw. 61 Platz findet, da dieser schon von einem stabilen Kern der Nachbarelemente besetzt ist.

Als *Ausnahmen* von der Isobarenregel erscheinen die stabilen Isobarenpaare $_{48}$Cd, $_{49}$In mit der Massenzahl 113, $_{49}$In, $_{50}$Sn mit der Massenzahl 115, $_{51}$Sb, $_{52}$Te mit der Massenzahl 123 und $_{75}$Re, $_{76}$Os mit der Massenzahl 187. In jedem dieser vier Fälle ist das *zweitgenannte* Isobar verhältnismäßig *selten* und man vermutet, daß es *nicht eigentlich stabil* ist, daß es sich vielmehr sehr langsam durch *K-Einfang* in das erstgenannte verwandelt.

Für $Z < 20$ verläuft das Tal der stabilen Elemente in der Richtung $N = Z$; bei den schwereren Grundstoffen tritt infolge des

Neutronenüberschusses eine immer stärker werdende Krümmung desselben gegen die N-Achse ein. *Isotope* Elemente liegen in den Abb. 92 und 93 auf Parallelen zur N-Achse ($Z =$ konst.), die als Projektionen der *Isotopen*kurven der Energiefläche aufzufassen sind. Jede Parallele zur Z-Achse ($N =$ konst.) stellt die Projektion einer *Isotonen*kurve dar, auf der Elemente mit gleicher Neutronenzahl, die man als „*isoton*" bezeichnet, liegen.

Den Verlauf der Energiefläche erläutert genauer und in besonders anschaulicher Weise die von H. EULER stammende Abb. 94. Die bald voll, bald gestrichelt ausgezogenen, parabelähnlichen Kurven zeigen die zu den aufeinanderfolgenden Massenzahlen $M = 2, 3, 4, 5, \cdots, 17$ gehörigen *Isobaren*kurven in ihrer wahren Gestalt. Bei *geradem M* (*N und Z beide* gerade bzw. ungerade) erweist sich eine Aufspaltung der Energiefläche in *zwei* Schichten als notwendig (gestrichelte Kurven). Auch die Projektionen der *Isotopen*- und *Isotonen*kurven auf eine zu den Isobaren parallele Ebene finden wir in Abb. 94 eingezeichnet.

Wir haben uns demgemäß die *Energiefläche* in *drei* Exemplaren vorzustellen, entsprechend den folgenden *drei Energiefunktionen*:

$E_{gg}(Z, N)$, die alle Kerne K_{gg} mit *geradem Z* und *geradem N* umfaßt,

$E_{uu}(Z, N)$ für alle Kerne K_{uu} mit *ungeradem Z* und *ungeradem N* und

$E_{gu}(Z, N) = E_{ug}(Z, N)$, der alle Kerne K_{gu} und K_{ug} mit *geradem Z* und *ungeradem N* bzw. *ungeradem Z* und *geradem N* angehören.

Die *stabilsten* (am festesten gebundenen) Kerne sind jene mit *geradem Z* und *geradem N* (K_{gg}), die sowohl Protonen wie Neutronen *paarweise* in sog. *Zweierschalen* enthalten. Wegen des Kernspins 1/2 (s. S. 193, Zahlentafel 18) bilden Protonen und Neutronen Zweiergruppen mit fester Bindung. Die Kerne K_{gg} liegen daher im *tiefsten Energietal* E_{gg}. Am wenigsten fest gebunden erscheinen die Kerne K_{uu}, die sowohl ein *unpaariges* Proton wie ein *unpaariges* Neutron aufweisen und deshalb dem *höchst gelegenen Energietal* E_{uu} angehören. Beide Arten von Kernen K_{gg} und K_{uu} haben stets *Isobare mit gerader Massenzahl* $M = Z + N$. Jeder Schnitt durch die Energieflächen E_{gg} und E_{uu} bei *geradem M* liefert daher *zwei Isobarenkurven*, wie dies Abb. 95a am Beispiel $M = 92$ erläutert. Die Kerne K_{gu} und K_{ug}, die *ein unpaariges* Neutron bzw. Proton enthalten, liegen energetisch zwischen den Kernen K_{gg} und K_{uu} und erfüllen das *mittlere Energietal* E_{gu}. Ihre Isobaren haben stets *ungerade Massenzahl M* und gehören einer *einzigen Isobarenkurve* an, die sich als Schnitt mit der Energiefläche E_{gu} darstellt. Abb. 95b zeigt den Fall $M = 91$.

Die bereits früher besprochenen *Isobaren* der Massenzahlen 27 und 41 im Vereine mit Abb. 95b lassen erkennen, daß bei *ungerader* Massenzahl stets *ein* zu tiefst gelegenes Isobar vorhanden ist, das *stabil* ist und in das sich die Nachbarisobare durch e^-- bzw. e^+-Zerfall schrittweise umwandeln. Anders liegen die Verhältnisse bei den *Isobaren gerader Massenzahl.* Wie Abb. 95a zeigt, verteilen sich hier die aufeinanderfolgenden Isobaren abwechselnd auf

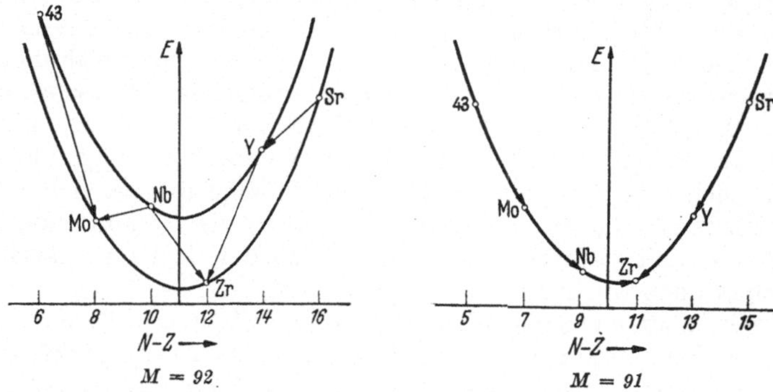

Abb. 95.   a) Isobarenkurven bei gerader Massenzahl (zu M = 92 gehören die beiden stabilen Isobaren Mo und Zr); b) Isobarenkurve bei ungerader Massenzahl (zu M = 91 gehört nur das eine stabile Isobar Zr). (Nach S. Flügge).

die beiden Energieflächen E_{gg} und E_{uu}. Durch β-Zerfall ist daher, wie in der Abbildung angedeutet, nur ein *Übergang von der einen zur anderen Energiefläche* möglich, nicht aber ein solcher innerhalb derselben Energiefläche, der die gleichzeitige Aussendung *zweier* Elektronen bzw. Positronen erfordern würde. Dies hat zur Folge, daß bei *gerader* Massenzahl *mehrere stabile Isobare* auf der Energiefläche E_{gg} möglich erscheinen, deren Ordnungszahlen sich um 2 (gelegentlich sogar um 4) unterscheiden. Im Falle der Abb. 95a sind es die stabilen Kerne $^{92}_{40}$Zr und $^{92}_{42}$Mo.

Aus der Lage der beiden Energieflächen E_{gg} und E_{uu} wird ferner die *Kernregel* verständlich, daß Kerne mit *geradem Z* und *geradem N häufiger* angetroffen werden als solche mit *ungeradem Z* und *ungeradem N.*

E. Das Atommodell von Lenard-Rutherford und Bohr-Sommerfeld. Die Serienspektren.

Zu den Erscheinungen, die wir als vom Atom erzeugt anzusehen haben, gehören vor allem die Strahlungserscheinungen im Gebiete der Optik wie in dem der Röntgenstrahlen. Wir richten dabei unsere Aufmerksamkeit auf die sog. *Linienspektren.* Ihre

Beobachtung erfolgt im optischen Bereich mittels eines *Prismenspektroskopes* (Abb. 96), im Gebiete der Röntgenstrahlen mit Hilfe von *Kristallspektrographen* (s. S. 217, 219, 230, 232 f.).

Als Beispiel eines *optischen Linienspektrums* wollen wir die sog. *Balmer-Serie* des Wasserstoffes betrachten (Abb. 97 und 98). Wir bemerken einzelne, mit H_α, H_β, H_γ, ... bezeichnete Linien, die

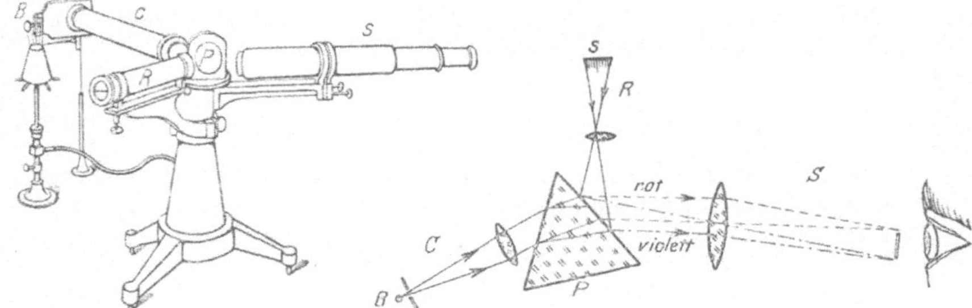

Abb. 96. Prismenspektroskop: Gesamtbild links, Strahlengang rechts (aus KRAMERS-HOLST, Das Atom).

Das zu untersuchende Licht der Lichtquelle *B* tritt durch einen verstellbaren Spalt in das Kollimatorrohr *C* ein, durch dessen am anderen Ende befindliche Linse die Strahlen parallel gemacht werden. Diese werden sodann durch ein Prisma *P* mit lotrechter Kante, nach ihrer Wellenlänge (Frequenz) verschieden, gebrochen und gelangen schließlich durch eine Linse in das Beobachtungsfernrohr *S*, in dessen Brennebene scharfe Spaltbilder in Gestalt verschiedenfarbiger Linien (Linienspektrum) entstehen. Das Skalenrohr *R* mit der Skala *s*, die durch Reflexion der von ihr ausgehenden Strahlen an der dem Fernrohr zugewandten Prismenfläche neben den Spektrallinien sichtbar wird, ermöglicht eine Ausmessung des Spektrums. Durch Schwenkung des Fernrohrs einerseits und des Skalenrohrs anderseits kann eine bestimmte Linie mit einem in der Brennebene des Fernrohrs befestigten Spinnwebfaden und mit einem bestimmten Skalenstrich zur Deckung gebracht werden.

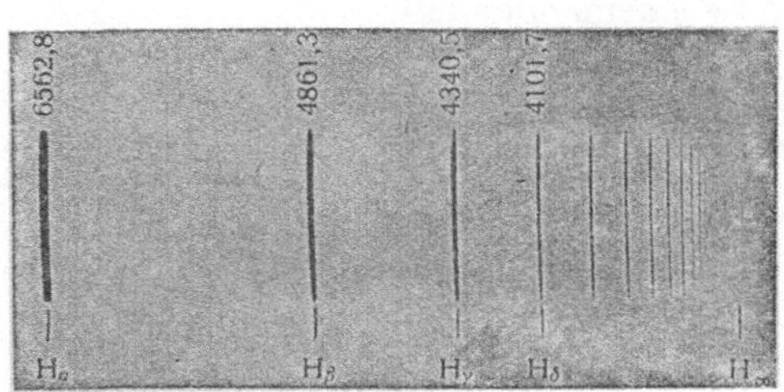

Abb. 97. *Balmer*-Serie des Wasserstoffes im sichtbaren und angrenzenden ultravioletten Spektralgebiet (nach HERZBERG).

mit zunehmender Frequenz immer näher aneinanderrücken und bei einer bestimmten Grenze (*Seriengrenze*) eine *Häufungsstelle* haben. Wie entsteht ein solches Linienspektrum und welche Gesetzmäßigkeit wohnt ihm inne? Dieses Rätsel wurde von N. BOHR gelöst durch Anwendung der Quantentheorie auf das Atom. Schon 1885 aber ist es JOH. JAKOB BALMER gelungen, in der nach ihm benannten Serie eine Gesetzmäßigkeit für die Linienfrequenzen ν zu entdecken. Wir wollen seine Formel gleich in der jetzt üblichen Darstellungsweise in *Wellenzahlen* ausdrücken. Unter der *Wellenzahl* ω verstehen wir die Zahl der Wellen je Zentimeter [vgl. Gl. (16)]:

$$\omega = \frac{1}{\lambda} = \frac{\nu}{c}\ \mathrm{cm}^{-1}\,. \tag{109}$$

Wellenzahl ω und Frequenz ν sind somit zueinander proportional. Die BALMERsche *Formel* lautet dann:

$$\omega = R_{\mathrm{H}}\left(\frac{1}{2^2} - \frac{1}{k^2}\right),\quad k = 3\,,\ 4\,,\ 5\,,\ \ldots \tag{110}$$

Im vorliegenden Fall muß man $R_{\mathrm{H}} = 1{,}09678 \cdot 10^5\ \mathrm{cm}^{-1}$ setzen (s. unten). Man bekommt so der Reihe nach die Linien H_α, H_β,

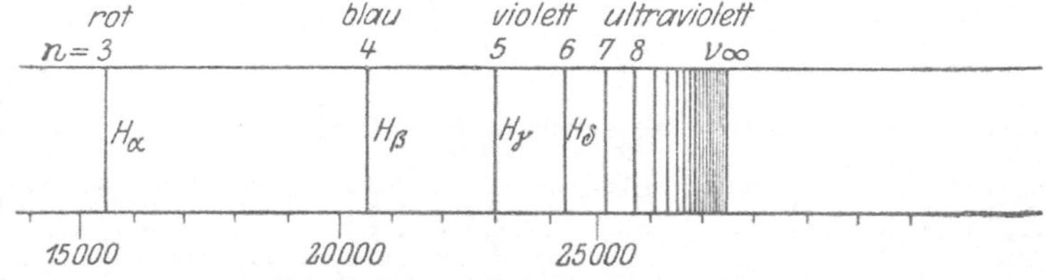

Abb. 98. BALMER-Serie des Wasserstoffes.

H_γ, ... Wie überraschend gut die Beobachtung durch die BALMERsche Formel wiedergegeben wird, zeigt Zahlentafel 10, die für die ersten 8 Linien der BALMER-Serie beobachtete und berechnete Wellenzahlen nebeneinanderstellt.

Zahlentafel 10. Die ersten 8 Linien der BALMER-Serie.
Beobachtete und nach Formel (110) berechnete Wellenzahlen.

Linie	k	Wellenlänge λ_L in Normalluft beobachtet[1] $\overset{\circ}{\mathrm{A}} = 10^{-8}$ cm	Wellenzahl $\omega_L = \dfrac{1}{\lambda_L}$ in Normalluft		Differenz $\varDelta\omega_L$ cm^{-1}
			beobachtet cm^{-1}	berechnet cm^{-1}	
H_α . . .	3	6562,80	15237,4	15237,44	—0,04
H_β . . .	4	4861,33	20570,5	20570,55	—0,05
H_γ . . .	5	4340,47	23039,0	23039,00	0,00
H_δ . . .	6	4101,74	24379,9	24379,91	—0,01
H_ε . . .	7	3970,07	25188,5	25188,42	+0,08
H_ζ . . .	8	3889,06	25713,2	25713,19	+0,01
H_η . . .	9	3835,40	26072,9	26072,96	—0,06
H_ϑ . . .	10	3797,91	26330,3	26330,30	0,00

[1] Handbook of Chemistry and Physics, 20. Aufl. Cleveland, Ohio. 1935.

Die auf 6 Stellen genauen Beobachtungswerte rechtfertigen den Ausdruck „*spektroskopische Genauigkeit*" als eine besonders hohe, die selbst die Genauigkeit astronomischer Messungen noch wesentlich übertrifft. Die berechneten Wellenzahlen wurden mit Hilfe der BALMERschen Formel unter Zugrundelegung des Wertes

$$(R_H)_L = 109\,709{,}6\ \mathrm{cm}^{-1}$$

gewonnen. Die Übereinstimmung ist so ausgezeichnet, daß für den betrachteten Linienbereich die Abweichungen noch nicht die Hälfte von 0,001% des Wertes ausmachen. Da sich die folgenden Untersuchungen auf Strahlungsvorgänge im *Vakuum* beziehen sollen, ist es nötig, die beobachteten, auf Luft von 760 mm Hg (Normalluft) bezogenen Wellenlängen λ_L auf Wellenlängen λ im Vakuum umzurechnen, was durch Multiplikation mit dem Brechungsquotienten

$$n_L = 1{,}0002926$$

geschieht:

$$\lambda = \lambda_L \cdot n_L\,.$$

Daraus folgt weiter

$$\omega = \frac{\omega_L}{n_L}$$

und

$$R_H = \frac{(R_H)_L}{n_L} = 109\,677{,}5\ \mathrm{cm}^{-1}\,.$$

Die BALMERsche Formel besteht aus einem *konstanten Term* $\frac{R_H}{2^2}$ und einem *Laufterm* $\frac{R_H}{k^2}$. Für alle Serien gibt es Formeln dieser Art. Die Häufungsstelle der Linien, die *Seriengrenze* ω_∞, erhält man für $\lim k \rightarrow \infty$; im Falle der BALMER-Serie liegt sie bei $\frac{R_H}{4} = 0{,}27419 \cdot 10^5\ \mathrm{cm}^{-1}$.

Man hat sich lange Zeit vergebens bemüht, dieser durch die Beobachtung ausgezeichnet bestätigten Formel einen physikalischen Sinn abzugewinnen. Auch das der klassischen Auffassung am nächsten stehende *Atommodell* von J. J. THOMSON erwies sich zur Erklärung der Serienspektren als *ungeeignet*. Darnach sollten die negativen Ladungen (Elektronen) *innerhalb* des positiven Kerns, der als geladene Vollkugel gedacht war, symmetrisch verteilt, um ihre Ruhelagen *harmonische Schwingungen* ausführen. Es zeigte sich alsbald die Unhaltbarkeit dieses Modells. Abgesehen davon, daß es nicht imstande war, die *Vielfältigkeit* der jedem einzelnen Atom eigentümlichen Spektren zu erklären, stand es auch mit der Tatsache im Widerspruch, daß sich nach den *Absorptionsversuchen* LENARDS und den *Streuversuchen* von RUTHERFORD, GEIGER und MARSDEN (s. S. 117) die Atomkernradien größenordnungsmäßig vom gleichen Betrag ergaben wie der klassische Elektronenradius, während die THOMSONsche *Atomkugel*, die sämtliche Elektronen in ihrem Innern enthalten soll, jedenfalls *viel größer* sein muß.

Die Erklärung des Rätsels der Linienspektren gelang erst 1913 NIELS BOHR, der auf PLANCKS Erkenntnis der *Energiequanten* eine erfolgreiche Atomtheorie aufbauen konnte.

1. Atommodell von N. BOHR mit ruhendem Kern.

Die Schwierigkeiten des THOMSONschen *statischen Atommodells* veranlaßten zuerst E. RUTHERFORD, an seine Stelle ein *dynamisches* zu setzen, bei dem im *neutralen* Zustand um einen mit Z *positiven Elementarquanten* e geladenen *Kern ebenso viele Elektronen* e^- *planetengleich* herumlaufen. Eine ruhende Verteilung der Elektronen außerhalb des Kerns ist wegen der von ihm ausgehenden Anziehungskraft unmöglich. Aber auch das dynamische Modell begegnet vom Standpunkt der klassischen Physik unüberwindlichen Schwierigkeiten. Nach den Gesetzen der *Elektrodynamik* geht nämlich von jeder *beschleunigt* bewegten Ladung eine *Strahlung* aus, die einen Verlust an kinetischer Energie des geladenen Teilchens zur Folge haben muß. Dies gilt sinngemäß auch für ein den Kern umlaufendes Elektron, das infolge des mit Strahlung verbundenen Energieverlustes sich dem Kern in spiraliger Bahn immer mehr nähern und schließlich in ihn hineinstürzen muß. Die *ausgestrahlte Frequenz* v wird dabei der jeweiligen Winkelgeschwindigkeit des Teilchens proportional sein und sich mit dieser *stetig verändern*, d. h. das ausgestrahlte Spektrum wird *kontinuierlich* sein. Die Entstehung bestimmter *diskreter* Linien erscheint somit *ausgeschlossen*. Diese würde die Möglichkeit der Beibehaltung bestimmter, ausgewählter Bahnen durch die umlaufenden Elektronen zur Voraussetzung haben. Das vermag aber das klassische Modell nicht zu leisten. Tatsächlich bietet sich *im Rahmen der klassischen Physik kein Ausweg*. Nur durch kühne, jedoch mit der Erfahrung im Einklang befindliche Festsetzungen ist es NIELS BOHR gelungen, hier vorwärtszukommen. Es sind ihrer drei: erstens, daß es *strahlungsfreie* Elektronenbahnen gibt, zweitens, daß *nur eine diskrete Zahl* solcher Bahnen möglich ist, drittens, daß *Ausstrahlung nur beim Übergang* (*Sprung*) des Elektrons von einer äußeren Bahn zu einer inneren, und zwar *im Ausmaß eines Lichtquants* erfolgt, das dem Unterschied der Energie des Elektrons auf diesen Bahnen entspricht.

Wir wollen uns nun als einfachsten Fall (Modell des *Wasserstoffatoms* und der *wasserstoffähnlichen* Atome) einen Kern mit der Ladung $+Ze$ von nur *einem* Elektron auf *kreisförmiger* Bahn umlaufen denken (Abb. 99). Ein solches Modell entspricht durchaus der Bewegung eines *Planeten* um die *Sonne*; denn das Coulombsche Gesetz für die Anziehung elektrischer Ladungen stimmt in der Form mit dem Newtonschen Gravitationsgesetz überein. Demgemäß gilt auch für unser Atommodell:

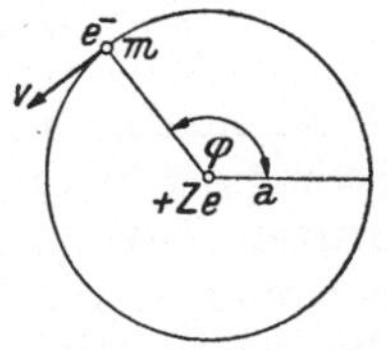

a) das dritte Keplersche Gesetz. Aus der Gleichung: Coulombsche Kraft $\doteq$ Fliehkraft, d. h.

$$\frac{Z\,e^2}{a^2} = \frac{m\,v^2}{a}$$

Abb. 99. Um einen Atomkern kreisendes Elektron.

folgt:

$$m\,v^2\,a = Z\,e^2 \tag{111}$$

als dessen Ausdruck, wenn wir mit a den Halbmesser der Kreisbahn und mit v die Bahngeschwindigkeit des Elektrons bezeichnen. Dieses der klassischen Physik entstammende Gesetz nimmt Bohr als gültig für jene Bahnen an, die das Elektron *strahlungsfrei* durchlaufen kann.

b) Die Quantenbedingung. Um sein Modell für die Darstellung eines *diskontinuierlichen* Spektrums geeignet zu machen, bedient sich Bohr der Planckschen Entdeckung, daß es eine kleinste Wirkungsgröße, das *Wirkungsquantum h* gibt, das die Größe $h = 6{,}61 \cdot 10^{-27}$ erg s hat (s. S. 25 unten) und als „*Wirkungsatom*" anzusehen ist, aus dem sich jede „Wirkung" atomistisch aufbaut. Demgemäß muß jede in der Erscheinungswelt auftretende *Wirkungsgröße*, also jede physikalische Größe, die die Dimension erg s aufweist, ein *ganzzahliges Vielfaches* des *Wirkungsquantums h* sein. Bohr erkannte hierin die Möglichkeit, unter den zulässigen strahlungsfreien Elektronenbahnen eine *Auswahl* zu treffen, und suchte in seinem Modell nach einer Größe von der Dimension einer Wirkung. Er fand sie im *Drehimpuls*:

$$p_\varphi = m\,v\,a, \tag{112}$$

dessen Maßbestimmung g $\cdot$ cm s^{-1} $\cdot$ cm = erg s tatsächlich der einer Wirkung gleichkommt. Um zu einer vernünftigen „*Quantisierungsregel*" zu gelangen, muß man die Wirkung auf eine *Periode* beziehen, also den *Drehimpuls* für einen *ganzen Umlauf* berechnen, wobei sich die Winkelveränderliche φ von 0 bis 2π ändert. Dies geschieht mit Hilfe des Integrals:

$$\int_0^{2\pi} p_\varphi \, d\varphi = 2\,\pi\,m\,v\,a \ . \tag{113}$$

Wir erhalten so die *Quantenbedingung* von Bohr:

$$2\,\pi\,m\,v\,a = n\,h \ , \quad n = 1\,,\,2\,,\,3\,,\,\ldots \tag{114}$$

Jetzt sind nicht mehr alle Bahnen zulässig; durch die Quantenbedingung wird eine Auslese unter ihnen getroffen. Aus dem
dritten Keplerschen Gesetz und der Quantenbedingung errechnet man durch Division der Gl. (111) durch Gl. (114) zunächst
die *Geschwindigkeit* auf der n^{ten} Bahn:

$$v_n = \frac{2\,\pi\,Z\,e^2}{n\,h} \ . \tag{115}$$

Für v sind somit nicht alle Werte erlaubt. Setzt man diesen
Wert v_n in die Gl. (111) ein, so erhält man den *Bahnradius* der
n^{ten} Bahn:

$$a_n = \frac{n^2\,h^2}{4\,\pi^2\,m\,Z\,e^2} \ . \tag{116}$$

Auch a ist abhängig von der ganzen Zahl n, die wir mit Bohr als
(*Haupt-*)*Quantenzahl* bezeichnen wollen. Die Radien der zulässigen Bahnen verhalten sich somit wie die Quadrate der Quantenzahlen:

$$a_1 : a_2 : a_3 : \ldots = 1^2 : 2^2 : 3^2 : \ldots \tag{116a}$$

Für $Z = 1$ ist unser Modell ein Bild des *Wasserstoffatoms*.
Wie groß ist der Radius a_1 seiner *ersten* Bahn (des *ersten* Bohrschen
Kreises)? Für $Z = 1$ und $n = 1$ erhalten wir:

$$(a_1)_{\text{H}} = \frac{h^2}{4\,\pi^2\,m\,e^2} = 0{,}528 \cdot 10^{-8}\ \text{cm} \ . \tag{116b}$$

Diese Feststellung befriedigt sehr, da der Atomdurchmesser mit
10^{-8} cm richtig wiedergegeben wird. Wir berechnen ferner:

$$(v_1)_{\text{H}} = 0{,}00728 \cdot c = 2182\ \text{km/s} \ . \tag{115a}$$

Wie hat man sich nun die Entstehung einer *Linienreihe* zu erklären? Wie schon oben bemerkt, nimmt Bohr an, daß bei jedem
„Sprung" des Elektrons von einer Bahn auf eine andere die entsprechende *Energiedifferenz* als *Lichtquant* (*Photon*) *ausgestrahlt*
wird. Dazu müssen wir zunächst die Energie des Elektrons auf
einer bestimmten Bahn berechnen. Es gilt

c) der Energiesatz:

$$E = E_{\text{kin}} + E_{\text{pot}};$$

$$E_{\text{kin}} = \frac{m}{2} \cdot v_n{}^2 = \frac{Z\,e^2}{2\,a_n} \tag{117}$$

im Hinblick auf Gl. (111);

$$E_{\text{pot}} = -\frac{Z\,e^2}{a_n} = -2 \cdot E_{\text{kin}}. \tag{118}$$

Somit beträgt die *Gesamtenergie* des Elektrons auf der n^{ten} Bahn:

$$E_n = -E_{\text{kin}} = -\frac{Z\,e^2}{2\,a_n} = -\frac{2\,\pi^2\,m\,Z^2\,e^4}{n^2\,h^2}. \tag{119}$$

Die Art der Ausstrahlung des Atoms findet ihren Ausdruck in der von Bohr aufgestellten

d) Frequenzbedingung:

$$E_l - E_n = h\,\nu = h\,c\,\omega. \tag{120}$$

Sie besagt, daß die Differenz zwischen den Energiewerten des Elektrons auf der l^{ten} und n^{ten} Bahn als *Lichtquant* der Frequenz ν ausgestrahlt wird. Für die *Wellenzahl* ω finden wir so mit Rücksicht auf Gl. (119):

$$\omega = \frac{E_l - E_n}{h\,c} = \frac{2\,\pi^2\,m\,e^4\,Z^2}{c\,h^3} \cdot \left(\frac{1}{n^2} - \frac{1}{l^2} \right), \tag{121}$$

$$l = n+1,\ n+2,\ \ldots$$

Den Faktor

$$R_\infty = \frac{2\,\pi^2\,m\,e^4}{c\,h^3} = 1{,}0974 \cdot 10^5\,\text{cm}^{-1} \tag{122}$$

bezeichnet man als *Rydbergsche Zahl.* So gewann Bohr die bei beliebiger Kernladungszahl Z für alle *wasserstoffähnlichen* Spektren gültige, *verallgemeinerte* Balmersche Formel:

$$\omega = R_\infty Z^2 \left(\frac{1}{n^2} - \frac{1}{l^2} \right),\ l = n+1,\ n+2,\ \ldots \tag{121a}$$

Eine bestimmte, durch die erhaltene Formel dargestellte *Spektralserie* wird durch *zwei Terme* beschrieben: einen *unveränderlichen (konstanten)* Term $\dfrac{R_\infty Z^2}{n^2}$, der die betrachtete Serie in eindeutiger Weise kennzeichnet und zugleich die *Seriengrenze*

$$\lim_{l \to \infty} \omega = \omega_\infty = \frac{R_\infty Z^2}{n^2} \tag{121b}$$

bedeutet, und den mit l veränderlichen, sog. *Laufterm* $\dfrac{R_\infty Z^2}{l^2}$, der, mit $l = n+1$ beginnend, immer kleiner werdende Werte an nimmt, deren Grenze Null ist. Jeder Differenz zweier Terme entspricht eine bestimmte Spektrallinie (*Kombinationsprinzip* von RITZ).

Wir wollen hier als Beispiel die *Spektralserien* des *Wasserstoffs* betrachten, die sich aus der oben abgeleiteten Formel für $Z = 1$ ergeben, soweit sie beobachtet worden sind. Wir fassen die wesentlichsten Merkmale dieser Serien in der folgenden Zahlentafel 11 zusammen.

Zahlentafel 11.

Name der Serie	Hauptquantenzahl der Endbahn n	Seriengrenze $\omega_\infty = \dfrac{R_\infty}{n^2}$ cm^{-1}	Erste Linie $\omega_1 = R_\infty\left[\dfrac{1}{n^2} - \dfrac{1}{(n+1)^2}\right]$ cm^{-1}
Lyman-Serie . .	1	109 737 (Ultraviolett)	82 303 (Ultraviolett)
Balmer-Serie . .	2	27 434 (,,)	15 241 (Rot)
Paschen-Serie . .	3	12 193 (Infrarot)	5 335 (Infrarot)
Brackett-Serie .	4	6 858 (,,)	2 469 (,,)
Pfund-Serie . .	5	4 389 (,,)	1 341 (,,)

Im *sichtbaren* Teile des Spektrums liegt also bloß die *Balmer-Serie*, während die *kurzwellige Lyman-Serie* zur Gänze im *Ultraviolett* und die übrigen H-Serien zur Gänze im *Infrarot* liegen. Abb. 100 gibt ein anschauliches Bild, wie wir uns die Entstehung der einzelnen Serien durch Elektronensprünge vorzustellen haben.

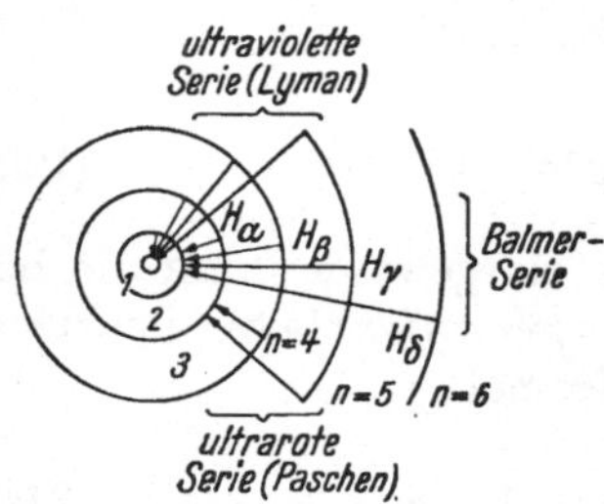

Abb. 100. Entstehung der Wasserstoffserien durch Elektronensprünge nach N. BOHR.

Als Mangel dieses ersten BOHRschen Modells erwies sich, daß die mit Hilfe der Gl. (122) errechnete RYDBERG-Zahl R_∞ doch *nicht ganz genau* mit der Erfahrung übereinstimmte. Also bedurfte das Modell einer *Verbesserung*. In welcher Richtung haben wir die zu suchen? BOHR spann den Vergleich mit der Planetenbewegung weiter und erkannte, daß wie bei dieser die Mitbewegung der Sonne hier die *Mitbewegung des Atomkernes* eine Verbesserung der Darstellung erwarten ließ.

2. Das BOHRsche Atom mit mitbewegtem Kern.

Soll neben der Kreisbewegung des Planetenelektrons auch die *Mitbewegung des Kernes* Berücksichtigung finden, so kann diese Aufgabe durch Beziehung auf den gemeinsamen *Schwerpunkt* auf

ein *Einkörperproblem* zurückgeführt werden[1]. Im Hinblick auf
Abb. 101 gilt für den Schwerpunkt S des Systems Kern (M);
Elektron (m):

$$M \cdot r_2 = m \cdot r_1 , \qquad (123)$$

woraus wegen $r_1 + r_2 = a$ und mit Einführung der „*reduzierten*"
Masse

$$\left. \begin{aligned} \mu &= \frac{m \cdot M}{m + M} = \frac{m}{1 + \dfrac{m}{M}} \\[2mm] &\text{oder} \\[2mm] \frac{1}{\mu} &= \frac{1}{m} + \frac{1}{M} \end{aligned} \right\} \quad (124)$$

$$r_1 = \frac{\mu\, a}{m} , \quad r_2 = \frac{\mu\, a}{M} \quad (125)$$

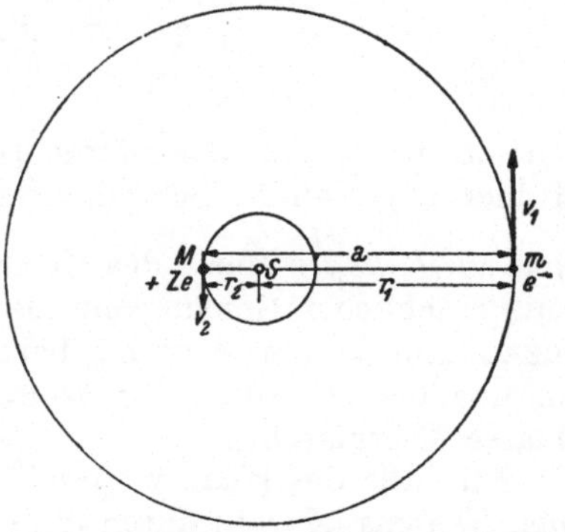

folgt. Für die Geschwindigkeiten v_1 und v_2 von Elektron und
Kern erhalten wir:

$$v_1 : v_2 = r_1 : r_2$$

und mit Einführung der *Rela-
tivgeschwindigkeit*

Abb. 101. Bohrsches Atom mit mitbewegtem
Kern.

$$v = v_1 + v_2 \qquad (126)$$

$$v_1 = \frac{v \cdot r_1}{a} = \frac{\mu\, v}{m} , \quad v_2 = \frac{v \cdot r_2}{a} = \frac{\mu\, v}{M} . \qquad (127)$$

Die Gleichgewichtsbedingung zwischen Fliehkraft und Coulomb-
scher Kraft liefert jetzt:

$$\frac{m\, v_1^2}{r_1} = \frac{M\, v_2^2}{r_2} = \frac{\mu\, v^2}{a} = \frac{Z\, e^2}{a^2}$$

oder

$$\mu\, v^2 a = Z\, e^2 . \qquad (128)$$

Für den *Drehimpuls* finden wir nun

$$p_\varphi = m\, v_1 \cdot r_1 + M\, v_2 \cdot r_2 = \mu\, v\, a \qquad (129)$$

und die *Quantelung* desselben ergibt:

$$2\,\pi\,\mu\, v\, a = n\, h , \quad n = 1,\ 2,\ 3,\ \dots \qquad (130)$$

Man erkennt, daß die Formeln für das Atommodell mit *ruhen-
dem* Kern in jene übergehen, die für den Fall des *mitbewegten*
Kernes gelten, wenn die Elektronenmasse m durch die reduzierte

---

[1] Siehe hierzu die entsprechende Rechnung beim rotierenden *Hantelmodell* auf S. 266 f.

Masse μ ersetzt wird. Wir erhalten so als *verbesserte* Strahlungsformel an Stelle von Gl. (121 a):

$$\omega = R \cdot Z^2 \left(\frac{1}{n^2} - \frac{1}{l^2} \right), \quad l = n + 1, \quad n + 2, \quad \ldots, \quad (131)$$

wo jetzt die RYDBERG-Zahl

$$R = \frac{2\,\pi^2\,\mu\,e^4}{c\,h^3} = \frac{R_\infty}{1 + \dfrac{m}{M}} \tag{132}$$

zu setzen ist. Aus der letzten Darstellung erklärt sich die schon früher angewandte Schreibweise R_∞ als $\lim\limits_{M \to \infty} R$ (Grenzwert bei *unendlich großer* Masse des Kerns). Die geringfügigen, aber doch mit erheblicher Genauigkeit meßbaren Abweichungen der RYDBERG-Zahl R vom Wert R_∞ bei verschiedenen Atomen läßt sich in überaus befriedigender Weise durch den Einfluß der Kernmasse M erklären.

Im Falle des *Wasserstoffes* ($Z = 1$) ist M durch m_p, im Falle des *Heliums* ($Z = 2$) durch m_α zu ersetzen. W. V. HOUSTON hat 1927 die entsprechenden RYDBERG-Zahlen aus spektroskopischen Beobachtungen *äußerst genau* bestimmt:

$$R_{\mathrm{H}} = (109\,677{,}759 \pm 0{,}008)\ \mathrm{cm}^{-1},$$
$$R_{\mathrm{He}} = (109\,722{,}403 \pm 0{,}004)\ \mathrm{cm}^{-1}.$$

Aus diesen beiden Werten läßt sich mit Rücksicht auf $m = m_e$ und $m_\alpha \approx 4\,m_p$ unter Zugrundelegung der Formel

$$\frac{R_{\mathrm{He}} - R_{\mathrm{H}}}{R_{\mathrm{H}}} = \frac{1 + \dfrac{m_e}{m_p}}{1 + \dfrac{m_e}{m_\alpha}} - 1 = \frac{m_e}{m_p} \cdot \frac{1 - \dfrac{m_p}{m_\alpha}}{1 + \dfrac{m_e}{m_\alpha}} \approx \frac{3}{4} \cdot \frac{m_e}{m_p}$$

ein spektroskopischer Wert für das *Massenverhältnis* $\dfrac{m_p}{m_e}$ finden:

$$\frac{m_p}{m_e} = 1838{,}1$$

in bester Übereinstimmung mit der Angabe auf S. 16.

Ferner gelingt es, die experimentell nicht bestimmbare Größe R_∞ mit größerer Genauigkeit zu berechnen:

$$R_\infty = R_{\mathrm{H}} \left(1 + \frac{m_e}{m_p} \right) = 109\,737{,}43\ \mathrm{cm}^{-1}. \tag{133}$$

Für das *Deuterium* ($M = m_d$) ergibt sich mit $m_d \approx 2\,m_p$ die RYDBERG-Zahl:

$$R_{\mathrm{D}} \approx \frac{R_\infty}{1 + \dfrac{m_e}{2\,m_p}} = \frac{3676{,}2}{3677{,}2} \cdot R_\infty = 109\,707{,}59\ \mathrm{cm}^{-1},$$

woraus für den *Abstand der D_α-* und *H_α-Linie* im Hinblick auf
Gl. (131) ($Z = 1$, $n = 2$, $l = 3$)

$$\omega_{D_\alpha} - \omega_{H_\alpha} = (R_D - R_H)\left(\frac{1}{2^2} - \frac{1}{3^2}\right) = \frac{5}{36} \cdot 29,83 \text{ cm}^{-1} =$$
$$= 4,14 \text{ cm}^{-1}$$

folgt. Dieser Unterschied ist groß genug, um mit Sicherheit nachweisbar zu sein; er ermöglichte die bereits früher (S. 19) besprochene *Entdeckung* des *schweren Wasserstoffs* durch UREY, BRICKWEDDE und MURPHY (vgl. Abb. 14).

, Die BOHRsche Theorie erweist sich somit als sehr leistungsfähig. Trotzdem bleibt noch ein ungeklärter Rest bestehen. Bei sehr genauer Beobachtung stellte sich nämlich heraus, daß die einzelnen Linien der BALMER-Serie und anderer Serien nicht einheitlich sind, sondern daß sich jede Linie aus mehreren Linien zusammensetzt, daß eine sog. *Feinstruktur* vorhanden ist. Sie vermag die Theorie vorläufig nicht zu erklären. Es ist also noch eine *Erweiterung* derselben nötig. Dieser nächste Schritt wurde von A. SOMMERFELD getan.

3. SOMMERFELDsches Atom mit elliptischen Bahnen.

Wie bekannt, haben sich zur Beschreibung der Planetenbewegung Kreisbahnen als unzureichend erwiesen. An ihre Stelle mußten *Ellipsen*bahnen treten, wie dies KEPLER zuerst erkannt hat. Es liegt die Frage nahe: Kann man vielleicht· auch in der Atomphysik durch *elliptische* Bahnen mehr erreichen? Das BOHRsche Modell auf Ellipsenbahnen auszudehnen, hat 1915/16 A. SOMMERFELD unternommen.

a) Fassung mit konstanter Elektronenmasse. Um die Aufgabe nicht gleich zu stark zu verwickeln, sehen wir mit SOMMERFELD vorerst davon ab, daß die Masse des bewegten Elektrons bei großer Geschwindigkeit merklich veränderlich ist.

α) Klassische Bedingungen. Indem wir zunächst der Einfachheit halber wieder den *Atomkern* mit der Ladung ^+Ze als *ruhend* voraussetzen und unserer Darstellung der Elektronenbahn *Polarkoordinaten* r, φ mit dem Kern

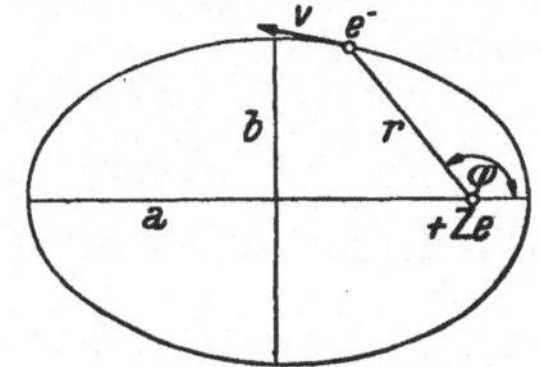

Abb. 102. Polarkoordinaten bei elliptischer Elektronenbahn.

als Ursprung (Abb. 102) zugrundelegen, können wir das Bahnelement ds folgendermaßen ausdrücken:

$$ds^2 = dr^2 + r^2\, d\varphi^2 . \tag{134}$$

Geschwindigkeit v, kinetische und potentielle Energie des umlaufenden Elektrons mit der Ladung e^- und der Masse m lassen sich dann, wie folgt, darstellen:

$$v^2 = \left(\frac{d\,s}{d\,t}\right)^2 = \dot{r}^2 + r^2\,\dot{\varphi}^2\,,^1 \qquad (135)$$

$$E_{\mathrm{kin}} = \frac{m}{2}\cdot v^2 = \frac{m}{2}\cdot(\dot{r}^2 + r^2\,\dot{\varphi}^2)\,, \qquad (136)$$

$$E_{\mathrm{pot}} = -\frac{Ze^2}{r}\,. \qquad (137)$$

Zur näheren Bestimmung der Bahn unter Einwirkung einer Zentralkraft gelten die Sätze:

1. Der *Flächensatz*, der die Konstanz der Flächengeschwindigkeit zum Ausdruck bringt:

$$\frac{d\,F}{d\,t} = \frac{1}{2}\cdot r^2\,\dot{\varphi} = C' = \text{konst.}; \qquad (138)$$

diese Aussage ist mit dem Satze von der *Erhaltung des Drehimpulses* gleichbedeutend:

$$p_\varphi = m\,r^2\,\dot{\varphi} = C = \text{konst.} \qquad (138a)$$

2. Der *Energiesatz*:

$$E_{\mathrm{kin}} + E_{\mathrm{pot}} = E = \text{konst.} \qquad (139)$$

oder

$$\frac{m}{2}\,(\dot{r}^2 + r^2\,\dot{\varphi}^2) - \frac{Ze^2}{r} = E\,. \qquad (139a)$$

3. Die *Bahngleichung*. Aus (139a) erhalten wir mit Rücksicht auf (138a), indem wir

$$\dot{r} = \frac{d\,r}{d\,\varphi}\cdot\dot{\varphi} = \frac{C}{m\,r^2}\cdot\frac{d\,r}{d\,\varphi} \qquad (140)$$

setzen, die *Differentialgleichung* der Bahn des umlaufenden Elektrons:

$$\frac{C^2}{2\,m\,r^4}\cdot\left(\frac{d\,r}{d\,\varphi}\right)^2 + \frac{C^2}{2\,m\,r^2} - \frac{Ze^2}{r} = E\,. \qquad (141)$$

Die Einführung von

$$\varrho = \frac{1}{r}\,, \qquad \frac{d\,\varrho}{d\,\varphi} = -\frac{1}{r^2}\cdot\frac{d\,r}{d\,\varphi} \qquad (142)$$

ergibt weiter

$$\left(\frac{d\,\varrho}{d\,\varphi}\right)^2 = \frac{2\,m\,E}{C^2} + \frac{2\,Z\,e^2\,m}{C^2}\cdot\varrho - \varrho^2\,, \qquad (143)$$

---

^{1} $\dot{r} = \dfrac{d\,r}{d\,t}\,,\quad \dot{\varphi} = \dfrac{d\,\varphi}{d\,t}\,.$

woraus durch Differentiation nach ϱ

$$2\,\frac{d\,\varrho}{d\,\varphi}\cdot\frac{d^2\varrho}{d\varphi^2}\cdot\frac{d\,\varphi}{d\,\varrho}=\frac{2\,Ze^2\,m}{C^2}-2\,\varrho$$

oder

$$\frac{d^2\varrho}{d\varphi^2}=\frac{Ze^2\,m}{C^2}-\varrho \tag{144}$$

folgt. Diese Differentialgleichung hat offenbar das Integral:

$$\varrho=\frac{Ze^2\,m}{C^2}+A\cdot\cos\varphi, \tag{145}$$

d. h. die *Bahn* des Planetenelektrons ist ein *Kegelschnitt*, dessen Darstellung in Polarkoordinaten bekanntlich lautet:

$$\varrho=\frac{1}{r}=\frac{1+\varepsilon\cos\varphi}{p}, \tag{146}$$

wobei p den *Halbparameter* der Bahn, ε deren *numerische Exzentrizität* bedeutet und der *Polarwinkel* φ vom *Perizentrum* aus gezählt wird. Durch Vergleich von (145) mit (146) ergibt sich:

$$p=\frac{C^2}{Ze^2\,m}, \qquad \frac{\varepsilon}{p}=A\,. \tag{147}$$

Die Einsetzung von (145) in (143) liefert weiter:

$$A^2=\frac{2\,m\,E}{C^2}+\frac{Z^2\,e^4\,m^2}{C^4}=\frac{Z^2\,e^4\,m^2}{C^4}\cdot\varepsilon^2 \tag{148}$$

mit Rücksicht auf (147) oder

$$1-\varepsilon^2-=-\frac{2\,m\,E}{C^2}\quad\frac{C^4}{Z^2\,e^4\,m^2}=-\frac{2\,C^2\,E}{Z^2\,e^4\,m}\,. \tag{148a}$$

Stellen a und b die *Halbachsen* der Bahn dar, so gilt die Beziehung:

$$p=\frac{b^2}{a}=\pm\,a\,(1-\varepsilon^2)\,, \tag{149}$$

je nachdem ob es sich um eine *Ellipse* $(\varepsilon<1)$ oder um eine *Hyperbel* $(\varepsilon>1)$ handelt. Demgemäß erhalten wir für die *Halbachsen*

$$a=\pm\frac{p}{(1-\varepsilon^2)}=\mp\frac{Ze^2}{2\,E},\quad b=\sqrt{a\,p}=\frac{C}{\sqrt{\mp\,2\,Em}}\,, \tag{150}$$

je nachdem ob im Falle einer *Ellipse* $E<0$ oder im Falle einer *Hyperbel* $E>0$ ist.

Um im folgenden der *Mitbewegung des Atomkernes* mit der *Masse M* Rechnung zu tragen, genügt es, wie beim Bohrschen Atommodell die Elektronenmasse m durch die *reduzierte Masse*

$$\mu=\frac{m\,M}{m+M} \tag{124}$$

in den erhaltenen Formeln zu ersetzen.

β) Die Quantenbedingungen. Während für die Quantisierung der *Kreis*bahnen, zu deren Bestimmung schon die Angabe *einer Größe*, nämlich die des Radius ausreicht — wir sprechen in diesem Falle von *einem Freiheitsgrad* — *eine* Quantenbedingung genügt, liegt es nahe, bei der Quantisierung der *Ellipsen*bahnen[1], die erst durch die Angabe *zweier* unabhängiger Stücke, nämlich der beiden Halbachsen *a*, *b* bestimmt sind, also *zwei Freiheitsgrade* aufweisen, nach *zwei Quantenbedingungen* zu suchen.

Betrachtet man die kinetische Energie E_{kin} des bewegten Teilchens als Funktion der Polarkoordinaten r und φ (s. Abb. 102) sowie von den *Geschwindigkeiten* $\dot{r}$ und $\dot{\varphi}$, so ist leicht zu erkennen, daß die *zugeordneten Impulse (Momente)*

$$p_r = \frac{\partial E_{\text{kin}}}{\partial \dot{r}}\,, \quad p_\varphi = \frac{\partial E_{\text{kin}}}{\partial \dot{\varphi}} \tag{151}$$

in den Produkten $p_r\, d\, r$ bzw. $p_\varphi\, d\, \varphi$ Ausdrücke ergeben, deren jeder die Maßbestimmung erg s einer „*Wirkung*" hat. Bezeichnen wir die bloße Maßangabe durch Einschließung in eckige Klammern, so bestätigen wir folgendermaßen diese Behauptung:

$$[p_r\, d\, r] = \left[\frac{\partial E_{\text{kin}}}{\partial \dot{r}}\, d\, r\right] = \frac{\text{erg}}{\text{cm} \cdot \text{s}^{-1}} \cdot \text{cm} = \text{erg s}\,,$$

$$[p_\varphi\, d\, \varphi] = \left[\frac{\partial E_{\text{kin}}}{\partial \dot{\varphi}}\, d\, \varphi\right] = \frac{\text{erg}}{\text{s}^{-1}} = \text{erg s}\,.$$

Diese Überlegung, die sich auf beliebige Koordinaten verallgemeinern läßt, veranlaßte Sommerfeld zur Einführung *zweier Quantenintegrale*, deren jedes für einen vollen Umlauf des Elektrons zu berechnen ist:

$$\int_0^{2\pi} p_\varphi\, d\, \varphi = k\, h\,, \quad k = azimutale \text{ oder } Nebenquantenzahl, \tag{152}$$

$$\oint p_r\, d\, r = n_r\, h,\quad n_r = radiale\ Quantenzahl. \tag{153}$$

Im vorliegenden Falle erhalten wir aus (136) mit Rücksicht auf (138 a) und (140) die *Impulse*:

$$p_\varphi = \frac{\partial E_{\text{kin}}}{\partial \dot{\varphi}} = \mu\, r^2\, \dot{\varphi} = C\,, \tag{154}$$

$$p_r = \frac{\partial E_{\text{kin}}}{\partial \dot{r}} = \mu\, \dot{r} = \frac{C}{r^2} \cdot \frac{d\, r}{d\, \varphi} \tag{155}$$

---

[1] *Hyperbel*bahnen, die *keine Periodizität* aufweisen, kommen für die Quantisierung nicht in Betracht.

und dazu die Quantenintegrale:

$$\int_0^{2\pi} p_\varphi \, d\varphi = 2\,\pi\,C = k\,h, \quad k = 1, 2, 3, \ldots \qquad (156)$$

als *azimutale Quantenbedingung*,

$$\oint p_r \, dr = \int_0^{2\pi} p_r \cdot \frac{d\,r}{d\,\varphi} \cdot d\varphi = C \int_0^{2\pi} \frac{1}{r^2} \cdot \left(\frac{d\,r}{d\,\varphi}\right)^2 \cdot d\varphi = n_r\,h \qquad (157)$$

als *radiale Quantenbedingung*. Die Auswertung des radialen Quantenintegrales gestaltet sich im Hinblick auf (146) folgendermaßen:

$$\frac{d\,r}{d\,\varphi} = -\,r^2 \cdot \frac{d\,\varrho}{d\,\varphi} = \frac{\varepsilon}{p} \cdot r^2 \sin \varphi \, ,$$

so daß

$$\int_0^{2\pi} \frac{d\,\varphi}{r^2} \cdot \left(\frac{d\,r}{d\,\varphi}\right)^2 = \varepsilon^2 \int_0^{2\pi} \frac{\sin^2 \varphi \, d\,\varphi}{(1 + \varepsilon \cos \varphi)^2} = \varepsilon \left[\frac{\sin \varphi}{1 + \varepsilon \cos \varphi}\right]_0^{2\pi} - \varepsilon \int_0^{2\pi} \frac{\cos \varphi \, d\,\varphi}{1 + \varepsilon \cos \varphi} =$$

$$= \int_0^{2\pi} d\,\varphi \left[\frac{1}{1 + \varepsilon \cos \varphi} - 1\right] = \int_0^{2\pi} \frac{d\,\varphi}{1 + \varepsilon \cos \varphi} - 2\,\pi \qquad (158)$$

wird. Die Berechnung dieses letzten Integrales erfolgt am besten auf *komplexem* Wege, wie in SOMMERFELDS „Atombau und Spektrallinien", Zusatz 6, nachgelesen werden kann. Das Ergebnis ist:

$$\int \frac{d\,\varphi}{1 + \varepsilon \cos \varphi} = \frac{2\,\pi}{\sqrt{1 - \varepsilon^2}} \, . \qquad (159)$$

Damit nimmt die *radiale Quantenbedingung* schließlich die Form an:

$$2\,\pi\,C \cdot \left(\frac{1}{\sqrt{1 - \varepsilon^2}}\right) - 1 = n_r\,h, \quad n_r = 0, 1, 2, 3, \ldots \qquad (160)$$

Aus (156) und (160) folgt:

$$1 - \varepsilon^2 = \left(\frac{k}{k + n_r}\right)^2 \qquad (161)$$

und im Hinblick auf (148a) die *gequantelte Energie* des Elektrons:

$$E = -\frac{2\,\pi^2\,\mu\,Z^2\,e^4}{h^2\,(k + n_r)^2} \, . \qquad (162)$$

Indem wir mit BOHR die *Hauptquantenzahl*

$$n = k + n_r = 1, 2, 3, \ldots \qquad (163)$$

einführen, geht (162) in die Form über:

$$E_n = -\frac{2\,\pi^2\,\mu\,Z^2\,e^4}{h^2\,n^2} = -\,h\,c \cdot \frac{R\,Z^2}{n^2}\,. \tag{164}$$

Um die Gestalt der *gequantelten Ellipsen* zu erkennen, berechnen wir deren *Halbachsen*:

$$a_n = -\frac{Z e^2}{2 E_n} = \frac{h^2\,n^2}{4\,\pi^2\,\mu\,Z e^2}\,,\ \ b_{n_k} = a_n \cdot \sqrt{1-\varepsilon^2} = a_n \cdot \frac{k}{n}\,, \tag{165}$$

$$k = 1,\ 2,\ 3,\ \ldots\ n.$$

Zu jeder (halben) Hauptachse a_n gehören somit n (halbe) Nebenachsen $b_{n_1} = \dfrac{a_n}{n}\,,\quad b_{n_2} = 2\,\dfrac{a_n}{n}\,,\ \ldots\ b_{n_n} = n\,\dfrac{a_n}{n} = a_n\,,\quad$ denen

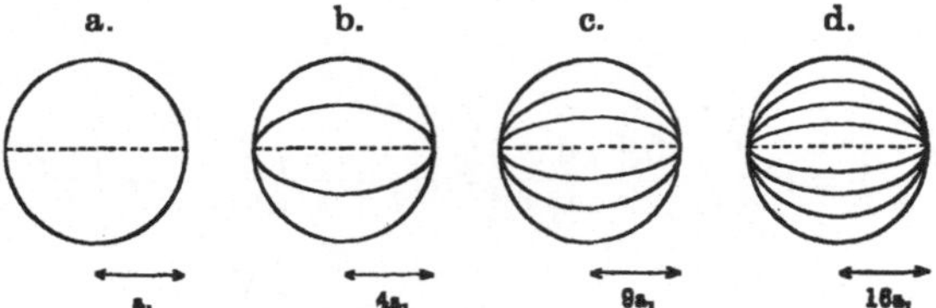

Abb. 103. Zu den Hauptquantenzahlen $n = 1, 2, 3$ und 4 gehörige Ellipsenbahnen (nach Sommerfeld).

ebensoviele Ellipsen n_k entsprechen, die alle an die Stelle des n^{ten} Bohrschen Kreises treten. Die letzte dieser Ellipsen $\left(a_n,\ b_{n_n}\right)$ ist der n^{te} Bohrsche Kreis selbst. Dem Wert $k = 0$ würde eine Ellipse mit der Nebenachse $b_{n_0} = 0$, also eine *Pendelbahn* des Elektrons entsprechen, die wir im Hinblick auf den dann unvermeidlichen „*Zusammenstoß desselben mit dem Kern*" ausschließen wollen. Die Zusammengehörigkeit der Ellipsen und ihre Lagen zum Kern erläutern die Abb. 103 und 104.

Für die *Gesamtenergie* einer n^{ten} Quantenbahn, d. h. für jede der n zusammengehörigen Ellipsen ergibt sich, wie aus (164) ersichtlich ist, derselbe Wert E_n, der mit dem früher gefundenen Wert (119) des Bohrschen Modells übereinstimmt.

Es kommt somit auch die *gleiche Strahlungsformel* wie früher, also eigentlich nichts Neues heraus. n erscheint zwar aufgeteilt in n_r und k, aber für die Gesamtenergie ist doch nur die Hauptquantenzahl n von Bedeutung. Der Energiewert aller elliptischen n_k-Bahnen, für die $n_r + k = n$ ist, ist derselbe und stimmt überein mit dem Energiewert des n^{ten} Bohrschen Kreises.

Trotz der Vervielfachung der Zahl der möglichen Bahnen verläuft die Rechnung ergebnislos. Es ergibt sich nicht die erwartete

Erklärung für die *Feinstruktur* der Linien; denn beispielsweise ist
bei den Sprüngen $4_3 \rightarrow 2_2$, $4_3 \rightarrow 2_1$, $4_4 \rightarrow 2_2$ usw. immer die Energiedifferenz und somit auch die ausgestrahlte Frequenz dieselbe. Zur
Erklärung der *Linienaufspaltung* (*Multipletts*) aber müßten *kleine
Abweichungen* von den BOHRschen Energiestufen auftreten. Das
davon verschiedene Ergebnis erheischt eine nähere Betrachtung.
Die von SOMMERFELD eingeführten Quantenzahlen n_r und k, die
in die Strahlungsformel nur in der Verbindung $n_r + k = n$ ein-

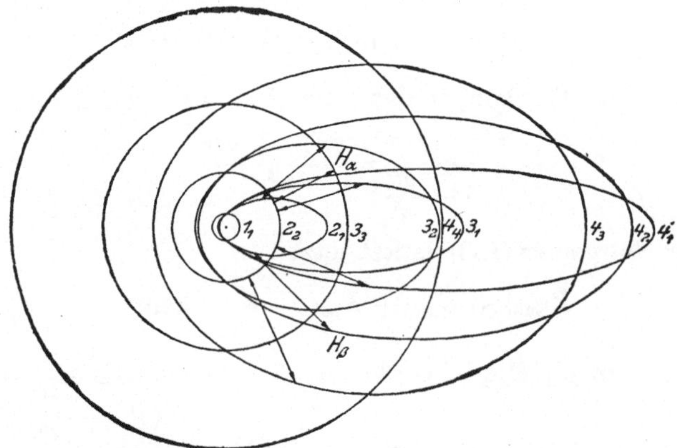

Abb. 104. Wasserstoffatom mit elliptischen Elektronenbahnen (nach KRAMERS-HOLST).
Die eingezeichneten Pfeile stellen die nach der Auswahlregel (188) erlaubten Elektronensprünge dar, die den Feinstrukturkomponenten der H_α- und H_β-Linie entsprechen.

gehen, erweisen sich als „*überzählig*". Die Ellipsenbahnen, die zu
ihrer quantentheoretischen Kennzeichnung nur *eine* Quantenzahl,
die *Hauptquantenzahl n*, erfordern wie die BOHRschen Kreise, sind
„*entartet*". Es erhebt sich nun die Frage, ob den Quantenzahlen n_r
und k überhaupt eine Bedeutung zukommt. Wir können sie be-
jahen, wenn die „*Entartung*" durch geeignete Mittel *aufgehoben*
wird. Dies tritt ein, sobald das COLOMBsche *Feld* durch äußere
Einflüsse (zusätzliche elektrische oder magnetische Felder) *gestört*
wird. Ein solcher Fall liegt auch dann vor, wenn, wie wir im
nächsten Abschnitt sehen werden, das KEPLER-Problem mit
Berücksichtigung der *Massenveränderlichkeit* des Elektrons behandelt wird.

b) Fassung mit veränderlicher Elektronenmasse. Mit Beachtung der bekannten Massenformel:

$$m = \frac{m_e}{\sqrt{1 - \dfrac{v^2}{c^2}}} \tag{5}$$

gestaltet sich die Berechnung der Ellipsenbahnen wohl verwickelter, ist aber in geschlossener Form durchführbar. Wie unter a) beschränken wir uns zunächst auf den Fall des *ruhenden Atomkerns*.

α) Klassische Bedingungen. Der *Flächensatz* (138a) nimmt nunmehr die Gestalt an:

$$p_\varphi = \frac{m_e\, r^2\, \dot{\varphi}}{\sqrt{1 - \dfrac{v^2}{c^2}}} = C \,, \tag{166}$$

wobei

$$v^2 = \dot{r}^2 + r^2\, \dot{\varphi}^2 = (r'^2 + r^2) \cdot \dot{\varphi}^2 \,, \quad r' = \frac{d\,r}{d\,\varphi} \tag{167}$$

zu setzen ist. Wir können daher für (166) auch schreiben:

$$\frac{v^2}{1 - \dfrac{v^2}{c^2}} = \frac{C^2\,(r^2 + r'^2)}{m_e^2\, r^4} \,. \tag{168}$$

Der *Energiesatz* (139) lautet jetzt:

$$E_{\text{Ruhe}} + E_{\text{kin}} + E_{\text{pot}} = W = \text{konst.} \tag{169}$$

oder da

$$E_{\text{Ruhe}} = m_e\, c^2, \quad E_{\text{kin}} = m\, c^2 - m_e\, c^2 = m_e\, c^2 \left(\frac{1}{\sqrt{1 - \dfrac{v^2}{c^2}}} - 1 \right),$$

$$E_{\text{pot}} = - \frac{Ze^2}{r}$$

ist,

$$m_e\, c^2 \cdot \left(\frac{1}{\sqrt{1 - \dfrac{v^2}{c^2}}} - 1 \right) - \frac{Ze^2}{r} = W - m_e\, c^2 = E = \text{konst.} \tag{169a}$$

Durch Entfernung von v aus (168) und (169a) ergibt sich die *Differentialgleichung der Bahn*:

$$c^2\, C^2 \cdot \left(\frac{1}{r^2} + \frac{r'^2}{r^4} \right) = 2\, m_e\, c^2 \left(E + \frac{Ze^2}{r} \right) + \left(E + \frac{Ze^2}{r} \right)^2, \tag{170}$$

die mit Hilfe der Substitution

$$r = \frac{1}{\varrho} \,, \quad \frac{r'}{r^2} = -\varrho' \tag{142}$$

in die Form

$$c^2\, C^2\, (\varrho^2 + \varrho'^2) = 2\, m_e\, c^2\, (E + Ze^2\, \varrho) + (E + Ze^2\, \varrho)^2 \tag{171}$$

übergeht. Durch Ableitung nach φ erhalten wir daraus weiter die Differentialgleichung:

$$\varrho'' = \frac{d^2\, \varrho}{d\varphi^2} = \frac{m_e\, Ze^2}{C^2} \cdot \left(1 + \frac{E}{m_e\, c^2} \right) - \varrho \left(1 - \frac{Z^2\, e^4}{c^2\, C^2} \right), \tag{172}$$

die durch den Ansatz:

$$\varrho = \frac{1}{r} = \frac{1 + \varepsilon \cos \gamma \, \varphi}{p} \tag{173}$$

gelöst werden kann. Durch Koeffizientenvergleich findet man:

$$\gamma = \sqrt{1 - \frac{Z^2 e^4}{c^2 C^2}} \, , \tag{174}$$

$$\frac{1}{p} = \frac{m_e \, Z e^2}{\gamma^2 \, C^2} \left(1 + \frac{E}{m_e \, c^2} \right) . \tag{175}$$

Gl. (173) stellt eine „*Ellipse*" *mit Perihelvorrückung* (*Rosettenbahn*) dar, wie sie Abb. 105 zeigt. Befindet sich nämlich das Elektron für $\varphi = 0$ im *Perihel* (*Perizentrum*) mit

$$\varrho_0 = \frac{1 + \varepsilon}{p} \, ,$$

so wird es abermals das Perihel erreichen, sobald

$$\gamma \, \varphi = 2 \, \pi$$

oder

$$\varphi = \frac{2 \, \pi}{\gamma} = \frac{2 \, \pi}{\sqrt{1 - \dfrac{Z^2 e^4}{c^2 C^2}}} \approx 2 \, \pi \left(1 + \frac{Z^2 e^4}{2 \, c^2 C^2} \right) = 2 \, \pi + \delta \tag{176}$$

wird. Es ergibt sich also, daß bei jedem Umlauf das *Perihel* eine *Vorrückung* vom Betrage

$$\delta = 2 \, \pi \left(\frac{1}{\sqrt{1 - \dfrac{Z^2 e^4}{c^2 C^2}}} - 1 \right) \approx \frac{\pi Z^2 e^4}{c^2 C^2} \tag{176a}$$

erfährt.

β) Quantenbedingungen. Die *azimutale Quantenbedingung* (156) bleibt wegen der auch jetzt gültigen Konstanz von p_φ unverändert:

$$\int_0^{2\pi} p_\varphi \, d \, (\gamma \, \varphi) = 2 \, \pi \, C = k \, h \, , \quad k = 1 \, , \, 2 \, , \, 3 \, , \, \ldots \tag{156}$$

Dagegen gestaltet sich im Hinblick auf

$$p_r = \frac{m_e \, \dot{r}}{\sqrt{1 - \dfrac{v^2}{c^2}}} = \frac{m_e \, r' \, \dot{\varphi}}{\sqrt{1 - \dfrac{v^2}{c^2}}} = \frac{C}{r^2} \, r' = - \, C \, \frac{d}{d\varphi} \left(\frac{1}{r} \right) , \tag{177}$$

das wegen (166) mit (155) übereinstimmt, die *radiale Quanten-*

bedingung unter Beachtung von (173) nun folgendermaßen:

$$\oint p_r \, dr = \int_0^{2\pi} p_r \cdot \frac{d\,r}{d\,(\gamma\,\varphi)} \cdot d\,(\gamma\,\varphi) =$$

$$= C\,\gamma\,\varepsilon^2 \int_0^{2\pi} \frac{\sin^2 \gamma\,\varphi}{(1 + \varepsilon \cos \gamma\,\varphi)^2} \, d\,(\gamma\,\varphi) = n_r\,h \,. \qquad (178)$$

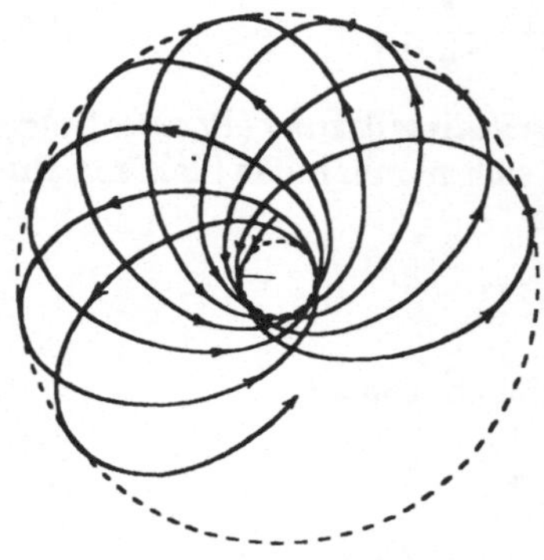

Abb. 105. Ellipse mit Perihelvorrückung
(Rosettenbahn).

Das hierin auftretende Integral stimmt, wenn man die Integrationsveränderliche $\gamma\,\varphi$ durch φ ersetzt, mit dem unter a) behandelten Quantenintegral (158) überein. Wir erhalten somit jetzt die *radiale Quantenbedingung*:

$$2\,\pi\,C\,\gamma \left(\frac{1}{\sqrt{1-\varepsilon^2}}\right) - 1 = n_r\,h \,,$$

$$n_r = 0\,,\ 1,\ 2,\ 3,\ \ldots \qquad (179)$$

Aus (156) und (179) folgt nunmehr:

$$1 - \varepsilon^2 = \frac{k^2\,\gamma^2}{(k\,\gamma + n_r)^2} \,. \qquad (180)$$

Indem wir mit SOMMERFELD die *Feinstrukturkonstante*

$$\alpha = \frac{2\,\pi\,e^2}{h\,c} = (7{,}284 \pm 0{,}006) \cdot 10^{-3} \approx \frac{1}{137} \qquad (181)$$

einführen, wird im Hinblick auf (174) und (156)

$$k^2\,\gamma^2 = k^2 - \frac{4\,\pi^2\,Z^2\,e^4}{h^2\,c^2} = k^2 - \alpha^2\,Z^2 \qquad (182)$$

und

$$1 - \varepsilon^2 = \frac{k^2 - \alpha^2\,Z^2}{(n_r + \sqrt{k^2 - \alpha^2\,Z^2})^2} \,. \qquad (183)$$

Der für die *Perihelvorrückung* gefundene Ausdruck (176a) kann nun auf die Form gebracht werden:

$$\delta = 2\,\pi \left(\frac{k}{\sqrt{k^2 - \alpha^2\,Z^2}}\right) - 1 \approx \frac{\pi\,\alpha^2\,Z^2}{k^2} \qquad (184)$$

Die Perihelvorrückung ist also wegen der Kleinheit von α *sehr gering* und für innere Bahnen (kleine k-Werte) größer als für äußere.

Es erübrigt sich noch die Berechnung der *gequantelten Energiewerte*. Wir bedienen uns hierzu der Gl. (170) und (173) für $\gamma\,\varphi = \pi/2$

und finden so zunächst:

$$c^2\,C^2\,(1 + \varepsilon^2\,\gamma^2) = (Ep + Ze^2)\,(Ep + Ze^2 + 2\,m_e\,c^2\,p)\ .$$

Mit Hilfe von (174) und (175) ergibt sich weiter:

$$p = \frac{\gamma^2\,Ze^2}{(1 - \gamma^2)\,(E + m_e\,c^2)} \tag{185}$$

und

$$\varepsilon^2 = \frac{(E + m_e\,c^2)^2 - m_e\,c^2\,\gamma^2}{(1 - \gamma^2)\,(E + m_e\,c^2)^2}\ . \tag{186}$$

Im Verein mit (183) folgt daraus:

$$\frac{E}{m_e\,c^2} = \left[1 + \frac{\alpha^2\,Z^2}{(n_r + \sqrt{k^2 - \alpha^2\,Z^2})^2}\right]^{-1/2} - 1\ . \tag{187}$$

Wenn wir die Bahnbezeichnung n_k im gleichen Sinn verstehen wie früher, so können wir jetzt feststellen, daß die n_k-Bahnen nicht mehr energetisch gleichwertig erscheinen, daß vielmehr eine *Aufspaltung der Energiestufen* eintritt gemäß der Formel:

$$E_{n_k} = \frac{m_e\,c^2}{\sqrt{1 + \dfrac{\alpha^2\,Z^2}{(n_r + \sqrt{k^2 - \alpha^2\,Z^2})^2}}} - m_e\,c^2, \tag{187a}$$

in der die Quantenzahlen n_r und k *selbständig* (nicht mehr in der Verbindung $n_r + k = n$) auftreten.

Die Formel für die Energiestufen E_{n_k} wird zur praktischen Auswertung erst durch *Reihenentwicklung*[1] geeignet. Man erhält so:

$$E_{n_k} = -h\,c\,\frac{R\,Z^2}{n^2}\left[1 + \frac{\alpha^2\,Z^2}{n^2}\left(\frac{n}{k} - \frac{3}{4}\right) + \ldots\right]^2\,. \tag{187b}$$

Bei festem n und veränderlichem k bekommt man jetzt *verschiedene* Energiewerte. Weil k die ganzen Zahlen von 1 bis n durchläuft, gehören zum n^{ten} BOHRschen Kreis n Bahnen mit verschiedenen Energiestufen.

Diesem Umstand ist es zuzuschreiben, daß jede Serie *einfacher* Linien des ursprünglichen BOHRschen Modells, deren konstanter Term $\frac{R_\infty\,Z^2}{n^2}$ ist (s. S. 141), in eine Serie von *n-fachen* Linien (*Multipletts*) aufgespalten wird, wenn wir zunächst nur die durch die

---

[1] Siehe hierzu A. SOMMERFELD: Atombau und Spektrallinien, 1. Band, 6. Kap. § 2.

[2] Dadurch, daß in dieser Formel die sich zunächst ergebende RYDBERG-Zahl R_∞ durch

$$R = \frac{R_\infty}{1 + m_e/M} \tag{132}$$

ersetzt wurde, erscheint die *Mitbewegung des Atomkernes* bereits berücksichtigt.

Ver-n-fachung der Endbahn bedingte Struktur der Linien *im groben* berücksichtigen. Im einzelnen geht aus jeder einfachen Linie, die dem Sprung eines Elektrons vom l^{ten} auf den n^{ten} Bohrschen Kreis entspricht, ein Gebilde von l *n-fachen* Linien, also im ganzen von $l \cdot n$ *Linien* hervor (*Feinstruktur*). Für die *Balmer-Serie* des Wasserstoffs bedeutet dies, daß sie *im groben* eine *Dublettserie* ist und z. B. die einfache H_α-Linie des ursprünglichen Bohrschen Modells, die wir uns durch den Sprung eines Elektrons vom dritten auf den zweiten Bohrschen Kreis vorzustellen haben,

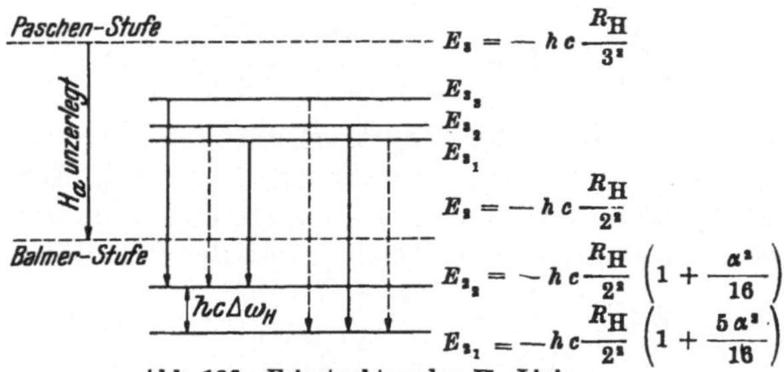

Abb. 106. Feinstruktur der H_α-Linie.

$\Delta \omega_{\mathrm{H}}$ stellt das sog. „Wasserstoffdublett" dar. Die Aufspaltung der Energiestufen E_2 und E_3 ist im Vergleich zu ihrem Abstand stark vergrößert gezeichnet.

aus 3 Doppellinien, im ganzen also aus 6 Linien bestehen müßte. Der Dublettcharakter entspricht nun durchaus den Tatsachen, die Zahl der beobachteten Linien ist indessen nicht 6, sondern nur 3 (s. Abb. 104 und 106, ausgezogene Pfeile)[1]. In ähnlicher Weise lassen sich von den theoretisch geforderten $4 \cdot 2 = 8$ H_β-Linien wieder nur 3 nachweisen, die übrigen fehlen. Die Theorie liefert somit *zu viel* Linien. Wie kann man unter ihnen die *richtigen* herausfinden?

Der Vergleich zwischen den von der Theorie *geforderten* und den tatsächlich *beobachteten* Spektrallinien legt eine auch sonst gültige *Auswahlregel für die Nebenquantenzahl k* nahe. Bezeichnen k und k' die Nebenquantenzahlen der Anfangs- und Endbahn des in Betracht kommenden Elektronensprunges, so darf nur

$$k' = k \pm 1 \tag{188}$$

sein. Es sind also nur jene Elektronensprünge zulässig, bei denen sich die *Nebenquantenzahl um 1 ändert. Alle anderen Übergänge sind ausgeschlossen.* Auf die Feinstruktur der H_α-Linie angewendet, besagt diese Regel, daß nur die Übergänge $3_2 \rightarrow 2_1$, $3_1 \rightarrow 2_2$,

---

[1] Nach neuerer Erkenntnis sind es allerdings 5, von denen aber 2 von den anderen nicht getrennt werden können.

$3_3 \rightarrow 2_2$ erlaubt und daher nur die entsprechenden drei Komponenten beobachtbar sind (Abb. 104 und 106). Diese Auswahlregel bewährt sich ganz allgemein. Sie findet jedoch zunächst *keine Begründung* im Atommodell, und erst die später zu besprechende *Wellenmechanik* vermag von ihr befriedigende Rechenschaft zu geben (s. S. 303 ff.).

Mit dieser Auswahlregel erscheint auch eine *Intensitätsregel* verbunden. Es zeigt nämlich bei *gleicher Endstufe (Anfangsstufe)* jene Linie die *stärkere (schwächere) Intensität*, die durch einen *gleichsinnigen Übergang* hinsichtlich n und k zustandekommt. Es ist also z. B. die Linie $3_3 \rightarrow 2_2$ *stärker* als die Linie $3_1 \rightarrow 2_2$, die Linie $4_2 \rightarrow 3_1$ dagegen *schwächer* als die Linie $4_2 \rightarrow 3_3$. Man kann eine Erklärung für dieses Verhalten darin erblicken, daß Ellipsenbahnen um so *wahrscheinlicher* sind, je mehr *Kreisähnlichkeit* sie besitzen, je kleiner ihre Exzentrizität, also je *größer k* ist. Es finden daher *häufiger Übergänge zwischen kreisähnlichen* als kreisunähnlichen Bahnen statt.

Die *Größe der Aufspaltung* der Linien wird im wesentlichen durch die SOMMERFELDsche *Feinstrukturkonstante* α (s. S. 154) bestimmt und beträgt für die BALMER-Stufe ($n = 2$)

$$\Delta \omega = \frac{1}{h\,c}\left(E_{2_2} - E_{2_1}\right) = \frac{R\,Z^4\,\alpha^2}{2^4}\,, \qquad (189)$$

woraus sich im besonderen für $Z = 1$ das „*Wasserstoffdublett*" ergibt:

$$\Delta \omega_\mathrm{H} = \frac{R_\mathrm{H}\,\alpha^2}{16} = 0,3636\ \mathrm{cm}^{-1} \qquad (189\mathrm{a})$$

in Übereinstimmung mit der Beobachtung, die wegen der Auswahlregel (188) das Dublett allerdings nicht unmittelbar liefert (Abb. 106).

c) Räumliche Quantelung (Richtungsquantelung) der elliptischen Bahnen. Solange im Raume keine Richtung besonders ausgezeichnet ist, spielt bei der Quantelung der Ellipsenbahnen nur deren Größe und Exzentrizität eine Rolle, ihre Raumlage bleibt völlig gleichgültig. Treten jedoch *Kräfte bestimmter Richtung* auf, wie dies etwa bei einem *Magnetfeld* der Fall ist, dessen Einfluß unser, einen Ringstrom, also eine magnetische Doppelfläche darstellendes Atom unterliegt (s. S. 186 ff.), so muß die Frage gestellt werden, ob die Ellipsenbahnen unseres Modells zu dieser *ausgezeichneten Raumrichtung* jede beliebige Stellung einnehmen können oder ob nur *gewisse Raumlagen zulässig* erscheinen.

Wir entscheiden diese Frage nach A. SOMMERFELD, indem wir für den *Grenzfall verschwindender Kraft* an der elliptischen Bahngestalt und dem Vorhandensein einer ausgezeichneten Raumrichtung festhalten. Wir wollen also die Rechnung auf *räumliche Polarkoordinaten* r, ψ, ϑ gemäß Abb. 107 ausdehnen und das SOMMERFELDsche Quantelungsverfahren (s. S. 148) sinngemäß auf *drei* Freiheitsgrade erweitern.

Im Hinblick auf das Bogenelementquadrat

$$ds^2 = dr^2 + r^2 \sin^2\vartheta \, d\psi^2 + r^2 \, d\vartheta^2 \qquad (190)$$

nimmt die kinetische Energie des Elektrons jetzt die Gestalt an:

$$E_{kin} = \frac{\mu}{2} \cdot (\dot{r}^2 + r^2 \sin^2\vartheta \, \dot{\psi}^2 + r^2 \, \dot{\vartheta}^2), \qquad (191)$$

woraus sich die *Impulse*

$$\left. \begin{array}{l} p_r = \dfrac{\partial E_{kin}}{\partial \dot{r}} = \mu\dot{r}, \quad p_\psi = \dfrac{\partial E_{kin}}{\partial \dot{\psi}} = \mu r^2 \sin^2\vartheta \, \dot{\psi} \ \text{und} \\[2ex] p_\vartheta = \dfrac{\partial E_{kin}}{\partial \dot{\vartheta}} = \mu r^2 \, \dot{\vartheta} \end{array} \right\} \qquad (192)$$

ergeben. Wir erhalten so durch Bildung der *Quantenintegrale*:

$$\oint p_r \, dr = \int_0^T p_r \, \dot{r} \, dt = n_r \, h \quad (T = \text{Umlaufszeit}). \qquad (193)$$

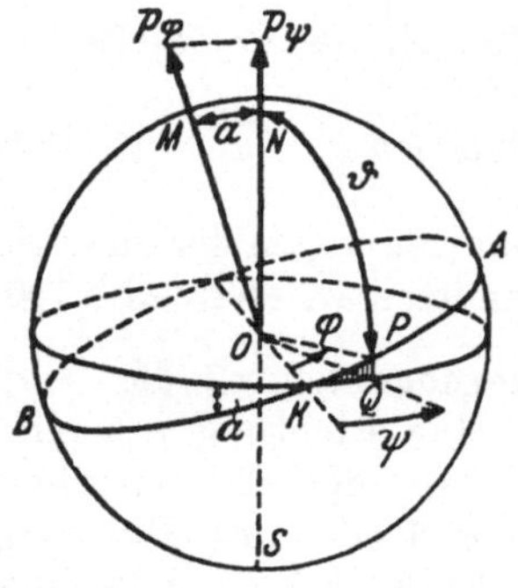

Abb. 107. Bestimmung der Raumlage der Elektronenbahnen.

als *radiale Quantenbedingung* mit der radialen *Quantenzahl* n_r wie im *zwei*-dimensionalen Falle (S. 148),

$$\int_0^{2\pi} p_\psi \, d\psi = \int_0^T p_\psi \, \dot{\psi} \, dt = n' h \qquad (194)$$

als *äquatoriale Quantenbedingung* mit der *äquatorialen Quantenzahl* n' und

$$\oint p_\vartheta \, d\vartheta = \int_0^T p_\vartheta \, \dot{\vartheta} \, dt = n'' \, h \qquad (195)$$

als *Breiten-Quantenbedingung* mit der *Breiten-Quantenzahl* n''.

Offenbar gilt mit Rücksicht auf die Gln. (192)

$$E_{kin} = \frac{1}{2} \cdot (p_r \, \dot{r} + p_\psi \, \dot{\psi} + p_\vartheta \, \dot{\vartheta}), \qquad (196)$$

während im *zweidimensionalen* Falle aus den Gln. (136), (154) und (155)

$$E_{kin} = \frac{1}{2} \cdot (p_r \, \dot{r} + p_\varphi \, \dot{\varphi}) \qquad (197)$$

folgt. Durch Vergleich beider Darstellungen erhalten wir:

$$p_\varphi\,\dot\varphi = p_\psi\,\dot\psi + p_\vartheta\,\dot\vartheta \qquad (198)$$

und durch Integration über einen Umlauf:

$$\int_0^T p_\varphi\,\dot\varphi\,dt = \int_0^T p_\psi\,\dot\psi\,dt + \int_0^T p_\vartheta\,\dot\vartheta\,dt. \qquad (198a)$$

Nun ist zufolge (156)

$$\int_0^T p_\varphi\,\dot\varphi\,dt = \int_0^{2\pi} p_\varphi\,d\varphi = kh, \qquad (199)$$

so daß wir im Hinblick auf (194) und (195) die Beziehung gewinnen:

$$n' + n'' = k\,. \qquad (200)$$

Den Drehimpulsvektor p_φ haben wir uns, wie aus Abb. 107 ersichtlich ist, senkrecht zur Bahnebene vorzustellen, den Vektor p_ψ

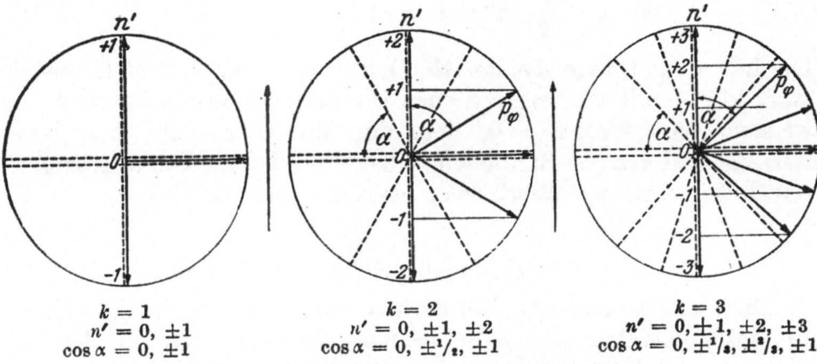

Abb. 108. Richtungsquantelung der Elektronenbahnen.

als Komponente von p_φ senkrecht zur Äquatorebene. Es besteht dann der Zusammenhang:

$$p_\psi = p_\varphi \cos \alpha, \qquad (201)$$

wenn α den Winkel der beiden Normalen bzw. den Neigungswinkel der Bahnebene gegen die Äquatorebene bezeichnet. Da mit p_φ offenbar auch p_ψ konstant ist, folgt aus den Quantenintegralen (194) und (199)

$$n' = k \cos \alpha$$

oder

$$\cos \alpha = \frac{n'}{n' + n''} = \frac{n'}{k}\,, \quad n' = 0, 1, 2, 3, \ldots k, \qquad (202)$$

also die *quantenmäßige* Auszeichnung gewisser, *durch ganze Zahlen bestimmter Raumlagen* der Bahnebene.

Wie Abb. 108 für $k = 1, 2, 3$ erläutert, gibt es somit zu jedem *ganzzahligen* k $(k+1)$-Werte von $\cos \alpha$ bzw. von α, also $(k+1)$ *Richtungen des Drehimpulsvektors* p_φ und damit *ebensoviele verschiedene Raumlagen der Bahnellipsen* n_k (in der Abb. 108 als Projektionen gestrichelt). Offenbar sind auch die in Abb. 108 eingezeichneten, *zur Äquatorebene spiegelbildlichen* Lagen des Drehimpulsvektors p_φ und der dazu gehörigen Bahnebenen möglich, so daß sich *insgesamt* $(2\,k+1)$ *verschiedene Raumlagen* ergeben. Wir denken uns dabei der Richtung von p_φ einen bestimmten Umlaufsinn des Elektrons in der Bahnebene zugeordnet. Die Äquatorellipse, die zwei entgegengesetzten Richtungen von p_φ entspricht, ist deshalb doppelt zu zählen. Zu einer bestimmten *Hauptquantenzahl* n gehören nach früherer Feststellung n *ihrer Exzentrizität nach verschiedene Ellipsenbahnen* n_k $(k = 1, 2, 3, \ldots n)$, deren jede mithin in bezug auf eine ausgezeichnete Raumrichtung $(2\,k+1)$ *verschiedene Raumlagen* einnehmen kann, entsprechend der Bedingung:

$$\cos \alpha = \frac{n'}{k}, \quad n' = 0, \pm 1, \pm 2, \ldots \pm k \ . \tag{202a}$$

Die hier eingeführte *äquatoriale* Quantenzahl n' wird sich später (s. S. 171 f.) mit der *magnetischen* Quantenzahl m als *identisch* erweisen. Der Wert $n' = 0$, dem der Winkel $\alpha = 90°$ und eine *meridionale* Lage der Bahnebene entspricht, ist ähnlich dem früher erwähnten Fall der *Pendelbahn* bisweilen *auszuschließen*.

4. Das Korrespondenzprinzip von N. Bohr.

Die Anwendung der Bohrschen Strahlungsformel Gl. (121a) auf *große Quantenzahlen* n bei *kleinen Sprüngen* des strahlenden Elektrons

$$\Delta n = l - n < < n \tag{203}$$

liefert *in erster Näherung*:

$$\omega = R_\infty Z^2 \left[\frac{1}{n^2} - \frac{1}{(n + \Delta n)^2} \right]$$

$$= R_\infty Z^2 \frac{\Delta n \, (2\,n + \Delta n)}{n^2 \, (n + \Delta n)^2} \approx \frac{2\,R_\infty Z^2}{n^3} \cdot \Delta n \ . \tag{204}$$

Betrachten wir anderseits das umlaufende Elektron als Strahler im Sinne der klassischen Elektrodynamik, so ist seine Frequenz ν_{kl} durch die *sekundliche Umlaufszahl* bestimmt. Wir erhalten in diesem Falle aus den früher (S. 140 f.) gewonnenen Formeln für v_n, a_n und R_∞ die Beziehung:

$$\nu_{kl} = \frac{v_n}{2\,\pi\,a_n} = \frac{2\,\pi Z\,e^2}{n\,h} \cdot \frac{2\,\pi\,m\,Z\,e^2}{n^2\,h^2} = 2\,c\,\frac{R_\infty Z^2}{n^3} \tag{205}$$

oder
$$\omega_{\mathrm{kl}} = \frac{v_{\mathrm{kl}}}{c} = \frac{2\,R_\infty\,Z^2}{n^3}\,. \qquad (205\,\mathrm{a})$$

Ein Vergleich mit dem oben gefundenen Näherungswert für die *quantentheoretische* Wellenzahl ω ergibt:

$$\omega \approx \omega_{\mathrm{kl}} \cdot \varDelta\,n\,; \qquad (206)$$

d. h. im Gebiet *sehr hoher Quantenzahlen* strahlt das Bohrsche Atommodell ebenso wie ein *klassischer Strahler* (etwa eine schwingende Saite), der (die) für $\varDelta\,n = 2,\,3,\,4,\,\ldots$ die harmonischen Oberschwingungen einer bestimmten Grundschwingung ω_{kl} aussendet.

Diese asymptotische Übereinstimmung seines Atommodells mit einem klassischen Strahler hat Bohr zur Beantwortung einer Frage herangezogen, über die das Modell als solches keinen Aufschluß gibt. Es ist dies die Frage nach *Intensität* und *Polarisation* der einzelnen Spektrallinien. Bohr verlangt, daß die hierfür auf *klassischem* Wege ermittelten Werte nicht nur im Bereich hoher Quantenzahlen, wo das Verhalten seines Atommodells dem eines klassischen Strahlers gleichkommt, sondern *auch für kleine Quantenzahlen* mit den zugehörigen Werten des Atommodells „*korrespondieren*" sollen. Dieser Gedanke hat sich als außerordentlich fruchtbar zur Gewinnung gewisser *Auswahlregeln* erwiesen; Sommerfeld hat das Bohrsche *Korrespondenzprinzip* wegen seiner ungewöhnlichen *heuristischen Bedeutung* geradezu als „*Zauberstab*" bezeichnet.

Um dieses wertvolle Prinzip auch im Rahmen dieser Schrift etwas näher zu beleuchten, wollen wir es zur Ableitung der bereits mitgeteilten *Auswahlregel für die azimutale Quantenzahl k* heranziehen. Wir betrachten zu diesem Behufe das Sommerfeldsche Modell der *Ellipsenbahnen mit Perihelvorrückung* als klassischen Strahler. Wenn wir zunächst ohne Rücksicht auf die Perihelvorrückung nur die wechselnde Geschwindigkeit bedenken, mit der das strahlende Elektron seine Ellipsenbahn durchläuft, so können wir die damit verbundenen, durch Normalprojektion zu gewinnenden Schwingungen in der x- und y-Richtung in *Fourier-Reihen* einer gewissen Grundfrequenz v entwickeln; wir bedienen uns dabei nach dem Vorgange Cl. Schaefers zur Vereinfachung der Darstellung der *komplexen* Schreibweise:

$$x + i\,y = \sum_{n=-\infty}^{+\infty} A_n\, e^{2\pi i n v t},$$

$$x - i\,y = \sum_{n=-\infty}^{+\infty} \overline{A}_n\, e^{2\pi i n v t},$$

wobei die *Amplituden* A_n und $\overline{A}_n$ selbst als *komplex* anzusehen sind. Die Trennung in Real- und Imaginärteil ergibt die Fourier-Entwicklungen für die in der x- und y-Richtung verlaufenden Schwingungen. n bedeutet die *Hauptquantenzahl*, die alle Werte durchlaufen kann, für die also *keine Auswahlregel* besteht.

Denken wir uns nun dieselbe Ellipse mit einer bestimmten Frequenz ν' sich drehend, also *mit Perihelvorrückung*, so erhalten wir für die zugeordneten Schwingungen in einem *mitbewegten* Koordinatensystem (ξ, η) *dieselbe* Fourier-Darstellung wie früher:

$$\left.\begin{aligned}
\xi + i\,\eta &= \sum_{n=-\infty}^{+\infty} A_n\, e^{2\pi i n \nu t}, \\[2ex]
\xi - i\,\eta &= \sum_{n=-\infty}^{+\infty} \overline{A}_n\, e^{2\pi i n \nu t}.
\end{aligned}\right\} \tag{207}$$

In einem *ruhenden* Koordinatensystem (x, y) wird dagegen die Drehbewegung mit der Frequenz ν' zum Ausdruck kommen:

$$\left.\begin{aligned}
x + i\,y &= (\xi + i\,\eta)\, e^{2\pi i \nu' t}, \\[1ex]
x - i\,y &= (\xi - i\,\eta)\, e^{-2\pi i \nu' t}.{}^{1}
\end{aligned}\right\} \tag{208}$$

Wir erhalten so die gesuchten Fourier-*Entwicklungen* für die einer Ellipsenbahn mit Perihelvorrückung zugeordneten Schwingungen:

$$\left.\begin{aligned}
x + i\,y &= \sum_{n=-\infty}^{+\infty} A_n\, e^{2\pi i (n\nu + \nu')t}, \\[2ex]
x - i\,y &= \sum_{n=-\infty}^{+\infty} \overline{A}_n\, e^{2\pi i (n\nu - \nu')t}.
\end{aligned}\right\} \tag{209}$$

Die der *Drehbewegung mit der Frequenz ν' zuzuordnende Quantenzahl* ist offenbar die *azimutale* oder *Nebenquantenzahl* k, deren Quantensprünge in der klassischen Darstellung die allein vorhandenen Faktoren ± 1 von ν' „*korrespondieren*"; d. h. aber, daß sich k *nur um ± 1 ändern* darf und allen anderen Übergängen die Intensität Null entspricht. Wir erkennen in diesem Ergebnis die gesuchte *Auswahlregel*. Gleichzeitig liefern die nicht verschwinden-

---

[1] Die beiden Gleichungen sind nur die *komplexe* Fassung der bekannten *Drehtransformation*:

$$\left.\begin{aligned}
x &= \xi \cos 2\pi \nu' t - \eta \sin 2\pi \nu' t, \\
y &= \xi \sin 2\pi \nu' t + \eta \cos 2\pi \nu' t,
\end{aligned}\right\} \tag{208a}$$

wie man sich leicht durch Trennung von Real- und Imaginärteil überzeugt.

den *Koeffizienten* der zuletzt erhaltenen FOURIER-Reihen näherungsweise ein Maß für die zu erwartenden *Linienintensitäten*.

5. Gesetzmäßigkeiten der Röntgenlinien.

Wir wenden uns nun zu einer besonderen Untersuchung der *Röntgenspektren*. Die allgemeine Formel (131) für die Wellenzahl ω enthält das *Quadrat* der Kernladungszahl Z. Geht man vom Wasserstoff zum Helium über, so ist die Frequenz der gleichen Linie (n und l gleich genommen) schon auf das Vierfache gestiegen. Die Linien rücken also mit *wachsender* Kernladung Z immer rascher gegen die *größeren Frequenzen* (kleineren Wellenlängen).

Wo werden wir also die der BALMER-Serie entsprechenden Linien, z. B. beim *Uran* ($Z = 92$), zu suchen haben? Da in diesem Fall Z^2 rund 9000 ist, wird das durch dieselben Sprünge ausgesandte Licht schon *Röntgenlicht* sein. Der H_α-Linie z. B. würde eine Wellenzahl von rund $14\,000 \cdot 10^4 = 1{,}4 \cdot 10^8$ cm^{-1} (s. Zahlentafel 3) entsprechen.

Bei Untersuchung der *Röntgenspektren* fand H. G. J. MOSELEY 1913/14 mit Benützung des *Kristallinterferenz*verfahrens (s. S. 233), daß die Wellenzahlen der K_α-*Linien* proportional $(Z-1)^2$ sind. Diese Linien entsprechen bei den Elementen mit höheren Kernladungszahlen jeweils der *ersten* Linie der LYMAN-Serie des Wasserstoffes. Bei den L_α-*Linien* (entsprechend jeweils der *ersten* Linie der BALMER-Serie) fand MOSELEY die Wellenzahlen proportional $(Z-7{,}4)^2$. Im Hinblick auf die BOHRsche Strahlungsformel (131) geben wir dem MOSELEYschen *Gesetz* die Fassung:

$$\left.\begin{aligned}
\omega_{K_\alpha} &= \frac{3}{4}\, R \cdot (Z-1)^2 = R \cdot (Z-1)^2 \cdot \left(\frac{1}{1^2} - \frac{1}{2^2}\right), \\
\omega_{L_\alpha} &= \frac{5}{36}\, R \cdot (Z-7{,}4)^2 = R \cdot (Z-7{,}4)^2 \cdot \left(\frac{1}{2^2} - \frac{1}{3^2}\right).
\end{aligned}\right\} \quad (210)$$

Läßt man neben Z die Zahlen 1 bzw. 7,4 fort, so erhält man genau die BOHRsche Formel. Welche physikalische Bedeutung haben nun diese Zahlen, die man von der Kernladung Z in Abzug bringen muß? Wir können ihnen den Sinn von „*Abschirmungszahlen*" geben. Bei den Atomen mit höherer Ordnungszahl wird nämlich die Bewegung der äußeren Elektronen durch die weiter innen befindlichen beeinflußt. Diese Beeinflussung besteht im wesentlichen darin, daß *die inneren Elektronen die Kernladung teilweise abschirmen*. Die abschirmende Wirkung und damit die „Abschirmungszahl" muß offenbar um so größer werden, je weiter die „Endbahn" vom Kern entfernt, d. h. je größer die zum konstanten Term einer Röntgenserie gehörige Hauptquantenzahl n ist. Für

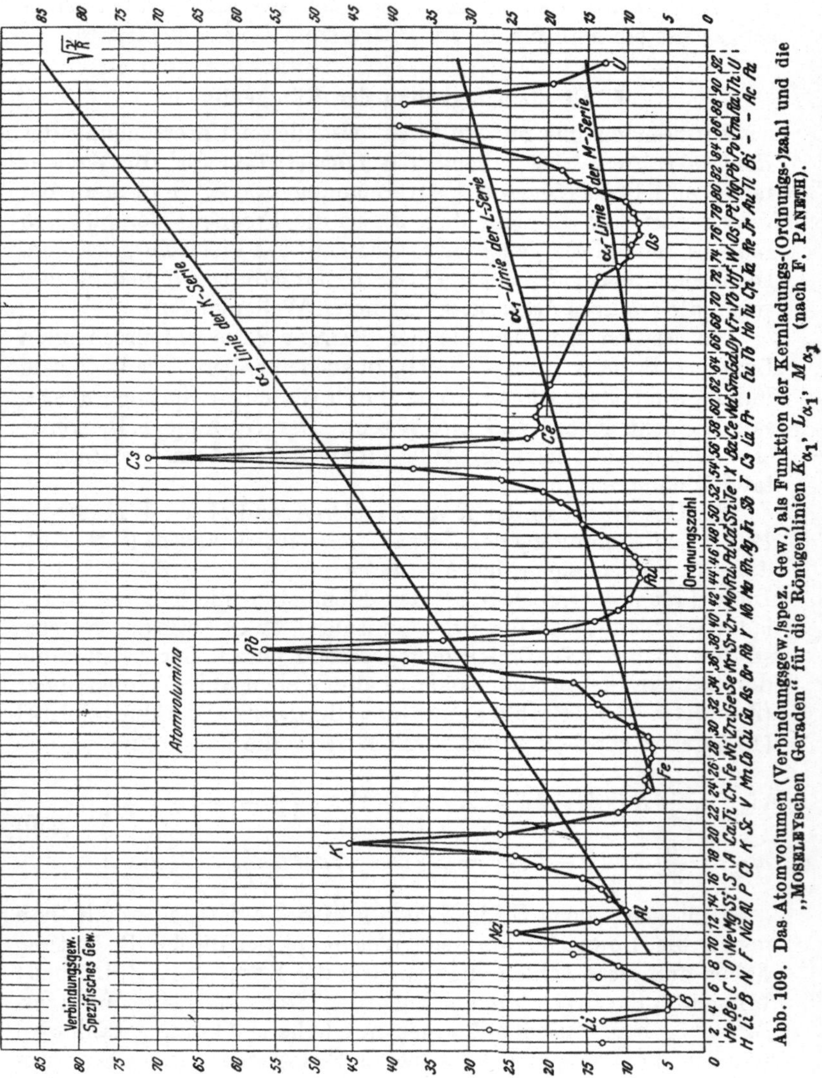

Abb. 109. Das Atomvolumen (Verbindungsgew./spez. Gew.) als Funktion der Kernladungs-(Ordnungs-)zahl und die „MOSELEYschen Geraden" für die Röntgenlinien K_{α_1}, L_{α_1}, M_{α_1} (nach F. PANETH).

$n = 1, 2, 3, 4, \ldots$ sind die Bezeichnungen K-, L-, M-, N-Serie usw. üblich geworden.

MOSELEY kleidete sein Gesetz in die besondere Form:

$$\sqrt{\frac{\omega}{R}} = \text{konst.} (Z - s), \quad s = Abschirmungszahl. \qquad (210a)$$

Sie besagt, daß die Wurzel aus der Wellenzahl einer bestimmten Linie von der Kernladungszahl Z linear abhängig ist. In Abb. 109 sind die sich so ergebenden „MOSELEYschen *Geraden*", die den Linien $K_{\alpha 1}$, $L_{\alpha 1}$ und $M_{\alpha 1}$ entsprechen, zur Darstellung gebracht. Abb. 110 zeigt die von MOSELEY durch *Interferenzspektroskopie* er-

haltenen photographischen Bilder der K_{α}- und K_{β}-Linien der Elemente Ca ($Z = 20$) bis Zn ($Z = 30$) (das letztere enthalten in Messing, einer Legierung von Cu und Zn). Man bemerkt deutlich das Fehlen der Linien, die dem (MOSELEY nicht zur Verfügung gestandenen) Scandium Sc ($Z = 21$) entsprechen.

MOSELEY vermochte so nach der *Reihenfolge der K_{α}- und L_{α}-Linien* die Elemente zu *ordnen* und erkannte in der *Kernladungszahl Z* das *Ordnungsprinzip* des periodischen Systems, wie dies schon VAN DEN BROEK vermutet hatte.

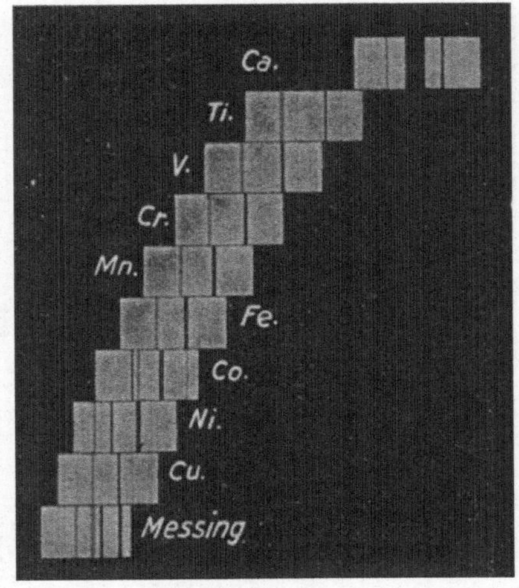

Abb. 110. MOSELEYS erste Aufnahmen der Röntgenlinien K_{α} und K_{β} der Elemente Ca ($Z = 20$) bis Zn ($Z = 30$). Lücke bei $Z = 21$ (Sc), Messing = Legierung von Cu und Zn. Die Wellenlängen nehmen von links nach rechts zu.

6. Periodisches System der chemischen Elemente.

(LOTHAR MEYER [1864], D. I. MENDELEJEFF [1869].)

Man ordnete anfänglich die chemischen Elemente nach steigendem Atomgewicht und bemerkte dabei eine merkwürdige *Periodizität ihrer chemischen Eigenschaften*, z. B. ihres *Atomvolumens* (s. Abb. 109). Dies war der Anlaß, sie in einer *rechteckigen Tafel* anzuordnen, die wir als *periodisches System der Elemente* zu bezeichnen pflegen (Zahlentafel 12). Es zeigt sich dabei, daß die Zahl der in einer Periode untergebrachten Elemente in gesetzmäßiger Weise zunimmt, wie die Übersicht in Zahlentafel 13 verdeutlicht. Um den periodischen Charakter noch besser zum Ausdruck zu bringen, sind auch *spiralige Anordnungen* versucht worden. Unter ihnen ist die Darstellung des periodischen Systems von F. KIPP mit Hilfe *lemniskatenähnlicher Spiralen*, die Abb. 111 wiedergibt, besonders bemerkenswert.

Zahlentafel 12. Das periodische System der Grundstoffe[1].

Periode	Gruppe								
	I	II	III	IV	V	VI	VII	VIII	0
1	1 *H* 1,0080								2 *He* 4,003
2	3 *Li* 6,940	4 *Be* 9,02	5 *B* 10,82	6 *C* 12 010	7 *N* 14,008	8 *O* 16,0000	9 *F* 19,00		10 *Ne* 20,183
3	11 *Na* 22,997	12 *Mg* 24,32	13 *Al* 26,97	14 *Si* 28,06	15 *P* 30,974 [2]	16 *S* 32,06	17 *Cl* 35,457		18 *A* 39,944
4	19 *K* 39,096	20 *Ca* 40,08	21 *Sc* 45,10	22 *Ti* 47,90	23 *V* 50,95	24 *Cr* 52,01	25 *Mn* 54,93	26 *Fe* 55,85 27 *Co* 58,94 28 *Ni* 58,69	
4	29 *Cu* 63.57	30 *Zn* 65,38	31 *Ga* 69,72	32 *Ge* 72,60	33 *As* 74,91	34 *Se* 78,96	35 *Br* 79,916		36 *Kr* 83,7
5	37 *Rb* 85,48	38 *Sr* 78,63	39 *Y* 88,92	40 *Zr* 91,22	41 *Nb* 92,91	42 *Mo* 95,95	43*	44 *Ru* 101,7 45 *Rh* 102,91 46 *Pd* 106,7	
5	47 *Ag* 107,880	48 *Cd* 112,41	49 *In* 114,76	50 *Sn* 118,70	51 *Sb* 121,76	52 *Te* 127,61	53 *J* 126,92		54 *X* 131,3
6	55 *Cs* 132,91	56 *Ba* 137,36	57 *La* u.s. 138,92 Erd.	72 *Hf* 178,6	73 *Ta* 180,88	74 *W* 183,92	75 *Re* 186,31	76 *Os* 190,2 77 *Ir* 193,1 78 *Pt* 195,23	
6	79 *Au* 197,2	80 *Hg* 200,61	81 *Tl* 204,39	82 *Pb* 207,21	83 *Bi* 209,00	84 *Po* (210)	85* (211)		86 *Rn* (222)
7	87 *AcK* (223)	88 *Ra* 226,05	89 *Ac* (227)	90 *Th* 232,12	91 *Pa* 231	92 *U* 238,07			

Die seltenen Erden (Lanthaniden).

58 *Ce* 140,13	59 *Pr* 140,92	60 *Nd* 144,27	61*	62 *Sm* 150,37 [2]	63 *Eu* 152,0	64 *Gd* 156,9
65 *Tb* 159,2	66 *Dy* 162,46	67 *Ho* 164,94 [2]	68 *Er* 167,2	69 *Tm* 169,4	70 *Yb* 173,04	71 *Cp* 174,99

[1] Chemische Atomgewichte nach der internationalen Tabelle (1940) der Atomgewichtskommission der Internationalen Union für Chemie.

[2] Siehe J. MATTAUCH, Kernphysikal. Tabellen. Tab. I.

* Die Elemente mit den Atomnummern 43 und 61 gelten als nicht entdeckt. Die angebliche Entdeckung von 43 *Masurium* (Ma) durch NODDACK, TACKE und BERG (1925) und ebenso diejenige von 61 *Illinium* (Il) oder *Florentium* durch HOPKINS, YNTEMA und HARRIS bzw. ROLLA und FERNANDEZ (1926) konnte nicht bestätigt werden. MATTAUCH hat die Vermutung ausgesprochen, daß die Elemente 43 und 61 möglicherweise überhaupt kein stabiles Isotop besitzen. Element 85 konnte durch die Kernreaktion(α, 2n) aus 83 Bi gewonnen werden (s. S. 102).

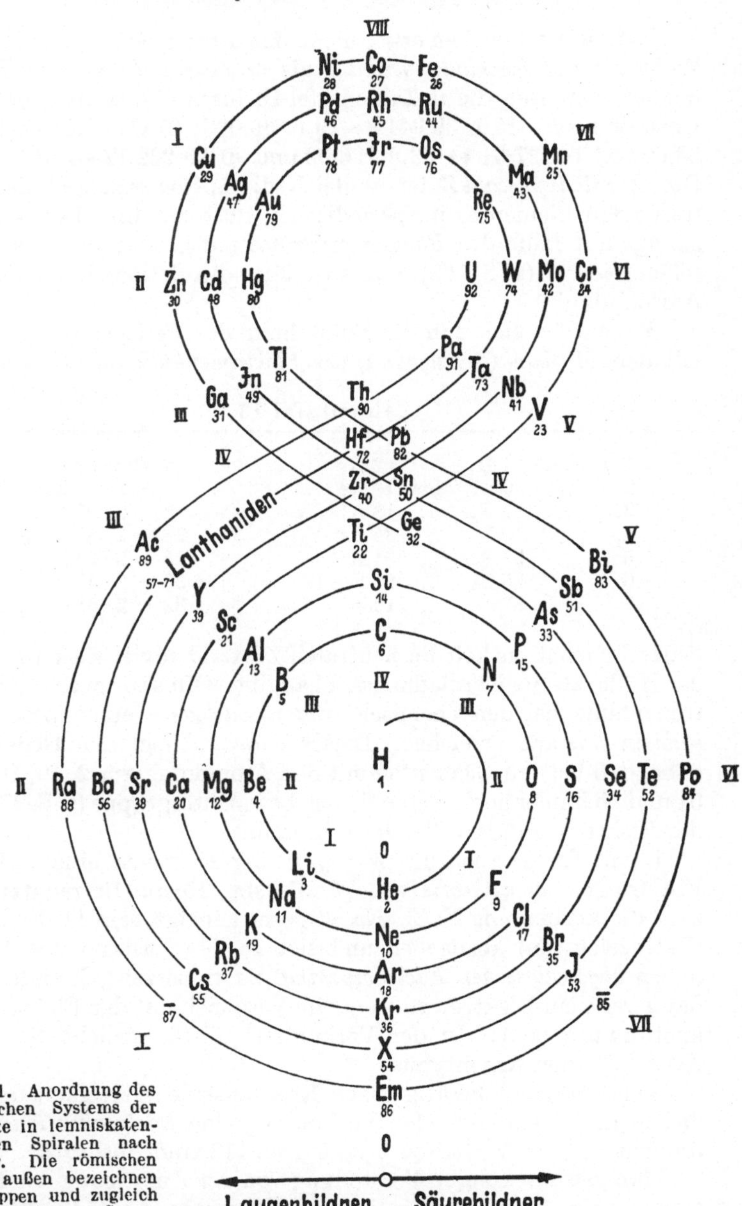

Abb. 111. Anordnung des periodischen Systems der Elemente in lemniskatenähnlichen Spiralen nach F. KIPP. Die römischen Ziffern außen bezeichnen die Gruppen und zugleich die Wertigkeit gegen Sauerstoff und die Halogene, die römischen Ziffern im Innern der unteren Spirale die Wertigkeit gegen Wasserstoff. Die Sonderstellung der Edelgase, des Kohlenstoffes und der Schwermetalle an der Grenze zwischen den elektropositiven Laugenbildnern und den elektronegativen Säurebildnern tritt deutlich in Erscheinung. Näheres hierzu siehe Naturwiss. 30, 679 (1942).

Daß, wie schon bemerkt, nicht das Atomgewicht, sondern in Wahrheit die *Kernladungszahl Z* als *ordnendes Prinzip* in Frage kommt, beweisen die in Zahlentafel 12 durch Pfeile angedeuteten Umstellungen: 18 A 39,944 ⟷ 19 K 39,096; 27 Co 58,94 ⟷ 28 Ni 58,69; 52 Te 127,61 ⟷ 53 J 126,92 und 90 Th 232,12 ⟷ 91 Pa 231. Die *Kernladungszahl Z* ist zugleich die „*Atomnummer*" des betreffenden Elementes im periodischen System. Ihre Feststellung gelingt mit Hilfe des *Röntgenspektrums* auf Grund des MOSELEY-schen *Gesetzes* (s. S. 163), das aber über die Periodizität keinerlei Aufschluß gibt.

Wie erklärt sich nun die Entstehung der *Perioden*? Sie hängt mit dem *Aufbau (Schalenbau) der Elektronenhülle* eng zusammen.

Zahlentafel 13.

1. Periode	1 H,		2 He	2 Elemente
2. „	3 Li	bis	10 Ne	$8 = 2 \cdot 2^2$ Elemente
3. „	11 Na	„	18 A	$8 = 2 \cdot 2^2$ „
4. „	19 K	„	36 Kr	$18 = 2 \cdot 3^2$ „
5. „	37 Rb	„	54 X	$18 = 2 \cdot 3^2$ „
6. „	55 Cs	„	86 Em	$32 = 2 \cdot 4^2$ „
7. „	87 —	„	118 —	$32 = 2 \cdot 4^2$ „

Jedes Element enthält im neutralen Zustand soviel Elektronen in der Hülle, als die Kernladungszahl angibt. Offenbar muß die Elektronenhülle bei den chemisch trägen *Edelgasen* einen besonders *stabilen* Zustand erreichen. Dieser Umstand legt den Gedanken nahe, daß bei den Elementen mit den Atomnummern 2, 10, 18, 36, 54 und 86 immer gerade eine Schale bzw. Untergruppe (s. S. 174 ff.) der Elektronenhülle vollendet sein muß.

Damit findet auch die *Wertigkeit* der Elemente eine einfache Erklärung (*Valenztheorie* von W. KOSSEL, 1916). Betrachten wir z. B. die Verbindung NaCl. Na ist gerne geneigt, sein 11. Elektron (Valenzelektron) abzugeben und sich in den Zustand des Neons (einen *abgeschlossenen Edelgaszustand*) zu versetzen; Cl anderseits hat gerade ein Elektron zu wenig im Vergleich mit der Elektronenanordnung des A. In der Verbindung NaCl erreicht Na$^+$ den Neon-, Cl$^-$ den Argontypus.

Jedes Element betätigt nach KOSSEL seine Wertigkeit derart, daß es in der entstehenden Verbindung eine *Edelgaskonfiguration* erreicht. Dieses Verhalten bringt Abb. 112 zum Ausdruck.

Man gewinnt so eine Vorstellung von der Anordnung der Elektronen in der Atomhülle der einzelnen Elemente (Abb. 113). Wasserstoff besitzt ein Elektron auf einer Kreisbahn, He zwei in gleichem Abstand kreisende Elektronen; damit ist schon die *erste* Schale

K-Schale) mit der Hauptquantenzahl $n = 1$ abgeschlossen. Dann beginnt die Schale mit der Hauptquantenzahl $n = 2$, die der Reihe nach die Elemente 3 Li, 4 Be, 5 B, 6 C, 7 N, 8 O, 9 F und als letztes das Edelgas 10 Ne umfaßt, bei dem die *L-Schale* mit 8 Elektronen

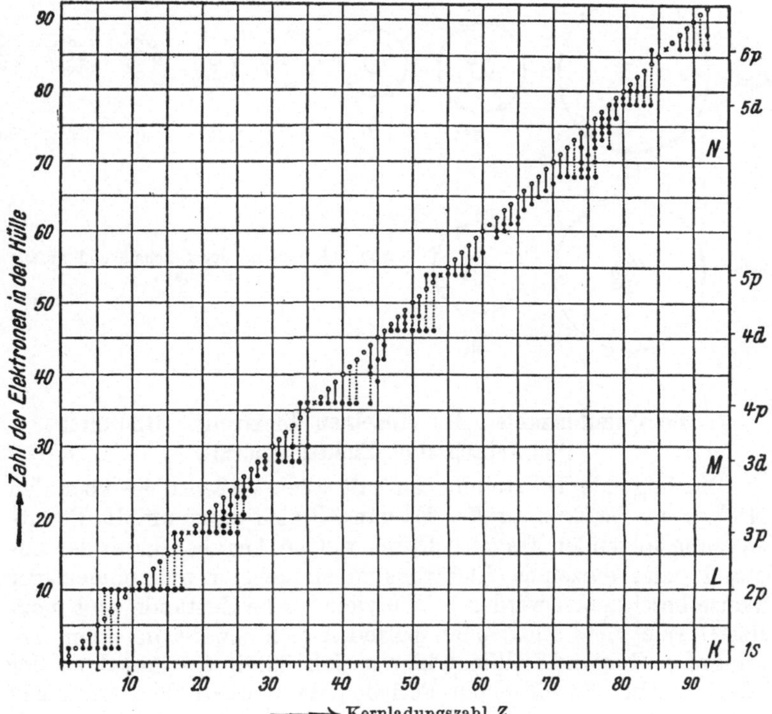

Abb. 112. Darstellung der Wertigkeit (Valenz) der Elemente nach W. KOSSEL.
Jedes Element sucht so viel Elektronen in seine Atomhülle aufzunehmen, bzw. aus ihr abzugeben, bis eine Edelgaskonfiguration erreicht ist.

abgeschlossen ist. Es folgen sodann, den Hauptquantenzahlen $n = 3, 4, 5, 6, 7$ entsprechend, die *M-, N-, O-, P-* und *Q*-Schale, die im abgeschlossenen Zustand der Reihe nach 18 $(2 \cdot 3^2)$, 32 $(2 \cdot 4^2)$, 50 $(2 \cdot 5^2)$, 72 $(2 \cdot 6^2)$ und 98 $(2 \cdot 7^2)$ Elektronen enthalten bzw. enthalten würden (vgl. Zahlentafel 13, S. 168). Beim letzten Element des periodischen Systems, bei 92 U, sind sämtliche Schalen mit Einschluß der *N*-Schale abgeschlossen, in der *O*-Schale befinden sich 18, in der *P*-Schale 12 und in der *Q*-Schale 2 Elektronen (s. Zahlentafel 15, S. 180). Man kann an diesem Beispiel die auch sonst gültige Regel erkennen, daß *der Ausbau der einzelnen Schalen nicht der Reihe nach* erfolgt, daß vielmehr die Besetzung neuer Schalen anfängt, ehe noch die vorausgehenden abgeschlossen sind. Über den *Feinbau* der einzelnen Schalen siehe den nächsten Abschnitt.

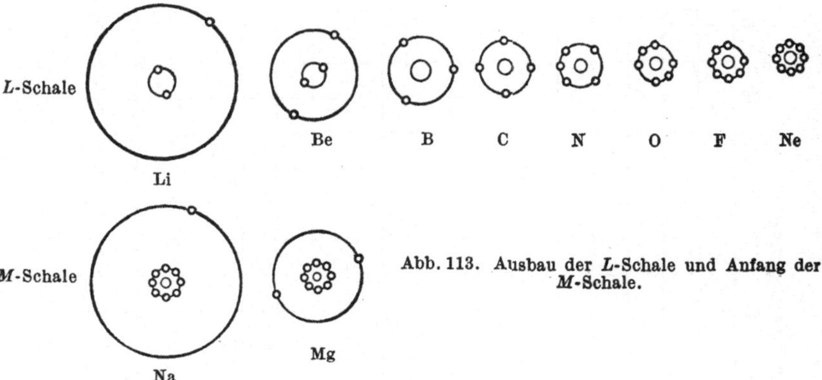

Abb. 113. Ausbau der *L*-Schale und Anfang der *M*-Schale.

7. Die Quantenzahlen des einzelnen Elektrons. Räumliche Quantelung und Elektronendrall.

Die folgende Darstellung enthält alles Wesentliche über den *Aufbau der Elektronenhülle*. Es handelt sich dabei um die Beantwortung folgender Fragen: Durch welche Angaben kann der Zustand jedes einzelnen Elektrons in einfachster und eindeutiger Weise beschrieben werden? Wie viele solche Zustände sind möglich? Wie viele Elektronen befinden sich jeweils in einem bestimmten Zustand? Wie erklären sich damit die Anzahlen der Elemente in den einzelnen Perioden des periodischen Systems? Wie sind die Elektronen in der Atomhülle eines jeden Elementes verteilt? Die befriedigende Lösung all dieser Fragen ist durch die *Einführung von vier Quantenzahlen* zur Kennzeichnung des Elektronenzustandes im Verein mit dem *Ausschließungsprinzip* von PAULI (1925) möglich geworden.

Wir betrachten zunächst die vier Quantenzahlen. Von ihnen sind uns zwei bereits bekannt: Die *Hauptquantenzahl n* und die *azimutale* oder *Nebenquantenzahl k*, die alle Werte von 1 bis *n*, also im ganzen *n* Werte annehmen kann. Die *erstere* bestimmt, wie wir wissen, die *Schale*, in der sich das Elektron befindet, die *letztere* die ihm zukommende *Bahnform innerhalb derselben*. Die *Nebenquantenzahl k* wurde zunächst von SOMMERFELD zur Quantelung der *Ellipsenbahnen* eingeführt (s. S. 148), sie hat aber erst wirkliche Bedeutung bei den *Rosettenbahnen* (s. S. 153 ff.), bzw. bei *Ab-*

weichungen vom COULOMB*schen Feld* erlangt, wie sie in allen jenen
Fällen vorliegen, wo die Elektronenbewegung im Felde des teilweise *abgeschirmten* Kernes (des „*Atomrumpfes*") erfolgt.

a) Räumliche Quantelung. Magnetische Quantenzahl. Die Bedeutung der *Nebenquantenzahl k* liegt darin, daß sie den *Bahndrehimpuls* $\vec{k}$[1] des Elektrons bestimmt. In diesem Sinne muß die ganze
Zahl k als *Vektor* (senkrecht zur Bahn) aufgefaßt werden. Das
Vorhandensein *äußerer* (elektrischer oder magnetischer) *Felder*

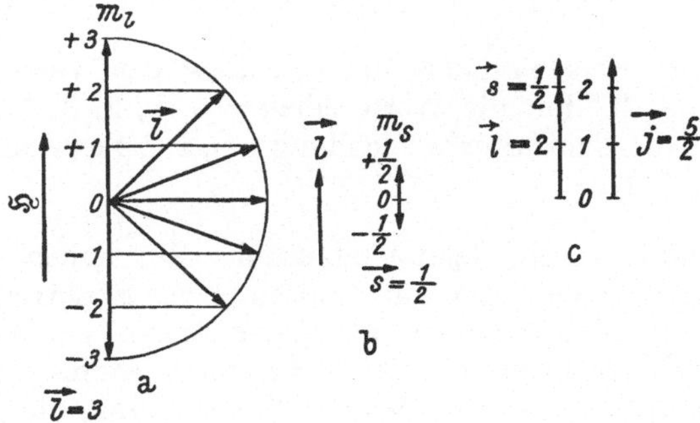

Abb. 114. a) Räumliche Quantelung des Bahnimpulses $\vec{l}$, b) Elektronenspin $\vec{s}$, c) Gesamtdrehimpuls $\vec{j} = \vec{l} + \vec{s}$ eines Elektrons.[1]

kann die *Raumlage* der Bahnen und damit die *Richtung* des Vektors $\vec{k}$ beeinflussen. Nach dem über *räumliche (Richtungs-)Quante-
lung* (S. 157 ff.) Gesagten erscheinen nur jene Richtungen von $\vec{k}$ zulässig, für welche die Projektion von $\vec{k}$ auf die Richtung des stören-
den Feldes, das für das Atom eine bevorzugte Raumrichtung erst
definiert, selbst wieder eine *ganze Zahl* ist. Statt der Quantenzahl k wollen wir im folgenden die *Quantenzahl l* verwenden, die

---

[1] Bezogen auf $\dfrac{h}{2\pi}$ als Einheit. Der Pfeil über einem Buchstaben
bedeutet hier und im folgenden, daß die betreffende physikalische Größe
als *Vektor* aufzufassen ist. Durch Weglassung des Pfeiles wird zum Ausdruck gebracht, daß nur der *absolute Betrag* dieser Größe in Betracht
kommt. Zwischen dem Vektor $\vec{k}$ und dem früher (S. 139) eingeführten
Bahndrehimpuls $\vec{p}_\varphi$ besteht der durch die *azimutale Quantenbedingung* (156)
bzw. (199) vermittelte Zusammenhang:

$$\vec{p}_\varphi = \frac{h}{2\pi} \cdot \vec{k}, \quad \vec{k} = \frac{2\pi}{h} \cdot \vec{p}_\varphi . \tag{156a}$$

durch die Beziehung

$$l = k - 1 = 0, 1, 2, 3, \ldots n - 1 \ [1] \tag{211}$$

festgelegt wird, und ihr ebenso wie k einen *Vektor* $\vec{l}$ zuordnen, der *räumlich gequantelt* ist (s. Abb. 114). Die sämtlichen *ganzzahligen* Projektionen von $\vec{l}$ auf die Richtung des äußeren Feldes (z. B. des magnetischen Feldes $\mathfrak{H}$) ergeben die Gesamtheit der $(2\,l + 1)$-Werte der *magnetischen Quantenzahl* m_l:

$$l, l - 1, l - 2, \ldots + 1, 0, -1, -2, \ldots -l + 1, -l. \tag{212}$$

Im Falle der Abb. 114a $(\vec{l} = 3)$ sind dies die sieben Werte: 3, 2, 1, 0, -1, -2, -3. Für die Wertereihe $l = 0, 1, 2, 3, 4$ usw. wird gewöhnlich die *Buchstaben*bezeichnung s, p, d, f, g usw. angewendet (Zahlentafel 14).

b) Elektronendrall. Spinquantenzahl. Wir haben aber noch nicht genug Möglichkeiten zur Erklärung der Spektren, sondern gerade nur die *Hälfte* der erforderlichen Anzahl zur eindeutigen Beschreibung der Zustände eines Elektrons im Atom. UHLENBECK und GOUDSMIT erweiterten 1925 die Theorie durch die Annahme, daß jedes Elektron, abgesehen von seinem *räumlich gequantelten Bahnimpuls* $\vec{l}$,[2] noch einen *Eigendrehimpuls* infolge einer Drehung um die eigene Achse besitzt. Diesen vektoriellen Drehimpuls $\vec{s}$[2] nennt man *Drall* oder *Spin* des Elektrons. DIRAC lieferte 1928 eine den Rahmen dieser Schrift weit überschreitende Theorie für diesen *Spin*. Es sind nur *zwei Spinstellungen* möglich: *in der* Richtung des *Bahnimpulses* $\vec{l}$ oder ihm *entgegen*. Für sie gelten die spektroskopisch bestätigten Werte der *Spinquantenzahl*

$$m_s = \pm \frac{1}{2} \tag{213}$$

(Abb. 114b). *Bahnimpuls* $\vec{l}$ und *Spin* $\vec{s}$ setzen sich für das einzelne Elektron *vektoriell* zu einem *Gesamtdrehimpuls* $\vec{j}$[2] (*innere Quantenzahl*) zusammen:

$$\vec{j} = \vec{l} + \vec{s}. \tag{214}$$

j kann somit die Werte $\frac{1}{2}$, $\frac{3}{2}$, $\frac{5}{2}$, $\frac{7}{2}$ usw. annehmen. Die

---

[1] In unmittelbarer und ungezwungener Weise ergibt sich diese *azimutale* Quantenzahl vom Standpunkt der *Wellenmechanik* (s. S. 285).
[2] Siehe die Fußnote auf S. 171.

Zahlentafel 14. Quantenzahlen des einzelnen Elektrons.

n	1	2			3					4						
l	0	0	1		0	1		2		0	1		2		3	
	s	s	p		s	p		d		s	p		d		f	
m_l	0	0	0	± 1	0	0	± 1	± 1	$\pm 2,\ 0$	0	0	± 1	± 1	$\pm 2,\ 0$	$\pm 2,\ 0$	$\pm 3,\ \pm 1$
m_s	$\pm\frac{1}{2}$	$\pm\frac{1}{2}$	$\pm\frac{1}{2}$	$\pm\frac{1}{2}$	$\pm\frac{1}{2}$	$\pm\frac{1}{2}$	$\pm\frac{1}{2}$	$\pm\frac{1}{2}$	$\pm\frac{1}{2}$	$\pm\frac{1}{2}$	$\pm\frac{1}{2}$	$\pm\frac{1}{2}$	$\pm\frac{1}{2}$	$\pm\frac{1}{2}$	$\pm\frac{1}{2}$	$\pm\frac{1}{2}$
m	$\pm\frac{1}{2}$	$\pm\frac{1}{2}$	$\pm\frac{1}{2}$	$+\frac{3}{2}$ bis $-\frac{3}{2}$	$\pm\frac{1}{2}$	$\pm\frac{1}{2}$	$+\frac{3}{2}$ bis $-\frac{3}{2}$	$+\frac{3}{2}$ bis $-\frac{3}{2}$	$+\frac{5}{2}$ bis $-\frac{5}{2}$	$\pm\frac{1}{2}$	$\pm\frac{1}{2}$	$+\frac{3}{2}$ bis $-\frac{3}{2}$	$+\frac{3}{2}$ bis $-\frac{3}{2}$	$+\frac{5}{2}$ bis $-\frac{5}{2}$	$+\frac{5}{2}$ bis $-\frac{5}{2}$	$+\frac{7}{2}$ bis $-\frac{7}{2}$
j	$\frac{1}{2}$	$\frac{1}{2}$	$\frac{1}{2}$	$\frac{3}{2}$	$\frac{1}{2}$	$\frac{1}{2}$	$\frac{3}{2}$	$\frac{3}{2}$	$\frac{5}{2}$	$\frac{1}{2}$	$\frac{1}{2}$	$\frac{3}{2}$	$\frac{3}{2}$	$\frac{5}{2}$	$\frac{5}{2}$	$\frac{7}{2}$
Zahl der Zustände	2	2	2	4	2	2	4	4	6	2	2	4	4	6	6	8
Gesamtzahl der Zustände (Elektronen)	2	$8 = 2\cdot 2^2$			$18 = 2\cdot 3^2$					$32 = 2\cdot 4^2$						
Elektronenanordnung	$1\,s^2$	$2\,s^2\,p^6$			$3\,s^2\,p^6\,d^{10}$					$4\,s^2\,p^6\,d^{10}\,f^{14}$						
Schale und Untergruppe	K	L_I	L_{II}	L_{III}	M_I	M_{II}	M_{III}	M_{IV}	M_V	N_I	N_{II}	N_{III}	N_{IV}	N_V	N_{VI}	N_{VII}

räumliche Quantelung des *Gesamtdrehimpulses* $\vec{j}$ ergibt die folgenden $2\,(2\,l + l)$ Werte der *magnetischen Quantenzahl*

$$m = m_l + m_s: \tag{215}$$

$$\left.\begin{array}{l} l \pm \dfrac{1}{2}\,, \quad (l-1) \pm \dfrac{1}{2}\,, \quad \cdots\; 1 \pm \dfrac{1}{2}\,, \quad \pm \dfrac{1}{2}\,, \\[2mm] -1 \pm \dfrac{1}{2}\,, \quad \cdots\; (-l+1) \pm \dfrac{1}{2}\,, \quad -l \pm \dfrac{1}{2}\,. \end{array}\right\} \tag{215a}$$

Abb. 114c stellt den Fall $\vec{l} = 2$, $\vec{j} = \dfrac{5}{2}$ dar. Jetzt haben wir *genug* verschiedene Möglichkeiten, deren jede durch bestimmte Werte der vier Quantenzahlen n, l, m_l, m_s gekennzeichnet ist. Ihnen wollen wir noch das

c) Ausschließungsprinzip von Pauli ("Pauliverbot") hinzufügen. In einem bestimmten Quantenzustand (n, l, m_l, m_s) kann sich jeweils nur *ein* Elektron befinden. Die möglichen Elektronenzustände, die sich so ergeben, sind in der Zahlentafel 14 zusammengefaßt.

Dieser Zahlentafel seien einige Bemerkungen beigefügt. Die *K-Schale* entspricht dem *ersten* Bohrschen *Kreis* des H-Atoms ($n = 1$); sie enthält zwei s-Elektronen mit dem Gesamtdrehimpuls $\vec{j} = \dfrac{1}{2}$, deren *Spins* entweder *parallel* ("*Ortho*-Zustand") oder *antiparallel* ("*Para*-Zustand") sein können. Bei 2 He ist die *K*-Schale abgeschlossen; es kommt je nach der Spineinstellung seiner beiden Elektronen in zwei Modifikationen vor: als *Ortho-* und *Parhelium*. Zur Hauptquantenzahl $n = 2$ gehört die *L-Schale*, die also dem *zweiten* Bohrschen *Kreis* entspricht; sie umfaßt nach ihrer Vollendung, die bei 10 Ne erreicht ist, 2 s-Elektronen (Nebenquantenzahl $l = 0$) mit $\vec{j} = \dfrac{1}{2}$ und 6 p-Elektronen ($l = 1$), von denen zwei den Gesamtdrehimpuls $\vec{j} = \dfrac{1}{2}$ und vier den Gesamtdrehimpuls $\vec{j} = \dfrac{3}{2}$ aufweisen. Man pflegt, dieser Unterscheidung folgend, die *L*-Schale in eine L_I-, L_{II}- und L_{III}-Schale zu unterteilen. In ähnlicher Weise wird bei der *M*-Schale ($n = 3$) und *N*-Schale ($n = 4$) verfahren, wie dies aus Zahlentafel 14 deutlich hervorgeht. Die angegebene Verteilung der Elektronen auf die *Untergruppen* der einzelnen Schalen weicht von der ursprünglich von Bohr vorgeschlagenen ab und stammt von M. Smith und E. Stoner (1924). Sie wird durchaus dem *Paulischen Prinzip* gerecht.

Auf dieser Grundlage sind wir imstande, die Atomspektren in erschöpfender Weise zu deuten. Abb. 115 zeigt das *vollständige*

Termschema der Röntgenspektren eines schweren Atoms, das auch über die Feinstruktur der Linien Rechenschaft gibt. Die den einzelnen Untergruppen entsprechenden Energiestufen sind durch waagrechte parallele Schichtenlinien dargestellt.

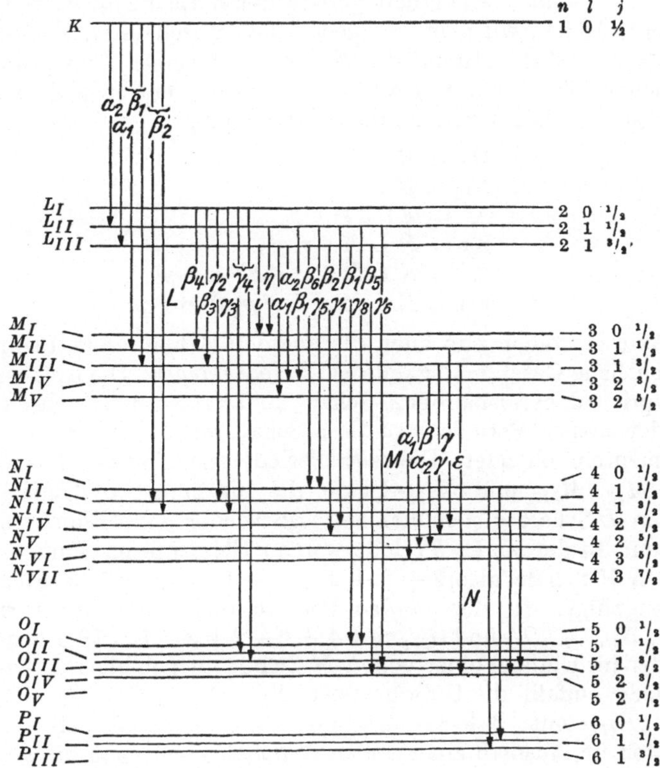

Abb. 115. Vollständiges Termschema der Röntgenlinien eines schweren Atoms.
Die Abstände der Energiestufen sind nicht maßstäblich richtig wiedergegeben. Die eingezeichneten Pfeile entsprechen den beobachteten Linien; die ihnen zugeordneten, „erlaubten" Elektronensprünge sind durch die *Auswahlregeln* gekennzeichnet:

$$\Delta l = \pm 1; \quad \Delta j = 0 \text{ und } \pm 1.$$

d) Elektronenanordnung in der Atomhülle. Über die *Elektronenverteilung* jedes Elementes im *Grundzustand* gibt Zahlentafel 15 Aufschluß. 1 H besitzt *ein Valenzelektron*; dasselbe ist bei 3 Li und später bei 11 Na, 19 K, 37 Rb, 55 Cs und 87 AcK der Fall. Wir finden, daß die übereinstimmenden chemischen Eigenschaften dieser Elemente offenbar in der Tatsache ihren Grund haben, daß bei jedem von ihnen das locker gebundene

Valenzelektron auf einer s-Bahn den *Anbau einer neuen Schale* einleitet. Die weiter innen liegenden Schalen müssen dabei noch nicht vollständig ausgebaut sein. Wohl aber sind bei jedem vorausgehenden *Edelgas gewisse Untergruppen vollendet* worden, was die chemische Trägheit gerade dieser Elemente verständlich macht. Indem wir jede *vollendete* Schale durch ihren Buchstaben angeben und die *Anzahl der Elektronen in einer Untergruppe* in üblicher Weise als *Exponenten* schreiben, ergibt sich für die *Edelgase* die leicht verständliche Darstellung:

$$\text{He} = K,$$
$$\text{Ne} = KL,$$
$$\text{A} = KL\,3\,s^2\,p^6,$$
$$\text{Kr} = K\,L\,M\,4\,s^2\,p^6,$$
$$\text{X} = K\,L\,M\,4\,s^2\,p^6\,d^{10}\,5\,s^2\,p^6,$$
$$\text{Rn} = K\,L\,M\,N\,5\,s^2\,p^6\,d^{10}\,6\,s^2\,p^6.$$

Wir verstehen nun auch die aus den Zahlentafeln 13 und 14 ersichtliche Gesetzmäßigkeit der *Periodenlängen*. Die *erste* Periode entspricht dem Ausbau der K-Schale, umfaßt also nur zwei Elemente. In der *zweiten* Periode wird die L-Schale mit $2 + 2 + 4 = 8 = 2 \cdot 2^2$ Elementen vollendet. Die *dritte* Periode reicht bis zur Ausbildung der M_I-, M_{II}- und M_{III}-Schale, die zusammen an Umfang der vollen L-Schale gleichkommen, also wieder acht Elemente umfassen. In der *vierten* Periode werden Elemente im Umfange der vollen M-Schale, also $2 + 2 + 4 + 4 + 6 = 18 = 2 \cdot 3^2$ Elemente hinzugefügt. In der *fünften* Periode weden die Untergruppen N_{IV}, N_V, O_I, O_{II} und O_{III} mit $4 + 6 + 2 + 2 + 4 = 18$ Elementen wieder im Umfang einer vollen M-Schale ausgebildet. Die *sechste* Periode umfaßt die Untergruppen N_{VI}, N_{VII}, O_{IV}, O_V, P_I, P_{II} und P_{III} mit $6 + 8 + 4 + 6 + 2 + 2 + 4 = 32 = 2 \cdot 4^2$ Elementen im Ausmaß einer vollen N-Schale, und auch die *siebente*, nicht mehr vollendete Periode müßte wohl den gleichen Umfang haben. Man erkennt darin das für die Periodenlängen gültige, allgemeine Gesetz: *Länge der m^{ten} Periode*

$$l_m = \sum_{l=0}^{m-1} 2 \cdot (2\,l + 1) = 4 \cdot \frac{m\,(m-1)}{2} + 2m = 2\,m^2. \qquad (216)$$

Zahlentafel 15 (S. 178 ff.) bringt außerdem eine von MADELUNG (1936) als *Ordnungsprinzip der Elektronenanlagerung* erkannte und vom Verfasser etwas *abgeänderte Regel* zum Ausdruck: Schreibt man die auf das *zuletzt angelagerte Elektron* bezüglichen Zahlen $n + l, n, m_s + \frac{1}{2}, m_l + l$ in dieser Reihenfolge nebeneinander, so ergibt sich eine *aufsteigende Reihe vierstelliger Zahlen*[1]. Die vom Verfasser getroffene *Abänderung* besteht darin, daß er an die Stelle von m_s, das nur die Werte $\pm\frac{1}{2}$ annehmen kann, $m_s+\frac{1}{2}$ und an die Stelle von m_l, das die Reihe der ganzen Zahlen von $-l$ bis $+l$ durchläuft, also auch negative Werte annehmen kann, m_l+l gesetzt hat, wodurch sich *lauter positive, ganze Zahlen* ergeben, die sich zu *vierstelligen Zahlen* vereinigen lassen.

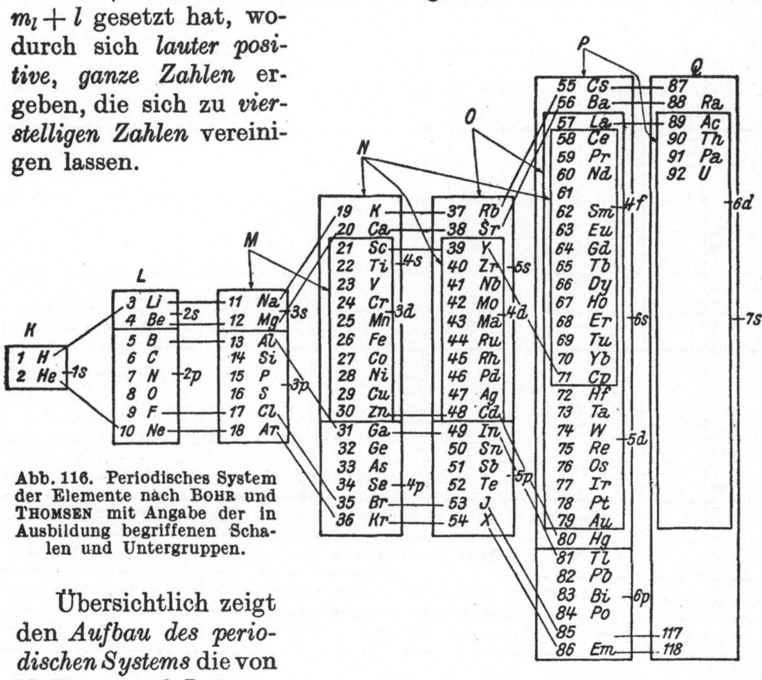

Abb. 116. Periodisches System der Elemente nach BOHR und THOMSEN mit Angabe der in Ausbildung begriffenen Schalen und Untergruppen.

Übersichtlich zeigt den *Aufbau des periodischen Systems* die von N. BOHR und J. THOMSEN herrührende *Anordnung der Elemente* in Abb. 116, die durch *Angabe der Schalen und Untergruppen* vom Verfasser ergänzt worden ist.

Besonders bemerkenswert sind die „*seltenen Erden*" (*Lanthaniden*), die Elemente von 57 La bis 71 Cp, die, wie bekannt, chemisch nur sehr schwer zu trennen sind. Ihre in weitem Maße übereinstimmenden Eigenschaften werden verständlich, wenn man bedenkt, daß sie alle *in den äußeren Schalen* (*O*- und *P*-Schale) *dieselbe Elektronenanordnung* aufweisen und Unterschiede nur in den Elektronenzahlen der *N*-Schale bestehen, von der die noch fehlenden *Untergruppen* N_{VI} und N_{VII} (4f) *fertig ausgebaut* werden.

---

[1] Eine *Störung* dieser Gesetzmäßigkeit zeigt sich nur bei den Atomnummern 30, 47, 48, 80 und 81, also an jenen Stellen, wo vorübergehend ein *Elektronenabbau* in einer Untergruppe erfolgt, sowie bei Atomnummer 57.

Zahlentafel 15. Elektronenanordnung im Grundzustand der Atomhülle der einzelnen Elemente.

Ele-ment	Grund-term	$n+l$	n	$m_s+\frac{1}{2}$	m_l+l	l	K	L		M			N				O				P		Q
							1s	2s	2p	3s	3p	3d	4s	4p	4d	4f	5s	5p	5d	5f	6s	6p	7s
1 H	$^2S_{1/2}$	1	1	0	0	0	1																
2 He	$^1S_0$	1	1	1	0	0	2																
3 Li	$^2S_{1/2}$	2	2	0	0	0	2	1															
4 Be	$^1S_0$	2	2	1	0	0	2	2															
5 B	$^2P_{1/2}$	3	2	0	0	1	2	2	1														
6 C	$^3P_0$	3	2	0	1	1	2	2	2														
7 N	$^4S_{3/2}$	3	2	0	2	1	2	2	3														
8 O	$^3P_2$	3	2	1	0	1	2	2	4														
19 F	$^2P_{3/2}$	3	2	1	1	1	2	2	5														
10 Ne	$^1S_0$	3	2	1	2	1	2	2	6														
11 Na	$^2S_{1/2}$	3	3	0	0	0	2	2	6	1													
12 Mg	$^1S_0$	3	3	1	0	0	2	2	6	2													
13 Al	$^2P_{1/2}$	4	3	0	0	1	2	2	6	2	1												
14 Si	$^3P_0$	4	3	0	1	1	2	2	6	2	2												
15 P	$^4S_{3/2}$	4	3	0	2	1	2	2	6	2	3												
16 S	$^3P_2$	4	3	1	0	1	2	2	6	2	4												
17 Cl	$^2P_{3/2}$	4	3	1	1	1	2	2	6	2	5												
18 A	$^1S_0$	4	3	1	2	1	2	2	6	2	6												
19 K	$^2S_{1/2}$	4	4	0	0	0	2	2	6	2	6		1										
20 Ca	$^1S_0$	4	4	1	0	0	2	2	6	2	6		2										
21 Sc	$^2D_{3/2}$	5	3	0	0	2	2	2	6	2	6	1	2										
22 Ti	$^3F_2$	5	3	0	1	2	2	2	6	2	6	2	2										
23 V	$^4F_{3/2}$	5	3	0	2	2	2	2	6	2	6	3	2										
24 Cr	$^7S_3$	5	3	0	3	2	2	2	6	2	6	4	2										
25 Mn	$^6S_{5/2}$	5	3	0	4	2	2	2	6	2	6	5	2										
26 Fe	$^5D_4$	5	3	1	0	2	2	2	6	2	6	6	2										
27 Co	$^4F_{9/2}$	5	3	1	1	2	2	2	6	2	6	7	2										
28 Ni	$^3F_4$	5	3	1	2	2	2	2	6	2	6	8	2										
29 Cu	$^2S_{1/2}$	5	3	1	3	2	2	2	6	2	6	10	1										
30 Zn	$^1S_0$	4	4	1	0	0	2	2	6	2	6	10	2										

<table>
<tr><td></td><td></td><td></td><td></td><td></td><td></td><td></td><td></td><td></td><td></td><td></td><td></td><td></td><td></td><td></td><td></td><td></td><td></td><td></td><td></td><td></td><td></td><td></td><td></td><td>1</td><td>2</td><td>2</td><td>2</td><td>2</td><td>2</td><td>2</td><td>2</td><td>2</td><td>2</td></tr>
<tr><td></td><td></td><td></td><td></td><td></td><td></td><td></td><td></td><td></td><td></td><td></td><td></td><td></td><td></td><td></td><td></td><td></td><td></td><td></td><td></td><td></td><td></td><td></td><td></td><td></td><td></td><td>1</td><td>1</td><td>1</td><td>1</td><td>1</td><td>1</td><td>1</td><td>1</td></tr>
<tr><td></td><td></td><td></td><td></td><td></td><td></td><td></td><td></td><td></td><td></td><td></td><td></td><td></td><td></td><td></td><td></td><td></td><td></td><td>1</td><td>2</td><td>3</td><td>4</td><td>5</td><td>6</td><td>6</td><td>6</td><td>6</td><td>6</td><td>6</td><td>6</td><td>6</td><td>6</td><td>6</td><td>6</td></tr>
<tr><td></td><td></td><td></td><td></td><td></td><td></td><td>1</td><td>2</td><td>2</td><td>2</td><td>1</td><td>1</td><td>1</td><td>1</td><td>1</td><td></td><td>1</td><td>2</td><td>2</td><td>2</td><td>2</td><td>2</td><td>2</td><td>2</td><td>2</td><td>2</td><td>2</td><td>2</td><td>2</td><td>2</td><td>2</td><td>2</td><td>2</td><td>2</td></tr>
<tr><td></td><td></td><td></td><td></td><td></td><td></td><td></td><td></td><td></td><td></td><td></td><td></td><td></td><td></td><td></td><td></td><td></td><td></td><td></td><td></td><td></td><td></td><td></td><td></td><td></td><td></td><td></td><td>1</td><td>2</td><td>3</td><td>4</td><td>5</td><td>6</td><td>7</td></tr>
<tr><td></td><td></td><td></td><td></td><td></td><td></td><td></td><td></td><td>1</td><td>2</td><td>4</td><td>5</td><td>6</td><td>7</td><td>8</td><td>10</td><td>10</td><td>10</td><td>10</td><td>10</td><td>10</td><td>10</td><td>10</td><td>10</td><td>10</td><td>10</td><td>10</td><td>10</td><td>10</td><td>10</td><td>10</td><td>10</td><td>10</td><td>10</td></tr>
<tr><td>1</td><td>2</td><td>3</td><td>4</td><td>5</td><td>6</td><td>6</td><td>6</td><td>6</td><td>6</td><td>6</td><td>6</td><td>6</td><td>6</td><td>6</td><td>6</td><td>6</td><td>6</td><td>6</td><td>6</td><td>6</td><td>6</td><td>6</td><td>6</td><td>6</td><td>6</td><td>6</td><td>6</td><td>6</td><td>6</td><td>6</td><td>6</td><td>6</td><td>6</td></tr>
<tr><td>2</td><td>2</td><td>2</td><td>2</td><td>2</td><td>2</td><td>2</td><td>2</td><td>2</td><td>2</td><td>2</td><td>2</td><td>2</td><td>2</td><td>2</td><td>2</td><td>2</td><td>2</td><td>2</td><td>2</td><td>2</td><td>2</td><td>2</td><td>2</td><td>2</td><td>2</td><td>2</td><td>2</td><td>2</td><td>2</td><td>2</td><td>2</td><td>2</td><td>2</td></tr>
<tr><td>10</td><td>10</td><td>10</td><td>10</td><td>10</td><td>10</td><td>10</td><td>10</td><td>10</td><td>10</td><td>10</td><td>10</td><td>10</td><td>10</td><td>10</td><td>10</td><td>10</td><td>10</td><td>10</td><td>10</td><td>10</td><td>10</td><td>10</td><td>10</td><td>10</td><td>10</td><td>10</td><td>10</td><td>10</td><td>10</td><td>10</td><td>10</td><td>10</td><td>10</td></tr>
<tr><td>6</td><td>6</td><td>6</td><td>6</td><td>6</td><td>6</td><td>6</td><td>6</td><td>6</td><td>6</td><td>6</td><td>6</td><td>6</td><td>6</td><td>6</td><td>6</td><td>6</td><td>6</td><td>6</td><td>6</td><td>6</td><td>6</td><td>6</td><td>6</td><td>6</td><td>6</td><td>6</td><td>6</td><td>6</td><td>6</td><td>6</td><td>6</td><td>6</td><td>6</td></tr>
<tr><td>2</td><td>2</td><td>2</td><td>2</td><td>2</td><td>2</td><td>2</td><td>2</td><td>2</td><td>2</td><td>2</td><td>2</td><td>2</td><td>2</td><td>2</td><td>2</td><td>2</td><td>2</td><td>2</td><td>2</td><td>2</td><td>2</td><td>2</td><td>2</td><td>2</td><td>2</td><td>2</td><td>2</td><td>2</td><td>2</td><td>2</td><td>2</td><td>2</td><td>2</td></tr>
<tr><td>6</td><td>6</td><td>6</td><td>6</td><td>6</td><td>6</td><td>6</td><td>6</td><td>6</td><td>6</td><td>6</td><td>6</td><td>6</td><td>6</td><td>6</td><td>6</td><td>6</td><td>6</td><td>6</td><td>6</td><td>6</td><td>6</td><td>6</td><td>6</td><td>6</td><td>6</td><td>6</td><td>6</td><td>6</td><td>6</td><td>6</td><td>6</td><td>6</td><td>6</td></tr>
<tr><td>2</td><td>2</td><td>2</td><td>2</td><td>2</td><td>2</td><td>2</td><td>2</td><td>2</td><td>2</td><td>2</td><td>2</td><td>2</td><td>2</td><td>2</td><td>2</td><td>2</td><td>2</td><td>2</td><td>2</td><td>2</td><td>2</td><td>2</td><td>2</td><td>2</td><td>2</td><td>2</td><td>2</td><td>2</td><td>2</td><td>2</td><td>2</td><td>2</td><td>2</td></tr>
<tr><td>2</td><td>2</td><td>2</td><td>2</td><td>2</td><td>2</td><td>2</td><td>2</td><td>2</td><td>2</td><td>2</td><td>2</td><td>2</td><td>2</td><td>2</td><td>2</td><td>2</td><td>2</td><td>2</td><td>2</td><td>2</td><td>2</td><td>2</td><td>2</td><td>2</td><td>2</td><td>2</td><td>2</td><td>2</td><td>2</td><td>2</td><td>2</td><td>2</td><td>2</td></tr>
<tr><td>0</td><td>1</td><td>2</td><td>0</td><td>1</td><td>2</td><td>0</td><td>0</td><td>0</td><td>1</td><td>3</td><td>4</td><td>0</td><td>1</td><td>2</td><td>4</td><td>0</td><td>0</td><td>0</td><td>1</td><td>2</td><td>0</td><td>1</td><td>2</td><td>0</td><td>0</td><td>0</td><td>0</td><td>1</td><td>2</td><td>3</td><td>4</td><td>5</td><td>6</td></tr>
<tr><td>0</td><td>0</td><td>0</td><td>1</td><td>1</td><td>1</td><td>0</td><td>1</td><td>0</td><td>0</td><td>0</td><td>0</td><td>1</td><td>1</td><td>1</td><td>1</td><td>0</td><td>1</td><td>0</td><td>0</td><td>0</td><td>1</td><td>1</td><td>1</td><td>0</td><td>1</td><td>0</td><td>0</td><td>0</td><td>0</td><td>0</td><td>0</td><td>0</td><td>0</td></tr>
<tr><td>4</td><td>4</td><td>4</td><td>4</td><td>4</td><td>4</td><td>5</td><td>5</td><td>4</td><td>4</td><td>4</td><td>4</td><td>4</td><td>4</td><td>4</td><td>4</td><td>5</td><td>5</td><td>5</td><td>5</td><td>5</td><td>5</td><td>5</td><td>5</td><td>6</td><td>6</td><td>5</td><td>4</td><td>4</td><td>4</td><td>4</td><td>4</td><td>4</td><td>4</td></tr>
<tr><td>5</td><td>5</td><td>5</td><td>5</td><td>5</td><td>5</td><td>5</td><td>5</td><td>6</td><td>6</td><td>6</td><td>6</td><td>6</td><td>6</td><td>6</td><td>6</td><td>5</td><td>5</td><td>6</td><td>6</td><td>6</td><td>6</td><td>6</td><td>6</td><td>6</td><td>6</td><td>7</td><td>7</td><td>7</td><td>7</td><td>7</td><td>7</td><td>7</td><td>7</td></tr>
<tr><td>$^2P_{1/2}$</td><td>$^3P_0$</td><td>$^4S_{3/2}$</td><td>$^3P_2$</td><td>$^2P_{3/2}$</td><td>$^1S_0$</td><td>$^2S_{1/2}$</td><td>$^1S_0$</td><td>$^2D_{3/2}$</td><td>$^3F_2$</td><td>$^6D_{1/2}$</td><td>$^7S_3$</td><td>$^6D_{9/2}$</td><td>$^5F_5$</td><td>$^4F_{9/2}$</td><td>$^1S_0$</td><td>$^2S_{1/2}$</td><td>$^1S_0$</td><td>$^2P_{1/2}$</td><td>$^3P_0$</td><td>$^4S_{3/2}$</td><td>$^3P_2$</td><td>$^2P_{3/2}$</td><td>$^1S_0$</td><td>$^2S_{1/2}$</td><td>$^1S_0$</td><td>$^2D_{3/2}$</td><td>$^3H_4$</td><td>$^4K_{11/2}$</td><td>$^5L_6$</td><td>$^6L_{11/2}$</td><td>$^7K_4$</td><td>$^8H_{3/2}$</td><td>$^9D_2?$</td></tr>
<tr><td>Ga</td><td>Ge</td><td>As</td><td>Se</td><td>Br</td><td>Kr</td><td>Rb</td><td>Sr</td><td>Y</td><td>Zr</td><td>Nb</td><td>Mo</td><td>—</td><td>Ru</td><td>Rh</td><td>Pd</td><td>Ag</td><td>Cd</td><td>In</td><td>Sn</td><td>Sb</td><td>Te</td><td>J</td><td>X</td><td>Cs</td><td>Ba</td><td>La</td><td>Ce</td><td>Pr</td><td>Nd</td><td>—</td><td>Sm</td><td>Eu</td><td>Gd</td></tr>
<tr><td>31</td><td>32</td><td>33</td><td>34</td><td>35</td><td>36</td><td>37</td><td>38</td><td>39</td><td>40</td><td>41</td><td>42</td><td>43</td><td>44</td><td>45</td><td>46</td><td>47</td><td>48</td><td>49</td><td>50</td><td>51</td><td>52</td><td>53</td><td>54</td><td>55</td><td>56</td><td>57</td><td>58</td><td>59</td><td>60</td><td>61</td><td>62</td><td>63</td><td>64</td></tr>
</table>

Fortsetzung der Zahlentafel 15.

Ele-ment	Grund-term	$n+l$	n	$m_s + \frac{1}{2}$	$m_l + l$	l	K	L		M			N				O			P			Q
							$1s$	$2s$	$2p$	$3s$	$3p$	$3d$	$4s$	$4p$	$4d$	$4f$	$5s$	$5p$	$5d$	$6s$	$6p$	$6d$	$7s$
65 Tb	$^8H_{17/2}$	7	4	1	0	3	2	2	6	2	6	10	2	6	10	8	2	6	1	2			
66 Dy	$^7K_{10}$	7	4	1	1	3	2	2	6	2	6	10	2	6	10	9	2	6	1	2			
67 Ho	$^6L_{21/2}$	7	4	1	2	3	2	2	6	2	6	10	2	6	10	10	2	6	1	2			
68 Er	$^5L_{10}$	7	4	1	3	3	2	2	6	2	6	10	2	6	10	11	2	6	1	2			
69 Tu	$^4K_{17/2}$	7	4	1	4	3	2	2	6	2	6	10	2	6	10	12	2	6	1	2			
70 Yb	$^3H_6$	7	4	1	5	3	2	2	6	2	6	10	2	6	10	13	2	6	1	2			
71 Cp	$^2D_{3/2}?$	7	4	1	6	3	2	2	6	2	6	10	2	6	10	14	2	6	1	2			
72 Hf	$^3F_2$	7	5	0	1	2	2	2	6	2	6	10	2	6	10	14	2	6	2	2			
73 Ta	$^4F_{3/2}$	7	5	0	2	2	2	2	6	2	6	10	2	6	10	14	2	6	3	2			
74 W	$^5D_0$	7	5	0	3	2	2	2	6	2	6	10	2	6	10	14	2	6	4	2			
75 Re	$^6S_{5/2}$	7	5	0	4	2	2	2	6	2	6	10	2	6	10	14	2	6	5	2			
76 Os	$^5D_4$	7	5	1	0	2	2	2	6	2	6	10	2	6	10	14	2	6	6	2			
77 Ir	$^4F_{9/2}$	7	5	1	1	2	2	2	6	2	6	10	2	6	10	14	2	6	7	2			
78 Pt	$^3F_4$	7	5	1	2	2	2	2	6	2	6	10	2	6	10	14	2	6	8	2			
79 Au	$^2S_{1/2}$	7	5	1	4	2	2	2	6	2	6	10	2	6	10	14	2	6	10	1			
80 Hg	$^1S_0$	6	6	1	0	0	2	2	6	2	6	10	2	6	10	14	2	6	10	2			
81 Tl	$^2P_{1/2}$	6	6	0	0	0	2	2	6	2	6	10	2	6	10	14	2	6	10	2	1		
82 Pb	$^3P_0$	7	6	0	1	1	2	2	6	2	6	10	2	6	10	14	2	6	10	2	2		
83 Bi	$^4S_{3/2}$	7	6	0	2	1	2	2	6	2	6	10	2	6	10	14	2	6	10	2	3		
84 Po	$^3P_2$	7	6	1	0	1	2	2	6	2	6	10	2	6	10	14	2	6	10	2	4		
85 —	$^2P_{3/2}$	7	6	1	1	1	2	2	6	2	6	10	2	6	10	14	2	6	10	2	5		
86 Rn	$^1S_0$	7	6	1	2	1	2	2	6	2	6	10	2	6	10	14	2	6	10	2	6		
87 —	$^2S_{1/2}$	7	7	0	0	0	2	2	6	2	6	10	2	6	10	14	2	6	10	2	6		1
88 Ra	$^1S_0$	7	7	1	0	0	2	2	6	2	6	10	2	6	10	14	2	6	10	2	6		2
89 Ac	$^2D_{3/2}$	8	6	0	0	2	2	2	6	2	6	10	2	6	10	14	2	6	10	2	6	1	2
90 Th	$^3F_2$	8	6	0	1	2	2	2	6	2	6	10	2	6	10	14	2	6	10	2	6	2	2
91 Pa	$^4F_{3/2}$	8	6	0	2	2	2	2	6	2	6	10	2	6	10	14	2	6	10	2	6	3	2
92 U	$^5D_0$	8	6	0	3	2	2	2	6	2	6	10	2	6	10	14	2	6	10	2	6	4	2

8. Quantenzahlen bei Mehrelektronensystemen.

Bei Atomen mit mehreren Außenelektronen, deren Anzahl für das Spektrum des betreffenden Atoms besonders kennzeichnend ist, stellen sich die *Spinvektoren* $\vec{s}$[1] der einzelnen Elektronen *parallel* oder *antiparallel* zueinander ein und können zum *Gesamtspin* $\vec{S}$ vereinigt werden, der bald *ganz-*, bald *halbzahlig* ist, wie man dies aus der Zahlentafel 16 ersehen kann. Während bei Vorhandensein eines einzigen Elektrons die doppelte Möglichkeit der Einstellung seines Spins eine Aufspaltung jeder Energiestufe des Atoms, deren $l > 0$ ist, in zwei, also das Auftreten von Dubletts mit der Vielfachheit $r = 2 \cdot \dfrac{1}{2} + 1 = 2$ verständlich macht, erklärt uns in gleicher Weise der Gesamtspin $\vec{S}$ die zu erwartende *Vielfachheit* der Energiestufen eines Atoms mit mehreren Elektronen:

$$r = 2S + 1 . \tag{217a}$$

Auch hierüber gibt Zahlentafel 16 unter Hinweis auf kennzeichnende Beispiele Rechenschaft.

Ebenso wie die Spinvektoren ergeben auch die *Bahnimpulse* $\vec{l}$ der einzelnen Elektronen einen *Gesamtbahnimpuls* $\vec{L}$, der immer ganzzahlig ist. $\vec{L}$ und $\vec{S}$ setzen sich vektoriell zusammen und liefern den bald ganz-, bald halbzahligen *Gesamt(elektronen)drehimpuls* $\vec{J}$ des Atoms:

$$\vec{J} = \vec{L} + \vec{S}, \tag{218}$$

wie dies Abb. 123 (S. 191) erläutert. J kann somit bei festem L und S, falls $L \geqslant S$ ist, die $(2S+1)$ Werte:

$$J = L+S, \quad L+S-1, \quad \ldots \quad L-S+1, \quad L-S,$$

falls jedoch $L \leqslant S$ ist, die $(2L+1)$ Werte:

$$J = S+L, \quad S+L-1, \quad \ldots \quad S-L+1, \quad S-L$$

annehmen. Dies bedeutet, daß jeder Term mit der Quantenzahl $L \geqslant S$ in Übereinstimmung mit Gl. (217a) in der *Vielfachheit* $r = 2S + 1$, ein solcher mit der Quantenzahl $L \leqslant S$ dagegen in der *Vielfachheit*

$$r = 2L + 1 \tag{217b}$$

auftreten wird. Diese *Multiplettregel* kommt in der folgenden

---

[1] Siehe die Fußnote auf S. 171.

Zahlentafel 16. Spinanordnung, Gesamtspin und Vielfachheit der Energiestufen bei Mehrelektronensystemen.

Elektronenzahl	Spinanordnung		Gesamtspin $\vec{S}$	Vielfachheit r für $L > 0$	Beispiele [1]
1	1↑		1/2	2, Dublett	H, He$^+$, Alkalimetalle, Ca$^+$
2	1↑	1↓	0	1, Singulett	Par-He, Ca, Sc$^+$
	2↑		1	3, Triplett	Ortho-He, Ca, Sc$^+$
3	2↑	1↓	1/2	2, Dublett	Sc, Ti$^+$, Zn$^+$
	3↑		3/2	4, Quartett	
4	2↑	2↓	0	1, Singulett	Ti, Ni
	3↑	1↓	1	3, Triplett	Ti, V$^+$, Ni
	4↑		2	5, Quintett	Ti, V$^+$, Ni
5	3↑	2↓	1/2	2, Dublett	V, Co
	4↑	1↓	3/2	4, Quartett	V, Cr$^+$, Co
	5↑		5/2	6, Sextett	V, Cr$^+$, Co
6	3↑	3↓	0	1, Singulett	
	4↑	2↓	1	3, Triplett	Cr, Fe
	5↑	1↓	2	5, Quintett	Cr, Fe
	6↑		3	7, Septett	Cr, Mn$^+$, Fe
7	4↑	3↓	1/2	2, Dublett	
	5↑	2↓	3/2	4, Quartett	Mn
	6↑	1↓	5/2	6, Sextett	Mn, Fe$^+$
	7↑		7/2	8, Oktett	Mn
8	4↑	4↓	0	1, Singulett	
	5↑	3↓	1	3, Triplett	
	6↑	2↓	2	5, Quintett	Edelgase
	7↑	1↓	3	7, Septett	
	8↑		4	9, Nonett [2]	

Anordnung der J-Werte, die die Vielfachheit und Bezifferung der Multipletterme erkennen läßt, deutlich zum Ausdruck:

Zahlentafel 17.

L		Dublett ($S = \tfrac{1}{2}$)	Triplett ($S = 1$)	Quartett ($S = \tfrac{3}{2}$)
0	S	$J = \tfrac{1}{2}$	$J = 1$	$J = \tfrac{3}{2}$
1	P	$\tfrac{3}{2}\;\tfrac{1}{2}$	2 1 0	$\tfrac{5}{2}\;\tfrac{3}{2}\;\tfrac{1}{2}$
2	D	$\tfrac{5}{2}\;\tfrac{3}{2}$	3 2 1	$\tfrac{7}{2}\;\tfrac{5}{2}\;\tfrac{3}{2}\;\tfrac{1}{2}$
3	F	$\tfrac{7}{2}\;\tfrac{5}{2}$	4 3 2	$\tfrac{9}{2}\;\tfrac{7}{2}\;\tfrac{5}{2}\;\tfrac{3}{2}$
4	G	$\tfrac{9}{2}\;\tfrac{7}{2}$	5 4 3	$\tfrac{11}{2}\;\tfrac{9}{2}\;\tfrac{7}{2}\;\tfrac{5}{2}$

[1] FLÜGGE, S. und A. KREBS: Experimentelle Grundlagen der Wellenmechanik. Th. Steinkopff, 1936.

[2] Wurde bisher nicht beobachtet.

L		Quintett ($S=2$)	Sextett ($S=\tfrac{5}{2}$)	Septett ($S=3$)
0	S	$J=2$	$J=\tfrac{5}{2}$	$J=3$
1	P	3 2 1	$\tfrac{7}{2}\ \tfrac{5}{2}\ \tfrac{3}{2}$	4 3 2
2	D	4 3 2 1 0	$\tfrac{9}{2}\ \tfrac{7}{2}\ \tfrac{5}{2}\ \tfrac{3}{2}\ \tfrac{1}{2}$	5 4 3 2 1
3	F	5 4 3 2 1	$\tfrac{11}{2}\ \tfrac{9}{2}\ \tfrac{7}{2}\ \tfrac{5}{2}\ \tfrac{3}{2}\ \tfrac{1}{2}$	6 5 4 3 2 1 0
4	G	6 5 4 3 2	$\tfrac{13}{2}\ \tfrac{11}{2}\ \tfrac{9}{2}\ \tfrac{7}{2}\ \tfrac{5}{2}\ \tfrac{3}{2}$	7 6 5 4 3 2 1

Entsprechend dem Vorgange beim *einzelnen* Elektron (s. S. 172) wird der Wertefolge

$$L = 0,\ 1,\ 2,\ 3,\ 4\ 5,\ 6,\ 7,\ 8,\ \ldots$$

die *Großbuchstabenfolge*

$$S,\ P,\ D,\ F,\ G,\ H,\ I,\ K,\ L,\ \ldots$$

zugeordnet. Es ist üblich geworden, jeden Term durch Beifügung seiner *Vielfachheit r* und seines *Gesamt(elektronen)drehimpulses J* zu kennzeichnen, also z. B. $^{r}P_{J}$. $^{1}D_{2}$ bedeutet demgemäß einen Singulett-D-Term mit dem Gesamtdrehimpuls $J=2$, $^{4}F_{3/2}$ einen Quartett-F-Term mit dem Gesamtdrehimpuls $\dfrac{3}{2}$. *S-Terme* ($L=0$) sind stets *einfach*; es wird jedoch in der Regel auch ihnen die Vielfachheit des Termsystems beigefügt, zu dem sie gehören. So bezeichnet z. B. $^{2}S_{1/2}$ den S-Term eines Dublettsystems mit dem Gesamtdrehimpuls $\dfrac{1}{2}$. Der dem *Grundzustand* des *neutralen* (nicht ionisierten) *Atoms* entsprechende *Grundterm* ist für jedes einzelne Element in Zahlentafel 15 (S. 178 ff.) angegeben.

9. Aufbau der Serienspektren.

Wird das *neutrale* Atom zur Ausstrahlung angeregt, was in der Regel in Flammen oder im elektrischen Lichtbogen der Fall ist, so nennen wir das erzeugte Spektrum *Bogenspektrum*. Bei starker Erregung, die durch den elektrischen Funken erfolgen kann, entsteht das Spektrum des *ionisierten* Atoms (*Funkenspektrum*), wobei je nach der Stärke der Anregung die Ionisierung einfach oder mehrfach sein kann. So erklärt es sich, daß das Spektrum desselben Atoms je nach den Anregungsbedingungen recht verschieden aussehen kann. Wir wollen uns hier auf eine kurze Betrachtung des *Bogen*spektrums beschränken.

Wir gewinnen eine erschöpfende Darstellung der möglichen *Spektralserien* eines neutralen Atoms, wenn wir dessen verschiedene Energiezustände (Terme) kennen. Denn jede Serie kann wie beim Wasserstoffatom (s. S. 114f.) als Differenz eines konstanten und eines Laufterms dargestellt werden. Abb. 117 zeigt uns das vereinfachte Termschema eines Alkaliatoms (die Dubletterme sind einfach gezeichnet). Jeder Pfeil entspricht einer bestimmten Termdifferenz und damit einer bestimmten Spektrallinie. Es wird so die Entstehung der wichtigsten Spektralserien veranschaulicht; zur mathematischen Darstellung bedienen wir uns nach Paschen der abgekürzten Schreibweise:

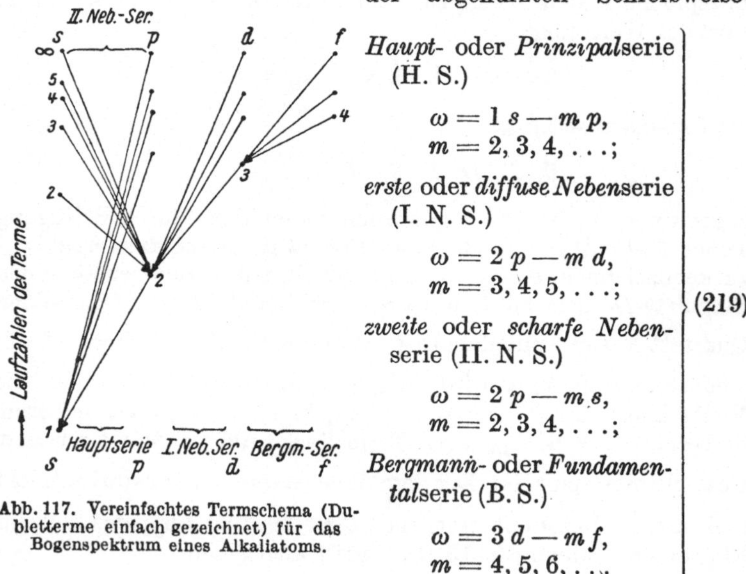

Abb. 117. Vereinfachtes Termschema (Dubletterme einfach gezeichnet) für das Bogenspektrum eines Alkaliatoms.

$$\left.\begin{aligned}
&\textit{Haupt-} \text{ oder } \textit{Prinzipal}\text{serie (H. S.)}\\
&\qquad \omega = 1\,s - m\,p,\\
&\qquad m = 2, 3, 4, \ldots;\\[4pt]
&\textit{erste} \text{ oder } \textit{diffuse Nebenserie (I. N. S.)}\\
&\qquad \omega = 2\,p - m\,d,\\
&\qquad m = 3, 4, 5, \ldots;\\[4pt]
&\textit{zweite} \text{ oder } \textit{scharfe Neben}\text{serie (II. N. S.)}\\
&\qquad \omega = 2\,p - m\,s,\\
&\qquad m = 2, 3, 4, \ldots;\\[4pt]
&\textit{Bergmann-} \text{ oder } \textit{Fundamental}\text{serie (B. S.)}\\
&\qquad \omega = 3\,d - m\,f,\\
&\qquad m = 4, 5, 6, \ldots
\end{aligned}\right\} \quad (219)$$

Während zur Darstellung der Wasserstoffspektren die Balmersche Termform

$$(m, 0) = \frac{R}{m^2} \quad (R = \text{Rydbergzahl}) \tag{220}$$

ausreicht, ist dies bei den Spektren der *höheren* Elemente nicht mehr der Fall. An die Stelle des einfachen Balmerterms treten als Ergebnis langwieriger und mühsamer Forscherarbeit zwei verwickeltere Termformen: der Rydberg*term*

$$(m, a) = \frac{R}{(m + a)^2} \tag{221}$$

mit einem konstanten Zusatzglied a, das eine bestimmte Spektralserie kennzeichnet, und der zu noch feinerer Unterscheidung ge-

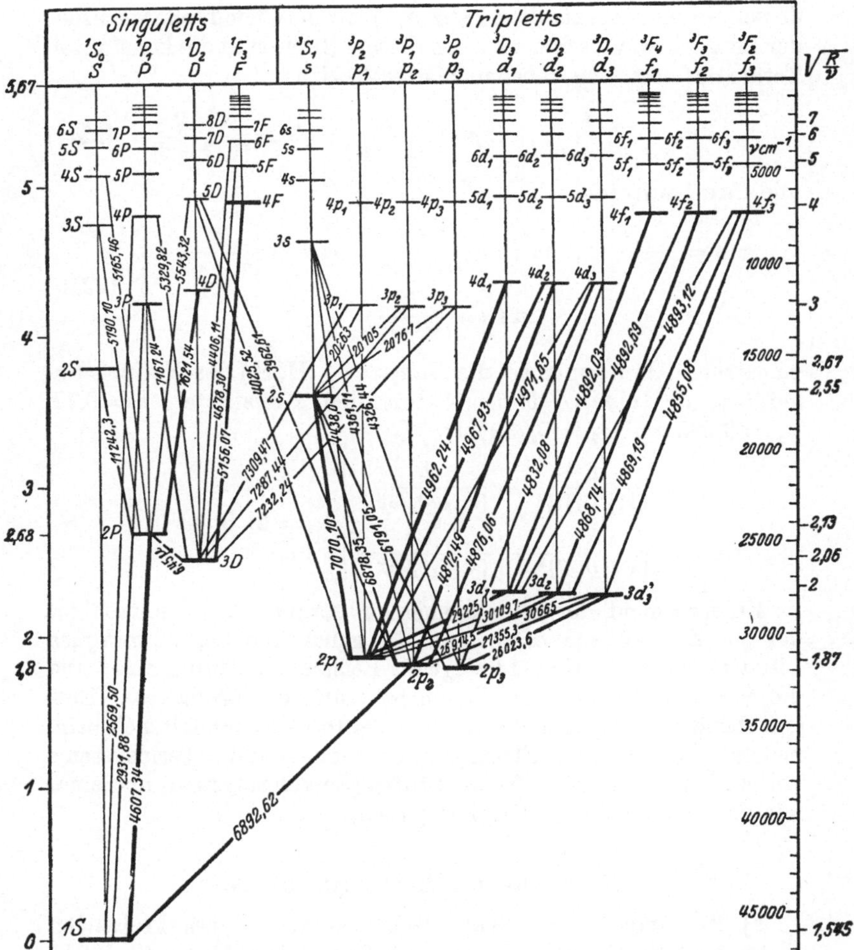

Abb. 118. Vollständiges Termschema für das Bogenspektrum des Strontiums (nach GROTRIAN).
Die am linken Rande stehenden Zahlen geben die den Energiestufen entsprechenden Werte
in eV an. Der Übersichtlichkeit halber sind nur die Übergänge zwischen den niedrigsten
Energiestufen (Termen) für jede Serie eingezeichnet. Die Hauptlinien des Spektrums sind
stark ausgezogen.

eignete RITZterm

$$(m, a, \alpha) = \frac{R}{[m + a + \alpha \cdot (m, a, \alpha)]^2}, \quad ^1 \tag{222}$$

---

[1] Daneben hat sich die Termform von W. M. HICKS

$$(m, a, \alpha) = \frac{R}{\left(m + a + \dfrac{\alpha}{m}\right)^2} \tag{222a}$$

vielfach bewährt.

dessen weiteres Zusatzglied $\alpha \cdot (m, a, \alpha)$ mit ins Unendliche wachsender Laufzahl m verschwindet. In diesem Sinne sind die konstanten Terme der oben angegebenen Spektralserien:

$$1\,s = \frac{R}{(1+s)^2}\,, \quad 2\,p = \frac{R}{(2+p)^2}\,, \quad 3\,d = \frac{R}{(3+d)^2} \qquad (221\mathrm{a})$$

und ihre Laufterme

$$\left. \begin{aligned} m\,s &= \frac{R}{(m+s)^2}\,, \quad m\,p = \frac{R}{(m+p)^2}\,, \quad m\,d = \frac{R}{(m+d)^2}\,, \\ m\,f &= \frac{R}{(m+f)^2} \end{aligned} \right\} \qquad (221\mathrm{b})$$

zu setzen. Als Beispiel sei die *Haupt*serie (H. S.) des *Kaliums* angeführt, die eine *Dublett*serie mit den Konstanten $s = 0{,}77$, $p_1 = 0{,}235$ und $p_2 = 0{,}232$ ist:

$$\left. \begin{aligned} \omega_1 &= \frac{R}{(1+0{,}77)^2} - \frac{R}{(m+0{,}235)^2} \\ \omega_2 &= \frac{R}{(1+0{,}77)^2} - \frac{R}{(m+0{,}232)^2} \end{aligned} \right\} \; m = 2,\ 3,\ 4,\ \ldots$$

Entsprechend der im allgemeinen vorhandenen Vielfachheit der p-, d-, f-Terme erscheinen die genannten Serien *mehrfach* (*Multiplett*serien). Abb. 118 zeigt als Beispiel das Termschema und die wichtigsten Serien des Bogenspektrums des *Strontiums*. Entsprechend den Angaben der Zahlentafel 16 — es handelt sich beim neutralen Sr um ein 2-Elektronen-System — sind 2 Termsysteme vorhanden: eines mit einfachen Stufen (Singulettsystem) und eines mit dreifachen Stufen (Triplettsystem).

10. Atom- und Kernmagnetismus.

a) Bahnimpuls und magnetisches Moment eines kreisenden Elektrons. Bei der Betrachtung des Bohrschen Atoms (S. 139f.) haben wir unsere Aufmerksamkeit dem Bahnimpuls

$$p_\varphi = m_e\, v\, a \qquad (112)$$

eines kreisenden Elektrons zugewendet und für ihn die Quantenbedingung gefunden:

$$2\,\pi\, m_e\, v\, a = n\, h \qquad (114)$$

die wir auch in der Form schreiben können:

$$p_\varphi = n\, \frac{h}{2\,\pi}\,, \quad n = 1,\ 2,\ 3,\ \ldots . \qquad (114\mathrm{a})$$

Jedes kreisende Elektron bedeutet aber zugleich einen *elektrischen Kreisstrom* von der Stärke:

$$I = e \cdot \frac{v}{2\pi a} \qquad (223)$$

und stellt eine magnetische Doppelfläche dar, deren *magnetisches Moment* wir nun bestimmen wollen.

Wir erinnern uns zunächst an die Kraft eines magnetischen *Dipols* mit der Polstärke m_m und dem Polabstand d auf einen Ein-

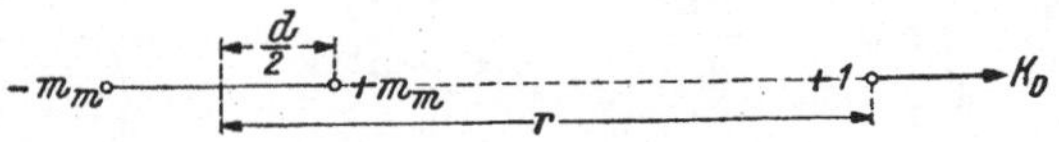

Abb. 119. Kraft K_D eines magnetischen Dipols auf einen in der Verbindungsgeraden seiner Pole befindlichen Einheitspol.

heitspol, der sich in der verlängerten Verbindungsgeraden der Pole in der Entfernung r von der Mitte des Dipols befindet (Abb. 119):

$$K_D = \frac{m_m \cdot 1}{\left(r - \dfrac{d}{2}\right)^2} - \frac{m_m \cdot 1}{\left(r + \dfrac{d}{2}\right)^2} = \frac{2\,m_m d\,r}{\left(r^2 - \dfrac{d^2}{4}\right)^2} \, .$$

Bezeichnen wir in üblicher Weise mit

$$M = m_m \cdot d \qquad (224)$$

das *magnetische Moment* des Dipols und denken wir uns den Einheitspol in großer Entfernung von demselben:

$$r \gg d \, ,$$

so können wir

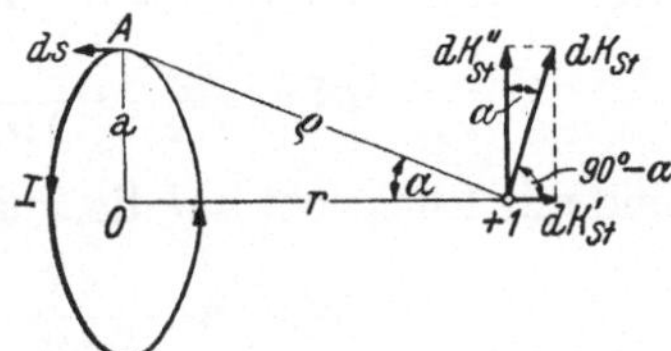

Abb. 120. Kraft eines Kreisstromes auf einen in axialer Richtung gelegenen Einheitspol.

$$K_D = \frac{2\,M\,r}{r^4\left(1 - \dfrac{d^2}{4\,r^2}\right)^2} \approx \frac{2\,M}{r^3} \qquad (225)$$

setzen.

Wir bestimmen nun anderseits die Kraft K_{St} eines *Kreisstromes* von der Stärke I auf einen im Abstand r von seinem Mittelpunkt in axialer Richtung gelegenen Einheitspol (Abb. 120). Nach dem Gesetz von BIOT-SAVART ist die von einem Leiterelement ds (bei A) ausgeübte magnetische Kraft, da sein Abstand ϱ auf der Richtung von I senkrecht steht,

$$dK_{\mathrm{St}} = \frac{I\,ds \cdot 1}{c\,\varrho^2} \, ,$$

von der in die Richtung von r der Anteil

$$dK_{St}' = \frac{I\,ds}{c\,\varrho^2}\cos(90^\circ - \alpha) = \frac{I\,ds}{c\,\varrho^2}\sin\alpha = \frac{I\,ds\,a}{c\,\varrho^2\,r}$$

entfällt. Für die Berechnung der von dem Kreisstrom ausgehenden Gesamtkraft K_{St} kommt von jedem Leiterelement ds jeweils nur dieser Anteil dK_{St}' in Betracht, da die dazu senkrechten Komponenten dK_{St}'' sich paarweise gegenseitig aufheben; wir erhalten so

$$K_{St} = \frac{I\,a}{c\,\varrho^2\,r}\cdot\int_0^{2\pi a} ds = \frac{2\,\pi\,a^2\,I}{c\,\varrho^2\,r} = \frac{2\,\pi\,a^2\,I}{c\,(r^2+a^2)\,r} = \frac{2\,\pi\,a^2\,I}{c\,r^3\left(1+\dfrac{a^2}{r^2}\right)} \tag{226}$$

und für Entfernungen $r \gg a$

$$K_{St} \approx \frac{2\,\pi\,a^2\,I}{c\,r^3}\ . \tag{226a}$$

Betrachten wir nun unseren *Kreisstrom* als gleichwertig mit einem magnetischen Dipol, so erhalten wir durch Vergleich der Gl. (225) und (226a) für dessen *magnetisches Moment M* den Wert:

$$M = \frac{\pi\,a^2\,I}{c}\ , \tag{227}$$

im Hinblick auf Gl. (223) und (112) folgt weiter

$$M = \frac{\pi\,a^2}{c}\cdot\frac{e\,v}{2\,\pi\,a} = \frac{e\,a\,v}{2\,c} = \frac{e}{2\,m_e\,c}\,p_\varphi \tag{228}$$

und mit Rücksicht auf die Quantenbedingung Gl. (114a) auf S. 186

$$M = n\cdot\frac{e\,h}{4\,\pi\,m_e\,c}\,, \quad n = 1,\,2,\,3,\,\ldots \tag{229}$$

Es erscheint somit auch das magnetische Moment des atomaren Kreisstromes *gequantelt*, und der kleinste Betrag desselben

$$\mu = \frac{e\,h}{4\,\pi\,m_e\,c} = 9{,}257\cdot 10^{-21}\,\mathrm{g}^{\frac{1}{2}}\,\mathrm{cm}^{\frac{5}{2}}\,\mathrm{s}^{-1} \tag{230}$$

wird als *Bohrsches Magneton* bezeichnet.

b) Mechanisches und magnetisches Spinmoment des Elektrons. In ähnlicher Weise wie wir dem kreisenden Elektron neben seinem gequantelten Bahnimpuls p_φ ein gequanteltes magnetisches Moment M zuordnen mußten, ist es auch nötig, mit dem Eigendrehimpuls (Spin) des Elektrons (s. S. 172) ein *magnetisches Spinmoment* zu verbinden. Es liegt nahe, zwischen dem mechanischen Spinmoment p_s und dem magnetischen Spinmoment M_s denselben Zusammenhang anzunehmen, wie er in Gl. (228) zwischen p_φ und M zum Ausdruck kommt. Erfahrungen über die Linienaufspaltung im anomalen ZEEMAN-Effekt (s. S. 195 f.) lehren jedoch, daß wir

$$\vec{M}_s = 2 \frac{e}{2\,m_e\,c}\,\vec{p}_s = \frac{e\,h}{4\,\pi\,m_e\,c} \cdot 2\,\vec{s}\,, \quad s = \frac{1}{2}\,[1] \qquad (231)$$

zu setzen haben. Das magnetische Spinmoment des Elektrons ist also seinem Betrage nach gerade gleich einem *Bohrschen Magneton*. Für diesen Wert vermochte erst die relativistische Erweiterung der Quantenmechanik durch DIRAC eine befriedigende Erklärung zu geben.

c) **Der Atomstrahlversuch von O. STERN und W. GERLACH.** Wie bereits früher (s. S. 172) ausgeführt worden ist, setzen sich Bahnimpuls $\vec{l}$ und Spin $\vec{s}$ eines Elektrons vektoriell zum gleichgerichteten Gesamtdrehimpuls $\vec{j}$ zusammen:

$$\vec{j} = \vec{l} + \vec{s}. \qquad (214)$$

In gleicher Weise ergeben auch die magnetischen Momente $\vec{M}_l$ und $\vec{M}_s$ ein *magnetisches Gesamtmoment*:

$$\vec{M} = \vec{M}_l + \vec{M}_s. \qquad (232)$$

Da $\vec{M}_l$ offenbar nach Gl. (229) — wir haben dort bloß n durch l zu ersetzen —, $\vec{M}_s$ dagegen nach Gl. (231) zu quanteln ist, so erhalten wir für $\vec{M}$ die Quantisierungsregel:

$$\vec{M} = \mu\left(\vec{l} + 2\,\vec{s}\right) = \mu\left(\vec{j} + \vec{s}\right) = \mu\,\vec{j}\,\frac{j \pm s}{l \pm s}\,, \quad s = \frac{1}{2}. \qquad (233)$$

Bei Einwirkung eines äußeren Magnetfeldes muß neben der S. 174 besprochenen *räumlichen Quantelung* des Gesamtdrehimpulses $\vec{j}$ — jedem Wert von j entsprechen $2\,j + 1$ mögliche Raumlagen des Vektors $\vec{j}$ — stets auch eine solche des magnetischen Momentes $\vec{M}$ in Erscheinung treten. Dieser Umstand ermöglicht, einerseits die Tatsache der räumlichen Quantelung von $\vec{M}$ festzustellen und anderseits den angegebenen Wert des BOHRschen Magnetons experimentell zu prüfen. O. STERN und W. GERLACH benützten hierzu 1921 die in Abb. 121 dargestellte Versuchsanordnung. Ein durch Verdampfung eines Metalls (z. B. Ag oder Li) in einem Ofen O erzeugter und entsprechend ausgeblendeter Atomstrahl durchsetzt ein *stark inhomogenes* Magnetfeld, in dem

---

[1] Siehe die Fußnote auf S. 171.

sich die einzelnen Atome je nach der räumlichen Quantelung ihrer magnetischen Momente verschieden einstellen und verschiedene Ablenkungen erfahren. Ein homogenes Feld würde auf jedes Atom nur ein Drehmoment, aber keine Kraft auf das Atom als *ganzes* ausüben. Dadurch, daß Stern einen als Schneide ausgebildeten Polschuh einem eben begrenzten gegenübergestellt, ist es ihm gelungen, eine so große Inhomogenität des Feldes zu erzeugen, daß sich bereits im Bereich der Atomdimensionen eine Verschiedenheit

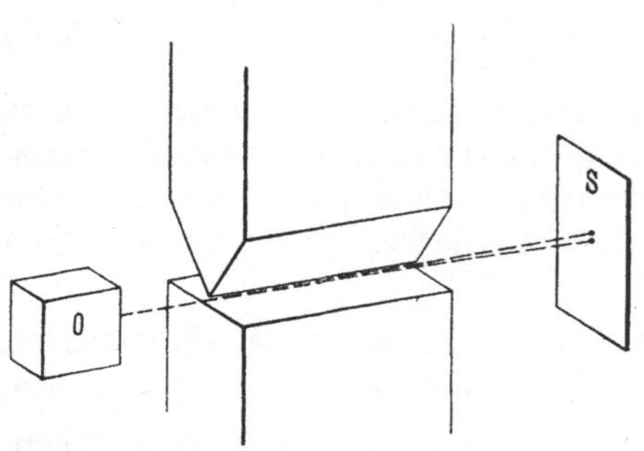

Abb. 121. Schematische Darstellung des Atomstrahlversuches von O. Stern und W. Gerlach.

Aus dem Ofen *O* tritt ein Atomstrahl, der in dem inhomogenen Feld eines mit verschieden gestalteten Polschuhen versehenen Magnetes aufgespalten wird und dann auf die photographische Platte *S* trifft, wo er ein Bild von der Art des in Abb. 122 dargestellten erzeugt.

der Feldstärke bemerkbar macht. Die Versuche erbrachten eine glänzende Bestätigung der erwartet *räumlichen Quantelung*. Abb. 122 zeigt die magnetische Aufspaltung eines *Li-Atomstrahles* in zwei deutlich getrennte Strahlen, was dem Umstande entspricht, daß sich jedes Li-Atom, für dessen Valenzelektron $\vec{l} = 0$, also $\vec{j} = \vec{s} \pm \frac{1}{2}$ ist, parallel oder antiparallel zum Felde einstellt.

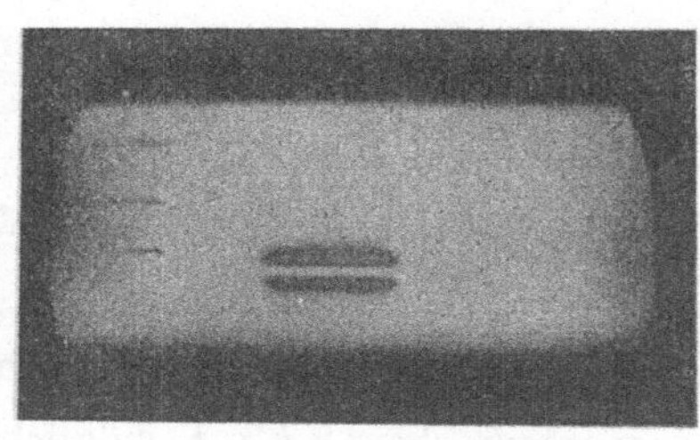

Abb. 122. Aufspaltungsbild eines Lithium-Atomstrahles nach dem Verfahren von Stern und Gerlach (aufgenommen von Taylor).

d) Mechanische und magnetische Kernmomente. Die Verfeinerung der spektroskopischen Beobachtungsmethode, insbesondere die Untersuchung des *Intensitätswechsels* benachbarter Linien in den Bandenspektren (s. S. 278) und der *Hyperfeinstruktur* der Linienspektren, haben die Bestätigung der naheliegenden Vermutung gebracht, daß gleich dem Elektron auch die Atom*kerne* einen Eigendrehimpuls $\vec{I}$ und ein mit ihm verbundenes *magnetisches Moment* $\vec{M_I}$ besitzen. Der *Kernspin* $\vec{I}$ tritt deutlich ge-

quantelt auf. Für alle Kerne mit gerader Protonen- *und* Neutronenzahl (Z *und* N *gerade*) ist $\vec{I} = 0$; alle Kerne mit *einer ungeraden* Teilchenzahl (Z *oder* N *ungerade*) haben, in Einheiten $\dfrac{h}{2\pi}$ ausgedrückt, *halbzahligen*, jene mit *zwei ungeraden* Teilchenzahlen (Z *und* N *ungeraden*) *ganzzahligen* Kernspin. Die Angaben in Zahlentafel 18 (S. 193ff.) bestätigen diese Regeln. Schreiben wir dem Proton wie dem Neutron den Spin $\dfrac{1}{2}$ zu, so folgen die angegebenen Regeln über Halb- und Ganzzahligkeit von $\vec{I}$ unmittelbar aus der Annahme, daß alle Kerne aus Protonen und Neutronen aufgebaut sind.

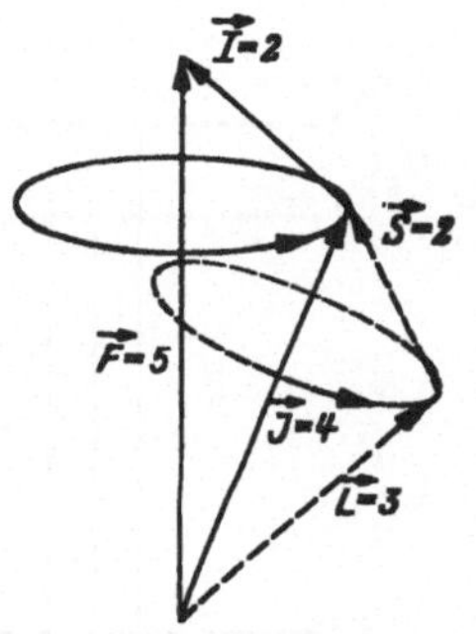

Es liegt nahe, das *Vektorgerüst* des Atoms, das bereits durch den *Gesamtbahnimpuls* $\vec{L}$ und den *Gesamtspin* $\vec{S}$ gekennzeichnet worden ist (s. S. 181f.) noch durch Hinzufügung des *Kernspins* $\vec{I}$ zu vervollständigen. Wir erhalten so die in Abb. 123 wiedergegebene Anordnung, die einerseits die uns bereits geläufige Zusammensetzung von $\vec{L}$ und $\vec{S}$ zum *Gesamtelektronendrehimpuls* $\vec{J}$ und als vektorielle Ergänzung hierzu anderseits die Zusammensetzung von $\vec{J}$ und $\vec{I}$ zum *Gesamtatomdrehimpuls*

$$\vec{F} = \vec{J} + \vec{I} \qquad (234)$$

zeigt, wobei wir uns $\vec{J}$ und $\vec{I}$ ebenso um $\vec{F}$ *präzessierend* vorzustellen haben wie $\vec{L}$ und $\vec{S}$ um $\vec{J}$. Den Absolutwert von $\vec{F}$, ausgedrückt in Einheiten $\dfrac{h}{2\pi}$, nennen wir die sog. „*Feinstrukturquantenzahl*" F. Sie kann die folgenden Werte annehmen:

$$F = J + I, \quad J + I - 1, \quad \cdots \quad J - I \;\text{bzw.}\; I - J; \qquad (235)$$

das sind $2I + 1$ bzw. $2J + 1$-Werte, je nachdem, ob $J \gg I$ oder $I \gg J$ ist. Wie für die *innere Quantenzahl* J bestätigt sich auch

Abb. 123. Vektorgerüst des Atoms.

Gesamtdrehimpuls $\vec{L}$ und Gesamtspin $\vec{S}$ setzen sich vektoriell zum Gesamtelektronendrehimpuls $\vec{J}$ zusammen und präzessieren einzeln um $\vec{J}$. Der Gesamtelektronendrehimpuls $\vec{J}$ ergibt im Vereine mit dem Kernspin $\vec{I}$ den Gesamtatomdrehimpuls $\vec{F}$. $\vec{J}$ und $\vec{I}$ präzessieren einzeln um $\vec{F}$.

für die *Feinstrukturquantenzahl F* die *Auswahlregel*:

$$F' = \begin{cases} F+1 \\ F \\ F-1 \end{cases}, \quad \Delta F = +1,\, 0,\, -1. \tag{236}$$

Der Übergang $F' = F = 0$ ist auch jetzt *verboten*.

Als Beispiel sei die *Hyperfeinstruktur* der beiden *D-Linien* des Natriums (eines *Ein*elektronensystemes) betrachtet. *Na* hat den

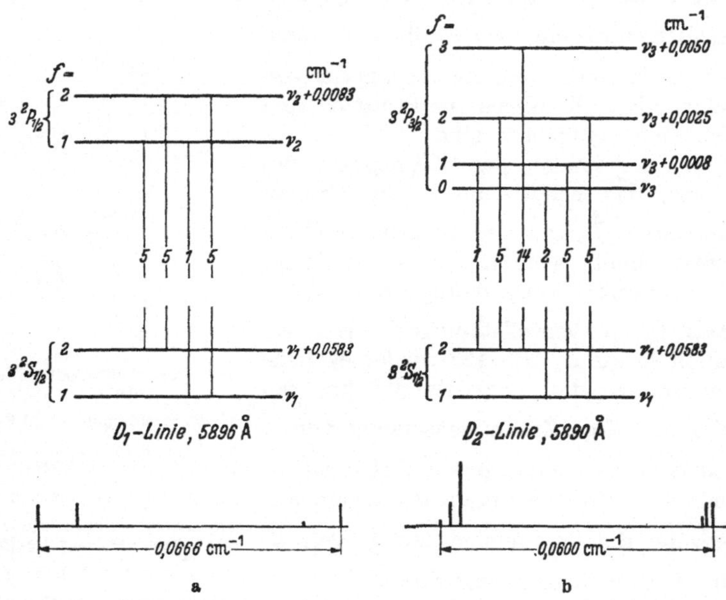

Abb. 124. Hyperfeinstruktur der beiden D-Linien des Natriums (nach S. FLÜGGE). Kernspin $I = 3/2$. Die Terme mit der inneren Quantenzahl $j = 1/2$ ($j < I$) spalten in $2j + 1 = 2$ Energiestufen, der Term mit $j = 3/2$ ($j = I$) in $2j + 1 = 4$ Energiestufen auf.

Kernspin $I = 3/2$. Die D_1-Linie entspricht dem Übergang $^2p_{1/2}$ $\rightarrow\, ^2s_{1/2}$; zu beiden Termen mit der inneren Quantenzahl $j = 1/2$ gehören als Feinstrukturquantenzahlen die Werte $f = 3/2 \pm 1/2$ $= 2,\, 1$. Jeder von ihnen spaltet also in zwei Energiestufen auf, denen auf Grund der Auswahlregel die vier Linien der Abb. 124a entsprechen. Die D_2-Linie entsteht durch den Übergang $^2p_{3/2}$ $\rightarrow\, ^2s_{1/2}$. Der erste Term mit $j = 3/2$ liefert für f vier Werte: $3/2$ $+ 3/2 = 3,\, 3/2 + 1/2 = 2,\, 3/2 - 1/2 = 1,\, 3/2 - 3/2 = 0$, spaltet somit in vier Stufen auf; der zweite Term mit $j = 1/2$ und f $= 2.\,1$ wie früher in zwei Stufen. Mit Rücksicht auf die Auswahlregel (236) ergeben sich daher die sechs Feinstrukturlinien der Abb. 124 b.

Die *magnetischen Momente* der Kerne zeigen *keine Quantelung*. Neben den Hyperfeinstrukturuntersuchungen der Linienspektren kann auch das oben beschriebene Verfahren der Ablenkung von Atomstrahlen in einem inhomogenen Magnetfeld von STERN-GERLACH zur Bestimmung magnetischer Kernmomente herangezogen werden. Die ermittelten Beträge sind aus der Zahlentafel 18 zu ersehen. Als Einheit wurde ein „*Kernmagneton*"

$$\mu_K = \frac{e\,h}{4\,\pi\,m_p\,c} = \frac{\mu}{1836,5} = 5{,}041 \cdot 10^{-24}\,g^{\frac{1}{2}}\,cm^{\frac{5}{2}}\,s^{-1} \qquad (237)$$

zugrunde gelegt.

Das nicht gequantelte *magnetische Kernmoment* $\vec{M}_I$, das wir mit dem Kernspin $\vec{I}$ gleich gerichtet annehmen, können wir in der Form darstellen:

$$\vec{M}_I = \frac{e\,h}{4\,\pi\,m_p\,c}\,g_I\,\vec{I} = \mu_K\,g_I\,\vec{I}\,, \qquad (238)$$

die denselben Aufbau zeigt wie das magnetische Spinmoment $\vec{M}_s$ des Elektrons [Gl. (231)]. Das Kernmagneton μ_K entspricht dem BOHRschen Magneton μ, der Kernspin $\vec{I}$ dem Elektronenspin $\vec{s}$, der „*Kern-g-faktor*" g_I dem Faktor 2 beim magnetischen Spinmoment des Elektrons. Wegen des Fehlens einer Quantelung ist g_I *weder ganz- noch halbzahlig*. In Zahlentafel 18 sind in der Spalte der $\vec{M}_I$ die Produkte $g_I\,I$ eingetragen.

Zahlentafel 18. Mechanische und magnetische Kernmomente (die ersteren in Einheiten $\frac{h}{2\,\pi}$, die letzteren in Kernmagnetonen μ_K).[1]

a) Z und N gerade.
Nach den bisherigen Beobachtungen ist stets $I = 0$, $M_I = 0$.

b) Z oder N gerade (ungerade), c) Z und N ungerade.

Kern	Z	N	M	I	M_I
n	0	1	1	1/2	$-1{,}935 \pm 0{,}02$
H	1	0	1	1/2	$+2{,}785 \pm 0{,}02$
D	1	1	2	1	$+0{,}855 \pm 0{,}006$
Li	3	3	6	1	$+0{,}820 \pm 0{,}005$
		4	7	3/2	$+3{,}250 \pm 0{,}016$

[1] MATTAUCH, J.: Kernphysikalische Tabellen, Tab. I, S. 100 ff. Berlin: Springer-Verlag 1942.

(Fortsetzung der Zahlentafel 18.)

Kern	Z	N	M	I	M_I
C	6	7	13	(1/2)	$(+\,0,700 \pm 0,002)$
N	7	7	14	1	$+\,0,402 \pm 0,002$
		8	15	1/2	$(-)\,0,280 \pm 0,003$
F	9	10	19	1/2	$+\,2,622 \pm 0,014$
Na	11	12	23	3/2	$+\,2,216 \pm 0,011$
Al.	13	14	27	5/2	$+\,3,628 \pm 0,010$
P	15	16	31	1/2	—
Cl.	17	18	35	5/2	$1,365 \pm 0,005$
		20	37	5/2	$1,135 \pm 0,005$
K	19	20	39	3/2	$+\,0,391 \pm 0,002$
		22	41	3/2	$+\,0,217 \pm 0,001$
Sc.	21	24	45	7/2	$+\,4,8$
V.	23	28	51	(7/2)	—
Mn	25	30	55	5/2	$3,0$
Co	27	32	59	7/2	2 bis 3
Cu . . . . . . ,	29	34	63	3/2	$+\,2,5$ }[1]
		36	65	3/2	$+\,2,6$
Zn	30	37	67	5/2	$+\,0,9$
Ga	31	38	69	3/2	$+\,2,11$ }[2]
		40	71	3/2	$+\,2,69$
As.	33	42	75	3/2	$+\,1,5$
Br.	35	44	79	3/2	$2,6$ }[3]
		46	81	3/2	$2,6$
Kr	36	47	83	9/2	$-\,1,0$
Rb	37	48	85	5/2	$+\,1,345 \pm 0,005$
		50	87	3/2	$+\,2,741 \pm 0,009$
Sr.	38	49	87	9/2	$-\,1,1$
Nb	41	52	93	9/2	(3,7)
Ag	47	60	107	1/2	$-\,0,10$ }[4]
		62	109	1/2	$-\,0,19$
Cd	48	63	111	1/2	$-\,0,65$ }[5]
		65	113	1/2	$-\,0,65$
In.	49	64	113	9/2	$+\,6,4$
		66	115	9/2	$+\,5,43 \pm 0,03$
Sn	50	67	117	1/2	$-\,0,89$ }[6]
		69	119	1/2	$-\,0,89$
Sb	51	70	121	5/2	$3,7$ }[7]
		72	123	7/2	$2,8$
J	53	74	127	5/2	$2,8$
X	54	75	129	1/2	$-\,0,9$ }[8]
		77	131	3/2	$+\,0,8$
Cs.	55	78	133	7/2	$+\,2,572 \pm 0,013$
Ba	56	79	135	3/2	$+\,0,837 \pm 0,003$
		81	137	(3/2)	$(+\,0,936 \pm 0,003)$
La	57	82	139	7/2	2,5 bis 2,8
Pr.	59	82	142	5/2	—

[1] $M_{65} : M_{63} = 1,04.$ [2] $M_{71} : M_{69} = 1,270.$ [3] $M_{79} : M_{81} = 1,0.$
[4] $M_{109} : M_{107} = 1,93.$ [5] $M_{111} : M_{113} = 1,0.$ [6] $M_{117} : M_{119} = 1,0.$
[7] $M_{121} : M_{123} = 1,316.$ [8] $M_{129} : M_{131} = -\,1,11.$

(Fortsetzung der Zahlentafel 18.)

Kern	Z	N	M	I	M_I
Eu	63	88	151	5/2	3,4 } [9]
		90	153	5/2	1,5 }
Tb	65	94	159	3/2	—
Ho	67	98	165	7/2	—
Tm	69	100	169	1/2	—
Yb	70	101	171	1/2	+ 0,45 } [10]
		103	173	5/2	— 0,65 }
Cp	71 ·	104	175	7/2	+ 2,6 ± 0,5
		105	176	$\geqslant$ 7/2	+ 3,8 ± 0,7
Hf	72	105	177	($\leqslant$ 3/2)	—
		107	179	($\leqslant$ 3/2)	—
Ta	73	108	181	7/2	—
Re	75	110	185	5/2	+ 3,3 } [11]
		112	187	5/2	+ 3,3 }
Ir	77	114	191	1/2	} [12]
		116	193	3/2	
Pt	78	117	195	1/2	+ 0,6
Au	79	118	197	(3/2)	+ 0,3
Hg	80	119	199	1/2	+ 0,547 ± 0,002 } [13]
		121	201	3/2	— 0,607 ± 0,003 }
Tl	81	122	203	1/2	+ 1,45 } [14]
		124	205	1/2	+ 1,45 }
Pb	82	125	207	1/2	+ 0,6
Bi	83	126	209	9/2	+ 3,6
Pa	91	140	231	3/2	—

11. Aufspaltung der Spektrallinien im Magnetfeld.

a) Einwirkung schwacher Magnetfelder (anomaler und normaler ZEEMAN-Effekt).

α) Feinstrukturaufspaltung. Wir haben im vorhergehenden Abschnitt festgestellt, daß jedem Elektron ein seinem Bahnimpuls $\vec{l}$ entsprechendes magnetisches Moment $\vec{M}_l$ und ein seinem Spin $\vec{s}$ entsprechendes magnetisches Moment $\vec{M}_s$ zukommt. Bei Atomen mit mehreren Elektronen werden wir nach resultierenden magnetischen Momenten in bezug auf Bahnimpuls und Spin fragen. Es liegt nahe, die magnetischen Momente der einzelnen Elektronen so zusammenzusetzen, wie die zugehörigen Bahnimpuls- bzw. Spinvektoren. Bezeichnen wir wie früher (s. S. 181) den Gesamtbahnimpuls mit $\vec{L}$, den Gesamtspin mit $\vec{S}$, so werden wir dem

---

[9] $M_{151} : M_{153} = 2{,}24.$ [10] $M_{173} : M_{171} = 1{,}4.$ [11] $M_{187} : M_{185} = 1{,}011$
[12] $M_{191} : M_{193} = -1{,}0.$ [13] $M_{199} : M_{201} = -0{,}9018.$ [14] $M_{205} : M_{203}$
$= 1{,}0097.$

ersteren das magnetische Moment

$$\vec{M}_L = \frac{e\,h}{4\,\pi\,m_e\,c}\,\vec{L} = \mu\,\vec{L}, \; L = 0,\,1,\,2,\,3,\,\ldots \text{(ganzzahlig)}, \quad (239)$$

dem letzteren das magnetische Moment

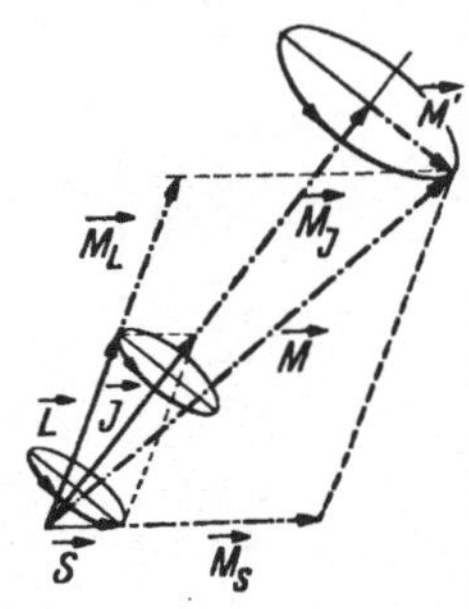

Abb. 125. Vektorgerüst zur Erklärung des anomalen ZEEMAN-Effektes.

Gesamtbahnimpuls $\vec{L}$, Gesamtspin $\vec{S}$ und magnetisches Gesamtmoment $\vec{M}$ präzessieren um den Gesamtelektronendrehimpuls $\vec{J}$. Magnetisch wirksam ist nur die Komponente $\vec{M}_J$, die Komponente $\vec{M}'$ bleibt infolge der Rotation und um $\vec{J}$ unwirksam.

$$\vec{M}_S = \frac{e\,h}{4\,\pi\,m_e\,c}\cdot 2\,\vec{S} = \mu\cdot 2\,\vec{S}, \quad (240)$$

$$S = \begin{cases} 0,\,1,\,2,\,3,\,\ldots \text{(ganzzahlig)}, \\ {}^1/_2,\,{}^3/_2,\,{}^5/_2,\,{}^7/_2,\,\ldots \text{(halbzahlig)}, \end{cases}$$

zuordnen, indem wir in derselben Weise verfahren, wie wir dies bei Vorhandensein nur eines Elektrons (S. 188f.) getan haben. $\vec{L}$ und $\vec{S}$ ergeben zusammen den Gesamtelektronendrehimpuls

$$\vec{J} = \vec{L} + \vec{S} \quad (218)$$

des Atoms; wir sprechen von einer $(L,\,S)$-*Kopplung* oder *Russel-Saunders-Kopplung*. Die Richtung des *magnetischen Gesamtmomentes*

$$\vec{M} = \vec{M}_L + \vec{M}_S = \mu\left(\vec{L} + 2\,\vec{S}\right) \quad (241)$$

wird mit der Richtung von $\vec{J}$ nicht zusammenfallen, wie aus Abb. 125 hervorgeht. Da wir uns ebenso wie $\vec{L}$ und $\vec{S}$ auch $\vec{M}$ um den Gesamtelektronendrehimpuls $\vec{J}$ präzessierend vorstellen müssen, so wird von $\vec{M}$ nur die in die Richtung von $\vec{J}$ fallende Komponente $\vec{M}_J$ nach außen wirksam sein, während die dazu senkrechte $\vec{M}'$ infolge der Rotation wirkungslos bleiben wird.

Wir wollen an Hand der Abb. 125 M_J berechnen:

$$M_J = M_L \cos\left(\vec{L},\,\vec{J}\right) + M_S \cos\left(\vec{S},\,\vec{J}\right) =$$

$$= \mu\left[L \cos\left(\vec{L},\,\vec{J}\right) + 2\,S \cos\left(\vec{S},\,\vec{J}\right)\right]; \quad (242)$$

aus dem Vektordreieck $\vec{L},\,\vec{S},\,\vec{J}$ ermitteln wir mit Hilfe des Kosinussatzes:

$$\cos\left(\vec{L},\,\vec{J}\right) = \frac{J^2 + L^2 - S^2}{2\,L\,J}, \quad \cos\left(\vec{S},\,\vec{J}\right) = \frac{J^2 + S^2 - L^2}{2\,S\,J}$$

und erhalten so weiter:

$$M_J = \frac{\mu}{2\,J}(J^2 + L^2 - S^2 + 2\,J^2 + 2\,S^2 - 2\,L^2) =$$

$$= \frac{\mu}{2\,J}\,(2\,J^2 + J^2 + S^2 - L^2)\,,$$

$$\vec{M_J} = \mu\,\vec{J}\left(1 + \frac{J^2 + S^2 - L^2}{2\,J^2}\right). \tag{243}$$

Man bezeichnet den für die Größe der Linienaufspaltung beim *anomalen Zeeman-Effekt* maßgebenden Klammerausdruck

$$g = 1 + \frac{J^2 + S^2 - L^2}{2\,J^2} = \frac{3}{2} + \frac{S^2 - L^2}{2\,J^2} \tag{244}$$

als den *Landéschen Aufspaltungsfaktor*, mit dessen Hilfe sich $\vec{M_J}$ in der Form

$$\vec{M_J} = \frac{e\,h}{4\,\pi\,m_e\,c}\,g\,\vec{J} = \mu\,g\,\vec{J} \tag{243a}$$

darstellen läßt. Die Herleitung des Ausdruckes für g ist hier auf klassischem Wege erfolgt; die *Quantenmechanik* liefert den etwas verschiedenen, jedoch *von der Erfahrung bestätigten* Ausdruck

$$\left.\begin{aligned}g &= 1 + \frac{J\,(J+1) + S\,(S+1) - L\,(L+1)}{2\,J\,(J+1)} = \\[2mm] &= \frac{3}{2} + \frac{S\,(S+1) - L\,(L+1)}{2\,J\,(J+1)}\,,\end{aligned}\right\} \tag{245}$$

der aus dem klassischen hervorgeht, wenn wir dort jedes Quadrat x^2 durch das Produkt $x\,(x+1)$ ersetzen.

Für den Fall der *Ein*elektronensysteme (z. B. Alkaliatome) stimmt die Richtung von $\vec{l}$ und $\vec{s}$ mit der von $\vec{j}$ überein, es wird gemäß Gl. (213) und (214)

$$s = \frac{1}{2}\,, \quad j = l \pm s = l \pm \frac{1}{2}$$

und somit für diesen Sonderfall

$$\left.\begin{aligned}g &= \frac{3}{2} + \frac{\dfrac{1}{2}\cdot\dfrac{3}{2} - l\,(l+1)}{2\left(l \pm \dfrac{1}{2}\right)\left(l \pm \dfrac{1}{2} + 1\right)} = \\[3mm] &= \frac{\left(l + \dfrac{1}{2} \pm \dfrac{1}{2}\right)\left(l + \dfrac{1}{2} \pm 1\right)}{\left(l + \dfrac{1}{2}\right)\left(l + \dfrac{1}{2} \pm 1\right)} = \frac{j + \dfrac{1}{2}}{l + \dfrac{1}{2}}\,,\end{aligned}\right\} \tag{245a}$$

$$\vec{M_j} = \vec{M} = \mu\,\vec{j}\cdot\frac{j + \dfrac{1}{2}}{l + \dfrac{1}{2}}\,, \tag{243b}$$

was mit der auf klassischem Wege gewonnenen Gl. (233) wohl nur für den positiven Wert von $\vec{s}$ übereinstimmt, mit der Erfahrung aber in Einklang steht.

Wird $\vec{S} = 0$, also $\vec{J} = \vec{L}$, so folgt aus Gl. (245) unmittelbar

$$g = 1. \tag{245b}$$

Dieser einfachste Fall von magnetischer Aufspaltung, dem das *normale Lorentz-Triplett* (s. Zahlentafel 20 u. Abb. 126a) entspricht, tritt nur bei Systemen mit *gerader* Elektronenzahl auf und wird als *normaler Zeeman-Effekt* bezeichnet.

Die Bedeutung des Landéschen Aufspaltungsfaktors g geht nun aus der Überlegung hervor, daß beim Einschalten eines magnetischen Feldes $\mathfrak{H}$ von der Stärke H der Vektor $\vec{M}$ des magnetischen Momentes um die Richtung des Feldes präzessieren und infolgedessen ein *Zusatz an magnetischer-Energie* zur Atomenergie hinzutreten wird. Für $\vec{J}$ bzw. $\vec{j}$ tritt dabei die *Richtungs-quantelung* in Kraft, d. h. die Projektion von $\vec{J}$ bzw. $\vec{j}$ auf die Richtung von $\mathfrak{H}$, die *magnetische Quantenzahl* (s. S. 172)

$$m = J \cos(\mathfrak{H}, \vec{J}) \text{ bzw. } j \cos(\mathfrak{H}, \vec{j}), \tag{246}$$

wird alle ganz- bzw. halbzahligen Werte zwischen den Grenzen $+J$ und $-J$ bzw. $+j$ und $-j$ annehmen können:

$$\left. \begin{aligned} & m = J, J-1, \ldots, -J+1, -J \text{ bzw.} \\ & j, j-1, \ldots, +\frac{1}{2}, -\frac{1}{2}, \ldots, -j+1, -j. \end{aligned} \right\} \tag{246a}$$

Der *energetische* Beitrag ΔE des Magnetfeldes $\mathfrak{H}$ zur Atomenergie ist zufolge Gl. (243a) bestimmt durch

$$|\Delta E| = H\, M_J \cos\left(\mathfrak{H}, \vec{J}\right) = \mu\, H\, m\, g \tag{247}$$

und bedeutet eine *Termänderung*, deren Größe von m, vor allem aber von dem Aufspaltungsfaktor g abhängt.

Wir betrachten als Beispiel die Zeeman-Aufspaltung der Terme eines *Einelektronensystems* (*Alkaliatoms*), worüber uns Zahlentafel 19 Aufschluß gibt.

Man erkennt, daß der aufgespaltene Term selbst nicht mehr in Erscheinung tritt und an seiner Stelle zu ihm *symmetrisch* um so mehr Energiestufen auftreten, je höher der Term ist. Die Zahl der Stufen und die Größe der Aufspaltung hängt ausschließlich von den Quantenzahlen l und j ab, ist also für gleichartige Terme stets dieselbe (*Prestonsche Regel*). Die Aufspaltung ist immer

Zahlentafel 19. Anomale Zeeman-Aufspaltung der Terme eines Einelektronensystems (Alkaliatoms).[1]

Term	l	j	g	$-7/2$	$-5/2$	$-3/2$	$-1/2$	$+1/2$	$+3/2$	$+5/2$	$+7/2$
						$\|ΔE\|/μH = mg$ für $m =$					
s	0	1/2	2				-1	$+1$			
p	1	1/2	2/3				$-1/3$	$+1/3$			
		3/2	4/3			-2	$-2/3$	$+2/3$	$+2$		
d	2	3/2	4/5			$-6/5$	$-2/5$	$+2/5$	$+6/5$		
		5/2	6/5		-3	$-9/5$	$-3/5$	$+3/5$	$+9/5$	$+3$	
f	3	5/2	6/7		$-15/7$	$-9/7$	$-3/7$	$+3/7$	$+9/7$	$+15/7$	
		7/2	8/7	-4	$-20/7$	$-12/7$	$-4/7$	$+4/7$	$+12/7$	$+20/7$	$+4$

durch *einfache Brüche* darstellbar (*Rungesche Regel*), deren gemeinsamer Nenner mit zunehmendem l größer wird; für s-Terme ist der Rungesche Nenner 1, für p-Terme 3, für d-Terme 5, für f-Terme 7 usw.

Wie beim Einelektronensystem, liegen auch bei Atomen mit *zwei* Elektronen die durch magnetische Aufspaltung entstehenden Energiestufen *symmetrisch* zum ursprünglichen Term, der diesfalls jedoch auch selbst in der Aufspaltung in Erscheinung tritt.

Es sind jedoch nicht alle denkbaren Übergänge zwischen den verschiedenen Energiestufen verwirklicht und durch Spektrallinien vertreten, vielmehr bestehen auch beim Zeeman-Effekt *Auswahlregeln*, die erst durch die *Quanten(Wellen-)mechanik* ihre Begründung erfahren haben (s. S. 304f.). In Übereinstimmung mit Gl. (188) gilt für *erlaubte Übergänge*

$$l' = l \pm 1, \quad \Delta l = \pm 1; \tag{248}$$

ferner muß

$$m' = \begin{cases} m+1 \\ m \\ m-1 \end{cases}, \quad \Delta m = +1, 0, -1 \tag{249}$$

sein. Linien, die dem Übergang $m \rightarrow m$ entsprechen, zeigen *lineare Polarisation* (der elektrische Lichtvektor schwingt *parallel* zum Magnetfeld); wir nennen diese Linien *π-Komponenten*. Den Übergängen $m \rightarrow m \pm 1$ entsprechen *rechts* bzw. *links zirkular polarisierte* Schwingungen *senkrecht* zum Magnetfeld, die als *σ-Kom-*

---

[1] Die eingezeichneten Pfeile deuten die Entstehung des in Abb. 126b dargestellten Liniensextetts an, in das die Natrium-D_2-Linie durch ein Magnetfeld aufgespalten wird. Ausgezogene Pfeile weisen auf zirkulare Polarisation (σ-Komponenten), gestrichelte Pfeile auf lineare Polarisation (π-Komponenten) hin.

Zahlentafel 20. Anomale Zeeman-Aufspaltung der Terme eines Zweielektronensystems (Erdalkaliatoms).

Term	L	J	g	$\lvert\Delta E\rvert/\mu H = mg$ für $m =$						
				-3	-2	-1	0	$+1$	$+2$	$+3$
a) Parazustände (Gesamtspin $S = 0$)[1].										
S	0	0	0/0							
P	1	1	1			-1	0	$+1$		
D	2	2	1		-2	-1	0	$+1$	$+2$	
F	3	3	1	-3	-2	-1	0	$+1$	$+2$	$+3$
b) Orthozustände (Gesamtspin $S = 1$).										
S	0	1	2		-2		0	$+2$		
P	1	0	0/0				0			
		1	3/2			$-3/2$	0	$+3/2$		
		2	3/2		-3	$-3/2$	0	$+3/2$	$+3$	
D	2	1	1/2			$-1/2$	0	$+1/2$		
		2	7/6		$-7/3$	$-7/6$	0	$+7/6$	$+7/3$	
		3	4/3	-4	$-8/3$	$-4/3$	0	$+4/3$	$+8/3$	$+4$

ponenten bezeichnet werden. Bei Beobachtung *in* der Feldrichtung fallen die π-Komponenten aus, es treten nur die σ-Komponenten in Erscheinung; bei Beobachtung *senkrecht* zur Feldrichtung erscheinen *alle Komponenten linear polarisiert*, und zwar die *π-Komponenten parallel* zum Feld, die *σ-Komponenten senkrecht* zum Feld.

Abb. 126 zeigt *Aufspaltungsbilder* von Spektrallinien im Magnetfeld; darunter a das *normale Lorentz-Triplett*, das dem Aufspaltungsfaktor $g = 1$ entspricht und durch die in Zahlentafel 20 durch Pfeile dargestellten Übergänge zustande kommt. Die beiden voll ausgezogenen Pfeile deuten die σ-Komponenten, der gestrichelte Pfeil die π-Komponente des Tripletts an. Abb. 126 b stellt den anomalen Zeeman-Effekt am *Na-D-Dublett* dar. Dieses Dublett besteht aus den Linien D_1 ($\lambda = 5895{,}93$ Å) und D_2 ($\lambda = 5889{,}97$ Å), die sich im Magnetfeld in ein *Quartett* bzw. *Sextett* aufspalten. D_1 entspricht dem Übergang $^2p_{1/2} \rightarrow {}^2s_{1/2}$. Da beide Terme, wie aus Zahlentafel 19 hervorgeht, in je zwei Energiestufen aufgespalten werden, ist die Entstehung eines Quartetts von Linien ohne weiteres verständlich. D_2 entsteht durch den Übergang $^2p_{3/2} \rightarrow {}^2s_{1/2}$, wobei der

---

[1] Die eingezeichneten Pfeile deuten die Entstehung des *normalen Lorentz-Tripletts* an (s. S. 198 und Abb. 126a).

erste Term in 4, der zweite in 2 Komponenten aufgespalten wird.
Im Hinblick auf die angegebene Auswahlregel für die Quantenzahl m ergeben sich statt der möglichen 8 nur 6 Linien. In Zahlentafel 19 ist die Entstehung dieses Sextetts durch Pfeile angedeutet;

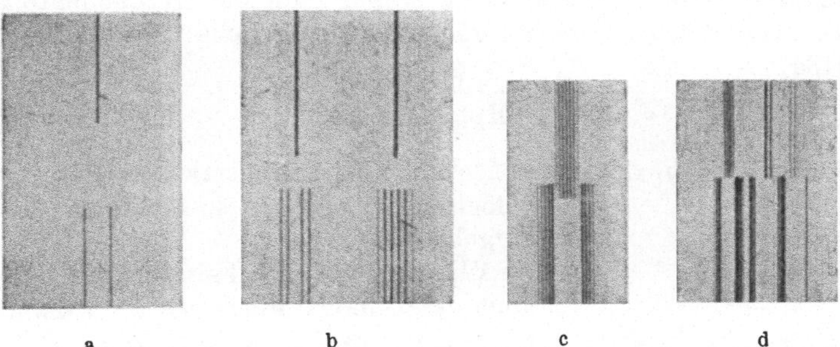

a   b   c   d

Abb. 126. Aufspaltungsbilder von Spektrallinien im Magnetfeld (nach E. BACK und A. LANDÉ).
a) Normales LORENTZ-Triplett der Cd-Linie $\lambda = 6439$ Å (oben π-Komponente, unten
σ-Komponenten). b) ZEEMAN-Aufspaltung des Na-D-Dubletts (oben die Linien ohne
Magnetfeld, unten links das Quartett von D_1 ($\lambda = 5895{,}93$ Å), rechts das Sextett von D_2
($\lambda = 5889{,}97$ Å). c) Anomaler ZEEMAN-Effekt an einer Cr-Linie (oben π-, unten σ-Komponenten). d) Aufspaltung des Cr-Tripletts ($\lambda = 5208, 5206, 5204$ Å) in einem Magnetfeld
von 38000 Gauß (oben π-, unten σ-Komponenten). Die beobachtbaren Störungen (s. S. 203 f.)
weisen auf den Übergang vom anomalen ZEEMAN-Effekt zum PASCHEN-BACK-Effekt hin.

voll ausgezogene Pfeile weisen auf die σ-Komponenten, gestrichelte
Pfeile auf π-Komponenten hin.

Genaue Aufspaltungsmessungen von BACK ergaben

$$\frac{e}{m_e} = 5{,}300 \cdot 10^{17} \text{ e. st. E./g}$$

in guter Übereinstimmung mit dem aus *Ablenkungs*versuchen gewonnenen Wert für die *spezifische Ladung* (s. S. 9).

β) **Hyperfeinstrukturaufspaltung.** Die unter dem Einfluß des Kernspins auftretende *Hyperfeinstruktur* entspricht in
ihrem Wesen durchaus der unter α) beschriebenen *Feinstruktur*
der Spektrallinien, die durch die Richtungsquantelung des Gesamtelektronendrehimpulses $\vec{J}$ zustandekommt. Demgemäß haben wir
jetzt in Entsprechung zur (L, S)-Kopplung eine (I, J)-*Kopplung*
anzunehmen und den *Gesamtatomdrehimpuls* $\vec{F}$ hinsichtlich des
Magnetfeldes $\mathfrak{H}$ zu quanteln, wodurch wir die *magnetische Feinstrukturquantenzahl*

$$m_F = F \cdot \cos\left(\mathfrak{H}, \vec{F}\right) \tag{250}$$

erhalten, die die $(2F + 1)$-Werte:

$$F, F-1, \ldots +1, 0, -1, \ldots -F+1, -F \tag{250a}$$

annehmen kann. Entsprechend Gl. (247) wird jetzt der *energetische Beitrag des Magnetfeldes* $\mathfrak{H}$ zur Energie des Atoms

$$|\Delta E| = H\,M_F\cos(\mathfrak{H},\vec{F}) = \mu\,H\,g_F\,m_F,\qquad(251)$$

indem wir die in die Richtung von F fallende Komponente M_F des magnetischen Gesamtmomentes des Atoms — vgl. Formel (243a) —

$$\vec{M}_F = \mu\,g_F\,\vec{F}\qquad(252)$$

setzen, wobei g_F dem LANDÉschen Aufspaltungsfaktor g entspricht, jedoch nicht mehr in so einfacher Weise aufgebaut ist.

Wie im Falle der Feinstruktur liefern auch jetzt im Hinblick auf die Auswahlregel (249) die Übergänge $\Delta\,m_F = 0$ *linear polarisierte* Linien (*π-Komponenten*), die Übergänge $\Delta\,m_F = \pm 1$ *entgegengesetzt zirkular polarisierte* Linien (*σ-Komponenten*).

b) Einwirkung starker Magnetfelder (PASCHEN-BACK-Effekt).

α) Feinstrukturaufspaltung. Mit zunehmender Feldstärke H wird die durch die Vektorgl. (218) dargestellte *Kopplung* zwischen $\vec{L}$ und $\vec{S}$ *gelöst*; jeder der beiden Vektoren stellt sich *für sich allein* richtungsgequantelt zum Magnetfeld $\mathfrak{H}$ ein

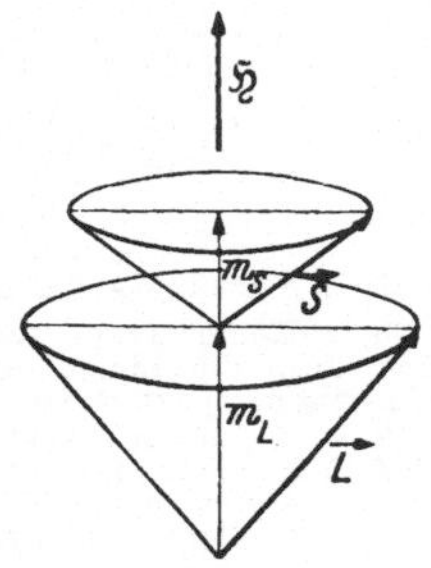

Abb. 127. Vektorgerüst zur Erklärung des PASCHEN-BACK-Effektes. Die Wirkung des äußeren Magnetfeldes $\mathfrak{H}$ ist so stark, daß Gesamtbahnimpuls $\vec{L}$ und Gesamtspin $\vec{S}$ entkoppelt werden und gesondert um die Feldrichtung präzessieren.

und präzessiert im Sinne der Abb. 127 um die Feldrichtung. Ihre Projektionen auf die Feldrichtung

$$m_L = L\cos\left(\mathfrak{H},\vec{L}\right),\quad m_S = S\cos\left(\mathfrak{H},\vec{S}\right)\qquad(253),\ (254)$$

können somit die Werte

$$m_L = L,\ L-1,\ \ldots 1, 0,\ -1,\ \ldots -L+1,\ -L;\qquad(253\mathrm{a})$$

$$m_S = S,\ S-1,\ \ldots -S+1,\ -S\qquad(254\mathrm{a})$$

annehmen. Für die magnetische Quantenzahl m gilt dementsprechend

$$m = m_L + m_S.\qquad(255)$$

Die magnetische Zusatzenergie beim Einschalten des Magnetfeldes H beträgt jetzt in Hinblick auf Gl. (239), (240), (253) und (254)

$$|\Delta E| = H\left[M_L \cos\left(\vec{\mathfrak{H}}, \vec{L}\right) + M_S \cos\left(\vec{\mathfrak{H}}, \vec{S}\right)\right] =$$
$$= \mu H\,(m_L + 2\,m_S)\,. \tag{256}$$

Die Zahlentafeln 21 und 22 erläutern für den Fall eines *Ein-* bzw. *Zwei*elektronensystems die Termaufspaltung bei diesem als *Paschen-*

Back-Effekt bezeichneten Vorgang und ermöglichen so einen Vergleich mit den entsprechenden, in den Zahlentafeln 19 und 20 angegebenen Termaufspaltungen beim *anomalen Zeeman-Effekt*.

In mittelstarken Magnetfeldern tritt mit zunehmender Feldstärke ein *stetiger Übergang* des anomalen ZEEMAN-Ef-

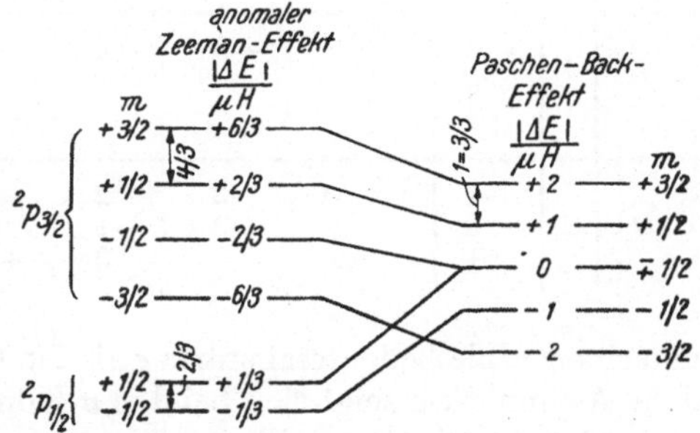

Abb. 128. Übergang des anomalen ZEEMAN-Effektes in den PASCHEN-BACK-Effekt, dargestellt für das *p*-Dublett eines Einelektronensystems (Alkaliatoms).

Es ergibt sich schließlich für jeden Bestandteil des Dubletts die Aufspaltung in ein normales LORENTZ-Triplett.

fektes in den PASCHEN-BACK-Effekt ein, wie dies Abb. 128 für das *p*-Dublett eines Einelektronensystems erläutert. Abb. 126d zeigt die Aufspaltung des Cr-*Tripletts* (von links nach rechts: $\lambda = 5208$, 5206, 5204 Å) im Quintettsystem unter dem Einfluß eines Magnetfeldes von 38000 Gauß. Während die π-Komponenten von $\lambda = 5208$ Å noch ungestört erscheinen, sind die kurzwelligen σ-Komponenten

Zahlentafel 21. Paschen-Back-Aufspaltung der Terme eines Einelektronensystems (Alkaliatoms).

Term	l	m_s	$-7/2$	$-5/2$	$-3/2$	$-1/2$	$+1/2$	$+3/2$	$+5/2$	$+7/2$
s	7	$-1/2$					-1			
		$+1/2$						$+1$		
p	1	$-1/2$			-2	-1	0			
		$+1/2$				0	$+1$	$+2$		
d	2	$-1/2$		-3	-2	-1	0	$+1$		
		$+1/2$			-1	0	$+1$	$+2$	$+3$	
f	3	$-1/2$	-4	-3	-2	-1	0	$+1$	$+2$	
		$+1/2$		-2	-1	0	$+1$	$+2$	$+3$	$+4$

Header spanning columns $-7/2$ through $+7/2$: $|\Delta E|/\mu H = m + m_s$ für $m = m_l + m_s =$

Zahlentafel 22. Paschen-Back-Aufspaltung der Terme eines
Zweielektronensystems (Erdalkaliatoms).

Term	L	m_S	$\|\Delta E\|/\mu H = m + m_S$ für $m = m_L + m_S =$						
			-3	-2	-1	0	$+1$	$+2$	$+3$
S	0	-1			-2				
		0				0			
		$+1$					$+2$		
P	1	-1		-3	-2	-1			
		0			-1	0	$+1$		
		$+1$				$+1$	$+2$	$+3$	
D	2	-1	-4	-3	-2	-1	0		
		0		-2	-1	0	$+1$	$+2$	
		$+1$			0	$+1$	$+2$	$+3$	$+4$

derselben Linie bedeutend stärker als die langwelligen. Eine deutliche Asymmetrie zeigt sich bei den σ-Komponenten von $\lambda = 5206$ und 5204 Å: die kurzwelligen Komponenten der ersteren Linie sind mit den langwelligen der letzteren verschmolzen. Diese Verhältnisse weisen unzweifelhaft auf einen allmählichen Übergang vom anomalen Zeeman-Effekt zum Paschen-Back-Effekt hin.

β) Hyperfeinstrukturaufspaltung. Wie im Falle der Feinstruktur bei hohen magnetischen Feldstärken $\vec{L}$ und $\vec{S}$ entkoppelt werden, so tritt bei der Hyperfeinstruktur in starken Magnetfeldern I-J-Entkopplung ein. *Kernspin* $\vec{I}$ und *Gesamtelektronendrehimpuls* $\vec{J}$ stellen sich *unabhängig voneinander richtungsgequantelt* zum magnetischen Felde $\mathfrak{H}$ ein, um dessen Richtung sie *präzessieren* (vgl. das entsprechende Verhalten von $\vec{S}$ und $\vec{L}$ gegenüber $\mathfrak{H}$ in Abb. 127).

$$m_I = I \cdot \cos\left(\mathfrak{H}, \vec{I}\right), \quad m_J = m = J \cdot \cos\left(\mathfrak{H}, \vec{J}\right) \qquad (257), (246)$$

stellen die Projektionen von $\vec{I}$ bzw. $\vec{J}$ auf die Richtung von $\mathfrak{H}$ dar. Infolge der Richtungsquantelung kann m_I die folgenden $(2\,I + 1)$-Werte:

$$m_I = I,\ I-1,\ \ldots\ -I+1,\ -I; \qquad (257a)$$

$m_J = m$ wie früher die $(2\,J + 1)$-Werte:

$$m = J,\ J-1,\ \ldots\ -J+1,\ -J \qquad (246a)$$

annehmen und wir erhalten als *magnetische Feinstrukturquantenzahl*

$$m_F = m_I + m\,. \qquad (258)$$

Die zugehörige *magnetische Zusatzenergie* beträgt:

$$|\Delta E| = H \cdot \left[M_I \cdot \cos\left(\vec{\mathfrak{H}}, \vec{I}\right) + M_J \cdot \cos\left(\vec{\mathfrak{H}}, \vec{J}\right)\right]. \qquad (259)$$

c) Multiplettstruktur der Serienterme. Die eben erörterten Erscheinungen des ZEEMAN- und PASCHEN-BACK-Effektes haben gezeigt, daß die Einwirkung *äußerer Magnetfelder* zu einer Aufspaltung der Spektrallinien in mehrere Komponenten Anlaß gibt. Diese Tatsache legt den Gedanken nahe, die ohne den Einfluß eines äußeren Magnetfeldes vorhandene *Vielfachheit der Spektrallinien* durch die Wirksamkeit *innerer, atomarer Magnetfelder* zu erklären. Die bereits betrachteten magnetischen Momente $\vec{M}_S$, $\vec{M}_L$ und $\vec{M}_I$ geben uns hierzu die Handhabe.

α) **Erklärung der Feinstruktur.** Wie zur Deutung des anomalen ZEEMAN-Effektes die *magnetischen Momente* $\vec{M}_S$ und $\vec{M}_L$ unter Zugrundelegung des Vektorgerüstes der Abb. 125 in Wechselwirkung mit einem *äußeren* Magnetfelde $\mathfrak{H}$ herangezogen wurden, so können *ebendieselben* magnetischen Momente *für sich allein* zur Erklärung der *Feinstruktur* der Spektrallinien dienen.

Schon im Abschnitt 8 (S. 181 ff.) ist gezeigt worden, daß die *Vielfachheit* eines Termes mit festem L und S durch die Zahl

$$r = 2\,S + 1 \text{ bzw. } 2\,L + 1 \qquad (217a, b)$$

bestimmt wird, je nachdem ob $L \gg S$ oder $L \ll S$ ist. Um auch für den *Abstand der Multiplettlinien* eine Erklärung zu finden, bedienen wir uns des Vektorgerüstes der Abb. 125, wobei wir uns $\vec{M}_S$ um die Richtung von $\vec{M}_L$ bzw. $\vec{M}_L$ um die Richtung von $\vec{M}_S$ *präzessierend* vorstellen wollen, je nachdem ob $\vec{M}_L$ oder $\vec{M}_S$ das *innere Magnetfeld* des Atoms vorwiegend bestimmt. Zur Aufrechterhaltung dieser Präzession müssen wir eine *magnetische Zusatzenergie* in Rechnung stellen, deren Betrag im Hinblick auf Abb. 125

$$\left.\begin{aligned}
|\Delta E| \text{ prop. } \left(\vec{M}_L, \vec{M}_S\right) &= M_L\,M_S \cos\left(\vec{L}, \vec{S}\right) = \\
&= M_L\,M_S \cdot \frac{L^2 + S^2 - J^2}{L\,S}
\end{aligned}\right\} \qquad (260)$$

sein wird. Indem wir wie früher (S. 197) die Quadrate L^2, S^2, J^2 durch die Produkte $L\,(L+1)$, $S\,(S+1)$, $J\,(J+1)$ ersetzen und so den Übergang zur *Quantenmechanik* bewerkstelligen, erhalten wir die für den *Abstand zweier Termkomponenten* gültige „*Intervallregel*":

$$|\Delta E| \text{ prop. } \frac{M_L\,M_S\,[L\,(L+1) + S\,(S+1) - J\,(J+1)]}{\sqrt{L\,(L+1)\,S\,(S+1)}}. \qquad (261)$$

Aus ihr folgt durch Differenzbildung bei festem L und S für den *Abstand zweier benachbarter Multiplettermkomponenten* mit den inneren Quantenzahlen J und $J+1$

$$|\Delta E_{J,\,J+1}| \text{ prop. } [(J+1)\,(J+2) - J\,(J+1)] = 2\,(J+1)\,, \qquad (262)$$

also proportional der *größeren inneren Quantenzahl*.

Als Beispiel sei zunächst der *Quintett-D-Term* (Grundterm) des *Fe-Spektrums* betrachtet, der sich aus den 5 Komponenten: $^5D_0$, $^5D_1$, $^5D_2$, $^5D_3$, $^5D_4$ zusammensetzt. Indem wir der Kürze halber die Differenzen
$$^5D_k - {}^5D_i = \Delta D_{ik}$$

setzen, entnehmen wir der Analyse des Fe-Spektrums die Werte:

$$\Delta D_{01} = 89{,}9 \text{ cm}^{-1}\,, \quad \Delta D_{12} = 184{,}1 \text{ cm}^{-1}\,,$$
$$\Delta D_{23} = 288{,}1 \text{ cm}^{-1}\,, \quad \Delta D_{34} = 416{,}0 \text{ cm}^{-1}\,.$$

Aus diesen Angaben folgt:

$$\Delta D_{01} : \Delta D_{12} : \Delta D_{23} : \Delta D_{34} = 0{,}9 : 1{,}8 : 2{,}8 : 4\,,$$

also näherungsweise das Zahlenverhältnis $1 : 2 : 3 : 4$ in Übereinstimmung mit der *Intervallregel* (262).

Eine weitere Bestätigung dieser Regel liefert der *Quintett-F-Term* des *Fe-Spektrums* mit den Komponenten:

$$^5F_1, \ ^5F_2, \ ^5F_3, \ ^5F_4, \ ^5F_5 \text{ und den Differenzen:}$$
$$\Delta F_{12} = 106{,}8 \text{ cm}^{-1}\,, \quad \Delta F_{23} = 164{,}9 \text{ cm}^{-1}\,,$$
$$\Delta F_{34} = 227{,}9 \text{ cm}^{-1}\,, \quad \Delta F_{45} = 292{,}3 \text{ cm}^{-1}\,.$$

Jetzt erhalten wir:

$$\Delta F_{12} : \Delta F_{23} : \Delta F_{34} : \Delta F_{45} = 1{,}8 : 2{,}8 : 3{,}9 : 5\,;$$

also in erster Näherung das Verhältnis $2 : 3 : 4 : 5$.

Wie beim *Zeeman-Effekt* ergeben nicht alle denkbaren Übergänge zwischen den mehrfachen Energiestufen beobachtbare Spektrallinien. Es gelten hier wie dort [vgl. (249)] gewisse *Auswahlregeln*, die die *innere Quantenzahl J (j)* bzw. die *magnetische Quantenzahl m* betreffen. *Erlaubt* sind danach nur jene Übergänge, bei denen sich $J(j)$ bzw. m bloß um 1 oder gar nicht ändert:

$$J' = \begin{cases} J+1 \\ J \\ J-1 \end{cases}, \quad \Delta J = +1,\ 0,\ -1\,. \qquad (263)$$

Zu dieser Auswahlregel tritt aber noch eine *Intensitätsregel*, die den von der Beobachtung gelieferten verschiedenen *Linienstärken* Rechnung trägt. Es zeigt sich nämlich, daß von den drei erlaubten Übergängen (263) derjenige mit der *größten* Linienstärke auftritt, der mit einer *gleichsinnigen Änderung* der *azimutalen* Quantenzahl $L\,(l)$ verbunden ist. Die Linienstärke wird um so *geringer*, je *stärker* die Art des Überganges hinsichtlich der *inneren* Quantenzahl von der hinsichtlich der *azimutalen abweicht*. Wir erhalten demnach *starke Linien* beim Übergang

$$L,\ J \to L-1,\ J-1\,,$$

mittelstarke Linien beim Übergang

$$L,\ J \to L-1,\ J$$

und *schwache Linien* beim Übergang

$$L,\ J \to L-1,\ J+1\,.$$

Außerdem erweist sich der Übergang $0 \to 0$ für die *innere* Quantenzahl als *verboten*. Die beschriebene *Intensitätsregel* im Falle eines *Triplettsystems* veranschaulicht Abb. 129. Eine

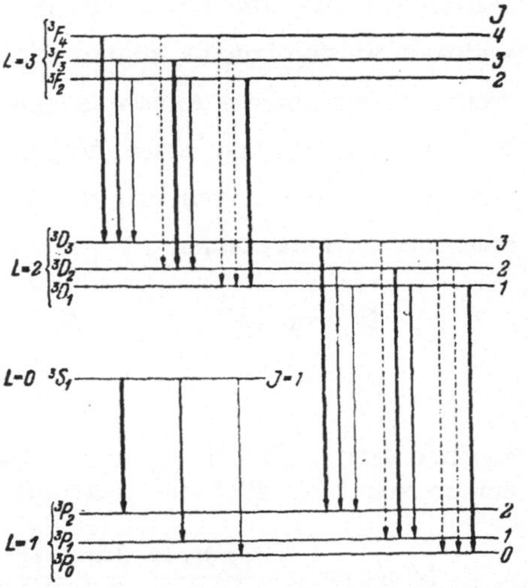

Abb. 129. Linienintensitäten eines Triplettsystems.
Die Strichstärken der Pfeile entsprechen den Intensitäten der Spektrallinien. Punktierte Pfeile deuten verbotene Übergänge an (Intensität gleich Null).

Erklärung dieser Merkwürdigkeit wird uns später die *Wellen-(Quanten-)mechanik* erschließen (s. S. 309f.).

β) **Erklärung der Hyperfeinstruktur.** Zwischen *Feinstruktur* und *Hyperfeinstruktur* besteht eine vollständige Entsprechung, die sich darin kundgibt, daß an Stelle der für die Feinstruktur maßgebenden Impulsvektoren $\vec{L}$ und $\vec{S}$ mit den zugehörigen magnetischen Momenten $\vec{M}_L$ und $\vec{M}_S$ die *Impulsvektoren* $\vec{J}$ *und* $\vec{I}$ mit den zugehörigen *magnetischen Momenten* $\vec{M}_J$ und $\vec{M}_I$ treten.

Wie bereits früher (S. 191) festgestellt worden ist, bestimmt der *gequantelte Gesamtatomdrehimpuls*

$$\vec{F} = \vec{J} + \vec{I}\,, \tag{234}$$

der

$$r = 2\,I + 1 \ \text{bzw.}\ 2\,J + 1 \tag{264a, b}$$

Werte annehmen kann, je nachdem ob $J \gg I$ oder $J \ll I$ ist, die *Vielfachheit* des betreffenden Terms (s. Abb. 124 a, b). Ebenso wie der Abstand der Feinstrukturterme aus der Annahme einer Präzession von $\vec{M}_L$ um die Richtung von $\vec{M}_S$ oder umgekehrt erschlossen werden konnte, können wir nun den *Abstand der Hypermultipletterme* aus der Annahme einer *Präzession* von $\vec{M}_I$ um die Richtung von $\vec{M}_J$ bzw. einer *Präzession* von $\vec{M}_J$ um die Richtung von $\vec{M}_I$ gewinnen, wenn wir der Rechnung eine entsprechende *magnetische Zusatzenergie*

$$\left.\begin{aligned}|\varDelta E| \text{ prop. } \left(\vec{M}_J, \vec{M}_I\right) = M_J\, M_I \cos\left(\vec{J}, \vec{I}\right) = \\ = M_J\, M_I \cdot \frac{J^2 + I^2 - F^2}{J\,I}\end{aligned}\right\} \qquad (265)$$

zugrundelegen. Der Übergang zur *Quantenmechanik* liefert jetzt, entsprechend Gl. (261), die „*Intervallregel*" der *Hyperfeinstruktur*:

$$|\varDelta E| \text{ prop. } \frac{M_J M_I\,[J\,(J+1) + I\,(I+1) - F\,(F+1)]}{\sqrt{J\,(J+1)\,I\,(I+1)}} . \qquad (266)$$

Wie früher ergibt sich hieraus durch Differenzbildung bei festem J und I als *Abstand zweier benachbarter Komponenten eines Hypermultipletterms* mit den Feinstrukturquantenzahlen F und $F+1$

$$|\varDelta E_{F,\,F+1}| \text{ prop. } [(F+1)\,(F+2) - F\,(F+1)] = 2\,(F+1), \qquad (267)$$

also proportional der *größeren Feinstrukturquantenzahl*.

Als Beispiel sei auf die Hyperfeinstruktur des ${}^2p_{3/2}$-*Terms* des *Natriums* (Abb. 124 b) hingewiesen. Aus Abb. 124 b entnehmen wir die Termdifferenzen:

$$(\varDelta\, p_{3/2})_{01} = 0{,}0008 \text{ cm}^{-1},$$
$$(\varDelta\, p_{3/2})_{12} = 0{,}0017 \text{ cm}^{-1},$$
$$(\varDelta\, p_{3/2})_{23} = 0{,}0025 \text{ cm}^{-1},$$

die eine vorzügliche Bestätigung der *Intervallregel* (267) darstellen:

$$(\varDelta\, p_{3/2})_{01} : (\varDelta\, p_{3/2})_{12} : (\varDelta\, p_{3/2})_{23} = 1 : 2 : 3 .$$

II. Die Wellenstruktur der Materie.
A. Flüssigkeits- und Luftwellen.

Der Grundvorgang jeder *Wellen*erscheinung besteht in der Vermittlung des *Schwingungszustandes* des einzelnen Teilchens durch elastische Kräfte an die Nachbarteilchen in Gestalt einer sog. „*Elementarwelle*" (*Huygenssches Prinzip,* 1690). Letztere ergeben in ihrer Gesamtheit als „*Einhüllende*" die in dem elastischen Mittel fortschreitende *Wellenfront.* Beim Zustandekommen einer flächenhaft oder räumlich sich ausbreitenden Welle spielt eine Erscheinung, die man als *Überlagerung* (*Interferenz*) bezeichnet, die entscheidende Rolle. Sie besteht im wesentlichen darin, daß sich die Verschiebungen, die ein Teilchen (aus verschiedenen Ursachen) gleichzeitig ausführen soll, *vektoriell* (nach der Parallelogrammregel) zusammensetzen lassen. Dadurch erscheint es möglich, daß in einem ausgedehnten Mittel an gewissen Stellen lebhafteste Bewegung (*Verstärkung*), an anderen Stellen dagegen Ruhe

Abb. 130. Interferenz zweier gleicher (kohärenter) Kreiswellensysteme auf einer Wasseroberfläche (nach GRIMSEHL). Das Bild unten zeigt die Interferenzerscheinung vergrößert.

(*Auslöschung*) eintritt. Die Überlagerung von zwei *Kreiswellensystemen* auf einer Wasseroberfläche, die durch gleichzeitiges Eintauchen zweier Holzkugeln erregt wurden, zeigt in sehr schöner Weise Abb. 130. Wir erkennen in ihr deutlich die durch stellenweise Auslöschung bzw. Verstärkung der Bewegung entstehenden *Hyperbelscharen*. Abb. 131 erläutert den Hindurchtritt einer geraden Wellenfront durch eine Reihe gleich weit entfernter Öffnungen (*Gitter*) gleichfalls auf einer Wasseroberfläche. Auch die Ausbreitung von *Wellen in der Luft* (*Schallwellen*) kann sichtbar gemacht werden; man bedient sich dazu der TÖPLERschen *Schlierenmethode*, bei der die durch die Wellenbewegung auftretenden Dichteveränderungen der Luft im Lichtbild festgehalten werden. Abb. 132 zeigt die Wellenfront (,,*Machsche Welle*") eines mit

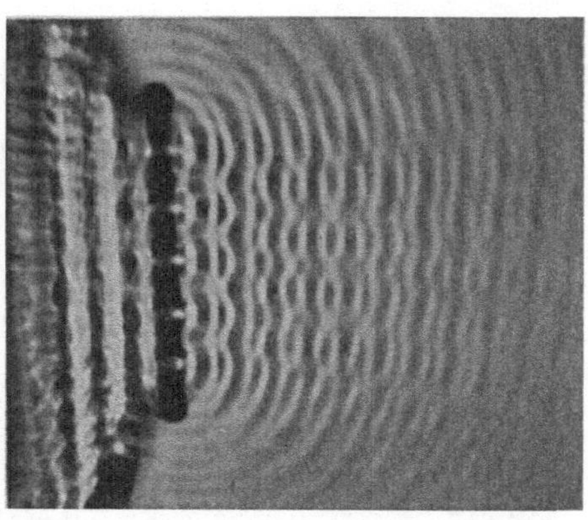

Abb. 131. Durchtritt von Wasserwellen durch ein Gitter (nach GRIMSEHL).

Überschallgeschwindigkeit fliegenden Geschosses, deren Zustandekommen durch Überlagerung von Kugelwellen nach dem HUYGENS-

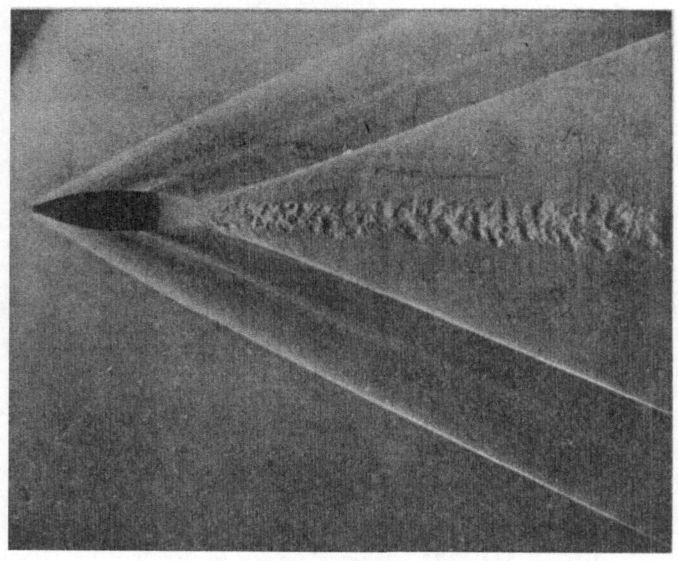

Abb. 132. ,,MACHsche Welle" eines mit Überschallgeschwindigkeit fliegenden Geschosses (aus P. P. EWALD, Kristalle und Röntgenstrahlen).

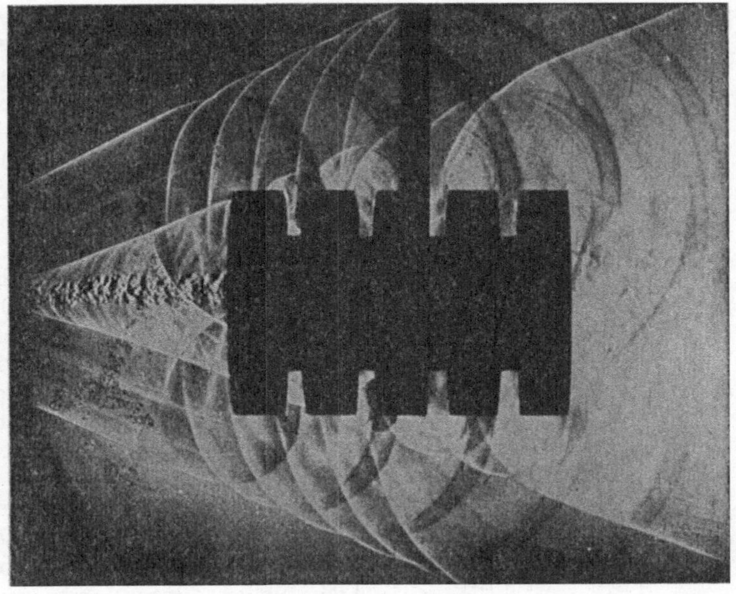

Abb. 133. „MACHsche Welle" als Einhüllende von Kugelwellen, die von den seitlichen Öffnungen einer Dose ausgehen, die das in der Abbildung nicht mehr sichtbare Geschoß durchsetzt hat (aus P. P. EWALD, Kristalle und Röntgenstrahlen).

schen Prinzip Abb. 133 veranschaulicht, die den Durchtritt des Geschosses durch eine mit seitlichen Öffnungen versehene Dose zur Darstellung bringt.

B. Ätherwellen.

1. Sichtbares Licht.

Obwohl für das Licht als Wellenbewegung nicht in derselben Weise wie bei Flüssigkeits- und Luftwellen ein stofflicher Träger namhaft gemacht werden kann und dafür ein besonderer „*Lichtäther*" erfunden werden mußte, so hat sich doch die zuerst von CHR. HUYGENS vertretene Auffassung von der *Wellennatur* des Lichtes immer mehr befestigt und die ungefähr ebenso alte *Emissions*theorie NEWTONS (s. S. 244 f.) schließlich völlig verdrängt, da die auch beim Licht beobachtbaren *Beugungs-* und *Interferenz*erscheinungen in überzeugender Weise dessen *Wellennatur* darzutun schienen. Das größte Verdienst um den Ausbau der Wellentheorie des Lichtes hat A. J. FRESNEL, von dem jener berühmte *Spiegelversuch* stammt, der in jeder Hinsicht das Seitenstück zu dem in Abb. 130 dargestellten Interferenzversuch bedeutet. Abb. 134 gibt ein Bild der FRESNELschen Versuchsanordnung zur Erzeugung der Interferenz von Wellen zweier kohärenter (d. h. genau die gleichen Schwingungen ausführender oder „in Phase" schwingender) Lichtquellen L_1, L_2, die durch Spiegelung *derselben* Lichtquelle L an zwei gegeneinander unter sehr flachem Winkel (etwa 179° 30') geneigten Spiegeln S' und S'' erhalten werden. Man erkennt die auf dem Schirm A, A' entstehenden *Streifen* als jene Stellen, wo die *Interferenzhyperbeln* den Schirm treffen.

Auch zum *Gitterversuch* der Abb. 131 gibt es ein *optisches* Analogon: die Beugung von Lichtquellen durch ein eindimensionales „*Strichgitter*" (in Glas geritzte, parallele, gleich weit abstehende Striche). Mit

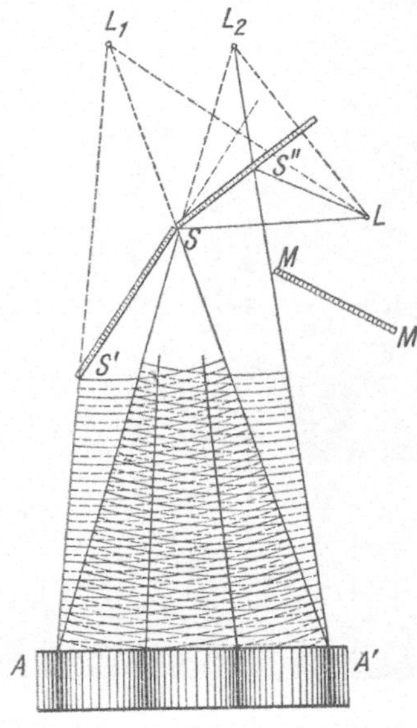

Abb. 134. FRESNELscher Spiegelversuch. *M M'* Schirm, um direktes Licht der Lichtquelle *L* von *A A'* fernzuhalten.

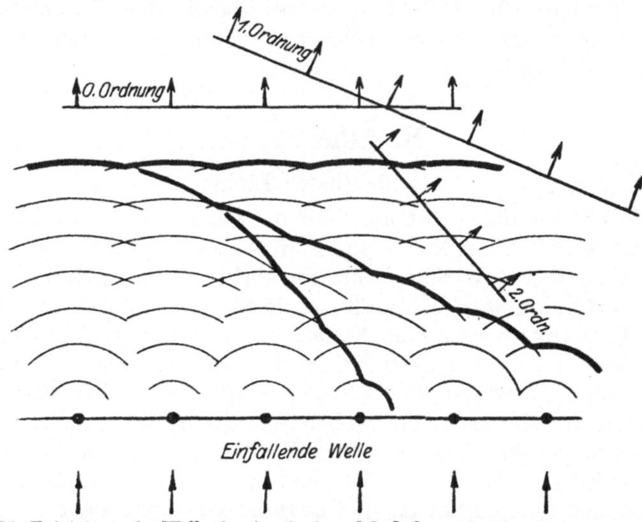

Abb. 135. Entstehung der Wellenfronten 0., 1. und 2. Ordnung bei der Beugung von Lichtwellen durch ein eindimensionales Gitter (nach EWALD).

Rücksicht auf das Folgende wollen wir diese Erscheinung an Hand der Abb. 135 näher betrachten. Die eingezeichneten Kreise stellen die Wellenberge der von den einzelnen Gitteröffnungen ausgehenden Elementarwellen dar, die sich je nach dem „*Gangunterschied*" benachbarter Elementarwellen zu *Wellenfronten* nullter, erster, zweiter, ... Ordnung zusammenschließen. Jeder dieser Fronten entspricht ein dazu normaler *Strahl*, der auf einem hinter dem Gitter befindlichen Schirm ein entsprechendes *Beugungsbild* des als Lichtquelle verwendeten Spaltes erzeugt. Diese Bilder entstehen ebenso rechts wie links von dem nicht abgebeugten Spaltbild nullter Ordnung. Abb. 136 veranschaulicht diese

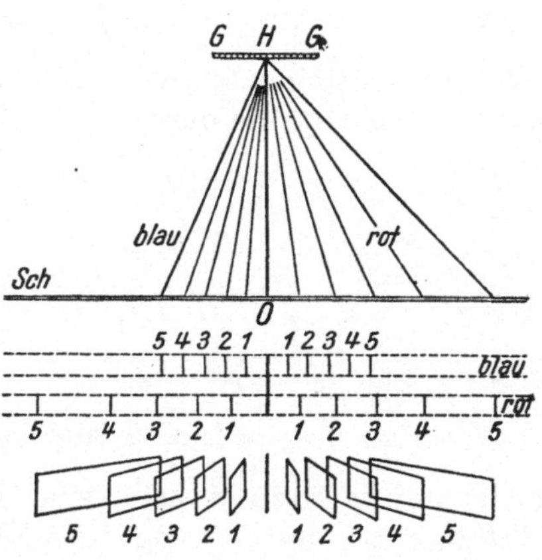

Abb. 136. Beugung von Licht verschiedener Wellenlänge durch ein Gitter.

Die mit Nummern versehenen Parallelogramme deuten die jeweilige Ausdehnung des von weißem Licht erzeugten Spektrums der betreffenden Ordnung an.

Erscheinung für Licht größerer und geringerer Wellenlänge (rotes und blaues Licht). Zwei in einer Ebene *senkrecht zueinander* angeordnete Strichgitter ergeben ein „*Kreuzgitter*", dessen lichtbeugende Wirkung wir am einfachsten beim Durchblick durch das Gewebe eines Regenschirmes gegen eine entfernte, helle Straßenlaterne beobachten können (Abb. 137). Wir wenden uns nun zur mathematischen Behandlung der *Gitterbeugung*.

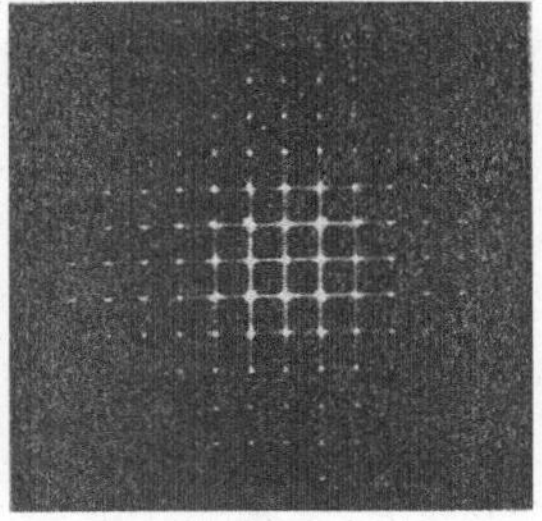

Abb. 137. Beugungserscheinung durch ein Kreuzgitter.

a) Strichgitter (eindimensionales Gitter). Im Hinblick auf Abb. 138 berechnen wir die Winkel φ der gebeugten Strahlen mit dem Gitter. Für das *Spektrum k^{ter} Ordnung* muß der *Gangunterschied* zweier benachbarter Strahlen offenbar $k\lambda$ (ein *gerades Vielfaches* von $\frac{\lambda}{2}$, also $2\,k\cdot\frac{\lambda}{2}$) betragen. Bezeichnen wir mit φ_0 den Winkel der einfallenden Strahlen mit dem Gitter und mit a den

Abstand zweier benachbarter Gitterstriche (Gitterkonstante), so erhalten wir für den gesuchten *Gangunterschied*:

$$a \cdot (\cos \varphi - \cos \varphi_0) = k \cdot \lambda, \quad k = 0, \pm 1, \pm 2, \pm 3, \ldots \qquad (1)$$

Für die so bestimmten Winkel φ ergeben sich *Helligkeitsmaxima*
auf dem Schirm, die durch Stellen größter Dunkelheit bei Gang-
unterschieden von $(2\,k + 1) \cdot \dfrac{\lambda}{2}$ unterbrochen werden. Da für k im allgemeinen nur eine *kleine* Zahl in Betracht kommt, können wir aus Gl. (1) schließen, daß deutliche Beugungs-

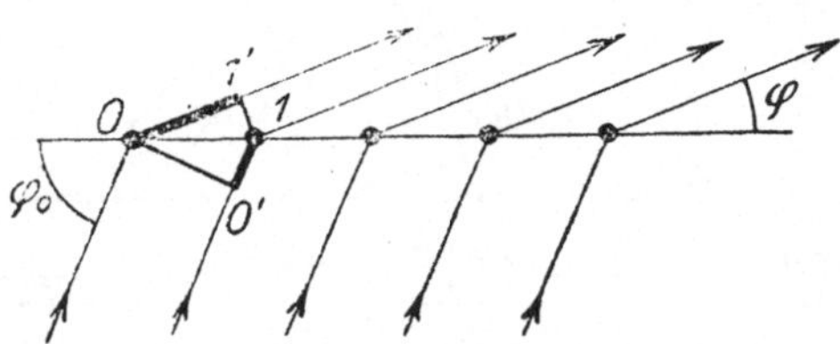

Abb. 138. Beugung durch ein Strichgitter.

bilder nur dann zu erwarten sind, wenn die *Gitterkonstante a* der
Wellenlänge λ des zu beugenden Lichtes *nahe kommt*, also etwa:

$$1 < \frac{a}{\lambda} < 10 . \qquad (2)$$

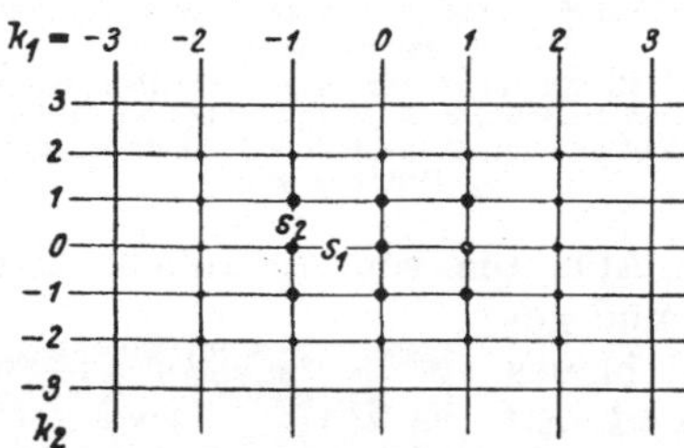

Abb. 139. Ordnungszahlen der Interferenzpunkte bei der Beugung durch ein
Kreuzgitter.

**b) Kreuzgitter (zweidimen-
sionales Gitter).** Bedeuten a_0,
β_0 die Winkel des einfallenden
Strahles mit den beiden Gittern im Sinne der Abb. 138
und sind a_1 und a_2 deren
Strichabstände, so bestehen
nunmehr zur Bestimmung der
Richtungen (α, β) *größter Hel-*

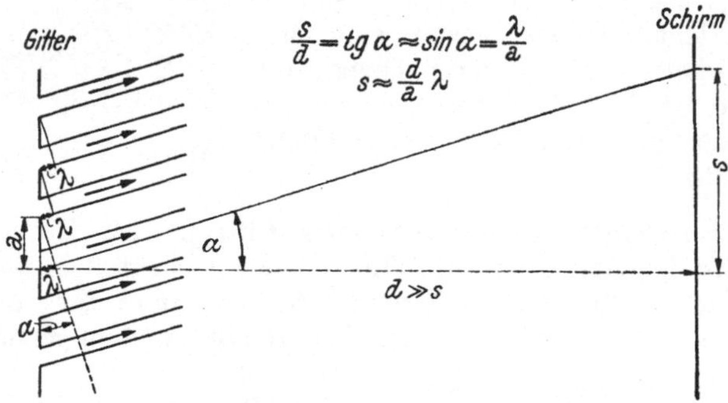

Abb. 140. Zusammenhang zwischen dem Abstand *s* der Interferenzbilder, dem Schirm-
abstand *d*, der Gitterkonstanten *a* und der Wellenlänge *λ*.

ligkeit die beiden Gleichungen:

$$a_1 (\cos \alpha - \cos \alpha_0) = k_1 \lambda, \quad k_1 \atop a_2 (\cos \beta - \cos \beta_0) = k_2 \lambda, \quad k_2 \Big\} = 0, \pm 1, \pm 2, \dots \qquad (3)$$

Die ganzen Zahlen k_1, k_2 geben die *Ordnung* des Beugungsbildes an und bestimmen die Lage des zugehörigen Interferenzfleckes auf dem Schirm (Abb.139). Die Abstände s_1, s_2 der Interferenzpunkte auf dem Schirm sind für *kleine Beugungswinkel* dem Abstand d des Gitters vom Schirm, sowie der Wellenlänge λ direkt und den Strichabständen a_1, a_2 verkehrt proportional, wie ein Blick auf Abb. 140 erkennen läßt:

$$s_1 \approx \frac{d}{a_1} \cdot \lambda, \quad s_2 \approx \frac{d}{a_2} \cdot \lambda. \qquad (4)$$

2. Röntgenstrahlen.

a) Röntgenröhren. Allen Röhren gemeinsam ist die Erzeugung der Röntgenstrahlen durch *Abbremsung von Elektronen*, die *durch*

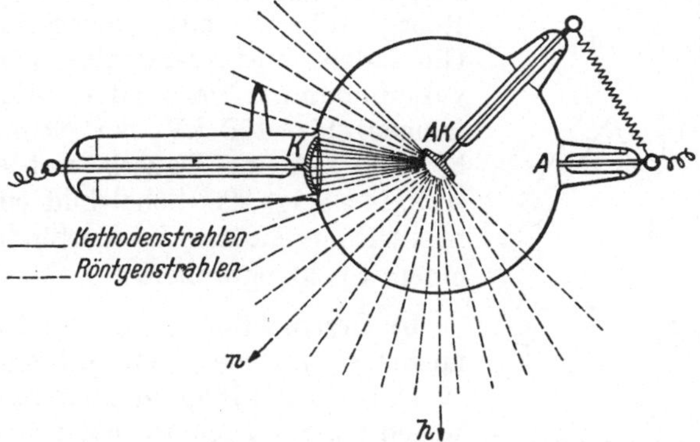

Abb. 141. Ionenröhre (älteste Form der Röntgenröhren).

hohe Spannungen (10 bis 50 kV) *beschleunigt* worden sind, an einer aus *Schwermetall* (meist *Wolfram*) hergestellten *Antikathode* bzw. *Anode* (s. dazu das S. 28 f. über das *Bremsspektrum* Gesagte). Wegen der beim Aufprall der Elektronen entstehenden beträchtlichen Erwärmung muß für ausreichende Kühlung (Wasserkühlung) der Antikathode (Anode) Sorge getragen werden. Die ursprüngliche Form der Röntgenröhre ist die durch ein kräftiges Induktorium betriebene „*Ionenröhre*", die zur Aufrechterhaltung der Entladung einen gewissen Gehalt an *Gasionen* aufweisen muß und dazu gelegentlich einer „Regenerierung" bedarf (Abb. 141).

Die moderne Röntgenröhre ist eine *gasfreie Elektronenröhre* mit *Glühfaden*. Ihre ältere Form ist die *Lilienfeld-Röhre* (Abbildung 142). Sie enthält einen Glühfaden, der je nach der Stärke der Heizung mehr oder weniger Elektronen aussendet; diese laufen durch eine hohle Kathode und können durch eine angelegte hohe Spannung entsprechend beschleunigt werden. Bei der neueren *Coolidgeröhre* (Abb. 143) ist die Kathode selbst als *Glühkathode* in Gestalt einer Heizspirale ausgebildet und der Anode unmittelbar gegenübergestellt. Wie bei der *Lilienfeld*-Röhre kann durch die angelegte *Spannung* die *Härte* (*Frequenz*), durch die *Heizung* die *Stärke* (*Intensität*) der Röntgenstrahlung in weiten Grenzen geregelt werden. Für Zwecke der *Spektroskopie* und *Kristallstrukturanalyse* werden heute häufig *offene* Röntgenröhren mit auswechselbarem Glühfaden und angeschlossener Hochvakuumpumpe verwendet, die Spannungen bis 100 kV bei Stromstärken bis 100 mA im Dauerbetrieb ertragen. Abb. 144 zeigt das Schaltbild einer SEEMANN-Röntgenröhre in Verbindung mit einem Spektrographen.

b) Geschichtliches zur Wellenlängenmessung. Da man von Anfang die von W. C. RÖNTGEN 1895 entdeckten Strahlen wegen ihrer Nichtablenkbarkeit durch elektrische und magnetische Felder für *Wellenstrahlen* hielt, erschien es als die vornehmste Aufgabe, ihre *Wellenlänge* zu

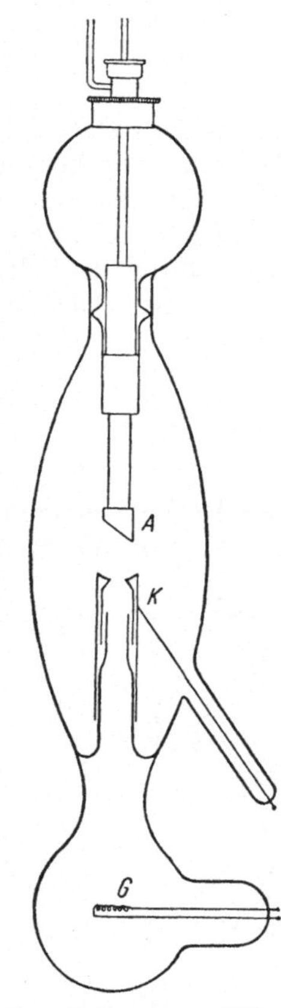

Abb. 142. LILIENFELD-Röhre (J. E. LILIENFELD, 1912). *A* Anodenspiegel, *K* Hilfskathode mit engem Loch, *G* Glühkathode.

bestimmen. Man versuchte zu diesem Zwecke, *Beugungs*erschei-

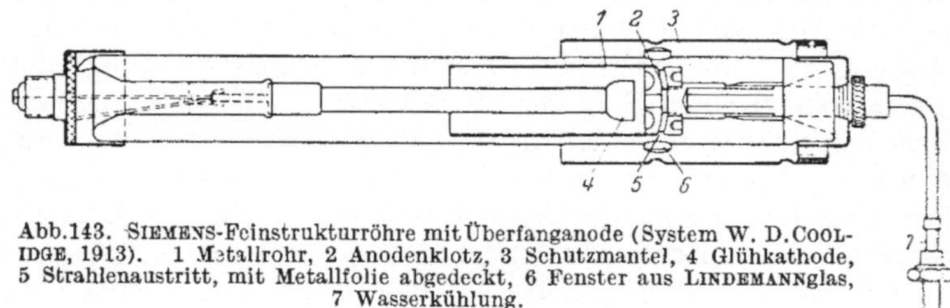

Abb. 143. SIEMENS-Feinstrukturröhre mit Überfanganode (System W. D. COOLIDGE, 1913). 1 Metallrohr, 2 Anodenklotz, 3 Schutzmantel, 4 Glühkathode, 5 Strahlenaustritt, mit Metallfolie abgedeckt, 6 Fenster aus LINDEMANNglas, 7 Wasserkühlung.

nungen zu beobachten. Vom sichtbaren Licht her war bekannt: Je enger der Spalt, desto stärker die Beugung [vgl. Gl. (4)]. Um überhaupt eine Beugungserscheinung zu erhalten, muß im allgemeinen, wie aus (2) hervorgeht, die Spaltbreite der Größenordnung der Wellenlänge des Lichtes nahekommen. Wie *eng* muß man also den Spalt machen, damit man Röntgenstrahlen beugen kann? Um diese Frage zu entscheiden, machten zuerst HAGA und WIND (1902), später WALTER und POHL (1909) Versuche mit einem *Keilspalt*, der gegen die Schneide des Keiles hin immer enger wird. Mit gewöhnlichem Licht ergeben sich dabei Beugungsbilder, die um so weiter auseinandergehen, je enger der Spalt wird' (Abb. 145). Mit *Röntgenstrahlen* ist ein solcher Versuch zunächst *nicht* einwandfrei gelungen. SOMMERFELD konnte aus dem zweifelhaften Ergebnis nur mutmaßen, daß die *Wellenlänge* etwa von der Größe der *Atomausdehnung* ($\lambda \approx 4 \cdot 10^{-9}$ cm) sei. Erst bei einer späteren Wiederholung der Versuche (1924) konnte WALTER deutlich schwache Streifen neben dem

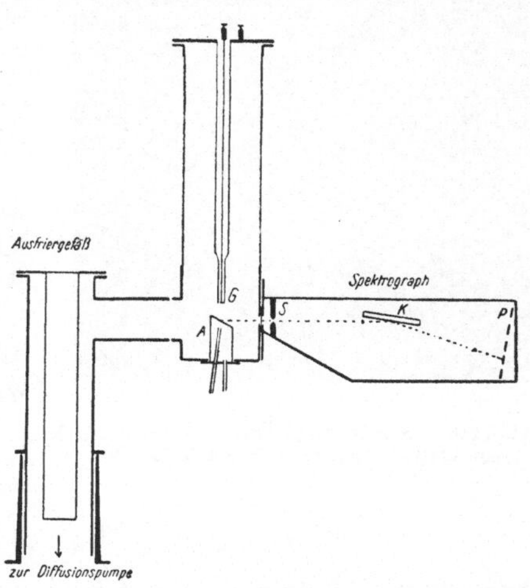

Abb. 144. Versuchsanordnung mit SEEMANN-Röntgenröhre für Spektroskopie (schematisch nach REGLER).

A Hohlanode mit Wasserkühlung, *G* auswechselbarer Glühfaden. Um die Hg-Dämpfe der Hg-Diffusionspumpe von der Röhre fernzuhalten, muß ein Ausfriergefäß dazwischengeschaltet werden, das statt mit flüssiger Luft auch mit einer Mischung von CO_2-Schnee und Azeton beschickt werden kann. Die Röntgenstrahlung tritt durch ein Fenster (aus Al für kürzerwellige, aus Be, Zellophan oder Goldschlägerhaut für längerwellige Strahlung) aus der Röhre in den Spektrographen (in der Abbildung zur besseren Übersicht im Grundriß gezeichnet). *S* Spalt, *K* Kristall, *P* photographische Platte.

zentralen Spaltbild (im Bereiche von 2 bis 4 μ Spaltbreite) erkennen. In neuerer Zeit ist es auch gelungen, *Röntgenstrahlen* mit Hilfe *mechanisch geritzter Glasgitter* mit verhältnismäßig großer Gitterkonstante (300 Furchen/mm) zu beugen und dabei eine gute Trennung der Ordnungen zu erzielen (Abb. 146), wenn man die *Reflexion* unter *hinreichend großem Einfallswinkel*, d. h. *nahezu streifend*, erfolgen läßt, was praktisch einer weitgehenden Verkleinerung der Gitterkonstanten gleichkommt.[1]

---

[1] Unter diesen Umständen wird die sonst für die Erzielung von Beugungserscheinungen maßgebliche Bedingung (2) hinfällig.

Bezeichnen wir mit a die Gitterkonstante des Strichgitters, mit ϑ_0, ϑ_1, ϑ_2, ϑ_3, ... die Glanzwinkel des reflektierten Strahles und der aufeinanderfolgenden gebeugten Strahlen, so gilt hier offenbar für den Strahl k-ter Ordnung entsprechend der Gl. (1) die *Beugungsbedingung*:

$$a \cdot (\cos \vartheta_0 - \cos \vartheta_k) = k \cdot \lambda, $$
$$k = 1, 2, 3, \ldots \qquad (5)$$

woraus im Hinblick auf die Kleinheit der Winkel ϑ_0 und ϑ_k durch Reihenentwicklung von $\cos \vartheta_0$ und $\cos \vartheta_k$ und mit Einführung der Beugungswinkel

$$\alpha_k = \vartheta_k - \vartheta_0$$

in erster Näherung

$$\frac{a}{2} \cdot (\vartheta_k^2 - \vartheta_0^2) = \frac{a}{2} \alpha_k (\alpha_k + 2 \vartheta_0) = k \cdot \lambda \qquad (5a)$$

folgt.

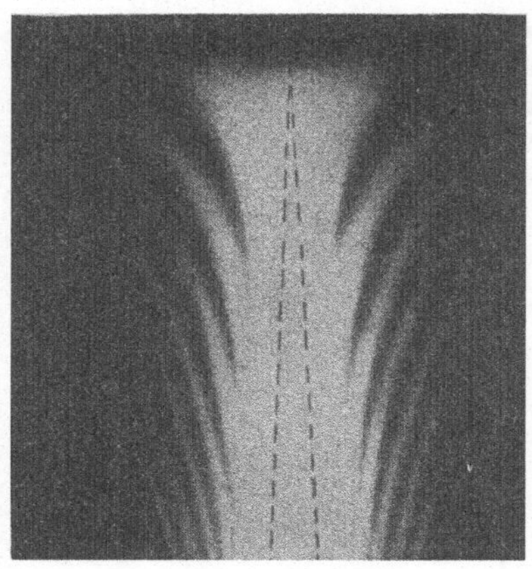

Abb. 145. Beugung von sichtbarem Licht durch einen keilförmigen Spalt (nach GRIMSEHL).

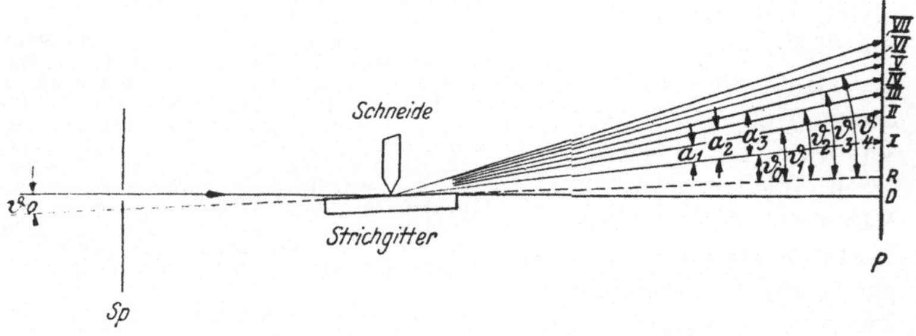

Abb. 146. Beugung der Röntgenstrahlen an einem optischen Strichgitter durch Reflexion bei streifendem Einfall.

Neben dem reflektierten Strahle R erscheinen die aufeinanderfolgenden, durch Interferenzen entstehenden Strahlen der Ordnungen I, II, III, ... deutlich getrennt.

Abb. 147 zeigt in 45facher Vergrößerung die Interferenzstreifen, die 1935 E. BÄCKLIN nach der *Plangitter*methode bei der Beugung von $C K_\alpha$-Strahlung ($\lambda = 44{,}7$ Å) durch einen Spalt von $33 \cdot 10^{-4}$ cm Breite (Abstand zwischen Schneide und Gitter in Abb. 146) erhalten hat.

Die erste erfolgreiche *Bestimmung der Wellenlänge der Röntgen-strahlen* gelang durch Gitter hinreichender Feinheit. Woher aber

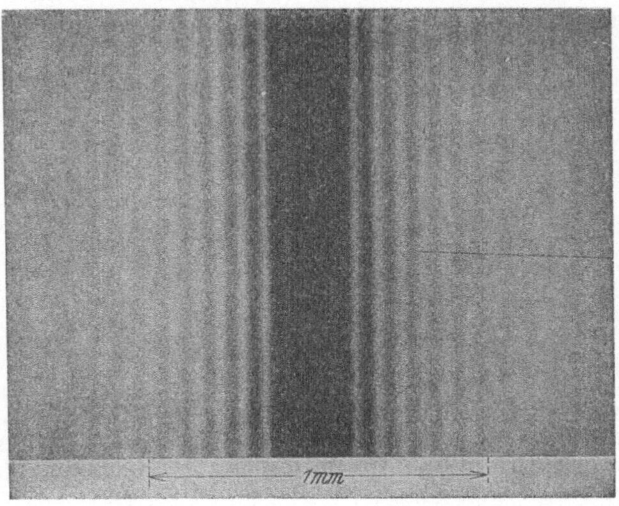

Abb. 147. Beugung von Röntgenlicht ($\lambda = 44,7$ Å) durch einen Spalt von 33 μ in 45facher Vergrößerung (nach E. BÄCKLIN).

nahm man Gitter mit Maschen von atomarer Größe? M. v. LAUE kam auf den Gedanken, *Kristalle als Gitter* zu verwenden; auf Grund seiner Vorschläge führten FRIEDRICH und KNIPPING 1912 ihre Versuche gemäß Abb. 148 durch. LAUE hat für diesen Fall

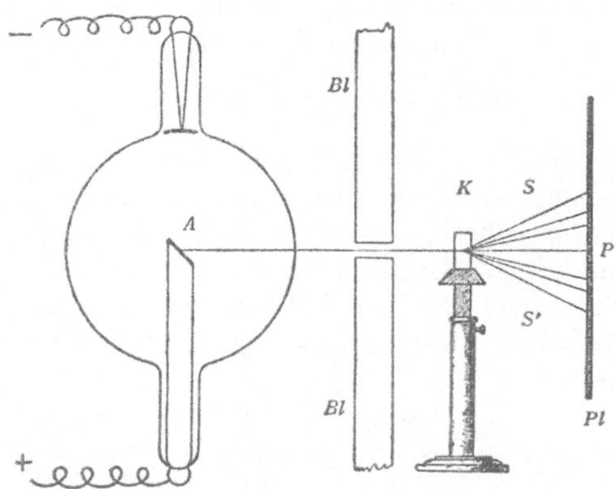

Abb. 148. Beugung der Röntgenstrahlen nach dem LAUE-Verfahren (nach EWALD).

seine Theorie der *Raumgitterbeugung* entwickelt, die eine Weiterführung unserer Betrachtungen über das Kreuzgitter darstellt.

**c) Beugung am Raumgitter (Kristallgitter). Verfahren von
M. v. Laue.** Wir betrachten hier nur das *rhombische* Gitter mit drei

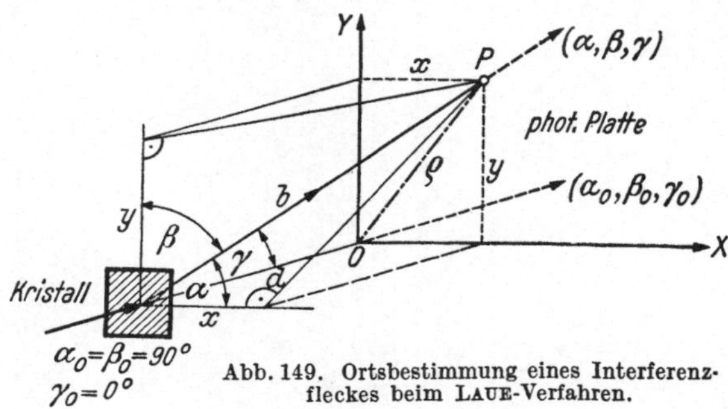

Abb. 149. Ortsbestimmung eines Interferenzfleckes beim Laue-Verfahren.

aufeinander senkrechten Achsen mit den *Gitterkonstanten* a_1, a_2, a_3.
Zur Festlegung der *Richtungen größter Helligkeit* bedarf es jetzt
dreier Winkel α, β, γ (s. Abb. 149), für die die folgenden Gleichungen
gelten:

$$\left.\begin{aligned}
a_1 (\cos\alpha - \cos\alpha_0) &= k_1\lambda, \quad k_1 \\
a_2 (\cos\beta - \cos\beta_0) &= k_2\lambda, \quad k_2 \\
a_3 (\cos\gamma - \cos\gamma_0) &= k_3\lambda, \quad k_3
\end{aligned}\right\} = 0, \pm 1, \pm 2, \pm 3, \ldots \quad (6)$$

$\alpha_0, \beta_0, \gamma_0$ sind die Neigungswinkel des einfallenden Strahles;
k_1, k_2, k_3 bedeuten wie früher *Ordnungszahlen*, die die Lage des
Beugungsbildes bestimmen. Diese Zahlen sind jedoch *nicht mehr
voneinander unabhängig*; denn es besteht noch die geometrische
Bedingung für die Richtungswinkel des gebeugten Strahles:

$$\cos^2\alpha + \cos^2\beta + \cos^2\gamma = 1 .$$

Wir können somit von einem Strahl nicht beliebige Beugungsbilder bekommen, sondern *nur solche*, die dieser geometrischen
Bedingung entsprechen. Lösen wir die Gl. (6) nach $\cos\alpha$, $\cos\beta$,
$\cos\gamma$ auf und setzen deren Quadratsumme gleich 1, so können
wir aus dieser Gleichung jene Wellenlängen λ berechnen, die bei
gegebener Einfallsrichtung $(\alpha_0, \beta_0, \gamma_0)$ durch den Kristall gebeugt
werden können:

$$\lambda = -2 \cdot \frac{\dfrac{k_1}{a_1}\cos\alpha_0 + \dfrac{k_2}{a_2}\cos\beta_0 + \dfrac{k_3}{a_3}\cos\gamma_0}{\left(\dfrac{k_1}{a_1}\right)^2 + \left(\dfrac{k_2}{a_2}\right)^2 + \left(\dfrac{k_3}{a_3}\right)^2} . \quad (7)$$

Aus Gründen der Vereinfachung befassen wir uns des weiteren nur mit dem *kubischen* (*tesseralen*) Gitter oder *Würfelgitter*: $a_1 = a_2 = a_3 = a$. Dann wird

$$\lambda = -2\,a \cdot \frac{k_1 \cos \alpha_0 + k_2 \cos \beta_0 + k_3 \cos \gamma_0}{k_1{}^2 + k_2{}^2 + k_3{}^2} \,. \tag{7a}$$

Für die praktische Auswertung kommt vor allem der Fall in Frage, daß der Kristall *senkrecht zu einer Kristallfläche durchstrahlt* wird: $\alpha_0 = \beta_0 = 90°$, $\gamma_0 = 0°$ (Abb. 149).

Der Strahl möge also *in der Richtung der Z-Achse* senkrecht auf den Kristall treffen. Unter diesen Umständen gelten die folgenden, aus Gl. (7a) und Gl. (6) hervorgehenden Gleichungen:

$$\lambda = \frac{-2\,a\,k_3}{k_1{}^2 + k_2{}^2 + k_3{}^2}\,, \quad k_3 \leq 0; \tag{8}$$

$$\left. \begin{aligned} &\cos \alpha = \frac{-2\,k_1\,k_3}{k_1{}^2 + k_2{}^2 + k_3{}^2}\,, \quad \cos \beta = \frac{-2\,k_2\,k_3}{k_1{}^2 + k_2{}^2 + k_3{}^2}\,, \\[2mm] &\cos \gamma = 1 + \frac{k_3}{a}\,\lambda = \frac{k_1{}^2 + k_2{}^2 - k_3{}^2}{k_1{}^2 + k_2{}^2 + k_3{}^2}\,. \end{aligned} \right\} \tag{9}$$

d) Auswertung eines Laue-Bildes. Der Messung zugänglich ist außer dem bekannten Abstand d der photographischen Platte vom Kristall noch der Abstand ϱ des Auftreffpunktes des gebeugten Strahles (*Interferenzpunktes*) von der Bildmitte, die durch den meist überbelichteten, von der direkten Bestrahlung durch sämtliche Wellenlängen herrührenden *Primärfleck* gekennzeichnet ist. Im Hinblick auf Abb. 149 berechnen wir mit Berücksichtigung der Gl. (9):

$$\left. \begin{aligned} x &= b \cos \alpha = d\,\frac{\cos \alpha}{\cos \gamma} = \frac{-2\,k_1\,k_3}{k_1{}^2 + k_1{}^2 - k_3{}^2}\,d\,, \\[2mm] y &= b \cos \beta = d\,\frac{\cos \beta}{\cos \gamma} = \frac{-2\,k_2\,k_3}{k_1{}^2 + k_2{}^2 - k_3{}^2}\,d\,, \\[2mm] &\quad x : y = k_1 : k_2\,, \\[2mm] \varrho &= d\,\mathrm{tg}\,\gamma = \sqrt{x^2 + y^2} = \frac{-2\,k_3\,\sqrt{k_1{}^2 + k_2{}^2}}{k_1{}^2 + k_2{}^2 - k_3{}^2}\,d\,. \end{aligned} \right\} \tag{10}$$

Der Gl. (8) zufolge muß, da λ jedenfalls positiv ist, die Ordnungszahl k_3 in der z-Richtung negativ sein. Für $k_3 = -1$ bekommt man die *erste* Reihe von Punkten rings um den Mittelpunkt (*Ring erster Ordnung*). Die auf demselben Kreis um den Primärfleck gelegenen Punkte gehören zur gleichen Ordnung und weisen *vier* oder *drei Spiegelachsen* auf, je nachdem ob der tesserale Kristall senkrecht zu einer Würfelfläche (längs einer *vierzähligen* Achse) oder parallel zu einer Körperdiagonale des Würfels (längs einer *dreizähligen* Achse) durchstrahlt worden ist. Man erhält im *ersten* Fall im allgemeinen einen *achtfachen*, im *zweiten* einen *sechsfachen* Punkt. So spiegelt sich die *Symmetrie des Kristalls* in den LAUE-Bildern wider.

Zur Erläuterung des Gesagten möge eine der ersten Aufnahmen an *Zinkblende* (ZnS) von LAUE, FRIEDRICH und KNIPPING dienen (Abb. 150). Bei einem Abstand $d = 3{,}56$ cm entspricht einem

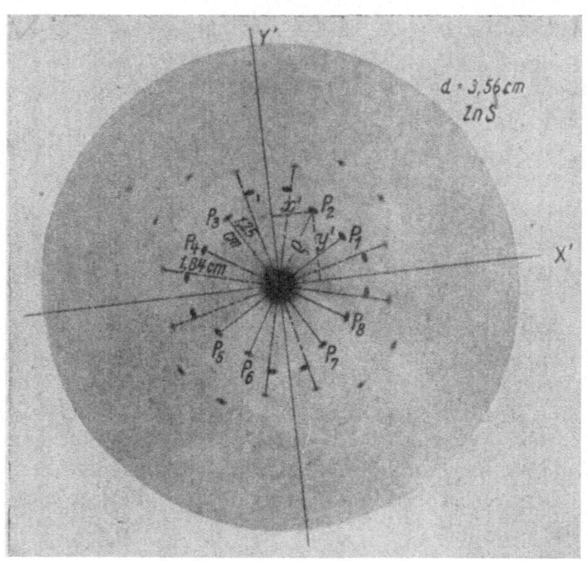

Abb. 150. Auswertung eines LAUE-Bildes.

Das Bild gibt eine Zinkblendeaufnahme von LAUE, FRIEDRICH und KNIPPING wieder, bei der die photographische Platte 3,56 cm vom Kristall entfernt war. Die Flecken P_1, P_2, ... P_8 stellen einen achtfachen Punkt dar. Die Koordinaten x', y' sind mit den Koordinaten x, y der Abb. 149 und des Textes identisch.

Ring erster Ordnung ($k_3 = -1$) ein Radius $\varrho = 1{,}25$ cm. Daraus folgt:

$$\operatorname{tg} \gamma = \frac{\varrho}{d} = 0{,}351 ; \quad \gamma = 19° \, 20' \text{ und } \cos \gamma = 0{,}9436 .$$

Die Gl. (9_3) $\cos \gamma = 1 + \dfrac{k_3}{a} \lambda$ liefert sodann

$$\frac{\lambda}{a} = 0{,}0564 .$$

Will man die *Wellenlänge* λ selbst berechnen, so braucht man noch die *Gitterkonstante a*, deren Bestimmung im nächsten Abschnitt behandelt wird.

Der soeben für $k_3 = -1$ ermittelte Wert von $\dfrac{\lambda}{a}$ kann folgendermaßen überprüft und verbessert werden. Im Hinblick auf Gl. (8) muß

$$k_1^2 + k_2^2 + k_3^2 = \frac{2\,a}{\lambda} = \frac{2}{0{,}0564} = 35{,}4$$

sein. Da k_1 und k_2 *ganze* Zahlen sein müssen, war die Messung offenbar fehlerhaft, da sich ihre Quadratsumme nicht ganzzahlig ergibt: $k_1^2 + k_2^2 = 34{,}4$. Wir vermuten, daß die richtige Summe 34 ist. Welche Möglichkeiten für k_1 und k_2 gibt es da? Es sind die folgenden:

k_1	k_2
$\pm\,3$	$\pm\,5$
$\pm\,5$	$\pm\,3$

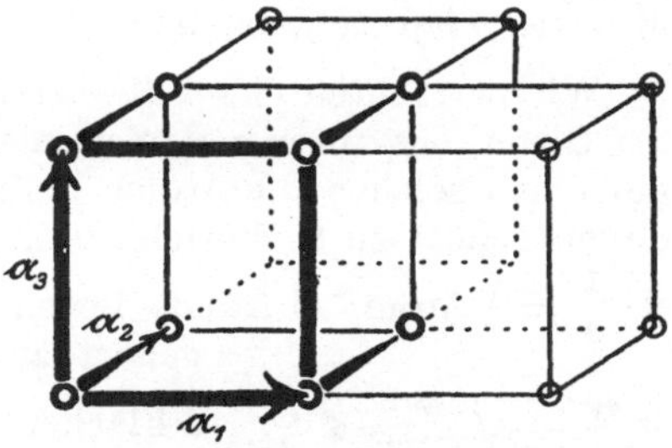

Das Photogramm gestattet eine Prüfung mit Hilfe der Gl. (10₃): $x:y = k_1:k_2 = 3:5$ bzw. $5:3$. Dieses Koordinatenverhältnis erweist sich für den beobachteten achtfachen Punkt als richtig. Wir erhalten somit als *verbesserten* Wert:

$$\frac{\lambda}{a} = \frac{2}{35} = 0{,}0571\ .$$

Die Wellenlänge λ selbst erhält man erst nach Bestimmung der Gitterkonstanten a (s. u.). Im vorliegenden Fall ergibt sich

$$a_{\mathrm{Zn\,S}} = 5{,}42\ \text{Å},$$

daher $\lambda = 0{,}309\ \text{Å}\ .$

e) Die Ermittlung der Gitterkonstanten bei kubischen Gittern. Nun beschäftigt uns die Frage: Welche *Struktur* besitzen die Gitter der verschiedenen Kristalle? Da eine allgemeine Untersuchung im Rahmen dieser Schrift zu weit führen würde, beschränken wir uns auf *kubische* Gitter.

Abb. 151. Einfaches kubisches Gitter oder Würfelgitter (nach EWALD).

Durch wiederholte Verschiebung des Ausgangspunktes in der Richtung der drei Pfeile a_1, a_2, a_3 (Grundverschiebungen) kann das ganze Gitter hervorgebracht werden.

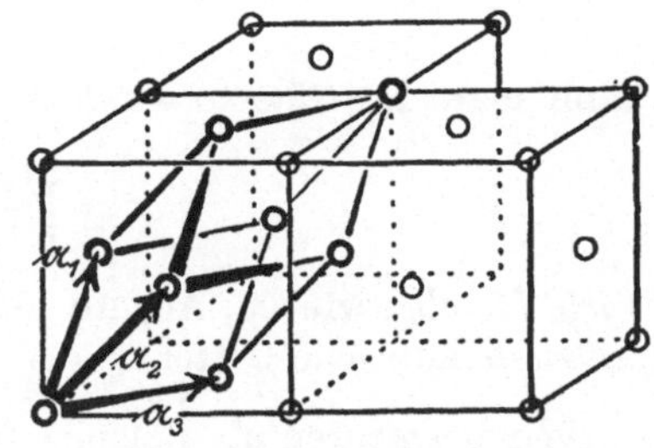

Abb. 152. Flächenzentriertes kubisches Gitter (nach EWALD).

Die Pfeile a_1, a_2, a_3 deuten die drei Grundverschiebungen an, durch die dieses Gitter erzeugt werden kann.

α) **Das einfache kubische Gitter** (Abb. 151) kommt in der Natur nicht vor. Bei den *tesseralen* Kristallen spielen immer nur *zusammengesetzte* Gitter eine Rolle.

β) **Das flächenzentrierte kubische Gitter** (Abb. 152). Dies ist eine sehr häufig vorkommende Form. Dabei ist *jede Flächenmitte* des Elementarwürfels wieder *Ausgangspunkt eines einfachen kubischen Gitters*. Die Pfeile der Abb. 152 geben die Parallelverschiebungen des ursprünglichen Gitters an: es liegen also vier *einfache kubische Gitter ineinander*.

Wir betrachten einen *Elementarwürfel*, d. i. einen Würfel mit der Gitterkonstanten a als Seitenlänge. Wie viele Atome entfallen auf einen solchen? 8 Atome befinden sich in den Ecken; jedes davon gehört zu 8 Würfeln, daher zählen die 8 Eckenatome als $8 \cdot \dfrac{1}{8} = 1$ Atom. 6 Atome liegen auf den Flächen; jede Fläche gehört zu 2 Würfeln, daher zählen die 6 Flächenatome als $6 \cdot \dfrac{1}{2} = 3$ Atome. Insgesamt entfallen somit $8 \cdot \dfrac{1}{8} + 6 \cdot \dfrac{1}{2} = 4$ Atome auf den Elementarwürfel. Aus der Formel: *Dichte* $\delta =$ Masse des Elementarwürfels dividiert durch das Volumen des Elementarwürfels

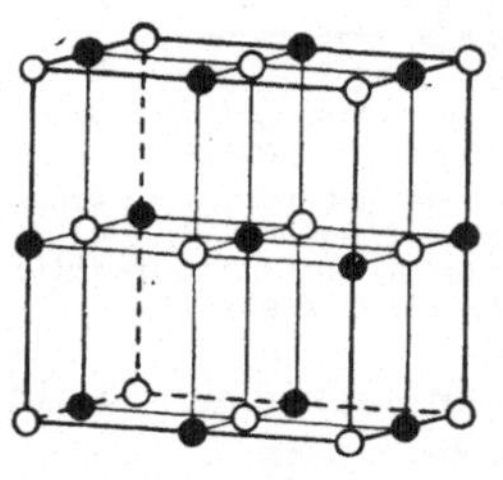

Abb. 153. Steinsalzgitter.
● Na⁺, ○ Cl⁻.

$$\delta = \frac{4\,m}{a^3}\,, \quad m = \text{Atommasse}\,, \qquad (11)$$

kann man die *Gitterkonstante* a berechnen:

$$a = \sqrt[3]{\frac{4\,m}{\delta}}\,. \qquad (11\text{a})$$

Viele Metalle, wie Cu, Ag, Au, Al, Pb, Fe(γ), Ni, besitzen *flächenzentrierte* kubische Gitter.

Wir betrachten als Beispiel das *Kupfer*. Seine Dichte beträgt $\delta_{Cu} = 8,96$ g/cm³; seine Atommasse ist:

$$m_{Cu} = A_{Cu}\,\text{ME} = 63,57 \cdot 1,660 \cdot 10^{-24}\,\text{g}\,.$$

Daraus ergibt sich der *Gitterabstand* $a_{Cu} = 3,61$ Å.

Ein weiteres Beispiel bietet das *Steinsalz* NaCl. Die Na-Atome einerseits und Cl-Atome anderseits bilden *zwei ineinandergestellte flächenzentrierte* Gitter (Abb. 153). Auf den Elementarwürfel entfallen:

$$8 \text{ Cl in den Ecken, zu zählen als} \quad \ldots \quad 8 \cdot \frac{1}{8} = 1 \text{ Cl}$$

$$6 \text{ Cl auf den Flächen, zu zählen als} \quad \ldots \quad 6 \cdot \frac{1}{2} = 3 \text{ Cl}$$

4 Cl,

$$12 \text{ Na auf den Kanten, zu zählen als} \quad \ldots \quad 12 \cdot \frac{1}{4} = 3 \text{ Na}$$

$$1 \text{ Na in der Mitte, zu zählen als} \quad \ldots \ldots \ldots \quad 1 \text{ Na}$$

4 Na,

somit im ganzen 4 Cl- und 4 Na-Atome. Es gelten jetzt die entsprechenden Formeln:

$$\delta_{\text{NaCl}} = \frac{4\,(m_{\text{Na}} + m_{\text{Cl}})}{a^3} \; ; \quad a_{\text{NaCl}} = \sqrt[3]{\frac{4\,(m_{\text{Na}} + m_{\text{Cl}})}{\delta_{\text{NaCl}}}} \; . \tag{12}$$

Nun ist: $m_{\text{Na}} = A_{\text{Na}}\,\text{ME}$, $m_{\text{Cl}} = A_{\text{Cl}}\,\text{ME}$, $1\,\text{ME} = 1{,}660 \cdot 10^{-24}\,\text{g}$, $A_{\text{Na}} = 22{,}997$, $A_{\text{Cl}} = 35{,}457$; $\delta_{\text{NaCl}} = 2{,}16\,\text{g/cm}^3$, woraus

$$a_{\text{NaCl}} = 5{,}643\,\text{Å}$$

folgt. Als *Bezugsnormale* galt bisher der Wert 5,628 Å, der sich jedoch infolge Neubestimmung der Masseneinheit (s. Zahlentafel 1, S. 5) auf 5,643 Å erhöht.

Von ähnlicher Beschaffenheit ist die Struktur der früher betrachteten *Zinkblende* (ZnS). Bei ihr sind jedoch die *zwei flächenzentrierten* Gitter nicht wie beim Steinsalz um die Hälfte der Würfeldiagonale verschoben, sondern nur um ein Viertel derselben. Es gilt aber auch in diesem Falle sinngemäß *dieselbe* Gl. (12):

$$a_{\text{ZnS}} = \sqrt[3]{\frac{4\,(m_{\text{Zn}} + m_{\text{S}})}{\delta_{\text{ZnS}}}} = 5{,}42\,\text{Å}\,,$$

wenn man

$$\delta_{\text{ZnS}} = 4{,}06\,\text{g/cm}^3, \quad A_{\text{Zn}} = 65{,}38, \quad A_{\text{S}} = 32{,}06$$

berücksichtigt.

γ) **Das körperzentrierte kubische Gitter (Abb. 154).** Es entsteht aus dem einfachen kubischen Gitter durch Hinzufügung eines *um die halbe Raumdiagonale parallelverschobenen* zweiten einfachen kubischen Gitters. Diese Form kommt ebenfalls bei *vielen Metallen* vor, z. B. bei Eisen von gewöhnlicher Temperatur Fe(α), ferner bei Li, Na, K, Va, Ta, Cr, Mo und W. Wir betrachten wieder einen Elementarwürfel:

$$8 \text{ Atome in den Ecken zählen als } 8 \cdot \frac{1}{8} = 1 \text{ Atom,}$$

1 Atom in der Mitte zählt als 1 Atom,

also befinden sich durchschnittlich 2 *Atome* im Elementarwürfel.
Demgemäß gelten jetzt die Formeln:

$$\delta = \frac{2\,m}{a^3}\,,\qquad a = \sqrt[3]{\frac{2\,m}{\delta}}\,. \tag{13}$$

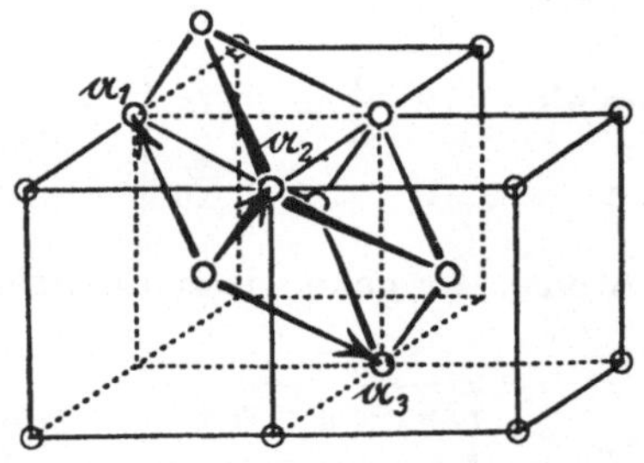

Abb. 154. Körperzentriertes kubisches
Gitter (nach EWALD).

Die Pfeile a_1, a_2, a_3 bezeichnen die drei Grundverschiebungen, durch die dieses Gitter erzeugt
werden kann.

So erhält man beispielsweise für die *Gitterkonstante* des α-Eisens:

$$a_{\mathrm{Fe}\,(\alpha)} = \sqrt[3]{\frac{2\,m_{\mathrm{Fe}}}{\delta_{\mathrm{Fe}\,(\alpha)}}} = 2{,}87\ \text{Å}$$

unter Berücksichtigung der Werte $m_{\mathrm{Fe}} = 55{,}85$ ME, $\delta_{\mathrm{Fe}(\alpha)} = 7{,}865\ \text{g/cm}^3$.

f) Die Beugung am Raumgitter als Reflexion an Netzebenen. Die LAUEsche Rechnung für das *Raum*gitter erscheint als sinngemäße Verallgemeinerung der Strich- und Kreuzgitterformeln. Die Beugung an den räumlich gelagerten Atomen kann aber noch *anders* gedeutet werden. Dieser neue Gesichtspunkt rührt von W. H. und W. L. BRAGG (Vater und Sohn) her, die damit auch einen neuen Weg zur Gewinnung von Röntgenspektren fanden. Die Beugung der Röntgenstrahlen kann man in ihrem Sinne als *Reflexion* an gewissen Ebenen, den sog. *Netzebenen*, auffassen. Es sind dies Ebenen, die jeweils durch unendlich viele Atome des Raumgitters hindurchgehen und deren jede einzelne schon durch 3 Atome bestimmt ist.

Wir gehen von den LAUEschen Gl. (6) in der Form aus:

$$\left.\begin{aligned}
\cos\alpha - \cos\alpha_0 &= \frac{k_1}{a_1}\,\lambda\,, \\[1.2em]
\cos\beta - \cos\beta_0 &= \frac{k_2}{a_2}\,\lambda\,, \\[1.2em]
\cos\gamma - \cos\gamma_0 &= \frac{k_3}{a_3}\,\lambda\,.
\end{aligned}\right\} \tag{6a}$$

Jede Gleichung quadriert, dann alle drei addiert und die Summe der Kosinus-Quadrate gleich 1 gesetzt, ergibt:

$$2 - 2\cdot(\cos\alpha\cos\alpha_0 + \cos\beta\cos\beta_0 + \cos\gamma\cos\gamma_0) =$$
$$= \lambda^2\cdot\left(\frac{k_1^2}{a_1^2} + \frac{k_2^2}{a_2^2} + \frac{k_3^2}{a_3^2}\right).$$

Sind im Raum zwei Strahlen durch ihre Richtungswinkel (α, β, γ)

und $(\alpha_0, \beta_0, \gamma_0)$ gegeben, so stellt nach einem elementaren *raumgeometrischen* Satz

$$\cos\alpha\cos\alpha_0 + \cos\beta\cos\beta_0 + \cos\gamma\cos\gamma_0 = \cos 2\,\vartheta \qquad (14)$$

den Kosinus des von den beiden Richtungen eingeschlossenen Winkels $2\,\vartheta$ dar (Abb. 155), und wir erhalten weiter:

$$\lambda^2\cdot\left(\frac{k_1^2}{a_1^2} + \frac{k_2^2}{a_2^2} + \frac{k_3^2}{a_3^2}\right) = 2 - 2\cos 2\,\vartheta = 4\cdot\sin^2\vartheta$$

oder

$$\sin\vartheta = \frac{\lambda}{2}\sqrt{\left(\frac{k_1}{a_1}\right)^2 + \left(\frac{k_2}{a_2}\right)^2 + \left(\frac{k_3}{a_3}\right)^2}. \qquad (15)$$

Die *Symmetrale des Winkels* $2\,\vartheta$ hat eine besondere Bedeutung; sie kann als *Schnitt der Spiegelebene der beiden Strahlen mit der durch diese hindurch gelegten Ebene* angesehen werden. Die *Beugung* der Röntgenstrahlen kann also auch als *Reflexion an solchen Symmetrieebenen* („*Netzebenen*") gedeutet werden. Für jeden gebeugten Strahl läßt sich solch eine Ebene angeben. Die Strecke $\sin\vartheta$ steht senkrecht zur Netzebene; also sind $\dfrac{k_1}{a_1}, \dfrac{k_2}{a_2}, \dfrac{k_3}{a_3}$ offenbar proportional den Richtungskosinus des zugehörigen Lotes. Die drei Zahlen k_1, k_2, k_3 bestimmen somit die *Lage der Netzebene* im Kristallgitter. Setzt man

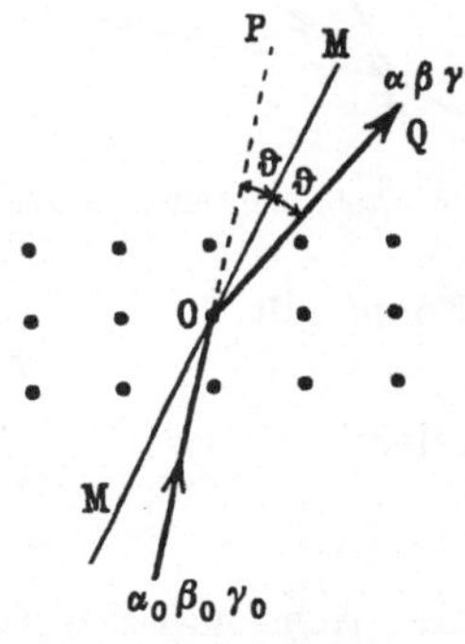
Abb. 155. Reflexion eines Röntgenstrahles an einer Netzebene des Kristalls.

$$k_1 = l\,h_1,\quad k_2 = l\,h_2,\quad k_3 = l\,h_3, \qquad (16)$$

wobei das *größte gemeinsame Maß*

$$M(k_1, k_2, k_3) = l,\quad M(h_1, h_2, h_3) = 1 \qquad (17)$$

ist, so wird

$$\left(\frac{k_1}{a_1},\ \frac{k_2}{a_2},\ \frac{k_3}{a_3}\right) = l\cdot\left(\frac{h_1}{a_1},\ \frac{h_2}{a_2},\ \frac{h_3}{a_3}\right)$$

und

$$\sin\vartheta = \frac{l\,\lambda}{2}\sqrt{\left(\frac{h_1}{a_1}\right)^2 + \left(\frac{h_2}{a_2}\right)^2 + \left(\frac{h_3}{a_3}\right)^2},\ l = 0, 1, 2, 3, \ldots \qquad (18)$$

Die drei ganzen Zahlen h_1, h_2, h_3 sind die in der Mineralogie schon längst verwendeten *Millerschen Indizes*. Die Größen $\dfrac{h_1}{a_1}, \dfrac{h_2}{a_2}, \dfrac{h_3}{a_3}$ bestimmen die *Richtung der Normalen* auf die durch die Indizes h_1, h_2, h_3 festgelegte *Netzebene*.

15*

Die *Millerschen Indizes* sind *verkehrt proportional* den in den bezüglichen Gitterkonstanten gemessenen *Achsenabschnitten* der Netzebene. Dies ist folgendermaßen einzusehen. Wir berechnen das Lot p aus den rechtwinkeligen Dreiecken der Abb. 156:

$$p = x \cos (p, x) =$$
$$= y \cos (p, y) =$$
$$= z \cos (p, z);$$

dabei sind $\cos (p, x)$, $\cos (p, y)$, $\cos (p, z)$ proportional den Größen $\dfrac{h_1}{a_1}, \dfrac{h_2}{a_2}, \dfrac{h_3}{a_3}$.

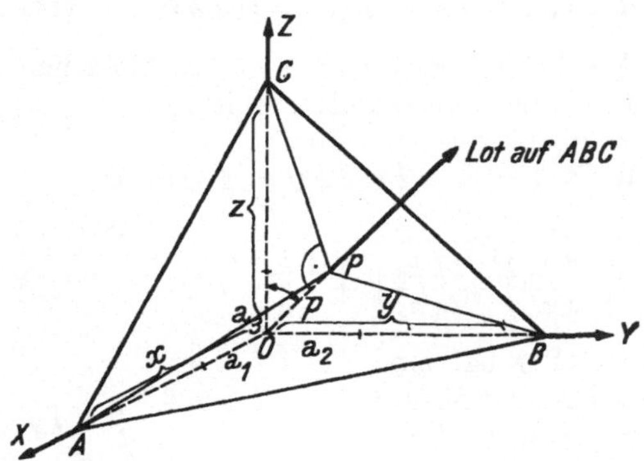

Abb. 156. Achsenabschnitte x, y, z und Lot p einer Netzebene.

Somit gilt:

$$x \cdot \frac{h_1}{a_1} = y \cdot \frac{h_2}{a_2} = z \cdot \frac{h_3}{a_3}$$

oder:

$$\frac{x}{a_1} : \frac{y}{a_2} : \frac{z}{a_3} = \frac{1}{h_1} : \frac{1}{h_2} : \frac{1}{h_3} . \tag{19}$$

Die Achsenabschnitte, dividiert durch die zugehörigen Gitterkonstanten, sind also, wie behauptet, verkehrt proportional den *Millerschen Indizes*, die das sog. „reziproke" *Gitter* bestimmen. Als Beispiel einer Indizierung diene Abb. 157 und der in Abb. 158

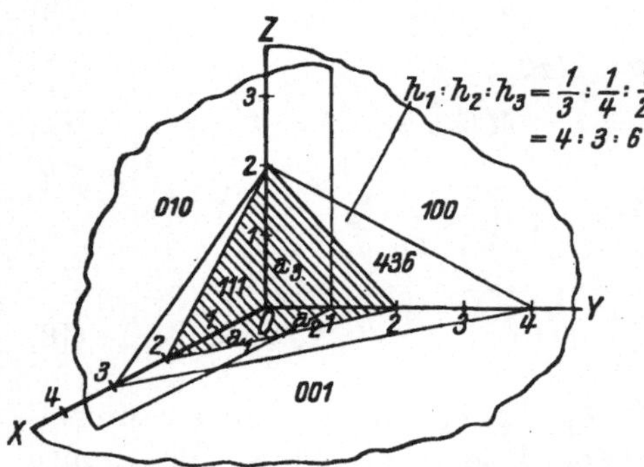

Abb. 157. Indizierung von Ebenen. 001, 100, 010 stellen Parallelebenen zu den Koordinatenebenen (X, Y), (Y, Z), (Z, X) dar; 111 bezeichnet eine Oktaederfläche. S. auch Abb. 158.

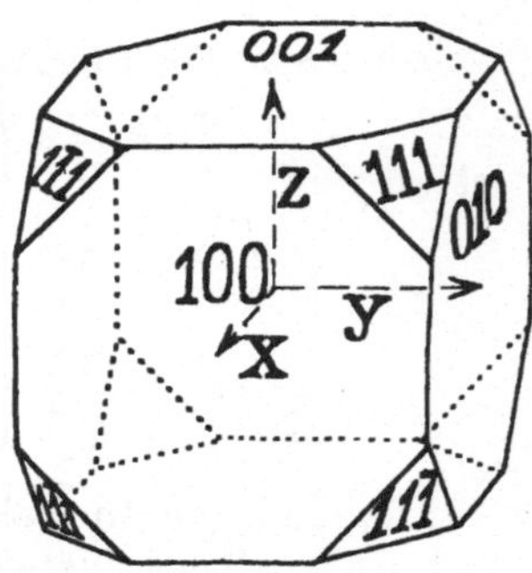

Abb. 158. Indizierung der Flächen eines regulären Kristalls (Bleiglanz) (nach EWALD).

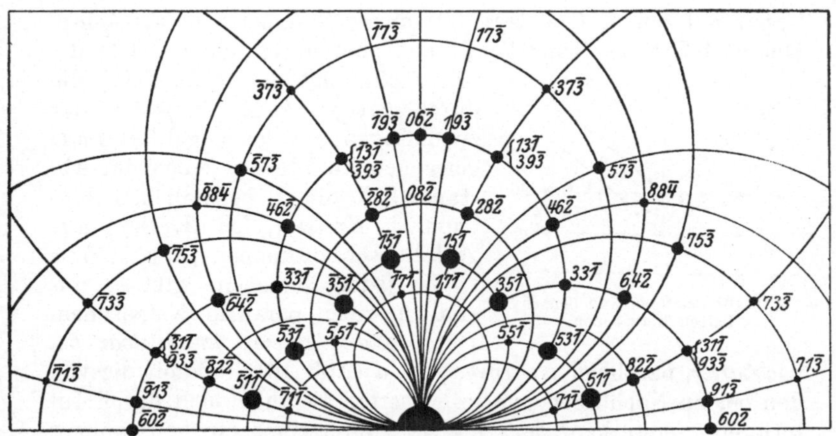

Abb. 159. Beziffertes LAUE-Bild (nach EWALD).
Die Darstellung bezieht sich auf die Zinkblende-Aufnahme der Abb. 150.

dargestellte Kristall des regulären Systems. Das Indextripel (111) bedeutet eine Parallelebene zur Oktaederfläche des ersten Raumoktanten, (001)

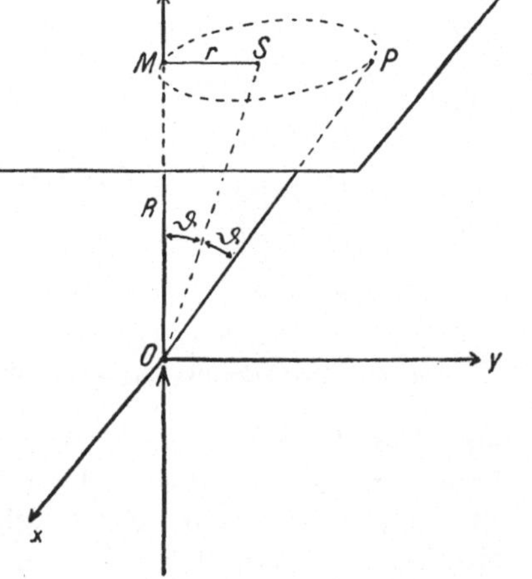

Abb. 160. Entstehung einer „Zonenellipse"
(s. Text).

eine Ebene parallel zur xy-Ebene usw. Die *negativen* Vorzeichen der Indizes setzt man dabei *über* dieselben.

Nun kehren wir zur Betrachtung der *Laue-Aufnahmen* zurück. Jeder Interferenzpunkt eines LAUE-Bildes kann durch *Reflexion* des eintretenden Primärstrahles an einer bestimmten *Netzebene* entstanden gedacht werden. Man kann daher jeden *Laue-Punkt* durch jene drei *Miller-Indizes* beziffern, die zur entsprechenden, *reflektierenden* *Netzebene* gehören (Abb. 159). Alle reflektierten Strahlen, welche von Ebenen zurückgeworfen werden, die als *gemeinsame Achse* („Zonenachse") *die Winkelsymmetrale OS der Abb.* 160 haben, liegen auf einem *Kreiskegel* mit dieser Symmetralen als Achse. Dieser liefert als Schnitt mit der photographischen Platte die

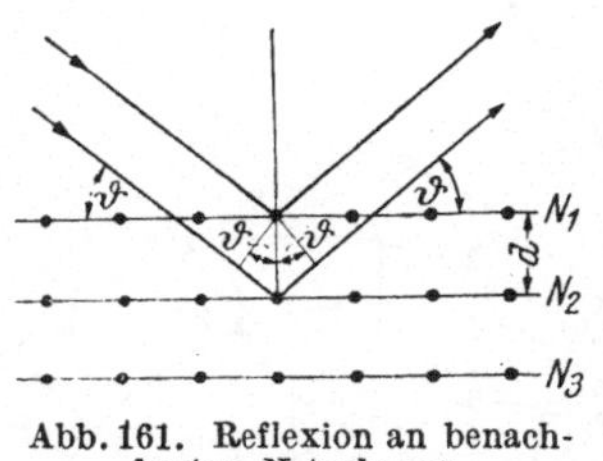

"*Zonenellipsen*" der Abb. 160, die durch *stereographische Projektion* der zugehörigen, auf der Kugel (*R*) um *O* gelegenen Punkte aus einem im Abstande 2 *R* von *M* befindlichen Zentrum als *Kreise* ("*Zonenkreise*") dargestellt werden können (Abb. 159).

Abb. 161. Reflexion an benachbarten Netzebenen.

Zu jeder Netzebene gibt es unendlich viele parallele Netzebenen. Der *Abstand zweier unmittelbar benachbarter*, paralleler *Netzebenen* sei *d* (Abb. 161). Damit die von den beiden Nachbarebenen reflektierten Strahlen sich durch Interferenz verstärken, muß ihr Gangunterschied ein ganzzahliges Vielfaches von λ sein:

$$2\,d\,\sin\vartheta = l\,\lambda, \quad l = 0,\ 1,\ 2,\ 3,\ \ldots \tag{20}$$

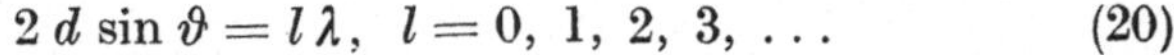

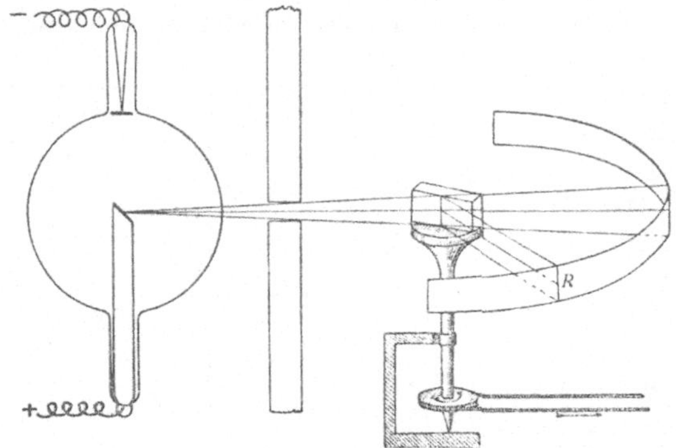

Abb. 162. Drehkristallverfahren von W. H. und W. L. BRAGG (nach EWALD).

eine Beziehung, die unter dem Namen "*Braggsche Formel*" bekannt ist. Dabei bedeutet ϑ den Winkel ("*Glanzwinkel*") zwischen Strahl und Netzebene. Ein Vergleich dieser Formel mit der früher erhaltenen Gl. (18) liefert für den *Kehrwert des Netzebenenabstandes* mit den *Millerschen Indizes* folgenden Zusammenhang:

$$\frac{1}{d} = \sqrt{\left(\frac{h_1}{a_1}\right)^2 + \left(\frac{h_2}{a_2}\right)^2 + \left(\frac{h_3}{a_3}\right)^2}. \tag{21}$$

Diese Überlegungen bilden die theoretische Grundlage des
  α) Drehkristallverfahrens von W. H. und W. L. BRAGG

(1913). Wie Abb. 162 erläutert, fallen die Röntgenstrahlen durch eine Bleiblende auf den *drehbar angebrachten Kristall* und werden an dessen Netzebenen zurückgeworfen. Sie erzeugen dann auf

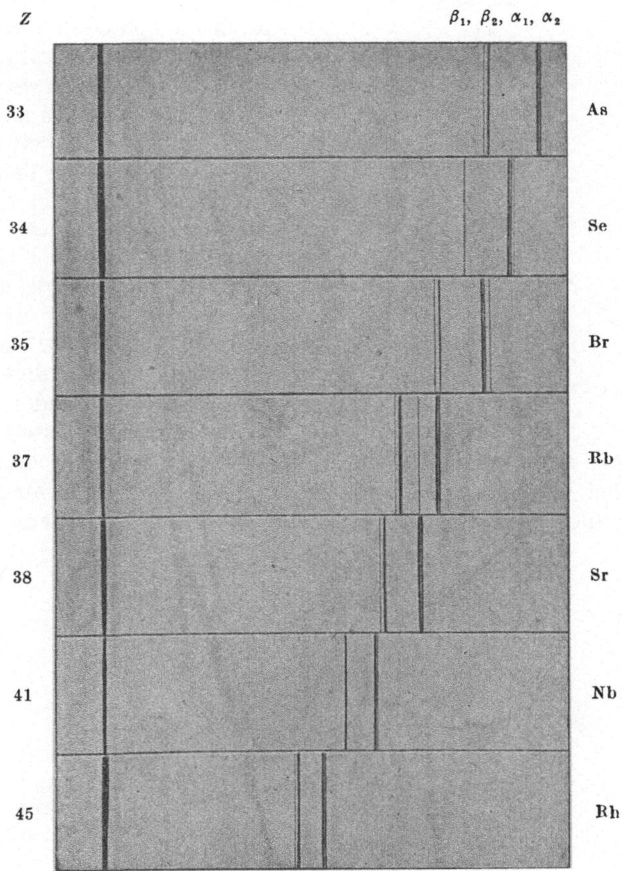

Abb. 163. Die Röntgenlinien der *K*-Reihe nach M. SIEGBAHN.

einem zylindrisch angeordneten Film an einzelnen Stellen R scharfe Linien (vgl. Abb. 110 und 163)[1]. Ein besonderer Vorzug des BRAGG-Verfahrens besteht darin, daß nicht wie beim LAUE-Verfahren ein schmales Bündel *paralleler* Röntgenstrahlen verwendet

---

[1] Die photographische Methode ist erst durch HERWEGH und DE BROGLIE eingeführt worden; W. H. und W. L. BRAGG bedienten sich zum Nachweis der Reflexionen an Stelle des Films einer *Ionisationskammer*.

werden muß, sondern daß das Bündel auch *divergent* sein kann.
Legt man nämlich das Filmband in einem Kreis um die Drehachse
des Kristalls bei O als Mittel-

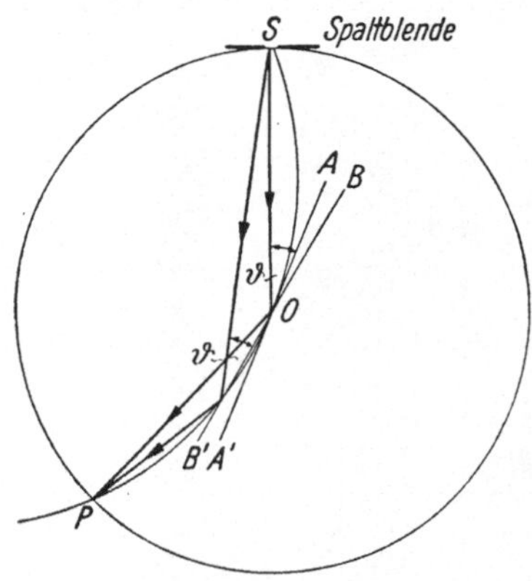

Abb. 164. Fokussierung beim Drehkristallverfahren.

punkt (Abb. 164) so, daß dieser
durch den Spalt S hindurchgeht,
von dem aus die Strahlung auf
den Kristall fällt, so werden *bei
Drehung des Kristalls* nach dem
Satz von der Gleichheit der Pe-
ripheriewinkel (über demselben
Bogen POS) *alle in derselben
Ordnung l reflektierten Strahlen
gleicher Wellenlänge λ* [also gemäß Gl. (20) mit gleichem ϑ]
*in demselben Punkt P des Films
vereinigt (fokussiert).* Mit der
Möglichkeit, ein divergentes
Röntgenstrahlenbündel zu verwenden, ist der weitere große
Vorteil gegenüber dem LAUE-Verfahren verbunden, daß nicht
wie bei diesem nur eine einzige Stelle des Kristalls ausgenützt
wird, die unter Umständen gerade fehlerhaft sein kann. Beim

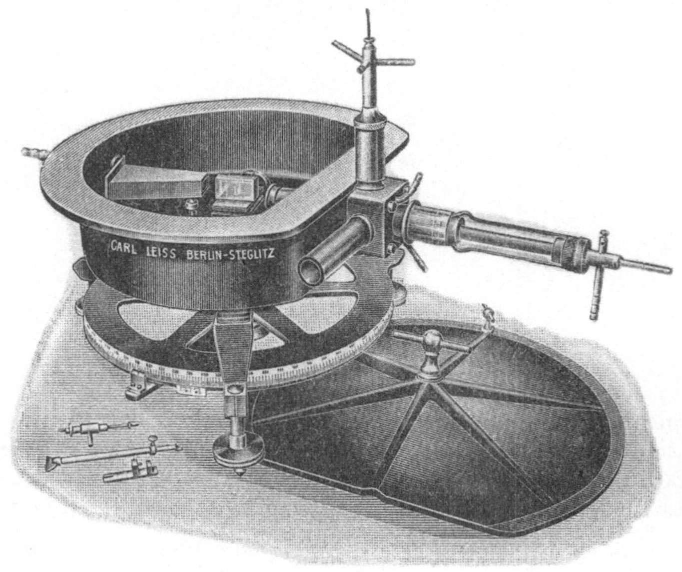

Abb. 165. Vakuumspektrograph (nach SIEGBAHN) mit angeschlossener Röntgenröhre.

Drehkristall benützt man nicht nur die Stelle *O*, wo der Mittelstrahl auftrifft, allein, sondern *seine ganze Oberfläche*. Ist irgendwo ein *Kristallfehler*, so *stört er nicht*, da man im Mittel die Gitterbeschaffenheit eines gut ausgebildeten Kristalls wohl als einwandfrei annehmen darf.

MOSELEY hat seine Aufnahmen der Röntgenspektren (Abb. 110, S. 165) bereits nach diesem Verfahren gemacht. Bei gleichbleibender Versuchsanordnung hat er nur die Antikathode der Röntgenröhre ausgewechselt. Die Genauigkeit seiner ersten Aufnahmen wurde später weit übertroffen durch den *Vakuumspektrographen* von M. SIEGBAHN (Abb. 165), bei dem *keine Streuung der Röntgenstrahlen* an darin befindlichen *Gasen* eintritt, so daß es gelang, die *Moseley*schen *einfachen* Linien *aufzuspalten* (Abb. 163) und ihre *Feinstruktur* zu untersuchen.

Man kann die BRAGGsche Reflexionsmethode auch in der Weise zur Ausführung bringen, daß man den Spalt in

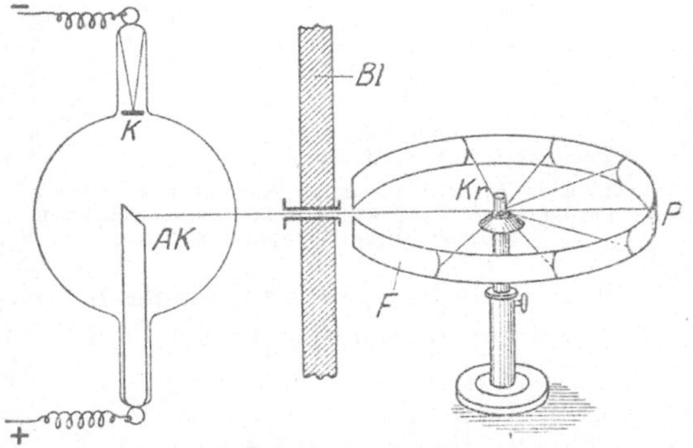

Abb. 166. Kristallpulververfahren von P. DEBYE und P. SCHERRER (nach EWALD).

Gestalt einer der Kristalloberfläche genäherten *Metallschneide* (s. auch Abb. 146, S. 218) unmittelbar an den Kristall verlegt, wodurch nur das in der Umgebung der Schneide befindliche Stück desselben zur Reflexion herangezogen wird (*Schneidenmethode* von H. SEEMANN). Bei *sehr harter* Röntgenstrahlung läßt man die Strahlen durch den Kristall *hindurchgehen*, wobei sie an inneren Netzebenen reflektiert werden. Um scharf bestimmte Reflexionswinkel zu erhalten, muß in diesem Falle der Spalt *hinter* dem Kristall angebracht werden (*Durchstrahlungsmethode* von RUTHERFORD und ANDRADE).

Eine andere Form der Drehkristallmethode ist

β) das Kristallpulververfahren (Abb. 166) von P. DEBYE und P. SCHERRER (1916). Statt einen gut ausgebildeten Kristall zu verwenden, preßten DEBYE und SCHERRER *sehr feines Kristallpulver* zu einem *dünnen zylindrischen Stäbchen* (*Kr* in Abb. 166). An die Stelle des Stäbchens kann auch eine sehr dünne, mikrokristalline *Metallfolie* treten, die von dem Röntgenstrahl durchsetzt wird (Abb. 167). Damit sind von vornherein alle möglichen Stellungen einer bestimmten Kristallfläche vorhanden. Während

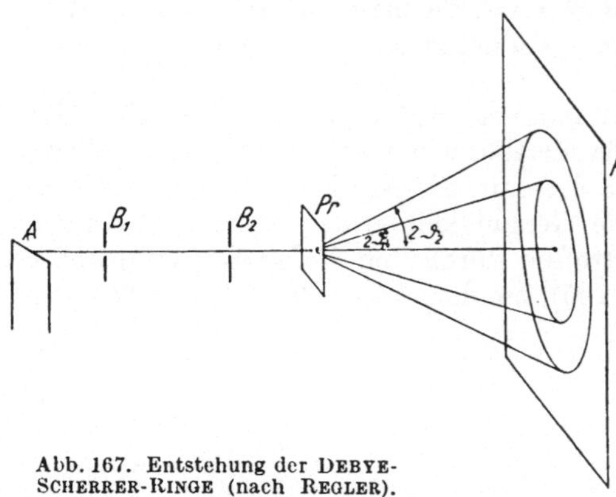

Abb. 167. Entstehung der DEBYE-SCHERRER-RINGE (nach REGLER).

A Anode, B_1, B_2 Blenden, *Pr* Präparat (mikrokristalline Folie), ϑ_1, ϑ_2 Beugungswinkel an verschiedenen Netzebenen, *P* photographische Platte.

jedoch beim BRAGGschen Verfahren die gedrehte Kristallfläche lotrecht bleibt, ist hier *jede räumliche Stellung* möglich. Es wird also jede Fläche, die mit dem einfallenden Strahl den zugehörigen Winkel ϑ bildet, zur Reflexion herangezogen. Das Verfahren kann durch *Drehung des Kristallstäbchens* um seine Längsachse noch verbessert werden. Die reflektierten

Strahlen liegen somit auf einem *Kreiskegel* mit dem Öffnungswinkel $4\,\vartheta$, dessen Scheitel ein Punkt des Kristallstäbchens bzw.

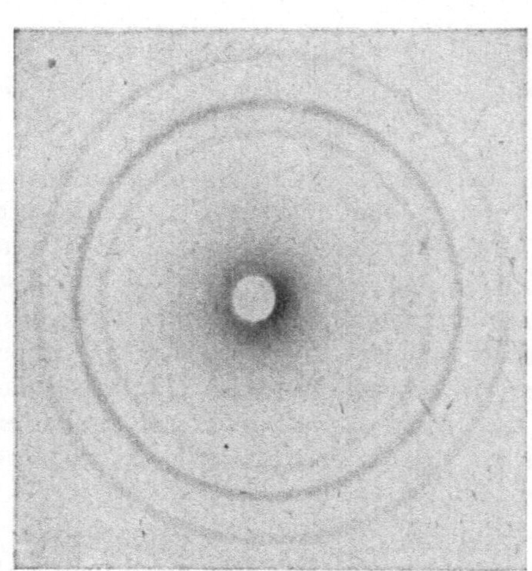

Abb. 168. Beugung von Cu-K_α-Strahlung an ungeordnetem, feinkörnigem Al-Pulver (nach REGLER).

der Metallfolie und dessen Achse der einfallende Strahl bildet (Abb. 167). Jeder Wellenlänge λ und jeder Ordnung l entspricht gemäß Gl. (20) ein solcher (noch von der Art der reflektierenden Netzebenen abhängiger) Kegel. Als *Schnitte dieser Kegel* mit einer zum einfallenden Strahl senkrechten Platte ergeben sich Kreise (Abbildung 167 und 168), mit dem *Filmzylinder* der Abbildung 166 dagegen *gekrümmte Linien*, denen entlang der Film geschwärzt wird. Das in die Ebene abgewickelte

Filmband einer DEBYE-SCHERRER-Aufnahme zeigt Abb. 169. Die Röntgenlinien zeigen nur dort einen *geraden* Verlauf, wo der *Re-*

flexionskegel zu einer *Ebene* ausartet, d. i. bei einer Ablenkung unter 90° (bei $\vartheta = 45°$).

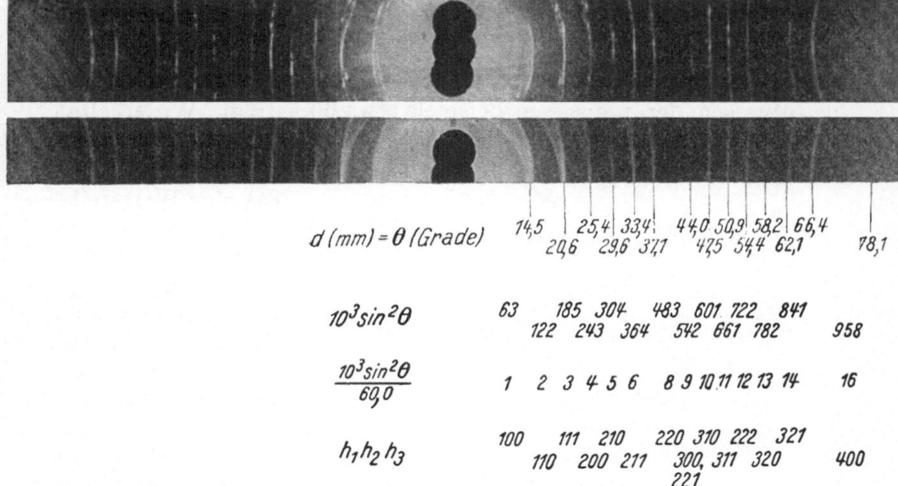

Abb. 169. DEBYE-SCHERRER-Aufnahme von KCl mit Ableitung der Indizierung (s. Text). Nach BIJVOET, KOLKMEIJER und MACGILLAVRY. Die Bezeichnung Θ der Abb. ist mit ϑ des Textes identisch.

Abb. 169 erläutert am Beispiel eines KCl-Pulvers die Ableitung der *Indizierung eines kubischen Pulverdiagrammles*. Für ein *kubisches Gitter* mit der Gitterkonstanten a ($a_1 = a_2 = a_3 = a$) folgt aus Gl. (18):

$$\sin^2 \vartheta = \frac{l^2 \lambda^2}{4a^2} (h_1^2 + h_2^2 + h_3^2). \tag{18a}$$

Die Bestimmung von ϑ gelingt leicht durch Messung des Abstandes d[1] einer bestimmten DEBYE-SCHERRER-Linie von der Bildmitte (gleich der halben Entfernung zweier zusammengehöriger Linien links und rechts) bei Kenntnis des Halbmessers R des zusammengebogenen Filmbandes; offenbar ist

$$d = R \cdot 2\,\vartheta = 2\,R\,\vartheta° \cdot \frac{\pi}{180°}.$$

Wählt man, wie dies bei Abb. 169 der Fall war,

$$R = \frac{180}{2\pi} = 28{,}7 \text{ mm},$$

so wird

$$d \text{ in mm} = \vartheta°$$

---

[1] Darf nicht mit dem sonst mit d bezeichneten Netzebenenabstand verwechselt werden.

und man findet leicht mit Hilfe einer trigonometrischen Tafel die
in Abb. 169 angegebenen Werte von $10^3 \sin^2\vartheta$. Zufolge Gl. (18a)
müssen diese Werte für eine streng *monochromatische* Strahlung
($\lambda =$ konst.) im Falle einer Reflexion erster Ordnung ($l = 1$) einen
gemeinsamen Faktor

$$10^3 f = 10^3 \frac{\lambda^2}{4a^2}$$

aufweisen, der in unserem Beispiele etwa 60 beträgt. Wir erhalten
so die in der dritten Zeile der Abbildungslegende angeführte
Zahlenreihe, die im Hinblick
auf Gl. (18a) der Wertereihe
$h_1{}^2 + h_2{}^2 + h_3{}^2$ entspricht und
in verhältnismäßig einfacher
Weise die Indizierung ermöglicht. In der vierten Zeile sind
die so gefundenen MILLER-
schen Indizes verzeichnet.
Die verwendete Röntgen-
strahlung war im vorliegenden
Falle eine Cu-Strahlung mit
der Wellenlänge $\lambda = 1{,}54$ Å, so
daß sich aus $f = 60 \cdot 10^{-3}$ und

$$\frac{\lambda^2}{4a^2} = 60 \cdot 10^{-3}$$

die *Gitterkonstante*

$$a_{KCl} = 3{,}14 \text{ Å} \quad \text{ergibt.}$$

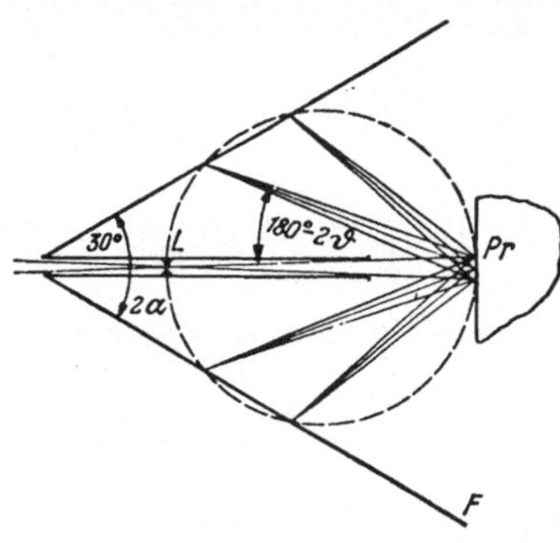

Abb. 170. Fokussierung bei der REGLERschen
Kegelkamera (nach REGLER).

F Filmkegel vom Öffnungswinkel $2\alpha = 60°$
im Schnitt, *L* in der Kegelachse verschiebbare
Lochblende, *Pr* Materialprobe.

Eine Spielart der DEBYE-SCHERRER-Methode stellt das *Kegel-
Rückstrahlverfahren* von F. REGLER dar, bei dem an die Stelle des
zylindrischen Filmbandes ein zu einem Kegelmantel gebogener
Film tritt, dessen Achse mit der Achse der Kegel der gebeugten
Strahlen zusammenfällt. Abb. 170 zeigt die REGLERsche Anordnung schematisch im Schnitt mit einem Filmkegel, dessen Öffnungswinkel $2\alpha = 60°$ beträgt (*gleichseitige Kegelkamera*). Die
Fokussierung eines Strahlenbündels bestimmter Wellenlänge auf
dem Kegelmantel wird durch *Verstellung einer Lochblende* erreicht,
die entlang der Kegelachse verschiebbar ist, wie dies aus Abb. 170
ersichtlich ist. Die aufgezeichneten Linien erscheinen als Schnitte
zweier gleichachsiger Kegel in Kreisform und bilden konzentrische
Kreisbogenstücke auf dem in die Ebene abgewickelten Filmkegel.
Bei der *gleichseitigen Kegelkamera* hat der abgewickelte Kegelmantel *halbkreisförmige* Gestalt (Abb. 171).

Während beim BRAGG-Verfahren die Zuordnung der Röntgen-
wellenlängen λ und ihrer Beugungswinkel ϑ zu den reflektierenden

Netzebenen von vornherein klar ist, hat man bei der Methode von
DEBYE und SCHERRER ebenso wie bei der von LAUE hierüber *keine*

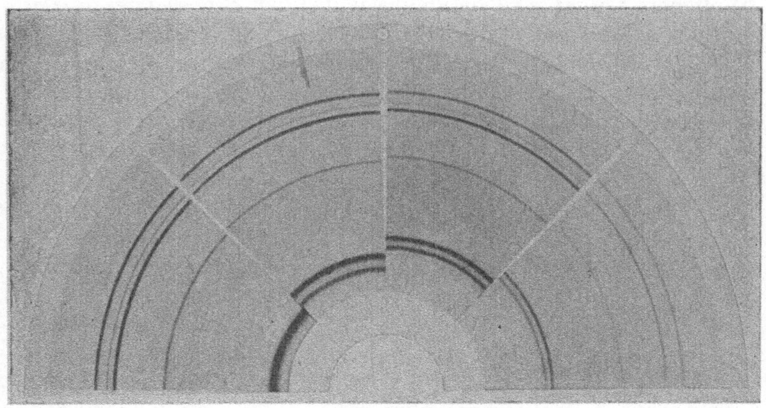

Abb. 171. Kegel-Rückstrahlaufnahme einer Silberprobe mit Ni-K-Strahlung bei den
Temperaturen 20°, 220°, 420° und 640° C (nach REGLER).
Die Aufnahme zeigt deutlich die Verschiebung der Interferenzlinien infolge Zunahme der
Gitterkonstanten bei der thermischen Ausdehnung des Ag-Kristalls. Zugleich läßt das K_α-
Dublett (innerste Linien) mit einem Wellenlängenunterschied von 0,004 Å das starke
Auflösungsvermögen des Gerätes erkennen.

unmittelbare Kenntnis. Jeder *Strukturbestim-*
mung muß also hier wie dort erst eine *Deu-*
tung der Bilder *vorausgehen.* Dagegen ist das
*Kristallpulver*verfahren praktisch *von Kristall-*
fehlern unabhängig.

C. Elektronen als Wellen.

Daß auch *Elektronen Wellen*eigenschaften
zeigen können, erwiesen die *Interferenzversuche*
von Davisson und Germer.

DAVISSON und GERMER untersuchten 1927,
nachdem bereits Versuche ähnlicher Art (DA-
VISSON und KUNSMAN, 1923) vorausgegangen
waren, die Zurückwerfung von Elektronen
an einem *Nickel-Einkristall* mit Hilfe einer
schwenkbaren *Ionisationskammer K* (Abb. 172).

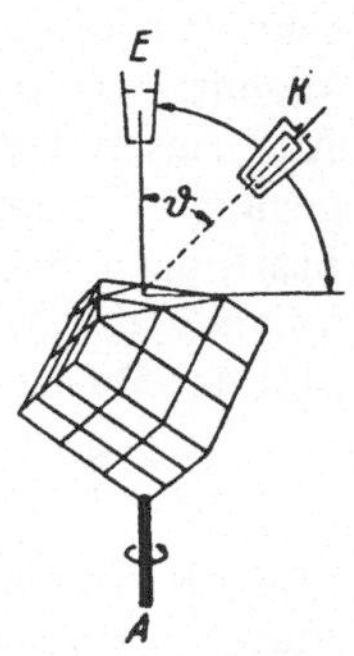

Abb. 172. Elektronen-
reflexion an einer
Oktaederfläche (111)
bei senkrechtem
Einfall.

Solange man die
Elektronen als Teilchen auffaßt, muß man erwarten, daß jeder
einfallende Strahl nach dem mechanischen Reflexionsgesetz zurückgeworfen wird. DAVISSON und GERMER fanden aber, daß die
Elektronen (selbst bei *senkrechtem* Einfall) auch unter *anderen*

Winkeln zurückgeworfen werden. Man konnte bevorzugte, mit der Geschwindigkeit der auftreffenden Elektronen veränderliche Richtungen feststellen (Abb. 173). Es schien sich also um einen ähnlichen Vorgang zu handeln wie bei der *Beugung der Röntgenstrahlen*. Man hat daher an Stelle der Elektronen Röntgenstrahlen auf denselben Kristall fallen gelassen und die erhaltenen Beugungserscheinungen miteinander verglichen. Es zeigte sich, wie unten näher erläutert wird, eine *eindeutige Zuordnung* möglich, und dieser Umstand bestätigt die zuerst von W. ELSASSER (1925) vermutete *Wellennatur der Elektronen*.

Schon 1924 hatte L. DE BROGLIE vorgeschlagen, *jedes materielle Teilchen* von der *Masse m* mit einer *Wellenbewegung* einer bestimmten

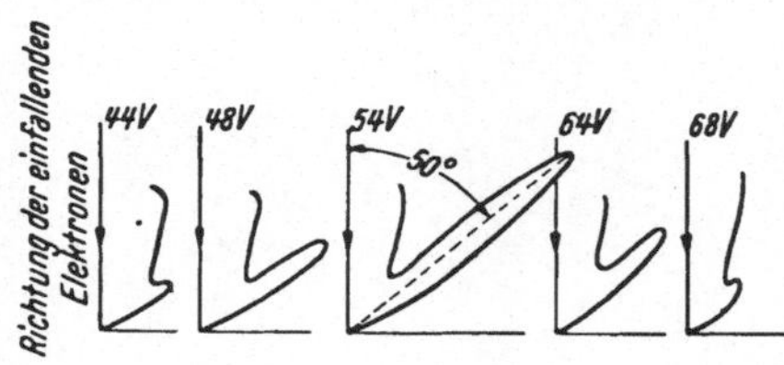

Abb. 173. Polardiagramme der von einer Ni-Einkristallfläche (111) zurückgestrahlten Elektronenmenge bei verschiedener Einfallsgeschwindigkeit (gemessen durch die Voltzahl der beschleunigenden Spannung).

Frequenz ν verknüpft zu denken derart, daß

$$m\,c^2 = h\,\nu \tag{22}$$

ist, wobei c die Vakuumlichtgeschwindigkeit und h das PLANCKsche Wirkungsquantum bedeuten. Gl. (22) ist somit eine Verallgemeinerung der Photonengleichung (I 19) auf *beliebige* Teilchen. Auf diesen Gedanken soll im III. Teil dieser Schrift näher eingegangen werden. Zu jedem Massenteilchen gehört also eine bestimmte Frequenz ν und damit auch eine bestimmte Wellenlänge λ, die, wie später (s. S. 247) begründet werden wird, außer von der Masse m auch noch von seiner Geschwindigkeit v abhängt:

$$\lambda = \frac{h}{m\,v} \tag{23}$$

(die DE BROGLIEsche Wellenlänge). DAVISSON und GERMER vermuteten zunächst, daß in diesem Sinne *gleichwellige Röntgen-* und *Elektronen*strahlen auch *gleich reflektiert* werden müßten. Das war aber nicht der Fall. Um die Geschwindigkeit und damit die Wellenlänge der Elektronen zu bestimmen, bediente man sich des bekannten Zusammenhanges zwischen kinetischer Energie und angelegter Spannung U:

$$\frac{m\,v^2}{2} = e \cdot U\,. \tag{I 4}$$

Bei größeren Geschwindigkeiten muß nach Gl. (I 6) gerechnet werden.

Daß die *Beugung*serscheinungen zwar ganz analog, aber durchaus *nicht gleich* waren, bedeutete zunächst eine große Schwierigkeit. Man wiederholte die Versuche und fand schließlich die folgende Erklärung. Um Theorie und Experiment in Einklang zu bringen, muß die *Wellenlänge* $\bar{\lambda}$ der *Elektronen im* Kristall eine *andere* sein als jene λ *außerhalb* desselben. Fällt ein Elektronenstrahl von der Wellenlänge λ senkrecht auf den Kristall (Abb. 174), so ändert sich zwar nicht seine Richtung, wohl aber seine Wellenlänge. Für die *Reflexion an einer Netzebene* des Kristalls gemäß der BRAGGschen Gl. (20) kommt nicht λ, sondern $\bar{\lambda}$ in Betracht:

$$2\,d \cdot \sin \vartheta = l\,\bar{\lambda},$$
$$l = 0,\ 1,\ 2,\ 3,\ \ldots$$

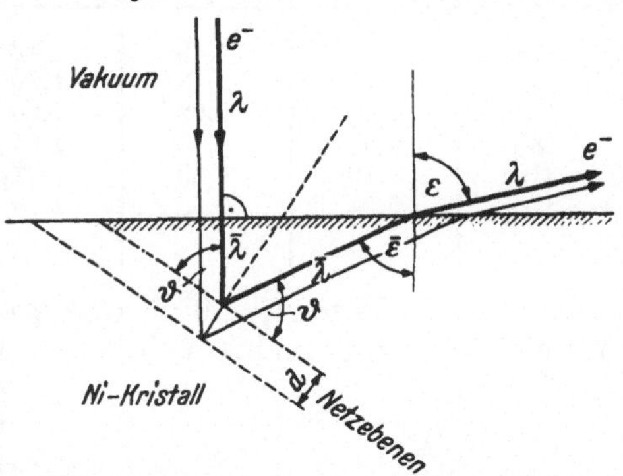

Abb. 174. Reflexion eines senkrecht einfallenden Elektronenstrahles an den Netzebenen eines Kristalls und Brechung des Strahles beim Austritt.

Beim *Austritt* aus dem Kristall erhält der reflektierte Elektronenstrahl wieder die *ursprüngliche* Wellenlänge λ, wird also *gebrochen*. Im Gegensatz hierzu ist für die Röntgenstrahlen die Brechung ganz verschwindend klein (s. die Fußnote auf S. 243). Es gibt also zu jeder Wellenlänge λ der Elektronen eine entsprechende Wellenlänge $\bar{\lambda}$ der Röntgenstrahlen, die mit der Elektronenwellenlänge *im* Kristall übereinstimmt. Damit kann der *Brechungsquotient* n der *Elektronen* bestimmt werden (Abb. 174):

$$n = \frac{\lambda}{\bar{\lambda}} = \frac{\sin \varepsilon}{\sin \bar{\varepsilon}}\,. \tag{24}$$

Wenn man die DE BROGLIEsche *Theorie* auf den Brechungsvorgang anwendet (s. S. 249f.), muß für den Brechungsquotienten auch die Beziehung gelten:

$$n = \sqrt{1 - \frac{E_{\text{pot}}}{E_{\text{kin}}}}\,, \tag{25}$$

wobei E_{pot} die *potentielle* Energie der Elektronen *im Kristall*, E_{kin} die *kinetische* Energie derselben bedeutet, mit der sie *auf den Kristall treffen*. Der Versuch gibt also Rechenschaft über die potentielle Energie, der ein Elektron im Kristall unterworfen ist.

Weil diese nur vom Kristall (insbesondere von seinem Gitterbau
abhängen kann, muß sich bei verschiedenen Geschwindigkeiten
der Elektronen im Mittel immer dasselbe *Gitterpotential* ergeben.
Die folgende Zahlentafel 23 gibt Aufschluß über Versuche an
einem *Ni-Einkristall*, der senkrecht zu einer Oktaederfläche (111)
mit Elektronen bestrahlt wurde.

Zahlentafel 23.

E_{kin} (eV)	λ (Å)	$\overline{\lambda}$ (Å)	$n > 1$	E_{pot} von Ni (eV)
54	1,67	1,49	1,12	— 13
106	1,19	1,13	1,06	— 11,5
160	0,97	0,92	1,05	— 14
189	0,89	0,85·	1,04	— 15
310	0,70	0,68	$1,02_9$	— 18,5
370	0,64	0,62	$1,03_2$	— 24
				im Mittel: — 16 eV

Zahlentafel 24 zeigt, daß die *Gitterpotentiale* der verschiedenen
Metalle zwischen 10 und 20 Volt liegen. Für *nichtleitende* Kristalle
ergeben sich Brechungs-
quotienten $n < 1$, also
$E_{pot} > 0$.

Zahlentafel 24.

	E_{pot} (eV)
Ag . .	— 14
Al . .	— 17
Au . .	— 14
Cu . .	— 13,5
Fe . .	— 14
Ni . .	— 16
Zn . .	— 16

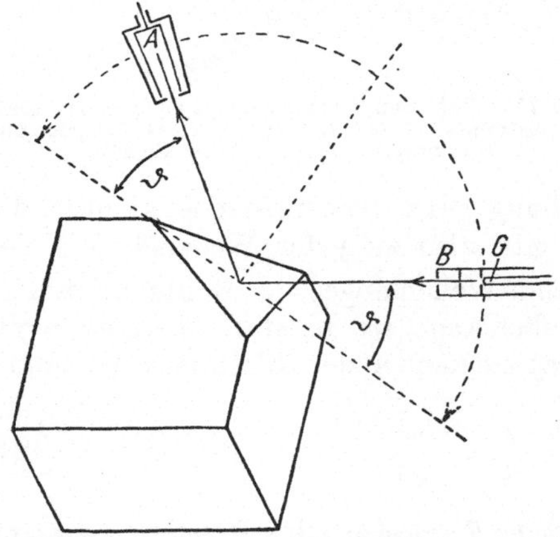

Abb. 175. Elektronenbeugung nach dem BRAGG-
Verfahren (nach REGLER).
G Glühfaden (Elektronenquelle), *B* Blende,
A Auffänger (Ionisationskammer).

Dieser Vorgang, bei
dem der Elektronenstrahl
senkrecht auf den Kristall
trifft, entspricht im we-
sentlichen dem bei Rönt-
genstrahlen erläuterten LAUEschen Verfahren (s. S. 219 ff.). Es gibt
aber auch ein Analogon zur BRAGGschen Methode (s. S. 230 ff.) mit
schräg einfallenden Elektronenstrahlen (Abb. 175). Infolge der im
Kristall eintretenden *Brechung* muß die den Reflexionsvorgang
beschreibende BRAGGsche Gl. (20) *abgeändert* werden, wie dies
aus Abb. 176 hervorgeht.

Der *Ganguntersehied* zwischen dem an der Oberfläche und dem an der ersten parallelen Netzebene reflektierten Elektronenstrahl beträgt unter Berücksichtigung der Brechung des letzteren und Umrechnung von dessen Weg im Kristall auf einen *optisch gleichwertigen* Weg außerhalb desselben (durch Multiplikation mit dem Brechungsquotienten n):

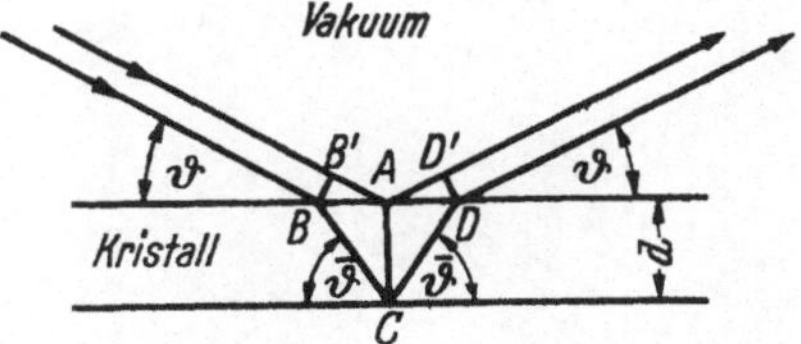

Abb. 176. Elektronenreflexion mit Brechung.

$$\delta = 2\,(n\,\overline{BC} - \overline{AB'}) = 2\left(\frac{n\,d}{\sin\overline{\vartheta}} - \overline{AB}\cos\vartheta\right) =$$

$$= 2\,d\left(\frac{n}{\sin\overline{\vartheta}} - \operatorname{ctg}\overline{\vartheta}\cos\vartheta\right) = \frac{2\,d}{\sin\overline{\vartheta}}\cdot(n - \cos\overline{\vartheta}\cos\vartheta)\,.$$

Wegen des *Brechungsgesetzes*, das jetzt die Form

$$\frac{\cos\vartheta}{\cos\overline{\vartheta}} = n$$

annimmt, ist

$$\sin\overline{\vartheta} = \sqrt{1 - \cos^2\overline{\vartheta}} = \sqrt{1 - \frac{\cos^2\vartheta}{n^2}}$$

und

$$n - \cos\overline{\vartheta}\cos\vartheta = n - \frac{\cos^2\vartheta}{n} = n\left(1 - \frac{\cos^2\vartheta}{n^2}\right).$$

Wir erhalten daher weiter

$$\delta = 2\,d\,n\sqrt{1 - \frac{\cos^2\vartheta}{n^2}} = 2\,d\sqrt{n^2 - \cos^2\vartheta}\,.$$

Um *Interferenzmaxima* zu bekommen, muß wie früher

$$\delta = k\,\lambda\,, \quad k = 0,\,1,\,2,\,3,\,\ldots$$

werden; dies ergibt im Vereine mit der vorhergehenden Gleichung die gesuchte *Abänderung* der BRAGGschen Gl. (20):

$$2\,d\sqrt{n^2 - \cos^2\vartheta} = k\,\lambda, \quad k = 0,\,1,\,2,\,3,\,\ldots, \tag{26}$$

aus der

$$n = \sqrt{\frac{k^2\,\lambda^2}{4\,d^2} + \cos^2\vartheta} \tag{26a}$$

folgt. Es ist somit wiederum der *Brechungsquotient* n bestimmbar und mit Hilfe von Gl. (25) können die *Gitterpotentiale* berechnet

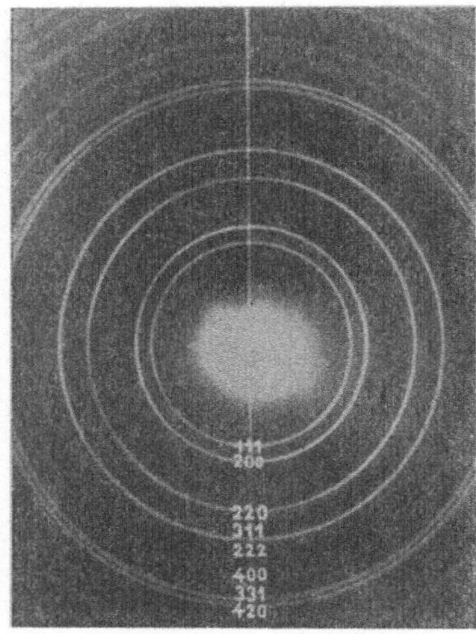

Abb. 177. Elektronenbeugung durch ein Goldblatt (nach BIJVOET, KOLKMEIJER und MACGILLAVRY).
Hinsichtlich der Indizierung vgl. Abb. 169.

werden:

$$\frac{k^2\,\lambda^2}{4\,d^2} + \cos^2\vartheta = 1 - \frac{E_{\mathrm{pot}}}{E_{\mathrm{kin}}}\,,$$

$$- E_{\mathrm{pot}} = \left(\frac{k^2\,\lambda^2}{4\,d^2} - \sin^2\vartheta\right)\cdot E_{\mathrm{kin}}$$

und mit Rücksicht auf

$$E_{\mathrm{kin}} = \frac{m}{2}\,v^2 = e\,U \qquad (14)$$

und

$$\lambda^2 = \frac{h^2}{m^2\,v^2} = \frac{h^2}{2\,m\,e\,U} \qquad (27)$$

erhalten wir schließlich

$$\left.\begin{aligned} - E_{\mathrm{pot}} &= \\ &= \left(\frac{k^2}{4\,d^2}\cdot\frac{h^2}{2\,m\,e\,U} - \sin^2\vartheta\right)\times \\ \times\, e\,U &= \frac{k^2\,h^2}{8\,m\,d^2} - e\,U\sin^2\vartheta; \end{aligned}\right\} \quad (28)$$

hierin bezeichnet d den Abstand der beugenden Netzebenen, ϑ den zugehörigen, von dem Ordnungsgrad k abhängigen Glanzwinkel und U die (in absoluten Einheiten gemessene) die Elektronen beschleunigende Spannung.

Zusammenfassend kann man sagen, daß sich die Erscheinung der Elektronenbeugung nur durch die Annahme erklären läßt, daß sich *Elektronen*strahlen wie *Wellen*strahlen verhalten und wie solche auch *gebrochen* werden. Bei Steigerung der Geschwindigkeit der Elektronen nähert sich der Brechungsquotient

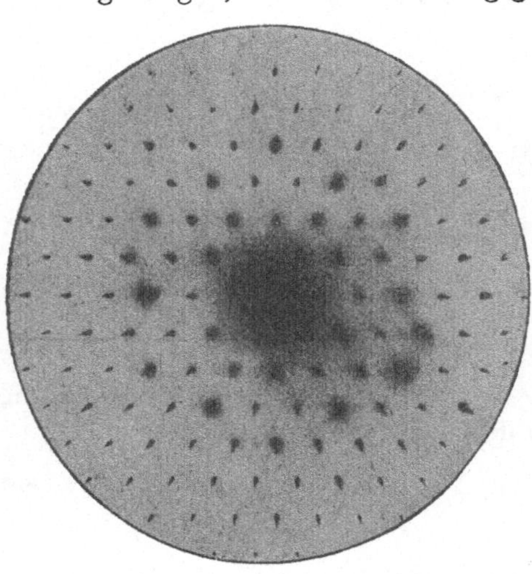

Abb. 178. Elektronenbeugung bei einer Spannung von 45 kV durch eine dünne Glimmerfolie, die wie ein Kreuzgitter wirkt.

immer mehr dem Werte 1; d. h. *hochgeschwinde Elektronen* zeigen ähnlich wie die *Röntgen*strahlen [1] praktisch *keine Brechung* mehr.

Auch mit *raschen* Elektronenstrahlen ($E_{\text{kin}} = 17{,}5$ bis $61{,}2$ keV) hat man Beugungsversuche angestellt, indem man sie durch *mikrokristalline Folien* aus Au, Ag, Al von 10^{-6} bis 10^{-7} cm Dicke hindurchschickte (G. P. THOMSON, 1927 u. a.). Es ergaben sich *Beugungskreise*; wie bei dem *Debye-Scherrer-Verfahren* (s. S. 233 f.) liegen die gebeugten Strahlen auf Kegelflächen, die eine hinter der Folie senkrecht zum Primärstrahl angebrachte photographische Platte in Kreisen schneiden (Abb. 177). Abb. 178 zeigt die Elektronenbeugung durch eine dünne *Glimmerfolie*. Es entstehen *abweichend* von den *Laue-Bildern* zahlreiche Punkte, die *äquidistant* sind. Somit kann es sich um keine durch das Raumgitter des Glimmers entstandenen Beugungsbilder handeln; offenbar wirkt auf die Elektronen nur *eine Atomschicht* der Glimmerfolie wie ein *Kreuzgitter*.

III. Die Vereinigung des Teilchen- und Wellenbildes in der Wellen-(Quanten-) Mechanik.

A. Die de Brogliesche Gleichung.

Der letzte Teil dieser Schrift hat die Vereinigung der beiden ersten zum Ziele. Die *Gegensätze* des *Teilchen-* und *Wellen*bildes sollen sich in *Harmonie* auflösen. Die zuletzt erläuterte *Wellennatur* der sonst als *Massenteilchen* erscheinenden *Elektronen* wurde auch an *Protonen* beobachtet. Es gibt also Fälle, in denen die Elementarteilchen als Partikel aufzufassen sind, und daneben solche, in denen diese Vorstellung versagt, wie z. B. bei der Beugung der Elektronen und Protonen an Kristallgittern. Zugleich erinnern wir uns, daß diese *Doppelnatur* am *Licht schon früher erkannt* worden ist, das bald als *Welle* (s. S. 211 ff.); bald als *massebegabtes Teilchen* (*Lichtquantum*, s. S. 24 ff.) auftritt. Wir wollen zunächst beim *Licht* die miteinander in Widerspruch scheinenden Auffassungen in Einklang zu bringen versuchen.

Zu diesem Behufe betrachten wir

---

[1] *Röntgen*strahlen besitzen einen *Brechungsquotienten*, der nur *um ein geringes kleiner als* 1 ist; so ist z. B. für die Eisenlinie K_α ($\lambda = 1{,}933$ Å) der Brechungsquotient in Glas $n = 1 - 12{,}38 \cdot 10^{-6}$.

1. die Lichtbrechung vom wellenmechanischen Standpunkt.

Die NEWTONsche *Emissions*theorie hat man sehr bald verlassen und sich der HUYGENSschen *Wellen*theorie zugewendet, weil man *erstere* zur Erklärung der Beugungserscheinungen für ungeeignet und darum für *falsch* hielt. Wir wissen aber heute, daß das Licht auch Erscheinungen zeigt, z. B. den *Photo-* und *Compton-Effekt* (s. S. 27 ff.), in denen es unzweifelhaft *korpuskular* erscheint. Also kann der Versuch, schon bei der Erklärung der *Lichtbrechung* eine *Vereinigung der beiden Vorstellungen* herbeizuführen, keineswegs aussichtslos sein. Wir untersuchen den Brechungsvorgang nach beiden Gesichtspunkten [1].

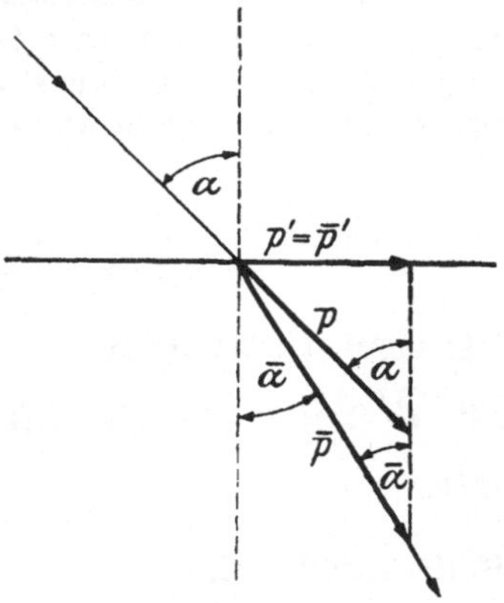

a) Die Lichtbrechung nach der Emissionstheorie. Wir denken uns ein in einem Strahle bewegtes *Lichtteilchen.* Seine Reflexion an einer Grenzfläche erfolgt ebenso wie die Zurückwerfung einer Billardkugel. Seine *Bewegungsgröße* wird beim Rückprall genau so groß, nur anders gerichtet sein wie beim Auftreffen: Während die Normalkomponente ihre Richtung umkehrt, bleibt die *Tangentialkomponente ungeändert.* Das letztere müssen wir auch beim Vorgange der *Brechung* erwarten (Abb. 179). Bezeichnen wir mit

Abb. 179. Lichtbrechung nach der Emissionstheorie.

$$p = m\,v \quad \text{bzw.} \quad \overline{p} = \overline{m}\,\overline{v} \tag{1}$$

die *Bewegungsgrößen (Impulse)* in den beiden Medien, so müssen deren Komponenten in der Wandrichtung gleich sein:

$$p' = \overline{p}' \quad \text{oder} \quad p \cdot \sin \alpha = \overline{p} \cdot \sin \overline{\alpha}. \tag{2}$$

Für den *Brechungsquotienten* fand SNELL 1618 das nach ihm benannte *Brechungsgesetz:*

$$n = \frac{\sin \alpha}{\sin \overline{\alpha}} = \text{konst.}; \tag{3}$$

somit folgt:

$$n = \frac{\overline{p}}{p} = \frac{\overline{m}\,\overline{v}}{m\,v} = \text{konst.} \tag{4}$$

Der Brechungsquotient stellt sich also als das Verhältnis der Bewegungsgrößen $\overline{p}$ und p in den beiden Medien dar, das für alle

---

[1] FLAMM, L.: Die neue Mechanik. Naturwiss. **15**, 569 (1927).

Einfallsrichtungen *konstant* ist. Bei der *Brechung zum Lot* ist insbesondere $n > 1$, die Bewegungsgröße $\overline{p}$ im zweiten Medium also größer als diejenige p im ersten:

$$\overline{p} > p, \quad \overline{m}\,\overline{v} > m\,v .$$

Wir haben in Gl. (1) nicht nur die Geschwindigkeiten, sondern *auch die Massen* in beiden Medien *verschieden* bezeichnet. Solange man zur Annahme geneigt war, daß die *Masse* des Lichtteilchens *unveränderlich* sei:

$$\overline{m} = m ,$$

war der Schluß unvermeidlich, daß bei der Brechung *zum* Lot ($n > 1$) die Geschwindigkeit *größer* wird:

$$\overline{v} > v .$$

Dies steht aber *im Widerspruch mit der Erfahrung*, die eine *kleinere* Geschwindigkeit ergibt. Also, schloß man, ist die *Emissionstheorie falsch.* Es ist jedoch im Sinne der neuen Mechanik zu erwarten, daß die Masse des Lichtteilchens, wenn es in den Bereich anderer

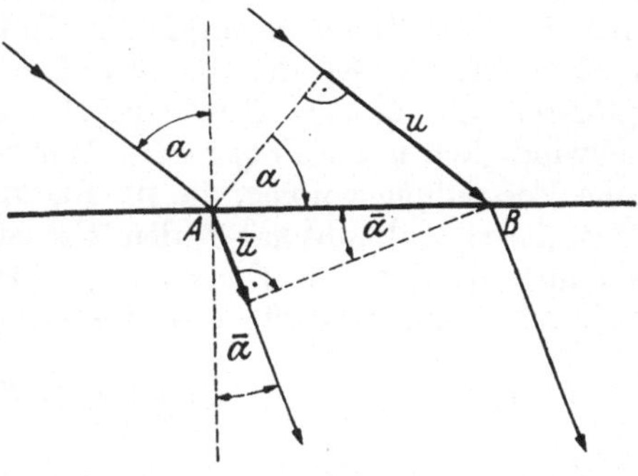

Abb. 180. Lichtbrechung nach der Wellentheorie.

Massenteilchen kommt, zunimmt; läßt man aber einen Massenzuwachs zu, so kann man hinsichtlich der Geschwindigkeit nicht mehr den erwähnten, der Erfahrung widersprechenden Schluß ziehen.

b) Die Lichtbrechung nach der Wellentheorie. Bezeichnen wir unter Zugrundelegung der bekannten wellentheoretischen Darstellung (Abb. 180) die *Wellen*geschwindigkeiten in den beiden Medien mit u bzw. $\overline{u}$, so gilt:

$$\overline{A\,B} = \frac{u}{\sin \alpha} = \frac{\overline{u}}{\sin \overline{\alpha}} , \tag{5}$$

woraus das *Brechungsgesetz* in der Form folgt:

$$n = \frac{\sin \alpha}{\sin \overline{\alpha}} = \frac{u}{\overline{u}} . \tag{6}$$

Für die *Brechung zum Lot* ($n > 1$) erhalten wir jetzt:

$$u > \overline{u} ,$$

d. h. die *Geschwindigkeit $\bar{u}$ im zweiten Medium muß kleiner sein* als diejenige u im ersten. Damit erscheint die *Wellentheorie* unmittelbar *im Einklang mit der Erfahrung*, was ihre Bevorzugung gegenüber der Emissionstheorie verständlich macht.

Nach heutiger Auffassung müssen *beide Theorien verträglich* sein; wir wollen daher die *Vereinigung beider* im Falle der *Lichtbrechung* versuchen.

c) Die Vereinigung der Darstellungen a und b. Die Geschwindigkeiten u und v müssen wir als voneinander verschieden betrachten, d. h. die Lichtteilchen sollen im allgemeinen mit einer von der Geschwindigkeit u der Welle verschiedenen Geschwindigkeit v laufen. Genauer gesagt, müssen wir uns die Welle, die wir uns mit dem Teilchen verknüpft denken, als *modulierte Trägerwelle* vorstellen, bei der die *Modulation* als *Inbegriff der Energie* (*Masse*) mit *anderer Geschwindigkeit v fortschreitet* als die Geschwindigkeit u der *Trägerwelle*. Wir nehmen damit für das Licht eine Vorstellung vorweg, die DE BROGLIE als das Wesen jeglicher Materiewelle erkannt hat (s. den folgenden Abschnitt). Die Gleichsetzung der für den Brechungsquotienten n unter a und b erhaltenen Ausdrücke führt zu dem Ergebnis:

$$n = \frac{\bar{m}\,\bar{v}}{m\,v} = \frac{u}{\bar{u}}$$

oder

$$m\,v\,u = \bar{m}\,\bar{v}\,\bar{u} = \text{konst.} \tag{7}$$

Das *Produkt* aus *Masse, Teilchen*geschwindigkeit und *Wellen*geschwindigkeit ist somit von der Natur des Mediums unabhängig, ist eine *Konstante*. Anders geschrieben:

$$p\,u = \bar{p}\,\bar{u} = \text{konst.} \tag{7a}$$

Das Produkt: *Bewegungsgröße* mal *Wellen*geschwindigkeit ist *konstant*. Dies ist ein ganz neuartiges Ergebnis, eine spezifische Gleichung der *Wellen*mechanik.

Wir versuchen nun die

2. Verallgemeinerung auf ein beliebiges Massenteilchen. Begriff der Materiewelle.

Aus dem optischen Beispiel können wir ersehen, wie die Verallgemeinerung des Wellenbegriffes *auf beliebige Massenteilchen* zu erfolgen hat. Das *Licht* muß ja als *Sonderfall* erscheinen. Was bedeutet nun für das Licht $p \cdot u$? Das erkennen wir am besten, wenn wir, wie dies im Vakuum infolge Abwesenheit jeglicher Materie der Fall sein muß, $u = v = c$ setzen. Die Bewegungsgröße ist dann $p = m\,v = m\,c$; also bedeutet

$$p\,u = m\,c^2 = E_{\nu} = h\,\nu \qquad\qquad (8)$$

die *Energie des Photons.*

Nach dem Vorgange von LOUIS DE BROGLIE (1924) kennzeichnen wir nun *jedes materielle* Teilchen durch folgende Eigenschaften:

1. Seine *Energie E^** (s. Gl. (13) und Gl. (42)) sei gleich der eines PLANCKschen *Energiequantums* $h\,\nu$:

$$E^* = h\,\nu , \qquad\qquad (9)$$

womit wir

2. die Vorstellung einer *zugeordneten* „*Materiewelle*" mit der „*de Broglie-Wellenlänge*"

$$\lambda = \frac{u}{\nu} \qquad\qquad (10)$$

verbinden.

3. Soll *ganz allgemein* die Beziehung:

$$p\,u = E^* \qquad\qquad (11)$$

gelten, die die gesuchte Verallgemeinerung von Gl. (8) dargestellt. Durch Zusammenfassung der erhaltenen drei Gleichungen ergibt sich die „*de Brogliesche Gleichung*":

$$\lambda = \frac{h}{p} , \qquad\qquad (12)$$

die eine *unmittelbare Verallgemeinerung* der *Photonengleichung* $(I\,19_2)$ darstellt.

Neben diesen „*wellenmechanischen*" Beziehungen bestehen unverändert die „*mechanischen*":

$$E^* = m\,c^2 + E_{\mathrm{pot}} \qquad\qquad (13)$$

bei Vorhandensein eines *Feldes konservativer Kräfte*,[1] denen das Massenteilchen unterworfen ist, ferner

$$p = m\,v . \qquad\qquad (14)$$

Wir wollen insbesondere den Fall betrachten, daß *kein Feld* vorhanden ist:

$$E_{\mathrm{pot}} = 0 .$$

Dann wird $p\,u = m\,v\,u = m\,c^2$, also

$$v\,u = c^2 \quad \text{oder} \quad u = \frac{c^2}{v} . \qquad\qquad (15)$$

---

[1] D. s. solche, die sich aus einem *Potential* ableiten (als „*Gradienten*" *eines Potentials* darstellen) lassen, wie z. B. die *elastischen* Kräfte, die Schwerkraft oder die *Coulomb*sche Kraft.

Das ist ein zunächst sehr merkwürdiges Ergebnis. Da nach der *Relativitätstheorie* die Teilchengeschwindigkeit $v < c$ sein muß, so folgt für die Wellengeschwindigkeit: $u > c$. Dies scheint allerdings bedenklich. Man kann aber nur die *Teilchen*geschwindigkeit v *wirklich messen*. Die *Wellen*geschwindigkeit u ist tatsächlich nur eine *Rechengröße*. Die Relativitätstheorie behauptet nur, daß jede physikalisch meßbare Geschwindigkeit, die also notwendig mit dem Transport von Materie (Energie) verbunden ist, kleiner als c sein muß. Andere Geschwindigkeiten, die nicht mit Energietransport verknüpft sind, die sich also auch dem physikalischen Experiment entziehen, unterliegen *nicht* dieser Vorschrift.

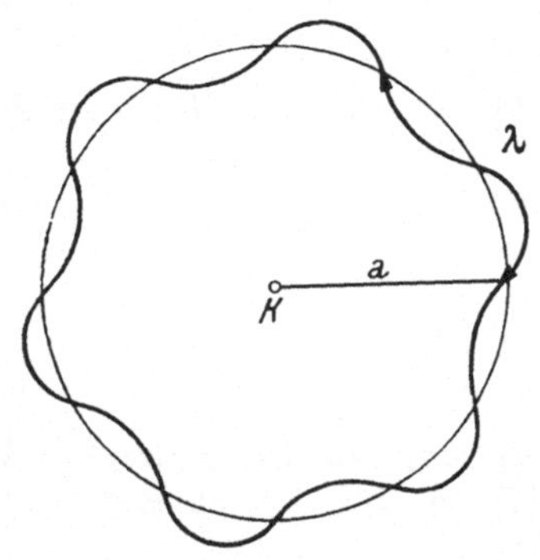

Abb. 181. **Wellenmechanisches Bild des Wasserstoffatoms.**

3. Anwendungen des Materiewellenbildes.

a) Das ideale Gas. Wir nehmen als Beispiel *Wasserstoff* (H_2). Die Teilchenmasse beträgt in diesem Falle $m \approx 3 \cdot 10^{-24}$ g, die thermische Geschwindigkeit bei $0°$ C $v \approx 2 \cdot 10^5$ cm/s (nach der kinetischen Gastheorie). Wir berechnen nach Gl. (12) und Gl. (14) die DE BROGLIE-Wellenlänge

$$\lambda = \frac{h}{m\,v} = \frac{6{,}61 \cdot 10^{-27}}{3 \cdot 10^{-24} \cdot 2 \cdot 10^5} \approx 10^{-8} \text{ cm} .$$

Dieser Wert stimmt mit der Größe des *Atomdurchmessers* überein. ERWIN SCHRÖDINGER hat dieses Ergebnis in das richtige Licht gerückt: So wie wir in der Optik, wenn die Gitterkonstante der Wellenlänge des Lichtes nahekommt, nicht mehr die *Strahlen*optik anwenden können, sondern uns der *Wellen*optik bedienen müssen, ebenso dürfen wir auf die Atome nicht mehr unsere *gewöhnliche* Mechanik, die wir vergleichsweise *Strahlen*mechanik nennen können, anwenden; denn die *Atomdimensionen* sind von der Größe der *Materiewellenlängen* der Atome. Wir brauchen an Stelle dieser *Strahlen*mechanik eine *neue* Mechanik. L. DE BROGLIE und E. SCHRÖDINGER haben sie aufgebaut: die *Wellenmechanik*.

b) Das BOHRsche Wasserstoffatom. Das kreisende Elektron hat infolge seines Impulses $p = m\,v$ im Sinne DE BROGLIES die Wellenlänge $\lambda = \dfrac{h}{m\,v}$. Seine *Materiewelle* kommt entlang der Kreisbahn *mit sich selbst zur Interferenz* (Abb. 181). Auslöschung darf nicht eintreten; denn diese käme einem Verschwinden des Elektrons gleich. Also sind nur solche Bahnen möglich, deren Längen $2\pi a$ *ganzzahlige Vielfache der de Broglie-Wellenlänge λ sind:*

$$\frac{2\pi a}{\lambda} = n = 1,\ 2,\ 3,\ \ldots \qquad (16)$$

Das sind die *strahlungsfreien Bahnen* von BOHR. Setzt man den Wert von λ nach Gl. (12) ein, so erhält man mit Rücksicht auf (14) die *Quantenbedingung,* die BOHR durch eine glückliche Zusatzannahme gefunden hat, sofort als Folge des Materiewellenbildes:

$$2\pi a\,m\,v = n\,h\,, \quad n = 1,\ 2,\ 3,\ \ldots \qquad (I\,114)$$

c) Die Brechung einer Materiewelle bei der Elektronenbeugung[1]. Die *Deutung der Versuche* von DAVISSON und GERMER (s. S. 237 ff.) gelingt durch die folgende Überlegung. Das im Vakuum durch eine bestimmte Spannung beschleunigte Elektron erreicht den Kristall mit einer gewissen Geschwindigkeit v und besitzt, als *Materiewelle* aufgefaßt, die Masse

$$m = \frac{m_e}{\sqrt{1 - \dfrac{v^2}{c^2}}}\,, \qquad (I\,5)$$

die Energie

$$E^* = m\,c^2 = h\,\nu \qquad (9),\ (13)$$

(im Vakuum $E_{\text{pot}} = 0$) und die DE BROGLIE-Wellenlänge

$$\lambda = \frac{h}{m\,v}\,. \qquad (12)$$

Tritt das Teilchen in den *Kristall* (z. B. Ni) ein, so ändert sich unter dem Einfluß der *Kristallgitterkräfte* seine Geschwindigkeit ($\bar{v}$) und damit auch seine Masse:

$$\bar{m} = \frac{m_e}{\sqrt{1 - \dfrac{\bar{v}^2}{c^2}}} \qquad (I\,5)$$

und seine DE BROGLIE-Wellenlänge

$$\lambda = \frac{h}{\bar{m}\,\bar{v}}\,. \qquad (12)$$

Seine im Gesamtbetrage unveränderte Energie $h\,\nu$ stellt sich nun folgendermaßen dar:

$$E^* = h\,\nu = \bar{m}\,c^2 + E_{\text{pot}}\,, \qquad (9),\ (13)$$

---

[1] BAUER, H.: Über Zerstreuung und Brechung der Materiewellen. Physikal. Z. **30**, 139 (1929).

wobei E_{pot} die *potentielle Energie* des Elektrons im *Kristallgitter* bedeutet.

Wir suchen eine Formel für den *Brechungsquotienten*

$$n = \frac{\lambda}{\bar{\lambda}} = \frac{\bar{m}\,\bar{v}}{m\,v}\,. \qquad\qquad \text{(II 24), (4)}$$

Unter der Voraussetzung *langsamer* Elektronen $(v,\ \bar{v} \ll c)$ berechnen wir zunächst

$$\frac{\bar{m}}{m} = \sqrt{\frac{1-\dfrac{v^2}{c^2}}{1-\dfrac{\bar{v}^2}{c^2}}} \approx \left(1 - \frac{v^2}{2\,c^2}\right)\cdot\left(1 + \frac{\bar{v}^2}{2\,c^2}\right). \qquad (17)$$

Bei Beschränkung auf Glieder *erster* Ordnung ist also

$$\frac{\bar{m}}{m} \approx 1 + \frac{\bar{v}^2 - v^2}{2\,c^2}\,. \qquad\qquad (17a)$$

$\dfrac{\bar{m}}{m}$ kann man aber auch aus der *Energiegleichung* $m\,c^2 = \bar{m}\,c^2 + E_{\text{pot}}$ berechnen:

$$\frac{\bar{m}}{m} = 1 - \frac{E_{\text{pot}}}{m\,c^2}\,. \qquad\qquad (18)$$

Durch Vergleich der Gl. (17a) und Gl. (18) ergibt sich:

$$\frac{E_{\text{pot}}}{m\,c^2} \approx \frac{\bar{v}^2 - v^2}{2\,c^2}$$

oder

$$\left(\frac{\bar{v}}{v}\right)^2 \approx 1 - \frac{E_{\text{pot}}}{\dfrac{m}{2}\,v^2} = 1 - \frac{E_{\text{pot}}}{E_{\text{kin}}} \qquad\qquad (19)$$

unter Berücksichtigung des Umstandes, daß $\dfrac{m}{2}\,v^2$ die *kinetische Energie* der *ankommenden* Elektronen darstellt. Wir erhalten so schließlich:

$$n^2 = \left(\frac{\bar{m}}{m}\right)^2\cdot\left(\frac{\bar{v}}{v}\right)^2 \approx \left(1 - \frac{E_{\text{pot}}}{m\,c^2}\right)^2\cdot\left(1 - \frac{E_{\text{pot}}}{E_{\text{kin}}}\right). \qquad (20)$$

Der erste Bruch $\dfrac{E_{\text{pot}}}{m\,c^2}$ ist gegenüber 1 von *höherer* Ordnung klein als $\dfrac{E_{\text{pot}}}{E_{\text{kin}}}$, weil *gemäß Voraussetzung* $m\,c^2$ viel größer ist als $\dfrac{m\,v^2}{2}$; daher dürfen wir ihn *vernachlässigen* und gewinnen so die von DAVISSON und GERMER durch Versuche bestätigte Formel (s. S. 239):

$$n \approx \sqrt{1 - \frac{E_{\text{pot}}}{E_{\text{kin}}}}\,. \qquad\qquad \text{(II 25)}$$

4. Das Massenteilchen als Wellengruppe (Wellenpaket).

Die Frage nach dem gegenseitigen Zusammenhang von *Teilchengeschwindigkeit v* und *Wellengeschwindigkeit u* bedarf noch einer weiteren Klärung. Ihre Beantwortung vermittelt uns das Bild von einem Massenteilchen, das zugleich eine Wellenerscheinung ist und das E. SCHRÖDINGER mit dem anschaulichen Namen „*Wellenpaket*" bezeichnet hat. Während ein *harmonischer* Wellenzug wegen seiner räumlichen und zeitlichen Periodizität zweifellos *ungeeignet* ist, eine *Energieanhäufung (Amplitudenverstärkung) an einer bestimmten Stelle*, die wir dann als den *Ort* des Massenteilchens erklären könnten, zur Darstellung zu bringen, ist dies bei *Überlagerung (Superposition) solcher Wellenzüge* durch Ausbildung einer „*Schwebung*", die wir als das *Massenteilchen* auffassen können, ohne weiteres möglich. E. SCHRÖDINGER hat so, über L. DE BROGLIE hinausgehend, der nur einen gewissen *Parallelismus* zwischen Teilchen und Welle annahm, gehofft, eine *völlige Verschmelzung* dieser beiden Vorstellungen herbeizuführen und dabei das wirklichkeitsgetreue, *wellenmechanische Abbild des Massenteilchens* zu finden. Diese Auffassung schien sich zunächst auch zu bewähren. Wegen seiner *Anschaulichkeit* und seines gewiß *heuristischen* Wertes wollen wir diesen Gedanken näher ausführen.

Der Einfachheit halber betrachten wir die *Überlagerung bloß zweier harmonischer*, in der x-Richtung laufender *Wellenzüge* Ψ_1 und Ψ_2 mit gleicher Amplitude a, die sich etwas in Frequenz (ν), Wellenlänge (λ) und Phasenkonstante (ϑ) unterscheiden sollen:

$$\Psi_1 = a \sin 2\pi\varphi_1, \quad \varphi_1 = \nu t - \frac{x}{\lambda} + \vartheta;$$

$$\Psi_2 = a \sin 2\pi\varphi_2, \quad \varphi_2 = (\nu + \Delta\nu)t - \frac{x}{\lambda + \Delta\lambda} + \vartheta + \Delta\vartheta, \tag{21}$$

wobei

$$|\Delta\nu| \ll \nu, \quad |\Delta\lambda| \ll \lambda, \quad |\Delta\vartheta| \ll |\vartheta| \tag{22}$$

sein soll. Die Superposition beider Wellen ergibt als *einfachste* „*Wellengruppe*"

$$\Psi = \Psi_1 + \Psi_2 = 2a \sin\pi(\varphi_1 + \varphi_2) \cos\pi(\varphi_2 - \varphi_1). \tag{23}$$

Indem wir

$$\varphi_2 - \varphi_1 = \Delta\varphi \text{ und } \varphi_1 + \varphi_2 \approx 2\varphi_1 \tag{24}$$

setzen, da unter der Voraussetzung der Gl. (22) $|\Delta\varphi| \ll |\varphi_1|$ sein wird, erhalten wir:

$$\Psi \approx 2a \cos\pi\,\Delta\varphi \cdot \sin 2\pi\varphi_1. \tag{23a}$$

Das Ergebnis ist also eine der Welle Ψ_1 (*Trägerwelle*) ähnliche

Welle, die jedoch eine *schwankende Amplitude* $2a\cos\pi\,\Delta\varphi$ (*Modulation*) aufweist.

Die Fortpflanzungsgeschwindigkeit der *Träger*welle ist offenbar

$$u = \lambda\,\nu = \frac{\nu}{\dfrac{1}{\lambda}}\,; \tag{10}$$

es ist dies die Geschwindigkeit, mit der sich *Punkte gleicher Phase* ($\varphi_1 = $ konst.) fortbewegen (*Phasengeschwindigkeit*):

$$\varphi_1 = \nu\,t - \frac{x}{\lambda} + \vartheta = \text{konst. oder } x = \lambda\,\nu\,t + \text{konst.} \tag{25}$$

Mit welcher Geschwindigkeit schreitet die *Modulation* fort? Indem wir *Punkte gleicher Modulation*, also mit gleichem $\Delta\varphi$ verfolgen, finden wir:

$$\Delta\varphi = \Delta\,\nu\,t - x\,\Delta\left(\frac{1}{\lambda}\right) + \Delta\,\vartheta = \text{konst.}$$

oder

$$x = \frac{\Delta\,\nu}{\Delta\left(\dfrac{1}{\lambda}\right)}\,t + \text{konst.,} \tag{26}$$

woraus für die Fortpflanzungsgeschwindigkeit der *Modulation*, die wir als *Gruppen*geschwindigkeit bezeichnen,

$$v = \frac{\Delta\,\nu}{\Delta\left(\dfrac{1}{\lambda}\right)} = -\,\frac{\lambda^2\,\Delta\,\nu}{\Delta\,\lambda} \tag{27}$$

folgt.

Zwischen den beiden Geschwindigkeiten u und v besteht ein wichtiger Zusammenhang. Aus Gl. (27) im Verein mit Gl. (10) ergibt sich:

$$\frac{1}{v} = \frac{\Delta\left(\dfrac{1}{\lambda}\right)}{\Delta\,\nu} = \frac{\Delta\left(\dfrac{\nu}{u}\right)}{\Delta\,\nu} = \frac{1}{u} - \frac{\nu}{u^2}\cdot\frac{\Delta\,u}{\Delta\,\nu}\,. \tag{28}$$

v wird also von u *verschieden* sein, sobald u *mit der Frequenz ν veränderlich* ist, d. h. im Falle von *Zerstreuung* (*Dispersion*). Nur beim *Fehlen* einer solchen (im Vakuum) wird $v = u$.

Wir fassen zusammen. Die gesuchte *Wellengruppe* hat die Gleichung:

$$\Psi = 2\,a\cos\pi\left[\Delta\,\nu\,t - x\,\Delta\left(\frac{1}{\lambda}\right) + \Delta\,\vartheta\right]\cdot\sin 2\pi\left(\nu\,t - \frac{x}{\lambda} + \vartheta\right) =$$

$$= 2\,a\cos\pi\,\Delta\,\nu\left(t - \frac{x}{v} + \Delta\,\vartheta'\right)\cdot\sin 2\pi\,\nu\left(t - \frac{x}{u} + \vartheta'\right) \tag{29}$$

mit der *Wellen- (Phasen-)*Geschwindigkeit *u* und der *Gruppen*-geschwindigkeit *v*. $\varDelta v$ ist die *Schwebungsfrequenz*. Die *Wellenlänge der Schwebung*

$$\lambda' = \frac{1}{\left|\varDelta\left(\frac{1}{\lambda}\right)\right|} = \frac{\lambda^2}{|\varDelta\lambda|} \tag{30}$$

ist wegen Ungleichung (22) natürlich *viel größer als die Wellenlänge* λ selbst. In Abb. 182 ist die Entstehung einer solchen *Wellengruppe (Schwebung)* für den Fall

$$\frac{|\varDelta\lambda|}{\lambda} = \frac{1}{15},$$

also $\lambda' = 15\,\lambda$ dargestellt.

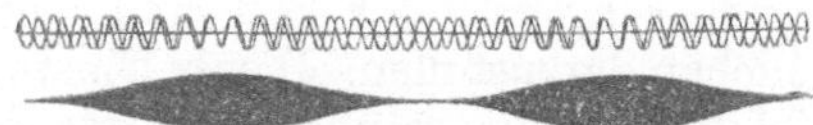

Abb. 182. Entstehung von Schwebungen durch Überlagerung zweier Wellenzüge mit nur wenig verschiedener Wellenlänge.

In der Abbildung entfallen 15 Wellenlängen des ersten auf 16 des zweiten Wellenzuges.

Eine *Wellengruppe* der besprochenen *einfachsten* Art ist indes *noch nicht geeignet*, ein *einzelnes* Massenteilchen, dessen Anwesenheit zu einer bestimmten Zeit an einen bestimmten Ort gebunden ist, *wiederzugeben*. Dazu ist erforderlich, daß die entsprechende Wellengruppe nur an einer *einzigen* Stelle, in unserem Falle nur für einen *einzigen* x-Wert eine *beträchtliche Amplitude* besitzt; in der Nachbarschaft muß diese rasch abnehmen und in großer Entfernung völlig verschwinden. Eine derartige Wellengruppe kann durch *Überlagerung einer*

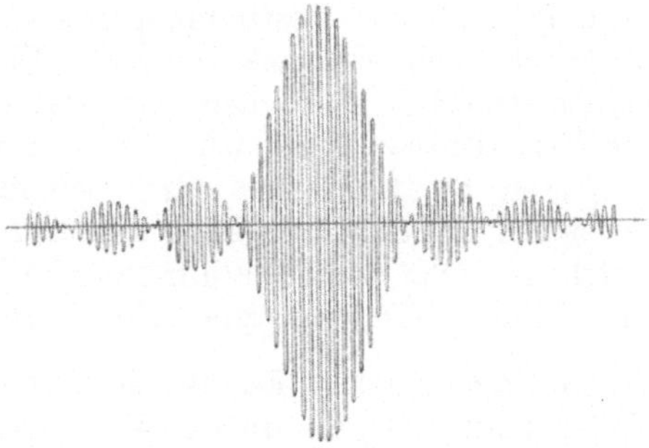

Abb. 183. Nichtharmonische Wellengruppe oder Wellenpaket (nach FLAMM).

unendlichen Mannigfaltigkeit von harmonischen Wellenzügen der durch die Gl. (21) dargestellten Form erhalten werden, deren Amplituden a_ν und Phasen $\varphi_\nu = \nu\,t - \frac{x}{\lambda_\nu} + \vartheta_\nu$ sich *im Frequenz-bereich* $(\nu, \nu + \varDelta\nu)$ *stetig verändern*. Sie wird dargestellt durch das *Integral*

$$\Psi = \int\limits_{\nu}^{\nu+\varDelta\nu} a_\nu \sin 2\pi \left(\nu\,t - \frac{x}{\lambda_\nu} + \vartheta_\nu\right) d\nu. \tag{31}$$

Abb. 183 gibt ein Bild von einer solchen *nicht mehr harmonischen*

Wellengruppe, die durch ein Hauptmaximum mit rasch abnehmenden Nebenmaxima, die in größerer Entfernung nahezu verschwinden, gekennzeichnet ist. Denken wir uns statt dieses nur in der x-Richtung modulierten Gebildes ein solches, das ebenso in der y- und z-Richtung moduliert ist, so haben wir das SCHRÖDINGERsche „*Wellenpaket*" vor uns, das nur an einer *einzigen* Stelle des Raumes eine *beträchtliche Ausdehnung* aufweist und so zur Darstellung eines *Massenteilchens* geeignet erscheint. Leider erweisen sich die so gebildeten Wellenpakete im allgemeinen als *unbeständig*, sie „*zerfließen*" mit der Zeit und werden damit unfähig, Massenteilchen darzustellen. Dieser Umstand hat neben anderen Schwierigkeiten dazu geführt, die *anschauliche Deutung* der Massenteilchen *als Wellenpakete aufzugeben*.

5. Die Ungenauigkeitsbeziehung von W. HEISENBERG.

Es liegt im Wesen der *klassischen* Mechanik, daß *Ort* und *Geschwindigkeit* (*Impuls*) eines Massenteilchens voneinander durchaus *unabhängig* und *mit jeder beliebigen Genauigkeit bestimmbar* erscheinen; jedenfalls ist einer beliebigen Steigerung der Meßgenauigkeit beider Bestimmungen keine Schranke gezogen, wenn natürlich auch *praktisch* durch die Unvollkommenheit der Meßgeräte sicherlich eine solche vorhanden sein wird. Anders liegen die Verhältnisse, wenn wir das Massenteilchen *wellenmechanisch* auffassen, es als „*Wellenpaket*" behandeln. Wir wollen hier, da es letzten Endes auf dasselbe hinauskommt, als Bild des Massenteilchens nicht das SCHRÖDINGERsche Wellenpaket (31), sondern die einfache Wellengruppe (29) zugrunde legen.

a) Ungenauigkeit der Ortsbestimmung. Da wir als Ort des Teilchens das Gebiet anzusehen haben, in dem die Wellengruppe eine merkliche Amplitude aufweist, so wird der *Genauigkeit der Ortsbestimmung* jedenfalls durch die *Wellenlänge λ' der Modulation* (*Schwebung*) eine *Grenze* gesetzt. Bezeichnen wir die *Ungenauigkeit* der Ortsbestimmung der in der x-Richtung laufenden Wellengruppe mit Δx, so muß im Hinblick auf Gl. (30) offenbar

$$\Delta x \geq \lambda' = \frac{\lambda^2}{|\Delta \lambda|} \tag{32}$$

sein. Eine Verbesserung der Ortsgenauigkeit kann also nur durch eine Vergrößerung des Wellenlängenbereiches $\Delta \lambda$ bzw. des Frequenzbereiches $\Delta \nu$ erzielt werden.

b) Ungenauigkeit der Impulsbestimmung. Um ein Massenteilchen im physikalischen Sinne festzulegen, ist außer der Bestimmung seines Ortes auch die seiner *Geschwindigkeit* bzw. seines *Impulses* $p = m\,v$ erforderlich. Nun befindet sich diese Größe zufolge der DE BROGLIEschen Gl. (12) in Abhängigkeit von der Wellenlänge λ. Ihre *Ungenauigkeit* $\Delta\,p$ wird daher durch die *Ungenauigkeit* $\Delta\,\lambda$ mitbestimmt:

$$\Delta\,p \geq h \left| \Delta\left(\frac{1}{\lambda}\right)\right| = h \cdot \frac{|\Delta\,\lambda|}{\lambda^2} = \frac{h}{\lambda'}\,. \tag{33}$$

Aus Gl. (32) und Gl. (33) erhalten wir durch Multiplikation die HEISENBERGsche *Ungenauigkeitsbeziehung*:

$$\Delta\,x \cdot \Delta\,p \geq h\,. \tag{34}$$

Ihr Sinn ist der, daß jede *Verbesserung* der *Orts*bestimmung (Verkleinerung von $\Delta\,x$) notwendig eine *Verschlechterung* der *Impuls*bestimmung (Vergrößerung von $\Delta\,p$) und umgekehrt zur Folge hat derart, daß das *Produkt beider Ungenauigkeiten* den Betrag des PLANCKschen *Wirkungsquantums niemals unterschreiten* kann. Es wird also weder die Genauigkeit der Ortsbestimmung noch die der Impulsbestimmung *für sich allein* eingeschränkt; eine *Schranke* besteht nur insoferne, als eine genauere Bestimmung der *einen Größe* nur *auf Kosten* der Genauigkeit der *anderen* erzielt werden kann.

Wir können der HEISENBERGschen Ungenauigkeitsbeziehung noch eine andere, *energetische* Fassung geben. Offenbar ist

$$\Delta\,x = v\,\Delta\,t, \quad \Delta\,p = \Delta\,(m \cdot v)\,; \tag{35}$$

wir können also, wenn wir die Massenveränderlichkeit als unerheblich ($\Delta m \approx 0$), also $v \ll c$ voraussetzen, Ungleichung (34) folgendermaßen umformen:

$$\Delta\,x \cdot \Delta\,p = v\,\Delta\,t \cdot \Delta\,(m\,v) = \Delta\,t \cdot \Delta\left(\frac{m\,v^2}{2}\right),$$

und da

$$\Delta\left(\frac{m\,v^2}{2}\right) = \Delta\,E \tag{36}$$

die *Energieänderung* des bewegten Teilchens darstellt, nimmt die *Ungenauigkeitsbeziehung* die Gestalt an:

$$\Delta\,t \cdot \Delta\,E \geq h\,. \tag{37}$$

Diese Fassung bringt zum Ausdruck, daß eine *genauere* Festlegung des *Zeitpunktes* der Beobachtung nur durch eine *ungenauere* Bestimmung der *Energie* des Teilchens erkauft werden kann.

Der bedeutsame Inhalt dieser Feststellungen wird durch die folgenden, von HEISENBERG stammenden Beispiele veranschaulicht. Wir betrachten zunächst ein mit bekanntem Impulse p *durch einen Spalt Sp* von der Breite *a hindurchtretendes Teilchen* (Abb. 184). Es wird auf einem Schirm *Sch* in einiger Entfernung aufgefangen. Die *Ungenauigkeit* in der *Orts*bestimmung ist hier offenbar durch die *Spaltbreite a* gegeben. Fassen wir das durch den Spalt hindurchgehende Teilchen als Welle auf, so müssen wir mit einer Beugung derselben durch den Spalt rechnen. Diese ist mit einer *Impulsänderung Δp* senkrecht zum einfallenden Strahl verknüpft, für die wir aus Abb. 184

$$\Delta p \gtrsim p \, \mathrm{tg}\, \alpha \approx p \sin \alpha$$

entnehmen. Nun gilt aber zufolge Abb. 140 die Beugungsformel:

$$\sin \alpha = \frac{\lambda}{a};$$

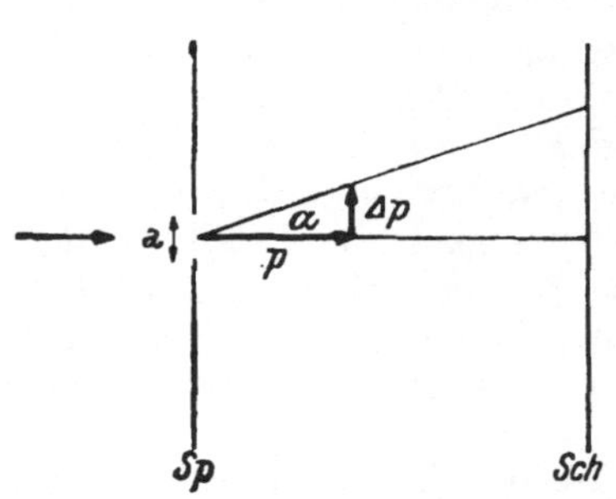

Abb. 184. Beugung eines durch einen Spalt hindurchgehenden Teilchens.

mithin folgt weiter unter Beachtung von Gl. (12)

$$\Delta p \geq p \cdot \frac{\lambda}{a} = \frac{h}{\lambda} \cdot \frac{\lambda}{a} = \frac{h}{a}$$

oder

$$a \cdot \Delta p \gtrsim h$$

in Übereinstimmung mit Ungleichung (34). Jede *Verengung* des Spaltes (Verkleinerung von *a*) zieht eine *Verstärkung seiner beugenden Wirkung* (Vergrößerung von Δp) nach sich. Die Ungenauigkeitsbeziehung (34) bleibt also stets gewahrt.

Als zweites Beispiel sei die *Ortsbestimmung eines Massenteilchens* (*Elektrons*) durch ein *Mikroskop* angeführt. Man kann mit einem solchen den *Ort* des Teilchens um so *genauer* bestimmen, je *kurzwelliger* das zur Beobachtung verwendete Licht ist. Will man zugleich seine *Geschwindigkeit* bestimmen, so bekommt das Teilchen durch das *kurz*wellige Licht einen *Compton-Stoß* und sein *Impuls* wird durch die Bestrahlung *gefälscht*. Bei genauer Ortsbestimmung wird also die Geschwindigkeits-(Impuls-)Bestimmung *ungenau*. Und umgekehrt: Bei Verwendung von *lang*welligem Licht gibt es wohl *keinen Compton-Stoß*, die *Impuls*bestimmung läßt sich *genau* durchführen. Dafür wird aber die *Orts*bestimmung *ungenau*. Beide zugleich kann man unmöglich verbessern. Es gilt also wieder die HEISENBERGsche *Ungenauigkeitsbeziehung*, die sich als ein *neues Naturgesetz* erweist. Auf ihre allgemeine physikalische und philosophische Bedeutung, die an die *Grundlagen unserer Natur-*

auffassung (Gültigkeit des *Kausalgesetzes*) reicht, soll hier nicht eingegangen werden.

B. Die Schrödingersche zeitunabhängige Wellengleichung (Amplitudengleichung).

Anschließend an den DE BROGLIESchen Gedanken einer Verbindung des *Teilchen*bildes mit dem *Wellen*bilde, die zunächst den Charakter eines mehr *äußerlichen Parallelismus* an sich trug, verfolgte E. SCHRÖDINGER (1926) das Ziel, eine grundsätzliche *Verschmelzung beider Begriffe* herbeizuführen und so eine der *Wellenoptik* durchaus entsprechende *Wellenmechanik* zu schaffen. Dazu war erforderlich, auf die Grundlage der Wellenoptik zurückzugreifen und nach einem wellenmechanischen Analogon zu suchen. Als diese *wellenoptische* Grundlage erscheint die *Wellengleichung*:

$$\Delta \Psi \equiv \frac{\partial^2 \Psi}{\partial x^2} + \frac{\partial^2 \Psi}{\partial y^2} + \frac{\partial^2 \Psi}{\partial z^2} = \frac{1}{u^2}\frac{\partial^2 \Psi}{\partial t^2}, \tag{38}$$

die in *ein*dimensionaler Form für eine in der X-Richtung fortschreitenden *Planwelle*

$$\frac{\partial^2 \Psi}{\partial x^2} = \frac{1}{u^2}\frac{\partial^2 \Psi}{\partial t^2} \tag{38a}$$

lautet. $u = \lambda \nu$ bedeutet wie bisher die *Wellen-* oder *Phasen*geschwindigkeit, die nicht konstant zu sein braucht, sondern auch *ortsabhängig* (im Falle eines *anisotropen* Mediums) sein kann. Unsere früher betrachteten *harmonischen* Wellenzüge [Gl. (21)] genügen ersichtlich dieser Differentialgleichung (man kann sich davon leicht durch Ausrechnung der partiellen Ableitungen überzeugen). Aber auch jeder durch Überlagerung harmonischer Wellenzüge entstehende Wellenzug, insbesondere die durch Gl. (31) dargestellte *Wellengruppe*, ist ein *Integral von* Gl. (38a).

Der *harmonische* Wellenzug

$$\Psi = a \overset{\cos}{\sin} 2\pi\left(\nu t - \frac{x}{\lambda} + \vartheta\right) \tag{21_1}$$

geht mit Hilfe der Beziehungen

$$E^* = h\nu, \quad p = \frac{h}{\lambda}, \quad \vartheta' = \vartheta\, h$$

in die „*Materiewelle*" über:

$$\Psi = a \overset{\cos}{\sin} \frac{2\pi}{h}\left(E^* t - p x + \vartheta'\right). \tag{39}$$

Indem wir uns der bekannten Formel

$$e^{\pm\, i\,\varphi} = \cos\varphi \pm i \sin\varphi$$

bedienen, können wir die Materiewelle *allgemeiner* in der Form schreiben:

$$\Psi = a\, e^{\pm \frac{2\pi i}{h}(E^* t - p\, x + \vartheta')} = \psi(x) \cdot e^{\pm \frac{2\pi i}{h} E^* t} \cdot {}^1 \qquad (39\,a)$$

Wir berechnen nun

$$\frac{\partial \Psi}{\partial t} = \pm \frac{2\pi i}{h} E^* \psi(x)\, e^{\pm \frac{2\pi i}{h} E^* t}, \quad \frac{\partial^2 \Psi}{\partial t^2} = -\frac{4\pi^2 E^{*2}}{h^2} \psi(x)\, e^{\pm \frac{2\pi i}{h} E^* t},$$

$$\frac{\partial^2 \Psi}{\partial x^2} = \frac{d^2 \psi}{d x^2}\, e^{\pm \frac{2\pi i}{h} E^* t}$$

und setzen dieses Ergebnis in Gl. (38a) ein; wir erhalten so nach Kürzung durch $e^{\pm \frac{2\pi i}{h} E^* t}$

$$\frac{d^2 \psi}{d x^2} + \frac{4\pi^2 E^{*2}}{h^2 u^2}\, \psi = 0 . \qquad (40)$$

Mit Rücksicht auf Gl. (11) ist

$$\frac{E^*}{u} = p , \qquad (11\,a)$$

womit Gl. (40) in

$$\frac{d^2 \psi}{d x^2} + \frac{4\pi^2}{h^2}\, p^2\, \psi = 0 \qquad (41)$$

übergeht. Wir nennen diese Differentialgleichung, die die *ortsabhängige Amplitude* der Welle bestimmt, „*Amplitudengleichung*".

Beschränken wir uns, wie dies auch E. Schrödinger getan hat, auf Vorgänge, die sich mit Geschwindigkeiten $v \ll c$ abspielen (*Newtonsche Näherung*), so können wir die *Gesamtenergie* [Gl. (13)]

$$E^* = m_0 c^2 + \frac{m v^2}{2} + E_{\text{pot}} \qquad (42)$$

und

$$p = m v = \sqrt{2\, m\, (E^* - m_0 c^2 - E_{\text{pot}})} = \sqrt{2\, m\, (E - E_{\text{pot}})} =$$
$$= \sqrt{2\, m\, E_{\text{kin}}} \qquad (43)$$

setzen, wenn wir mit

$$E = E^* - m_0 c^2 = E_{\text{kin}} + E_{\text{pot}} \qquad (44)$$

die „*klassische*" Gesamtenergie bezeichnen. Die zugehörige *de Broglie-Wellenlänge* des Teilchens beträgt demgemäß:

$$\lambda = \frac{h}{p} = \frac{h}{\sqrt{2\, m\, (E - E_{\text{pot}})}} = \frac{h}{\sqrt{2\, m\, E_{\text{kin}}}} . \qquad (45)$$

---

[1] *Real-* und *Imaginär*teil stellen *für sich Integrale* der *Wellengleichung* (38a) dar.

Die *Amplitudengleichung* nimmt so die Gestalt an:

$$\frac{d^2\psi}{dx^2} + \frac{8\pi^2}{h^2}\, m\, (E - E_{\text{pot}})\, \psi = 0 \qquad (46)$$

oder

$$\frac{d^2\psi}{dx^2} + \frac{8\pi^2}{h^2}\, m\, E_{\text{kin}}\, \psi = 0\,. \qquad (46a)$$

Ihre *drei*dimensionale Form lautet dementsprechend:

$$\Delta\psi + \frac{8\pi^2}{h^2}\, m\, (E - E_{\text{pot}})\, \psi = 0 \qquad (47)$$

oder

$$\Delta\psi + \frac{8\pi^2}{h^2}\, m\, E_{\text{kin}}\, \psi = 0\,, \qquad (47a)$$

wobei Δ den durch Gl. (38) definierten „*Laplaceschen Operator*"
bedeutet.

Die *Amplitudengleichung* ist für *einen* Massenpunkt *drei*dimensional. Bei zwei oder mehreren Massenpunkten muß der LAPLACE-sche Operator mit Bezug auf jeden einzelnen gebildet werden. Wir erhalten so für ein *System von n Massenpunkten* die Differentialgleichung:

$$\sum_{i=1}^{n} \frac{\Delta_i\psi}{m_i} + \frac{8\pi^2}{h^2}\, (E - E_{\text{pot}})\, \psi = 0\,. \qquad (48)$$

Sie bedeutet eine *Welle in einem Raum von 3n-Dimensionen*. Der Anschauung ist hier eine unübersteigbare Grenze gesetzt. Zwei Massenpunkte ergeben nicht zwei dreidimensionale Wellen, sondern eine 6-dimensionale. Der Begriff „*Welle*" ist also nur im *übertragenen* Sinn zu gebrauchen, er ist bloß eine *mathematische Fiktion*. Auf die Deutung der *Wellenfunktion* ψ als „*Wahrscheinlichkeitsdichte*" kommen wir noch zurück.

C. Quantisierung als Eigenwertproblem.

So betitelte E. SCHRÖDINGER seine ersten Abhandlungen zur *Wellenmechanik*. Der Sinn dieser Bezeichnungsweise ist darin zu erblicken, daß eine *überall endliche* und *stetige Lösung* der SCHRÖDINGERschen *Amplitudengleichung* (46), (47) oder (48) nur für gewisse *diskrete Werte des Energieparameters E* vorhanden ist, was praktisch auf eine *Quantisierung der Energie* hinausläuft, die im wesentlichen durchaus derjenigen entspricht, die von der *Bohrschen Theorie* gefordert wird, wenn sie auch in der Regel zahlenmäßig von ihr abweicht. Gerade diese *zahlenmäßige Verschiedenheiten* aber begründen die Hoffnung, daß die *neue Theorie* mög-

licherweise *bessere Übereinstimmung mit der Erfahrung* aufweist
wie die alte Quantentheorie. Und dem ist in der Tat auch so.
Das ist aber bei weitem nicht alles. Die Wellenmechanik hilft
uns auch in Fragen, auf die die Quantentheorie die Antwort
schuldig geblieben ist oder sie nur *vergleichsweise* zu geben
vermochte (*Bohrsches Korrespondenzprinzip* s. S. 160ff.), nämlich
bei der Beurteilung von *Intensität* und *Polarisation der Spektrallinien.*

Um die Eigenart der *wellenmechanischen* Behandlungsweise
kennenzulernen, betrachten wir einige für die Atomphysik grund-
legende Probleme.

1. Der harmonische Oszillator als Modell eines schwingenden, zweiatomigen Moleküls (schwingendes Hantelmodell).

Das *Molekülmodell* bestehe aus *zwei punktförmigen Massen* m_1
und m_2, die im *Ruhezustand* einen festen *Abstand r* haben. Sie

Abb. 185. Schwingendes Hantelmodell.
Modell eines schwingenden, zweiatomigen
Moleküls.

sollen in der Richtung ihrer
Verbindungslinie (x-Richtung)
*synchrone, harmonische Schwin-
gungen* mit der *Frequenz* ν ausführen.[1] Wir denken uns das
Modell im Raum fest, also
seinen Schwerpunkt S festgehalten (Abb. 185). Das hier

vorliegende Problem können wir auf das eines *einzigen* Teilchens
zurückführen. Beziehen wir die Geschwindigkeiten v_1 und v_2 der
beiden Massen auf den *Schwerpunkt*, so muß nach dem *Impulssatze*
in jedem Augenblick

$$m_1 v_1 = m_2 v_2 \qquad (49)$$

sein. Setzen wir

$$v_1 + v_2 = v, \qquad (50)$$

so wird

$$v_1 = m_2 \cdot \frac{v}{m_1 + m_2}, \quad v_2 = m_1 \cdot \frac{v}{m_1 + m_2} \qquad (51)$$

und

$$E_{\text{kin}} = \frac{m_1}{2} v_1^2 + \frac{m_2}{2} v_2^2 = \frac{m_1 v_1}{2} v = \frac{m_1 m_2}{m_1 + m_2} \cdot \frac{v^2}{2} = \frac{\mu}{2} v^2, \qquad (52)$$

wenn wir uns, wie schon früher, der *reduzierten Masse*

$$\mu = \frac{m_1 \cdot m_2}{m_1 + m_2} \qquad (53)$$

bedienen. Wir haben damit das *Hantelmodell* auf einen *einzigen*

---

[1] Siehe hierzu die Fußnote [1] auf S. 271.

Massenpunkt mit der Masse μ zurückgeführt, der um die Ruhe-lage *harmonisch schwingt*:

$$x = a \sin 2\pi\nu t \tag{54}$$

($a =$ Amplitude, $\nu =$ Frequenz der Schwingung). Wir berechnen seine Geschwindigkeit

$$v = \frac{dx}{dt} = 2\pi a\nu \cos 2\pi\nu t \tag{55}$$

und im Hinblick auf Gl. (52) seine kinetische Energie

$$E_{\text{kin}} = 2\pi^2 a^2 \nu^2 \mu \cos^2 2\pi\nu t = 2\pi^2 \nu^2 \mu\,(a^2 - x^2)\,, \tag{56}$$

indem wir die Zeit t mit Hilfe von Gl. (54) eliminieren. Wir erhalten so E_{kin} als *Orts*funktion und damit zufolge Gl. (46a) die *Amplitudengleichung des schwingenden Massenpunktes*:

$$\frac{d^2\psi}{dx^2} + \frac{16\pi^4}{h^2}\,\nu^2\mu^2\,(a^2 - x^2)\,\psi = 0\,. \tag{57}$$

Zur leichteren *Integration* führen wir die *Transformation* durch:

$$\xi = x\,\sqrt{\alpha}\,, \tag{58}$$

indem wir zur Abkürzung die *Konstante*

$$\alpha = \frac{4\pi^2}{h}\,\nu\mu \tag{59}$$

setzen. Es folgt sodann

$$\frac{d^2\psi}{dx^2} = \alpha\,\frac{d^2\psi}{d\xi^2}$$

und nach Einsetzung dieses Ausdruckes in Gl. (57) und Division durch α erhalten wir:

$$\frac{d^2\psi}{d\xi^2} + \left(\frac{4\pi^2}{h}\,\nu\mu\,a^2 - \xi^2\right)\psi = 0\,. \tag{60}$$

Indem wir schließlich die (klassische) Gesamtenergie des Oszillators

$$E = (E_{\text{kin}})_{\text{max}} = 2\pi^2\nu^2 a^2\mu \tag{61}$$

berücksichtigen, können wir die *Amplitudengleichung* in der Form schreiben:

$$\frac{d^2\psi}{d\xi^2} + \left(\frac{2E}{h\nu} - \xi^2\right)\psi = 0\,. \tag{60a}$$

Um das Verfahren zur Lösung dieser Differentialgleichung übersichtlich zu gestalten, gehen wir *schrittweise* vor. $\psi(x)$ bzw. $\psi(\xi)$ muß eine *endliche* und *überall stetige Funktion* sein, die *im Unendlichen verschwindet*. Sie soll ja ein Bild des „*Wellenpaketes*" sein, das unserem *Oszillator* entspricht.

Wir machen *zuerst* den Ansatz:

$$\psi = C_0 \cdot e^{-\frac{\xi^2}{2}}$$

und berechnen damit:

$$\frac{d\,\psi}{d\,\xi} = -\,\xi\,\psi\,, \qquad \frac{d^2\,\psi}{d\,\xi^2} = -\,\psi + \xi^2\,\psi = (\xi^2 - 1)\,\psi;$$

also genügt ψ der Differentialgleichung:

$$\frac{d^2\,\psi}{d\,\xi^2} + (1 - \xi^2)\,\psi = 0\,.$$

Der gemachte Ansatz ist somit eine Lösung unserer Aufgabe, wenn

$$\frac{2\,E}{h\,\nu} = 1$$

ist, wie ein Vergleich mit Gl. (60a) zeigt.

Wir versuchen *sodann* den folgenden Ansatz mit Hinzufügung eines *linearen* Faktors:

$$\psi = C_1 \cdot 2\,\xi \cdot e^{-\frac{\xi^2}{2}}\,.$$

Die weitere Rechnung ergibt jetzt:

$$\frac{d\,\psi}{d\,\xi} = \left(\frac{1}{\xi} - \xi\right)\psi\,,$$

$$\frac{d^2\,\psi}{d\,\xi^2} = \left(\frac{1}{\xi} - \xi\right)^2\psi + \left(-\frac{1}{\xi^2} - 1\right)\psi = (\xi^2 - 3)\,\psi\,,$$

und es zeigt sich, daß unser zweiter Ansatz der Differentialgleichung genügt:

$$\frac{d^2\,\psi}{d\,\xi^2} + (3 - \xi^2)\,\psi = 0\,.$$

Um Übereinstimmung mit der SCHRÖDINGER-Gleichung (60a) zu erzielen, muß nunmehr die Konstante

$$\frac{2\,E}{h\,\nu} = 3$$

sein.

Dieses Verfahren läßt sich offenbar fortsetzen und führt zu einer Reihe *ungeradzahliger* Werte für $\frac{2\,E}{h\,\nu}$, die man als „*Eigenwerte*" bezeichnet. Die Frage der *Quantisierung* der Energie E erscheint in der Wellenmechanik als Frage nach den „Eigenwerten" der SCHRÖDINGERschen *Amplitudengleichung*. Der damit erreichte Fortschritt besteht darin, daß diese *Eigenwerte* keine *willkürliche Zutat* sind wie die Energiestufen von BOHR, sondern schon *aus der Natur der Schrödingerschen Wellengleichung folgen*. Für die

Eigenwerte ergeben sich im vorliegenden Falle die *ungeraden* Zahlen:

$$\frac{2E}{h\nu} = 2n + 1; \tag{62}$$

wir erhalten so eine *Quantisierung* der Energie:

$$E_n = \frac{h\nu}{2}(2n+1) = h\nu\left(n + \frac{1}{2}\right), \quad n = 0, 1, 2, \ldots \tag{62a}$$

Wir wenden uns nun zur *allgemeinen* Lösung und machen den *Ansatz*:

$$\psi = C_n \cdot H_n(\xi) \cdot e^{-\frac{\xi^2}{2}}, \tag{63}$$

indem wir mit $H_n(\xi)$ ein noch näher zu bestimmendes *Polynom* n^{ten} *Grades* bezeichnen. Wir berechnen wie früher vorerst

$$\frac{d\psi}{d\xi} = C_n \cdot e^{-\frac{\xi^2}{2}} \cdot \left(\frac{dH_n}{d\xi} - \xi H_n\right),$$

$$\frac{d^2\psi}{d\xi^2} = C_n \cdot e^{-\frac{\xi^2}{2}} \cdot \left[\frac{d^2 H_n}{d\xi^2} - 2\xi\frac{dH_n}{d\xi} + (\xi^2 - 1) H_n\right]$$

und setzen die gefundenen Ausdrücke in Gl. (60a) ein. Nach Kürzung durch $C_n \cdot e^{-\frac{\xi^2}{2}}$ erhalten wir eine Differentialgleichung für die gesuchten *Polynome* $H_n(\xi)$:

$$\frac{d^2 H_n}{d\xi^2} - 2\xi\frac{dH_n}{d\xi} + \left(\frac{2E}{h\nu} - 1\right) H_n = 0. \tag{64}$$

Zur Berechnung der $H_n(\xi)$ setzen wir eine *Potenzreihe* an, die *mit dem n^{ten} Gliede abbrechen* soll ("*Polynommethode*" von A. SOMMERFELD):

$$H_n(\xi) = \sum_{i=0}^{n} a_i (2\xi)^i. \tag{65}$$

Dazu finden wir:

$$\frac{dH_n}{d\xi} = \sum_{i=0}^{n} 2i a_i (2\xi)^{i-1};$$

$$\frac{d^2 H_n}{d\xi^2} = \sum_{i=0}^{n} 4i(i-1) a_i (2\xi)^{i-2}.$$

Setzen wir diese Ausdrücke in Gl. (64) ein und fassen wir *gleiche Potenzen* zusammen, so folgt die *identische* Gleichung:

$$\sum_{i=0}^{n} (2\xi)^i \cdot \left[4(i+2)(i+1) a_{i+2} - 2i a_i + \left(\frac{2E}{h\nu} - 1\right) a_i\right] \equiv 0.$$

Um sie zu befriedigen, müssen sämtliche Koeffizienten der Potenzen $(2\,\xi)^i$ gleich 0 sein. Das ergibt eine *Rücklaufformel* für die a_i:

$$a_{i+2} = \frac{2\,i+1-\dfrac{2\,E}{h\,\nu}}{4\,(i+1)\,(i+2)}\,a_i\,. \tag{66}$$

Damit wie verlangt, die Potenzreihe für $H_n\,(\xi)$ ein *Polynom n^{ten} Grades* darstelle, muß für $i=n$ der Zähler von a_{i+2} verschwinden; dann wird $a_{n+2}=a_{n+4}=\cdots=0$. Diese Forderung liefert die bereits angegebene *Quantisierungsregel* für die *Energie*:

$$E_n = h\nu\cdot\left(n+\frac{1}{2}\right),\quad n=0,\,1,\,2,\,\ldots \tag{62a}$$

Wir fordern noch, daß $a_n=1$ werden soll. Das ist keine Beschränkung der Allgemeinheit, denn im Ansatz Gl. (63) steht noch der willkürliche, konstante Faktor C_n zur Verfügung. Aus a_n berechnen wir sodann a_{n-2}, a_{n-4} usw.:

$$1 = a_n = \frac{2\,(n-2)-2\,n}{4\,(n-1)\,n}\cdot a_{n-2}\,,\quad a_{n-2}=-\,n\,(n-1)\text{ usw.}$$

Man erhält so für das HERMITEsche *Polynom n^{ten} Grades* die Darstellung:

$$H_n(\xi) = (2\,\xi)^n - \frac{n\,(n-1)}{1!}\,(2\,\xi)^{n-2} +$$

$$+\,\frac{n\,(n-1)\,(n-2)\,(n-3)}{2!}\,(2\,\xi)^{n-4}-\ldots =$$

$$=(-1)^n\,e^{\xi^2}\cdot\frac{d^n}{d\,\xi^n}\,e^{-\xi^2}\,. \tag{67}$$

Die ersten fünf Polynome lauten:

$$\left.\begin{aligned}
H_0\,(\xi) &= 1,\\
H_1\,(\xi) &= 2\,\xi,\\
H_2\,(\xi) &= 4\,\xi^2 - 2,\\
H_3\,(\xi) &= 8\,\xi^3 - 12\,\xi,\\
H_4\,(\xi) &= 16\,\xi^4 - 48\,\xi^2 + 12.
\end{aligned}\right\} \tag{67a}$$

Damit haben wir die *allgemeine* Lösung für die *Wellenfunktion* $\psi\,(\xi)$ gemäß Gl. (63) gefunden. Für C_n wählen wir gleich jenen Wert, der sich aus der später noch zu begründenden *Normierungsbedingung* (s. S. 297) ergibt:

$$C_n = \sqrt{\frac{\sqrt{\alpha}}{2^n\,n!\,\sqrt{\pi}}} = \frac{1}{\sqrt{2^n\,n!}}\sqrt[4]{\frac{4\,\pi\,\mu\,\nu}{h}} \tag{68}$$

mit Rücksicht auf Gl. (59). Die *normierten Wellenfunktionen* lauten somit:

$$\psi_n(\xi) = \sqrt{\frac{\sqrt{\alpha}}{2^n\, n!\, \sqrt{\pi}}}\; H_n(\xi)\cdot e^{-\frac{\xi^2}{2}}, \quad n = 0, 1, 2, \ldots \qquad (69)$$

Wir bezeichnen diese Lösungen der SCHRÖDINGERschen *Amplitudengleichung* als deren „*Eigenfunktionen*". Zu jeder *Eigenfunktion* ψ_n gehört gemäß Gl. (62a) ein *Eigenwert* E_n.

Der polynomische Bestandteil $H_n(\xi)$ stellt graphisch eine *Parabel* n^{ter} *Ordnung* dar; gleichwohl nehmen die Kurven ψ_n für $\xi \to \infty$ wegen des Faktors $e^{-\frac{\xi^2}{2}}$ nicht unendliche Werte an, sondern *nähern sich asymptotisch* der ξ-Achse.

Der *Normierungsfaktor C* der Gl. (68) schränkt die mit $\sqrt[4]{\pi/\alpha}$ multiplizierten *Eigenfunktionen* auf den *Bereich* $(-1, +1)$ ein. Die *ersten fünf normierten Eigenfunktionen* des *Oszillators*

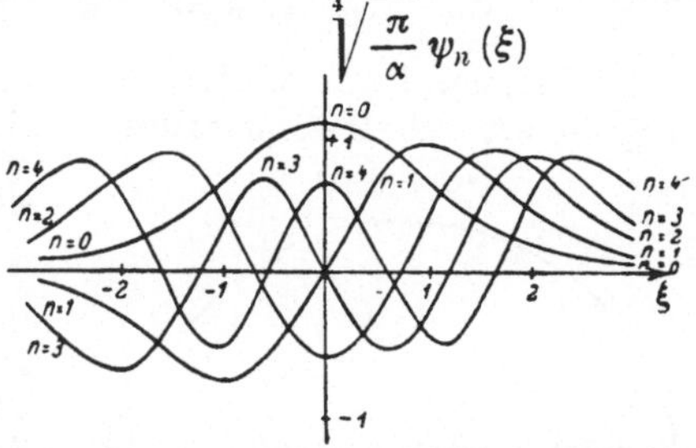

Abb. 186. Die ersten fünf normierten Eigenfunktionen des harmonischen Oszillators (nach SCHRÖDINGER).

sind nach E. SCHRÖDINGER in Abb. 186 dargestellt. Jede Kurve der Abbildung beschreibt einen bestimmten zulässigen Energiezustand des schwingenden Wellenpaketes und stellt die der Trägerwelle aufgedrückte Modulation dar. Die vollständige, *zeitabhängige* Lösung unserer Aufgabe lautet gemäß Gl. (39a):

$$\Psi_n(\xi, t) = \sqrt{\frac{\sqrt{\alpha}}{2^n\, n!\, \sqrt{\pi}}}\; H_n(\xi)\cdot e^{-\frac{\xi^2}{2} + 2\pi i t\left[\nu_0 + \left(n+\frac{1}{2}\right)\nu\right]}, \qquad (70)$$

wenn wir die Beziehungen Gl. (44) und Gl. (62a) berücksichtigen und die *Ruhenergie*

$$m_0\, c^2 = h\, \nu_0 \qquad (71)$$

setzen.

Wir stellen der *wellenmechanischen* Rechnung diejenige nach der *Bohrschen Theorie* gegenüber, indem wir nach der auf S. 148 angegebenen Vorschrift verfahren, die wir sinngemäß auf den vorliegenden Fall übertragen:

$$\oint p\, dx = \mu \oint v\, dx = \mu \int_0^{\frac{1}{\nu}} v\,\frac{d\,x}{d\,t}\, dt = \mu \int_0^{\frac{1}{\nu}} v^2\, dt. \qquad (72)$$

Mit Rücksicht auf Gl. (55) erhalten wir weiter:

$$\mu \int\limits_{0}^{\frac{1}{\nu}} v^2\, dt = 2\,\pi a^2\nu\mu \int\limits_{0}^{2\pi} \cos^2\left(2\,\pi\,\nu\,t\right)\cdot d\left(2\,\pi\nu t\right) = 2\,\pi^2\,a^2\nu\mu = \frac{E}{\nu}$$

unter Beachtung von Gl. (61). Die BOHRsche *Quantenbedingung* lautet somit:

$$\oint p\,dx = \frac{E}{\nu} = nh \tag{73}$$

oder

$$E_n = nh\nu, \quad n = 1, 2, 3, \ldots \tag{73a}$$

Im Gegensatz zu dieser *ganzzahligen*, *klassischen* Quantisierung liefert die *Wellenmechanik* zufolge Gl. (62a) „halbzahlige"

Quantenzahlen: $n + \dfrac{1}{2}$. Be-
merkenswerterweise werden
solche *auch vom Experiment
gefordert*, wie wir noch später
bei der Besprechung der *Bandenspektren* (s. S. 271 ff.) sehen
werden. Ein weiterer, damit
zusammenhängender Unter-
schied gegenüber der klassischen Theorie besteht darin,
daß die Wellenmechanik gemäß Gl. (62a) für $n = 0$ eine
„*Nullpunktsenergie*"

$$E_0 = \frac{h\nu}{2} \tag{62b}$$

ergibt.

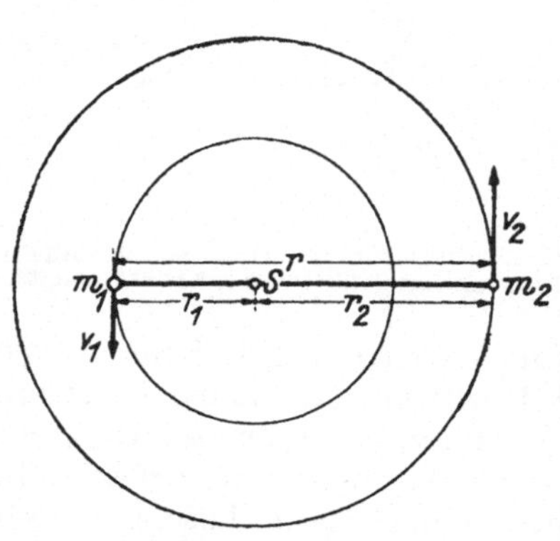

Abb. 187. Rotierendes Hantelmodell.
Modell eines rotierenden, zweiatomigen Moleküls.

2. Der starre Rotator als Modell eines rotierenden, zweiatomigen Moleküls (rotierendes Hantelmodell).

Die beiden Atommassen m_1 und m_2 mögen bei *gleichbleibendem Abstand r* voneinander um eine durch ihren gemeinsamen Schwerpunkt S hindurchgehende, zu r senkrechte Achse mit konstanter Winkelgeschwindigkeit, also *mit konstanter kinetischer Energie rotieren* (Abb. 187):

$$E_{\text{kin}} = \text{konst.} = E. \tag{74}$$

Auch dieses Problem läßt sich auf ein *Einkörperproblem* zurück-führen, indem wir uns wie früher [Gl. (53)] der *reduzierten Masse* μ bedienen, die wir uns im Abstand r von einer durch S hindurch-gehenden Achse rotierend vorstellen. Das *Trägheitsmoment* des

Modells

$$I = m_1 r_1^2 + m_2 r_2^2 \tag{75}$$

kann wegen

$$m_1 r_1 = m_2 r_2, \quad r_1 + r_2 = r \tag{76}$$

in der Form

$$I = m_1 r_1 (r_1 + r_2) = \frac{m_1 m_2}{m_1 + m_2}\, r^2 = \mu r^2 \tag{77}$$

geschrieben werden.

Unter dieser vereinfachenden Annahme erhält die SCHRÖ-DINGERsche *Amplitudengleichung* (47a) die Gestalt:

$$\Delta \psi + \frac{8\pi^2}{h^2}\, \mu\, E\, \psi = 0 \; . \tag{78}$$

Um dem Modell die *volle Allgemeinheit* zu wahren, die, wie später (s. S. 271) noch deutlich werden wird, von entscheidender Wichtigkeit ist, wollen wir die Aufgabe nicht als ebenes Problem (Rotator mit raumfester Achse), sondern als ein *räumliches* behandeln (*Rotator mit freier Achse*). Diesem Umstand Rechnung tragend, empfiehlt es sich, von den rechtwinkligen Koordinaten x, y, z zu *Polarkoordinaten* r, ϑ, φ durch die folgende Transformation überzugehen (Abb. 188):

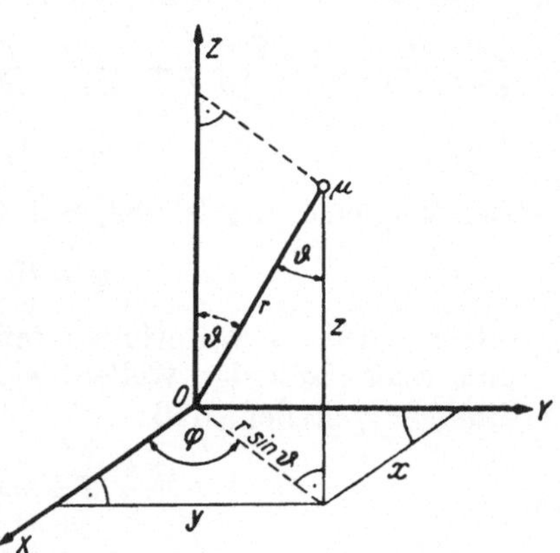

Abb. 188. Räumliche Polarkoordinaten: r, ϑ, φ.

$$\left.\begin{aligned} x &= r \sin \vartheta \cos \varphi, \\ y &= r \sin \vartheta \sin \varphi, \\ z &= r \cos \vartheta. \end{aligned}\right\} \tag{79}$$

Damit wird die *Umrechnung* des LAPLACEschen *Operators*

$$\Delta = \frac{\partial^2}{\partial x^2} + \frac{\partial^2}{\partial y^2} + \frac{\partial^2}{\partial z^2} \tag{80}$$

auf räumliche Polarkoordinaten erforderlich, die hier nicht durchgeführt werden soll — jedes Lehrbuch der theoretischen Physik gibt darüber Auskunft — und deren Ergebnis für den allein in Betracht kommenden Fall $r = konst.$ folgendermaßen lautet:

$$\Delta = \frac{1}{r^2 \sin \vartheta} \left[\frac{\partial}{\partial \vartheta} \left(\sin \vartheta \, \frac{\partial}{\partial \vartheta} \right) + \frac{1}{\sin \vartheta} \frac{\partial^2}{\partial \varphi^2} \right] . \tag{81}$$

Damit gewinnen wir für die SCHRÖDINGER-Gleichung (78) nach Multiplikation mit r^2 unter Beachtung von Gl. (77) die neue Form:

$$\frac{1}{\sin\vartheta}\,\frac{\partial}{\partial\vartheta}\left(\sin\vartheta\,\frac{\partial\psi}{\partial\vartheta}\right) + \frac{1}{\sin^2\vartheta}\cdot\frac{\partial^2\psi}{\partial\varphi^2} + \frac{8\pi^2}{h^2}\,IE\psi = 0\,. \tag{82}$$

Diese Differentialgleichung hat den Charakter einer in der Mathematik schon seit langem bekannten, nämlich derjenigen der *allgemeinen Kugelflächenfunktion*. Die *allgemeine* Kugelflächenfunktion, die gewöhnlich mit $S_n\,(\vartheta,\varphi)$ bezeichnet wird, genügt der folgenden Differentialgleichung:

$$\frac{1}{\sin\vartheta}\,\frac{\partial}{\partial\vartheta}\left(\sin\vartheta\,\frac{\partial S_n}{\partial\vartheta}\right) + \frac{1}{\sin^2\vartheta}\,\frac{\partial^2 S_n}{\partial\varphi^2} + n\,(n+1)\,S_n = 0\,, \tag{83}$$

$$n = 0, 1, 2, 3, \ldots$$

Der Vergleich von Gl. (83) mit Gl. (82) zeigt, daß wir

$$\psi = S_n\,(\vartheta,\varphi) \tag{84}$$

setzen dürfen — wir erfüllen damit die Forderung nach *Stetigkeit* und *Endlichkeit* der Wellenfunktion —, wenn wir zugleich die *Bedingung* stellen, daß

$$\frac{8\pi^2}{h^2}\,I\,E = n\,(n+1) \tag{85}$$

sein soll. Die *Eigenwerte* der Differentialgleichung (82) liefern uns somit eine *Quantisierungsregel für die Energiewerte beim Rotator:*

$$E_n = \frac{h^2}{8\pi^2 I}\,n\,(n+1), \quad n = 0, 1, 2, 3, \ldots \tag{85a}$$

Wiederum ergeben sich *halbzahlige Quantenzahlen*, wie man aus der folgenden Umformung erkennt:

$$E_n = \frac{h^2}{8\pi^2 I}\left(n+\frac{1}{2}\right)^2 - \frac{h^2}{32\pi^2 I}\,. \tag{85b}$$

Diesem Ergebnis der *Wellenmechanik* stellen wir die *Quantenbedingung* der *Bohrschen Theorie* für den Fall des starren Rotators gegenüber. Wir stützen uns dabei auf die *Quantelung des Drehimpulses*

$$p_\varphi = \mu\,v\,r \tag{86}$$

gemäß Gl. (I 113):

$$\int_0^{2\pi} p_\varphi\,d\varphi = 2\pi\,\mu\,v\,r = n\,h\,, \quad n = 0, 1, 2, 3, \ldots \tag{87}$$

Aus ihr folgt für die Gesamtenergie des Rotators mit Rücksicht auf Gl. (74) und Gl. (77)

$$E_n = E_{\text{kin}} = \frac{\mu\,v^2}{2} = \frac{\mu}{2}\cdot\frac{n^2\,h^2}{4\,\pi^2\,\mu^2\,r^2} = \frac{n^2\,h^2}{8\,\pi^2\,I} \qquad (88)$$

(DESLANDRES*scher Term*) als *klassische Quantisierungsregel*, deren wesentlichstes Merkmal die *Ganzzahligkeit* der Quantenzahlen ist. Das *Experiment* hat aber auch im Falle des *Rotators* (der *Bandenspektren*, s. S. 273 ff.) *gegen* die klassische Quantentheorie entschieden und die Gültigkeit der „*halbzahligen*" Quantisierungsgleichung (85a) bzw. (85b) *außer Zweifel* gesetzt.

Wir wollen noch der (die Lösung der SCHRÖDINGERschen *Amplitudengleichung* darstellenden) *allgemeinen Kugelflächenfunktion* $S_n\,(\vartheta,\,\varphi)$, ohne auf deren Herleitung, die den Rahmen dieser Schrift überschreiten würde, näher einzugehen, eine kurze Betrachtung widmen. $S_n\,(\vartheta,\,\varphi)$ läßt sich durch die Formel darstellen:

$$S_n\,(\vartheta,\,\varphi) = \sum_{m=-n}^{+n} S_{n,\,m}\,(\vartheta,\,\varphi)\,, \qquad (89)$$

wobei, *in komplexer Form* geschrieben,

$$S_{n,\,m}\,(\vartheta,\,\varphi) = C_{n,\,m}\,e^{i\,m\,\varphi}\,P_n^{|m|}\,(\cos\vartheta)\,{}^1 \qquad (90)$$

ist. Die hierin auftretenden *zugeordneten Kugelfunktionen* P_n^m (cos ϑ) bedeuten die mit $\sin^m\vartheta$ multiplizierten m^{ten} *Ableitungen der (gewöhnlichen) Kugelfunktion (zonalen Kugelflächenfunktion)* P_n (cos ϑ):

$$P_n^m\,(\cos\vartheta) = \sin^m\vartheta\cdot\frac{d^m\,P_n\,(\cos\vartheta)}{d\,\cos^m\vartheta}\,,\quad 0\leq m\leq n\,. \qquad (91)$$

Die *(gewöhnliche) Kugelfunktion* P_n (cos ϑ) selbst, die somit den *Kernpunkt* der ganzen Darstellung bildet, findet ihren Ausdruck in der folgenden „*hypergeometrischen*" *Reihe*:

$$P_n\,(\cos\vartheta) = \frac{1\cdot3\cdot5\cdots(2\,n-1)}{1\cdot2\cdot3\cdots n}\left[\cos^n\vartheta - \frac{n\,(n-1)}{2\,(2\,n-1)}\cos^{n-2}\vartheta + \right.$$

$$\left. + \frac{n\,(n-1)\,(n-2)\,(n-3)}{2\cdot4\cdot(2\,n-1)\,(2\,n-3)}\cos^{n-4}\vartheta - \cdots\right]; \qquad (92)$$

---

[1] Diese Darstellung ist mit der folgenden *in reeller Form* äquivalent:

$$S_{n,\,m}\,(\vartheta,\,\varphi) = C_{n,\,m}\,\genfrac{}{}{0pt}{}{\cos}{\sin}\,m\,\varphi\,P_n^{|m|}\,(\cos\vartheta); \qquad (90a)$$

$C_{n,\,m}$ bedeutet dabei einen *willkürlichen, konstanten Faktor.*

insbesondere ist:

$$P_0 = 1, \quad P_1 = \cos \vartheta, \quad P_2 = \frac{1}{2}\,(3\cos^2\vartheta - 1),$$

$$P_3 = \frac{1}{2}\,(5\cos^3\vartheta - 3\cos\vartheta) \text{ usw.} \qquad (92\,\text{a})$$

Es gilt ferner die *Rücklaufformel*:

$$(n+1)\,P_{n+1} - (2n+1)\cos\vartheta\,P_n + n\,P_{n-1} = 0. \qquad (93)$$

Die Abb. 189 und 190 geben ein Bild vom Verlauf der *gewöhnlichen* und *zugeordneten Kugelfunktionen*, wobei $\cos\vartheta = x$ und demgemäß $\sin\vartheta = (1 - x^2)^{\frac{1}{2}}$ gesetzt worden ist.

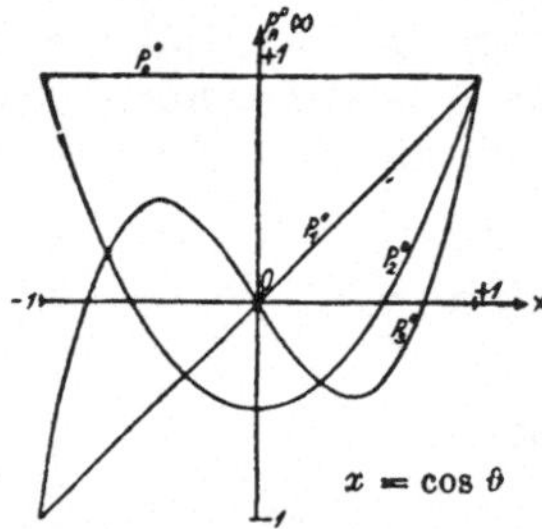

Abb. 189. Die gewöhnlichen Kugelfunktionen oder LEGENDREschen Polynome

$$P_n(x) = P_n^0(x).$$

(Nach SOMMERFELD.)

Die Abb. zeigt:

$$P_0 = P_0^0 = 1, \quad P_1 = P_1^0 = x,$$

$$P_2 = P_2^0 = \frac{1}{2}\,(3x^2 - 1),$$

$$P_3 = P_3^0 = \frac{1}{2}\,(5x^3 - 3x).$$

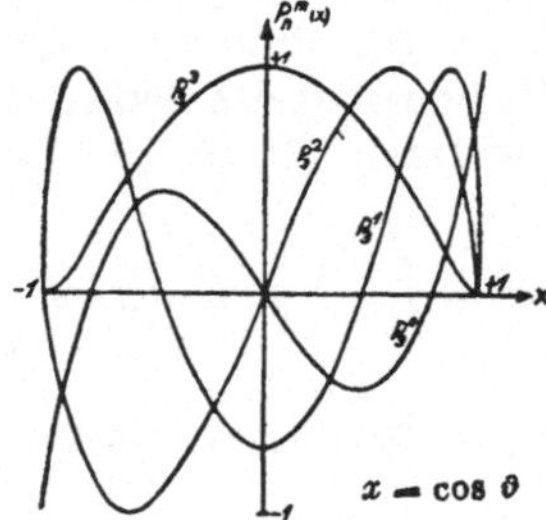

Abb. 190. Die zugeordneten Kugelfunktionen $P_n^m(x)$.

(Nach SOMMERFELD.)

$$P_n^m(x) = (1 - x^2)^{\frac{m}{2}} \cdot \frac{d^m\,P_n(x)}{dx^m};$$

die dargestellten Funktionen sind durch geeignete Faktoren derart „normiert", daß ihre Höchstwerte gleich 1 werden:

$$P_3^0 \cdot 1, \quad P_3^1 \cdot \frac{\sqrt{15}}{8}, \quad P_3^2 \cdot \frac{\sqrt{3}}{10}, \quad P_3^3 \cdot \frac{1}{15}.$$

Gegenüber dem Problem des *Oszillators* zeigt das des *Rotators* eine *Eigenart*, die darin besteht, daß *mit der Quantenzahl n eine zweite m gekoppelt* erscheint, die der Bedingung $0 \leq |m| \leq n$ unterworfen ist; d. h., daß zum *Eigenwert* [Gl. (85a)] *nicht eine* Eigenfunktion, sondern $(2n+1)$ *Eigenfunktionen*

$$\psi_{n,m}(\vartheta, \varphi) = S_{n,m}(\vartheta, \varphi) \qquad (94)$$

gehören, nämlich, wie aus Gl. (90) zu entnehmen ist:

$$C_{n,0}\,P_n^0, \quad C_{n,\pm1}\,e^{\pm i\varphi} \cdot P_n^1, \quad C_{n,\pm2}\,e^{\pm 2i\varphi} \cdot P_n^2, \ldots C_{n,\pm n}\,e^{\pm in\varphi} \cdot P_n^n.$$

Der Eigenwert [Gl. (85a)] ist somit *kein einfacher*, sondern ein

$(2\,n+1)$-*facher*. Man sagt dafür auch, daß das Eigenwertproblem des Rotators $2\,n$-*fach entartet* sei. Der Sinn dieser Aussage wird sofort deutlich, wenn wir überlegen, daß bei einem bestimmten Energiezustand E_n der Rotator im Raume noch verschiedene Lagen einnehmen kann, für die die Gesetze der *räumlichen Quantelung* (s. S. 157 ff.) bestehen. Damit offenbart sich auch die *Bedeutung der zweiten Quantenzahl m*, die nichts anderes als die *magnetische* Quantenzahl m_l der alten BOHRschen *Theorie* ist. Es erscheint nun auch verständlich, warum das Problem des Rotators *in voller Allgemeinheit* mit *raumfreier* Achse behandelt werden mußte. Nur so konnte der wellenmechanischen Lösung *ihre ganze Tragweite* gesichert werden. Ein Gleiches gilt auch in jedem anderen Falle.[1]

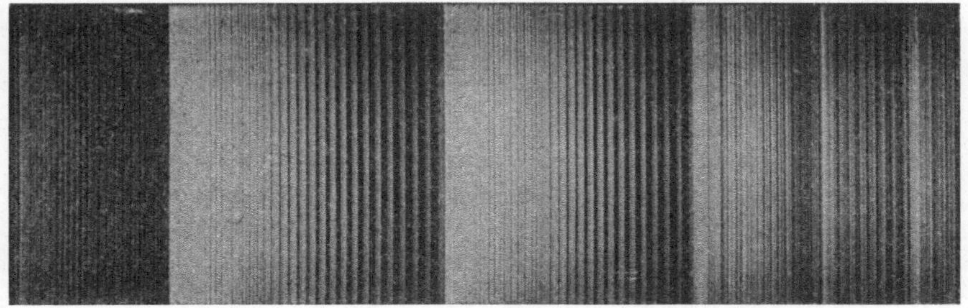

Abb. 191. Bandenspektrum des Stickstoffmoleküls (N_2) im Sichtbaren.

Die „Bandkanten" (von links nach rechts) gehören zu den Wellenlängen 4059, 3998, 3942 8914 und 3894 Å. Die in der einzelnen Bande erkennbaren feinen „Tripletts" entsprechen den Änderungen der Drehungsquantenzahl J um -1, 0, $+1$. Jede Einzelbande gehört zu einem bestimmten Sprung der Schwingungsquantenzahl v. Das ganze Bandensystem wird durch einen Elektronensprung ins sichtbare Spektralgebiet gerückt.

3. Anwendung auf die Bandenspektren.

*Banden*spektren sind Quantenstrahlungen, die von einem bewegten *Molekül* ausgehen; *Linien*spektren dagegen entstehen durch Quantenausstrahlung bei *Elektronen*bewegungen im *einzelnen Atom*. Das *Molekül* (Hantelmodell) kann *oszillieren* oder *rotieren* oder *beides zugleich*. Diesen Bewegungen der beiden Kerne werden sich im allgemeinen noch die *Sprünge der Elektronen* in den Atomhüllen (wie beim BOHRschen Atom) überlagern. Das Aussehen eines solcherart entstehenden Spektrums, das dann eine eigentümliche

---

[1] Insbesondere müßte auch der *harmonische Oszillator*, der S. 244 ff. mit *raumfester* Schwingungsrichtung *ein*dimensional behandelt wurde, mit *raumfreier* Schwingungsrichtung, also *drei*dimensional durchgerechnet werden. Die *drei*dimensionale Rechnung führt jedoch zum *gleichen Ergebnis* wie die *ein*dimensionale. Dagegen liefert die *zwei*dimensionale Behandlung des Oszillators keine halbzahligen, sondern wie die klassische Quantentheorie *ganzzahlige* Quantenzahlen.

„*Kannelierung*" aufweist, zeigt für den Fall des Stickstoffmoleküls
Abb. 191. Wir haben das Molekül als Oszillator und Rotator ausführlich unter 1 und 2 behandelt. Der *dritte* Fall, daß das Molekül
schwingt und sich zugleich dreht, kann *in erster Näherung* durch einfache *Überlagerung* beider Vorgänge dargestellt werden, wobei *sich
die unabhängig gequantelten Energien der Schwingung und Drehung
(Rotation) addieren.* Zur Bezeichnung der Quantenzahlen bedienen
wir uns der im internationalen Schrifttum üblichen Zeichen:

$$v = \text{Schwingungs- (\textit{Oszillations-})\,Quantenzahl},$$

$$J = \text{Drehungs-(\textit{Rotations-})\,Quantenzahl}.$$

Demgemäß erhalten wir im Hinblick auf Gl. (62a) und Gl. (85a)
die folgenden Ausdrücke:

$$\text{Schwingungsenergie } E_v = h\,\nu_0\cdot\left(v+\frac{1}{2}\right) = hc\omega_0\cdot\left(v+\frac{1}{2}\right),^1 \quad (95)$$

$$\text{Drehungsenergie } E_r = \frac{h^2}{8\,\pi^2\,I_0}\,J\,(J+1)\,, \qquad (96)$$

in dem wir unter $\nu_0 = c\omega_0$ die *Frequenz* der *Grundschwingung*[2] und
unter I_0 das *Trägheitsmoment* des Moleküls im *Grundzustande* verstehen. Die *Gesamtenergie* des bewegten Moleküls setzt sich folgendermaßen zusammen:

$$E = E_r + E_v + E_{\text{el}}\,. \qquad (97)$$

Der dritte Bestandteil E_{el} bedeutet die „*Elektronenenergie*", da
die Energie des Moleküls offenbar auch von seinem Elektronen-
zustand abhängt.

Wir fragen nun nach der *Ausstrahlung*. Ganz wie bei BOHR
wird durch Übergang von einem Bewegungszustand zu einem
anderen Energie *quantenmäßig* ausgestrahlt. Wir wollen hier zunächst den Fall betrachten, daß sich *Drehungs-* und *Schwingungs-*
energie *ändern*; die *Elektronen*anordnung soll dabei *gleich bleiben*.
Die *Frequenzbedingung*[3] des Molekülmodells lautet dann:

$$\omega = \frac{1}{\lambda} = \frac{E'-E}{h\,c} = \frac{E_r'-E_r}{h\,c} + \frac{E_v'-E_v}{h\,c} = \omega_r + \omega_v\,, \quad (98)$$

indem wir durch Beifügung eines *Akzents* jeweils den *höheren*
Energiezustand bezeichnen. Es soll also nur Strahlung mit
Rotations- und *Schwingungs*frequenz ausgesandt werden.

---

[1] $\omega = \dfrac{\nu}{c} = \dfrac{1}{\lambda}$ bedeutet hier wie schon früher die *Wellenzahl*.

Nicht zu verwechseln mit dem Wert ν_0 der Gln. (70) und (71)!

[3] Über ihre *wellenmechanische* Begründung siehe S. 295.

Wir unterscheiden *zwei verschiedene Arten* von Spektren:

a) Rotationsbanden im langwelligen Ultrarot (30 bis 150 μ).
Sie entstehen, wenn sich *nur* die *Rotations*energie, also *nur* die
*Drehungs*quantenzahl J ändert. Wir setzen die dem *höheren*
Energiezustand entsprechende Quantenzahl

$$J' = J + m \tag{99}$$

und erhalten so für die ausgestrahlte *Wellenzahl*:

$$\omega_r = \frac{h}{8\pi^2 c I_0} \cdot \left[\left(J' + \tfrac{1}{2}\right)^2 - \left(J + \tfrac{1}{2}\right)^2\right]$$

$$= \frac{h}{8\pi^2 c I_0} \cdot \left[m^2 + 2m\left(J + \tfrac{1}{2}\right)\right]$$

oder

$$\omega_r = \frac{h}{8\pi^2 c I_0}\, m\,(m + 2J + 1)\,. \tag{100}$$

Nicht für *jeden* Übergang, d. h. nicht für *jeden* ganzzahligen Wert
von m ist jedoch *Ausstrahlung nachweisbar*, sondern *nur* für

$$m = 1\,. \tag{101}$$

In diesem Falle erhalten wir:

$$\omega_r = \frac{h \cdot}{8\pi^2 c I_0}\,(2J + 2) = 2\,B\,(J + 1)\,, \tag{102}$$

in dem wir die Abkürzung

$$B = \frac{h}{8\pi^2 c I_0} \tag{103}$$

einführen. Für den *Abstand* zweier Rotationslinien finden wir
demgemäß:

$$\Delta\,\omega_r = \omega_{r,\,J+1} - \omega_{r,\,J} = 2\,B = \text{konst.} \tag{104}$$

Die *reinen Rotationsspektren* zeigen also eine *andere* Beschaffenheit als die *Atom*spektren: Der *Linienabstand* bleibt immer *derselbe*. Solche *Banden* wurden tatsächlich bei den *Halogenwasser-
stoffen* HF, HCl, HBr, HJ im *langwelligen Ultrarot* (etwa 30 bis
150 μ) gemessen.

Der Abstand $2\,B$ gibt uns ein Maß für das *Trägheitsmoment* des
Moleküls:

$$I_0 = \frac{h}{8\pi^2 c B}\,. \tag{103a}$$

Wir wählen als Beispiel die *Rotationsbanden* des HCl. Nach sorg-
fältigen Messungen von M. CZERNY (1927) ergibt sich als *Mittel-*

wert: $\qquad\qquad \Delta\omega_r = 2\,B = 20,5\ \text{cm}^{-1}.$

Wir berechnen daraus das *Trägheitsmoment* des HCl-Moleküls:

$$I_{\text{HCl}} = \frac{6,61\cdot 10^{-27}}{4\,\pi^2\cdot 3\cdot 10^{10}\cdot 20,5} = 2,73\cdot 10^{-40}\ \text{g cm}^2.$$

Im Hinblick auf Gl. (77) und Gl. (53) finden wir weiter für den *Abstand* des H-Atoms vom Cl-Atom

$$r_{\text{HCl}} = \sqrt{\frac{I_{\text{HCl}}}{\mu_{\text{HCl}}}} = \sqrt{I_{\text{HCl}}\left(\frac{1}{m_{\text{H}}} + \frac{1}{m_{\text{Cl}}}\right)} = \sqrt{\frac{I_{\text{HCl}}}{m_{\text{H}}}\left(1 + \frac{1}{A_{\text{Cl}}}\right)} \quad (105)$$

und mit Beachtung von $A_{\text{Cl}} = 35,5$

$$r_{\text{HCl}} = \sqrt{\frac{2,73\cdot 10^{-40}}{1,67\cdot 10^{-24}}\cdot \frac{36,5}{35,5}} = 1,30\cdot 10^{-8}\ \text{cm},$$

was mit unseren Erfahrungen über die Ausdehnung der Moleküle sehr gut übereinstimmt.

b) Rotationsschwingungsbanden im Ultrarot (1 bis 5 μ). Spielt neben der *Drehung* auch die *Schwingung* der beiden atomaren Bestandteile des Moleküls eine Rolle, so brauchen wir nach Gl. (98) nur die Wellenzahlen ω_r und ω_v zu summieren, um die gesamte Ausstrahlung zu erhalten. Hierzu bedarf es noch der Berechnung von ω_v. Bezeichnen wir den *höheren* Schwingungszustand wie früher durch Beifügung eines *Akzents*, so wird mit Rücksicht auf Gl. (95) und Gl. (98)

$$\omega_v = \omega_0\left(v' + \frac{1}{2}\right) - \omega_0\left(v + \frac{1}{2}\right) = \omega_0\,(v' - v) = n\,\omega_0, \qquad (106)$$

wenn wir

$$v' = v + n \qquad\qquad\qquad (107)$$

setzen. Für die *gesamte Ausstrahlung* gilt somit:

$$\omega = \omega_v + \omega_r = \omega\,(v' - v) + B\cdot\left[\left(J' + \frac{1}{2}\right)^2 - \left(J + \frac{1}{2}\right)^2\right]$$

oder mit Rücksicht auf Gl. (106), Gl. (100) und Gl. (103)

$$\omega = n\,\omega_0 + B\,m\,(m + 2\,J + 1). \qquad\qquad (108)$$

Ebenso wie für die *Drehungs*quantenzahl J gilt auch für die *Schwingungs*quantenzahl v die *Auswahlregel*, daß im allgemeinen *nur eine Änderung um* 1 zulässig ist. Im Gegensatz zur *klassischen* Quantentheorie kann die *Wellenmechanik* für diese *Auswahlregel* eine Erklärung geben, auf die wir später noch zu sprechen kommen (s. S. 295 f. u. 300). Wir haben also

$$n = 1, \quad m = \pm 1^1 \qquad\qquad (109)$$

---

[1] Siehe nächste Seite.

zu setzen, was zum Ergebnis führt:

$$\omega = \omega_0 \pm B\,(2\,J + 1 \pm 1). \tag{110}$$

Es ergibt sich so eine *Doppelbande*, wie sie bei verschiedenen Gasen im *Ultraroten* beobachtet wurde. Sie besteht aus *zwei Zweigen*:

dem *R-Zweig* (*pos.* Zweig):

$$\overset{+}{\omega} = \omega_0 + 2\,B\,(J+1), \quad J = 0,\ 1,\ 2,\ \ldots, \tag{110_1}$$

und dem *P-Zweig* (*neg.* Zweig):

$$\overset{-}{\omega} = \omega_0 - 2\,B\,J, \quad J = 1,\ 2,\ 3,\ \ldots\,{}^2 \tag{110_2}$$

Der *Linienabstand*

$$\Delta\,\omega = \Delta\,\omega_r = 2\,B \tag{111}$$

ist, wie früher, konstant und von gleichem Betrag. Das *Rotationsschwingungs*spektrum besteht somit aus einer *äquidistanten* Reihe von Linien mit einer *Lücke in der Mitte*, gerade an der Stelle, die der Schwingungsfrequenz ω_0 entspricht (s. Abb. 192).

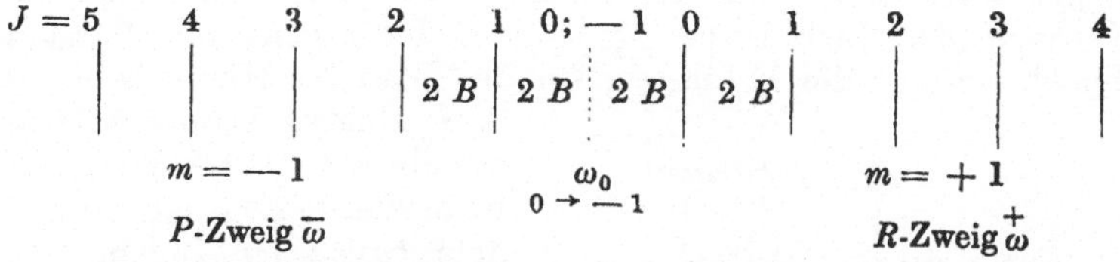

$J = 5 \qquad 4 \qquad 3 \qquad 2 \qquad 1\ 0; -1\ 0 \qquad 1 \qquad 2 \qquad 3 \qquad 4$

$$|\qquad|\qquad|\qquad|\quad 2\,B\ |\ 2\,B\ |\ 2\,B\ |\ 2\,B\ |\qquad|\qquad|\qquad|$$

$$m = -1 \qquad\qquad \omega_0 \qquad\qquad m = +1$$
$$0 \rightarrow -1$$
$$\text{P-Zweig } \overset{-}{\omega} \qquad\qquad\qquad \text{R-Zweig } \overset{+}{\omega}$$

Abb. 192. Linienanordnung einer Rotationsschwingungsbande (Doppelbande).[3]

Die *Lücke* entspricht dem Übergang der Drehungsquantenzahl vom Wert 0 auf -1. Die *Drehungsenergie* E_r enthält gemäß Gl. (96) den Faktor $J\,(J+1)$, ist also für $J = 0$ und für $J = -1$ *beide Male null*; der *Energieunterschied* ist also auch *null*. Es erfolgt daher auch *keine Ausstrahlung*, was das Fehlen einer Linie an dieser Stelle verständlich macht. Abb. 193 zeigt als Beispiel

---

[1] Da sich hier die (immer *geringer* frequente) *Drehungsausstrahlung* der *Schwingungsausstrahlung überlagert*, sind *beide* Änderungen $+1$ und -1 möglich.

[2] Bei *negativen* Werten von m ist zu beachten, daß $J' = J + m = J - |m| \geq 0$, also $J \geq |m|$ sein muß.

[3] Die bei Doppelbanden tatsächlich zu beobachtende *Asymmetrie der beiden Zweige* in Verbindung mit einem nach wachsenden Wellenzahlen allmählich *abnehmenden Linienabstand* (s. Abb. 193) ist auf eine Beeinflussung des Trägheitsmomentes J der Molekel durch den Schwingungsvorgang zurückzuführen.

die von IMES untersuchte *Rotationsschwingungsbande* von HCl
bei 3,46 μ.

Eine bemerkenswerte Erscheinung im *sichtbaren* Spektralgebiet
ist die *Überlagerung von Rotations- und Rotationsschwingungsbanden* im soge-
nannten

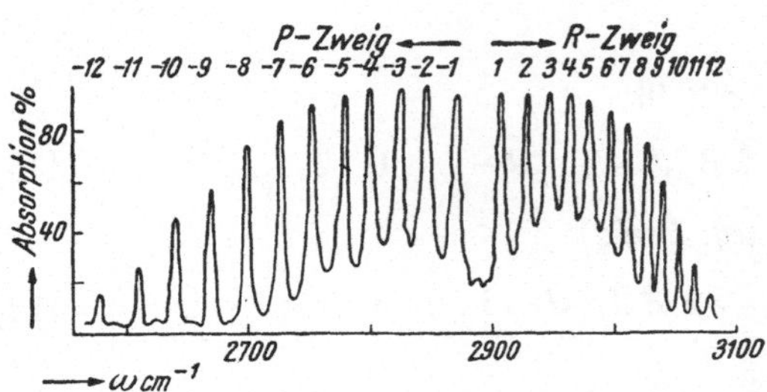

Abb. 193. Rotationsschwingungsbande von HCl bei 3,46 μ
(nach IMES).
Die Kurve stellt den Schwärzungsverlauf bei Photo-
metrierung der photographischen Schicht dar.

**c) Smekal-Ra-
man-Effekt.** Läßt
man durch einen
durchlässigen Kör-
per,- etwa eine
Flüssigkeit, voll-
kommen *mono-
chromatisches* (ent-
sprechend *gefil-
tertes*) Licht, z. B.
von einer Queck-
silberdampflampe, strahlen, so beobachtet man bei *seitlicher* spektroskopischer Untersuchung (Abb. 194) *vor allem* Licht von der
eingestrahlten Frequenz. Es ist dies die *kohärente (Rayleigh*sche)
Streuung des Lichtes an Molekülen, der sogenannte *Tyndall-
Effekt*, der uns die Erklärung für das Blau des Himmels liefert.
C. V. RAMAN beobachtete in-
des als erster (1928) außerdem
zu beiden Seiten der Erregerlinie *begleitende* Linien (Ab-
bildg. 195). A. SMEKAL hatte
diese Erscheinung bereits 1923
aus *quantentheoretischen* Erwägungen vorausgesagt. Die
theoretische Erklärung dieser
inkohärenten Streuung ist folgende:

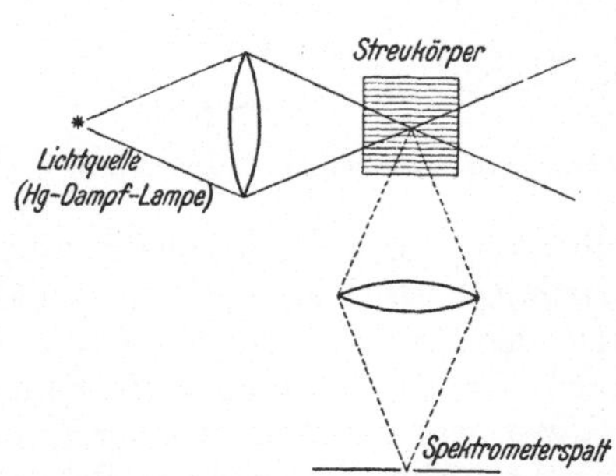

Abb. 194. Schematische Versuchsanordnung
zur Beobachtung des SMEKAL-RAMAN-
Effektes.

Durch die *Einstrahlung*
einer bestimmten *Erregerfrequenz* wird die Energie des
Moleküls auf ein *höheres Niveau* („*Zwischenniveau*") gehoben,
worauf ein *Rückfall mit Ausstrahlung* erfolgt; beide Male ändert sich die Drehungsquantenzahl zufolge der Auswahlregel
(109) um ± 1. Es kann also die *Theorie der Rotationsbanden* zur
Erklärung des *Raman-Effektes* herangezogen werden, die infolge
zweimaliger Änderung der *Drehungs*quantenzahl die folgende *Aus-*

wahlregel ergibt:

$$m = +1+1 = +2 , \quad \text{bzw.} \quad m = \pm 1 \mp 1 = 0 ,$$

$$\text{bzw.} \quad m = -1-1 = -2 . \tag{112}$$

An die Stelle der *Lücke* bei den *Rotationsschwingungs*banden tritt jetzt die besonders stark ausgebildete Linie der *Erregerfrequenz* ω_0, der sich nach der eben gefundenen *Auswahlregel* (*ultrarote*) *Ro-*

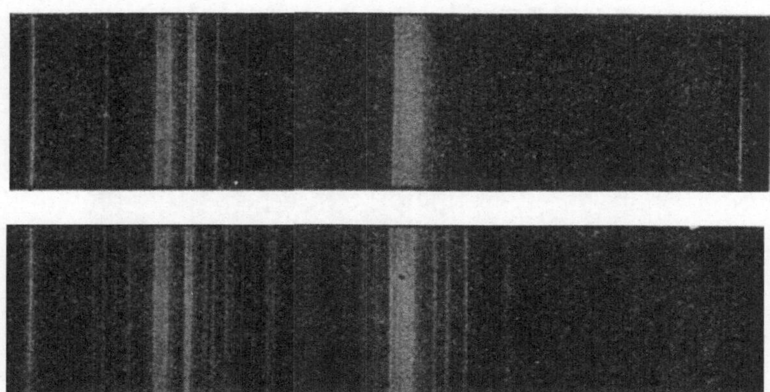

Abb. 195. SMEKAL-RAMAN-Effekt (nach RAMAN und KRISHNAN).
Oben das Spektrum des einfallenden Lichtes, unten das Spektrum des an Tetra-Chlor-Kohlenstoff (CCl$_4$) gestreuten Lichtes.

*tations*frequenzen überlagern. Es ergeben sich so aus Gl. (108) für $n = 1$ im Hinblick auf Gl. (112) *drei* Möglichkeiten:

1. $m = +2$:

$$\overset{+}{\omega} = \omega_0 + 2 B (2 J + 3), \quad J = 0, 1, 2, \ldots \tag{113$_1$}$$

(*R-Zweig, anti-Stokes*sche Streuung);

2. $m = 0$:

$$\omega = \omega_0 \tag{113$_2$}$$

(*Q-* oder *Null-Zweig, Erregerlinie, kohärente*
oder *Rayleigh*-Streuung);

3. $m = -2$:

$$\bar{\omega} = \omega_0 - 2 B (2 J - 1), \quad J = 2, 3, 4, \ldots^1 \tag{113$_3$}$$

(*P-Zweig, Stokes*sche Streuung).

Der *Linienabstand*

$$\Delta \omega = 4 B \tag{114}$$

ist *doppelt so groß* wie bei den entsprechenden *Rotations*banden;

---

[1] Siehe die Fußnote [2] auf S. 275.

nur die *ersten* Linien haben *beiderseits* von der Erregerlinie *größeren* Abstand (6 B), wie Abb. 196 veranschaulicht.

$$J = 4 \qquad 3 \qquad 2 \qquad\qquad 0 \qquad 1 \qquad 2$$

$$\left| \; 4\,B \; \right| \; 4\,B \; \left| \; 6\,B \; \right| \; 6\,B \; \left| \; 4\,B \; \right| \; 4\,B \; \right|$$

$$\begin{array}{ccc} \bar{\omega} & \omega_0 & \overset{+}{\omega} \\ P\text{-Zweig} & Q\text{-Zweig} & R\text{-Zweig} \\ m = -2 & m = 0 & m = +2 \end{array}$$

Abb 196. Linienanordnung beim SMEKAL-RAMAN-Effekt.

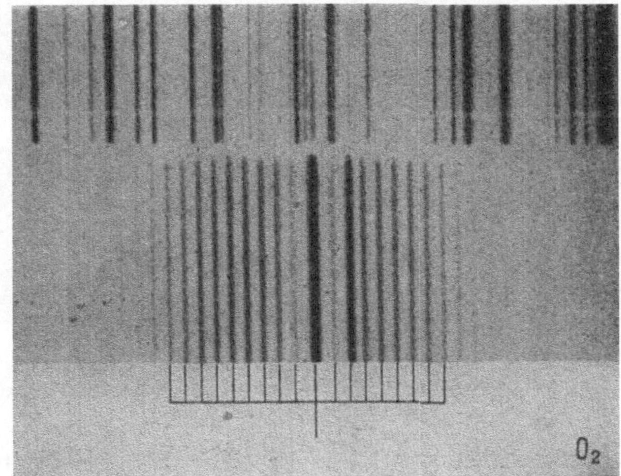

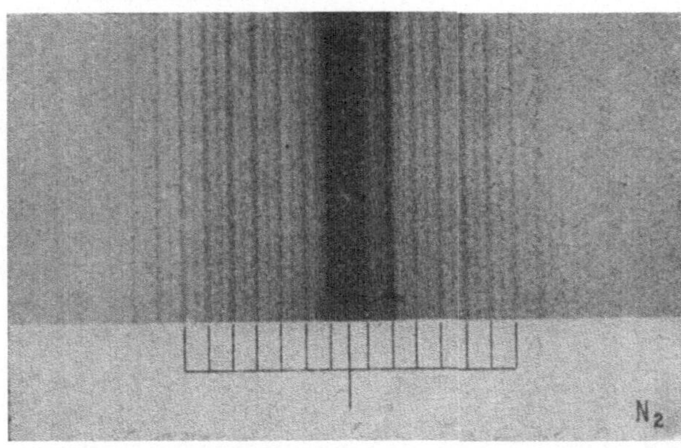

Abb. 197. SMEKAL-RAMAN-Effekt am Sauerstoff und Stickstoff (nach RASETTI).
Bei Sauerstoff fehlen die geraden Linien (Übergänge zwischen geraden Drehungs quantenzahlen), beim Stickstoff überwiegen sie gegenüber den ungeraden.

In besonderen Fällen können alle *geraden* Linien, die Übergängen zwischen *geraden* Drehungsquantenzahlen entsprechen, *fehlen*: erster Abstand 10 B, übrige Abstände immer 8 B; oder es *fehlen* die *ungeraden* Linien (Übergänge zwischen *ungeraden* Drehungsquantenzahlen): erster Abstand 6 B, übrige Abstände immer 8 B. Aufnahmen an O_2 und N_2 von RASETTI (Abb. 197) zeigen dies.

Auch der *Raman-Effekt* ermöglicht so durch Messung der *Linienabstände* einen Schluß auf das *Trägheitsmoment der Moleküle* und übertrifft dabei an Bedeutung die Spektroskopie der Rotations- und Rotationsschwingungsbanden, da die im *Sichtbaren* gelegenen *Raman-Linien günstiger zu beobachten* sind als die *ultraroten* Rotationslinjen.

d) Sichtbare oder Elektronenbanden. Wie in Abb. 191 zum Ausdruck gebracht ist, kann durch einen *Elektronensprung*, also durch eine Änderung in der Elektronenanordnung des Moleküls das Bandenspektrum in das *sichtbare Spektralgebiet* verschoben werden. Wir sprechen dann von einer *sichtbaren* oder *Elektronenbande* bzw. von einem *Elektronenbandensystem*. Es handelt sich bei jeder einzelnen Bandenlinie um eine *Überlagerung* der beim *Elektronensprung* ausgestrahlten Frequenz ν_{el} über eine bestimmte *Schwingungs*frequenz ν_v und eine bestimmte *Drehungs*frequenz ν_r, wobei im allgemeinen

$$\nu_{el} > \nu_v > \nu_r \text{ bzw. } \omega_{el} > \omega_v > \omega_r \tag{115}$$

ist. ω_{el} bestimmt somit die *Lage* der Bande (des Bandensystems) im Spektrum, ω_v ihre (seine) *Grob-*, ω_r ihre (seine) *Feinstruktur*.

Die Eigenart der Elektronenbanden wird dadurch gekennzeichnet, daß mit dem Elektronensprung eine *Änderung des Trägheitsmomentes* des Moleküls verbunden ist, so daß wir zwischen dem Trägheitsmoment I' des Anfangszustandes und dem Trägheitsmoment I_0 des Endzustandes zu unterscheiden haben. Dieser Umstand hat zur Folge, daß auch die *Drehungsenergie* des Moleküls eine Änderung erleidet:

$$E_r' = h c\, B' J' (J'+1), \qquad B' = \frac{h}{8\,\pi^2\, c I'};$$

$$E_r = h c\, B J (J+1), \qquad B = \frac{h}{8\,\pi^2\, c I_0}. \tag{116}$$

Demgemäß wird jetzt die ausgestrahlte *Drehungswellenzahl*

$$\omega_r = \frac{E_r' - E_r}{h\,c} = B' J' (J'+1) - B J (J+1) \tag{117}$$

nnd indem wir wie früher

$$J' = J + m \tag{99}$$

setzen, erhalten wir

$$\omega_r = (B' - B)\, J\,(J+1) + (2\,J+1)\, B'm + B'm^2 \tag{118}$$

und mit der *Auswahlregel*

$$m = +1,\quad 0,\quad -1 \tag{119}$$

$$\overset{+}{\omega}_r = (B' - B)\,(J+1)^2 + (B' + B)\,(J+1), \tag{120_1}$$

$$\overset{0}{\omega}_r = (B' - B)\,J^2 + (B' - B)\,J, \tag{120_2}$$

$$\overline{\omega}_r = (B' - B)\,J^2 - (B' + B)\,J. \tag{120_3}$$

Setzen wir zur Abkürzung

$$A = \omega_{el} + \omega_v,\quad 2\,\overline{B} = B' + B,\quad C = B' - B, \tag{121}$$

so können wir die ausgestrahlte *Gesamtwellenzahl*

$$\omega = \omega_{el} + \omega_v + \omega_r \tag{122}$$

für die einzelnen Zweige folgendermaßen darstellen:

    R-Zweig (positiver Zweig):

$$\overset{+}{\omega} = \omega_R = A + \overset{+}{\omega}_r = A + 2\,\overline{B}\,(J+1) + C\,(J+1)^2, \tag{123_1}$$

    Q-Zweig (Null-Zweig):

$$\overset{0}{\omega} = \omega_Q = A + \overset{0}{\omega}_r = A + CJ + CJ^2, \tag{123_2}$$

    P-Zweig (negativer Zweig):

$$\overline{\omega} = \omega_P = A + \overline{\omega}_r = A - 2\,\overline{B}J + CJ^2. \tag{123_3}$$

In *halbzahligen* Quantenzahlen $J + \frac{1}{2}$ an Stelle von J ausgedrückt, lautet unser Ergebnis:

$$\left.\begin{aligned}
\overset{+}{\omega} &= \omega_R = A + \overline{B} + \frac{C}{4} + (2\,\overline{B} + C)\left(J + \frac{1}{2}\right) + C\left(J + \frac{1}{2}\right)^2, \\
\overset{0}{\omega} &= \omega_Q = A - \frac{C}{4} + C\left(J + \frac{1}{2}\right)^2, \\
\overline{\omega} &= \omega_P = A + \overline{B} + \frac{C}{4} - (2\,\overline{B} + C)\left(J + \frac{1}{2}\right) + C\left(J + \frac{1}{2}\right)^2.
\end{aligned}\right\} \tag{123a}$$

Man erkennt, daß

$$\left.\begin{aligned}
\varDelta_1 &= \omega_R - \omega_Q = (2\,\overline{B} + C)\,(J+1), \\
\varDelta_2 &= \omega_Q - \omega_P = (2\,\overline{B} + C)\,J
\end{aligned}\right\} \tag{123b}$$

und folglich für *jeden* Wert von J die Differenz

$$\Delta_1 - \Delta_2 = 2\,\bar{B} + C \qquad (123\,\mathrm{c})$$

ist.

Nach dem Vorgange von R. FORTRAT (1914) können die durch die Gln. (123) bzw. (123a) bestimmten Linienfolgen der Bande — J durchläuft die Wertereihe 0, 1, 2, 3, … — in übersichtlicher Weise mit Hilfe des (ω, J) - *Diagramms* (*Fortrat-Diagramms*) ermittelt werden, wie dies Abb. 198 erläutert. In einer solchen Darstellung erscheint der funktionale Zusammenhang zwischen der Wellenzahl ω und der Drehungsquantenzahl J in Gestalt von *Parabeln* (*Fortrat-Parabeln*), die für alle drei Zweige *denselben Halbparameter*

$$p = \frac{1}{2\,C} \qquad (124)$$

aufweisen. Die der Folge der *ganzzahligen J*-Werte entsprechenden Parabelpunkte liefern mit den zugehörigen ω-Werten die *Linienfolgen* der einzelnen Zweige. Dabei kommt die einem bestimmten J-Wert zugeordnete Linie beim *R-Zweig* durch den Quantensprung $J+1 \rightarrow J$, beim *Q*-Zweig durch den Übergang $J \rightarrow J$,

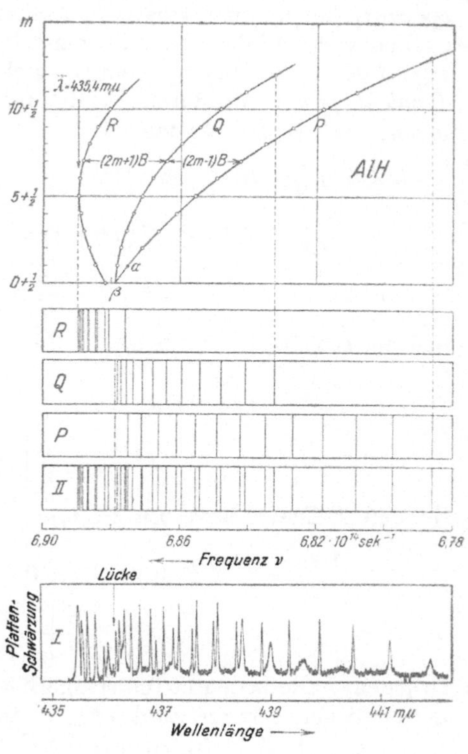

Abb. 198. Nach Rot abschattierte AlH-Bande mit der Bandkante bei $\lambda = 435,4\ \mathrm{m}\mu = 4354\ \mathrm{Å}$. (Aus R. W. POHL, Optik.)

Die halbzahlige Quantenzahl m ist mit der Quantenzahl $J + \frac{1}{2}$ der Gln. (123a) gleichbedeutend. Ferner ist $B = \bar{B} + \frac{C}{2}$. Der der Abbildung beigefügte Frequenzmaßstab ($\nu = c\,\omega$) gestattet aus den Parabeln mit Hilfe der Gln. (123, a, b, c) die Konstanten $\bar{B}$ und C zu berechnen: $\bar{B} = 5{,}1\ \mathrm{cm}^{-1}$, $C = -1{,}0\ \mathrm{cm}^{-1}$. Bild II zeigt die Gesamtheit der Linien aller drei Zweige; Bild I die Photometerkurve der belichteten Platte, die eine äußerst genaue Bestimmung der Lage der Bandenlinien gestattet.

beim *P-Zweig* durch den Quantensprung $J-1 \rightarrow J$ zustande. Für $J = 0, -1$ wird $E_r = 0$; es weisen daher *Q-* *und P-Zweig* bei $\omega_Q = \omega_P = A$ eine *Lücke* auf (strichpunktierte Linie in Abb. 198).

Jeder Zweig weist in der Umgebung des *Parabelscheitels* eine *Verdichtung der Linien* auf, die den *Bandenkopf* oder die *Bandkante* kennzeichnet. Im Gegensatze zur *Seriengrenze der Linienspektren*, die im mathematischen Sinne eine *Häufungsstelle* unendlich vieler Linien darstellt, handelt es sich hier nur um eine *enge Zusammendrängung* endlich vieler Linien. Die *Lage des Bandenkopfes* kann durch Ermittlung des Parabelscheitels erfolgen. Wir finden für den

R-Zweig (positiven Zweig):

$$\frac{d\,\omega_R}{d\,J} = 2\,\overline{B} + 2\,C\,(J^* + 1) = 0 \qquad \text{und daraus}$$

$$J^* = \left| -\frac{\overline{B}}{C} - 1 \right|; \tag{125_1}$$

für den *Q-Zweig (Null-Zweig)*:

$$\frac{d\,\omega_Q}{d\,J} = C + 2\,C\,J^* = 0 \qquad \text{und daraus}$$

$$J^* = \left| -\frac{1}{2} \right| = 0; \tag{125_2}$$

für den *P-Zweig (negativen Zweig)*:

$$\frac{d\,\omega_P}{d\,J} = -2\,\overline{B} + 2\,C\,J^* = 0 \qquad \text{und daraus}$$

$$J^* = \left| \frac{\overline{B}}{C} \right|. \tag{125_3}$$

In jedem Falle bedeutet die eckige Klammer die dem Bruche zunächst liegende *ganze* Zahl $J^* \geq 0$, die der *Bandkante* zugehört.

Ist $C > 0$ ($B' > \dot{B}$), so sind die *Fortratparabeln* nach der Seite *wachsender* Wellenzahlen (Frequenzen) *geöffnet*, die *Bandkante des P-Zweiges* befindet sich am *roten* Ende (die Bande ist *nach Violett abschattiert*); ist $C < 0$ ($B' < B$), so *öffnen sich* die Parabeln nach der Seite *abnehmender* Wellenzahlen (Frequenzen) und die *Bandkante des R-Zweiges* liegt am *violetten* Ende (die Bande ist *nach Rot abschattiert*). In Abb. 198 ist am Beispiel der AlH-Bande ($\lambda = 435 \; m\mu$) der letztere Fall zur Darstellung gebracht. Für $C = 0$ ($B' = B$) arten die Parabeln in *Gerade* aus, die Linien des *R-* und *P-*Zweiges zeigen *gleichen Abstand* voneinander, wir erhalten als Sonderfall die in Abb. 192 dargestellte *Doppelbande*.

4. Das Wasserstoffatom und die wasserstoffähnlichen Atome.

Es handelt sich dabei um die Bewegung eines Elektrons im *Coulombschen Feld* eines Kerns mit der Ladung $+Ze$, dessen *potentielle Energie* wir wie im Falle des BOHRschen Atoms

$$E_{\text{pot}} = -\frac{Z e^2}{r} \qquad (126)$$

zu setzen haben. Die *Schrödingersche Amplitudengleichung* lautet dann gemäß Gl. (47)

$$\Delta \psi + \frac{8 \pi^2}{h^2} m \left(E + \frac{Z e^2}{r} \right) \psi = 0 . \qquad (127)$$

Bei der Einführung von *Polarkoordinaten*, die sich auch in diesem Falle zur rechnerischen Behandlung der Aufgabe am besten eignen, müssen wir berücksichtigen, daß r jetzt wie im Falle der *Sommerfeldschen Ellipsen*bahnen als *veränderlich* anzusehen ist. Der *Laplacesche Operator* [Gl. (81)] muß demgemäß durch einen *von r abhängigen* Bestandteil *ergänzt* werden:

$$\Delta \equiv \frac{1}{r^2} \frac{\partial}{\partial r} \left(r^2 \frac{\partial}{\partial \nu} \right) + \frac{1}{r^2 \sin \vartheta} \left[\frac{\partial}{\partial \vartheta} \left(\sin \vartheta \frac{\partial}{\partial \vartheta} \right) + \frac{1}{\sin \vartheta} \frac{\partial^2}{\partial \varphi^2} \right] . \qquad (128)$$

Zur Lösung der Differentialgleichung (127) bedienen wir uns der *Methode der Trennung (Separation) der Veränderlichen*. Wir setzen die gesuchte Lösung für ψ als ein *Produkt zweier Funktionen* an, von denen die eine *R ausschließlich* eine Funktion von r, die andere die uns bereits vom *Rotator*problem bekannte *allgemeine Kugelflächenfunktion $S_l (\vartheta, \varphi)$* ist:

$$\psi (r, \vartheta, \varphi) = R (r) \cdot S_l (\vartheta, \varphi) , \quad l = 0, 1, 2, \ldots \qquad (129)$$

Gemäß der für die letztere gültigen Differentialgleichung (83) können wir die beiden letzten Glieder von $\Delta \psi$ durch $-\frac{l(l+1)}{r^2} R S_l$ ersetzen[1] und es bleibt bloß eine *Differentialgleichung für die Funktion R (r)* übrig:

$$\frac{d^2 R}{d r^2} + \frac{2}{r} \cdot \frac{d R}{d r} + \left[\frac{8 \pi^2}{h^2} m \left(E + \frac{Z e^2}{r} \right) - \frac{l(l+1)}{r^2} \right] R = 0 . \qquad (130)$$ [2]

Bei der Lösung unterscheiden wir die *beiden* Fälle $E < 0$ und $E > 0$.

---

[1] l tritt dabei an die Stelle von n.

[2] $\dfrac{1}{r^2} \dfrac{d}{d r} \left(r^2 \dfrac{d R}{d r} \right) = \dfrac{d^2 R}{d r^2} + \dfrac{2}{r} \dfrac{d R}{d r} .$

a) $E < 0$ (Entsprechung zu den Ellipsenbahnen der Bohrschen Theorie). Zur *Vereinfachung* der Rechnung führen wir die Koordinate

$$\varrho = \frac{4\pi r}{h} \cdot \sqrt{-2\,m\,E} \tag{131}$$

ein, wodurch die Differentialgleichung (130) in die folgende übergeht:

$$\frac{d^2 R}{d\varrho^2} + \frac{2}{\varrho}\frac{dR}{d\varrho} + \left[-\frac{1}{4} + \frac{\pi Z e^2}{h\varrho}\sqrt{-\frac{2\,m}{E}} - \frac{l(l+1)}{\varrho^2} \right] R = 0\,, \tag{132}$$

und folgen im weiteren der *Sommerfeldschen Polynommethode.* Ihr zufolge setzen wir R, vom Faktor $e^{-\frac{\varrho}{2}}$ abgesehen[1], als eine *endliche Potenzreihe* nach ϱ mit den unbestimmten Koeffizienten a_i an:

$$R(\varrho) = e^{-\frac{\varrho}{2}}\,\varrho^k \sum_{i=0}^{n_r} a_i\,\varrho^i\,. \tag{133}$$

Die *ganze Zahl n_r*, mit der die Gliederzahl der Reihe *abbricht,* wird sich wie n im Falle des *Oszillators* (s. S. 263f.) im folgenden als *Quantenzahl* entpuppen; k bedeutet eine aus der Natur der Lösung *noch* zu bestimmende positive Zahl.

Der Ansatz [Gl. (133)] muß die Differentialgleichung (132) *identisch* befriedigen, was nach Kürzung durch $e^{-\frac{\varrho}{2}}$ und entsprechende *Zusammenfassung gleicher Potenzen* die *identische* Gleichung zur Folge hat:

$$\sum_{i=0}^{n_r} \left\{ a_i \left[(i+k)(i+k+1) - l(l+1)\right]\varrho^{i+k-2} + \right.$$
$$\left. - a_i \left(i+k+1 - \frac{\pi Z e^2}{h}\sqrt{-\frac{2\,m}{E}}\right)\varrho^{i+k-1} \right\} \equiv 0\,. \tag{134}$$

Das *niedrigste* Glied der Reihe (für $i = 0$) lautet:

$$a_0 \left[k(k+1) - l(l+1)\right]\varrho^{k-2}\,.$$

Es muß *für sich verschwinden,* also

$$k(k+1) = l(l+1) \quad \text{oder} \quad k = l \tag{135}$$

---

[1] der sich als Lösung der für $\lim \varrho \rightarrow \infty$ aus Gl. (132) hervorgehenden *asymptotischen* Differentialgleichung

$$\frac{d^2 R}{d\varrho^2} - \frac{R}{4} = 0$$

ergibt.

sein; die zweite Lösung $k = -(l+1)$ kommt wegen der notwendigen Endlichkeit von $R(\varrho)$ für alle Werte von ϱ nicht in Betracht.

Zur Berechnung der a_i schreiben wir Gl. (134) mit Beachtung von $k = l$ in der Form:

$$\sum_{i=0}^{n_r} \left\{ a_{i+1}\left[(i+l+1)(i+l+2)-l(l+1)\right] + \right.$$
$$\left. - a_i\left(i+l+1-\frac{\pi Z e^2}{h}\sqrt{-\frac{2m}{E}}\right)\right\} \varrho^{i+l-1} \equiv 0 . \qquad (136)$$

Das *identische* Verschwinden erfordert die Gültigkeit der folgenden *Rücklaufformel* für die a_i:

$$a_{i+1}\left[(i+l+1)\cdot(i+l+2)-l(l+1)\right] =$$
$$= a_i\left(i+l+1-\frac{\pi Z e^2}{h}\cdot\sqrt{-\frac{2m}{E}}\right). \qquad (136a)$$

Soll die *Potenzreihe* Gl. (133) für R mit dem Glied $i = n_r$ abbrechen, so muß offenbar

$$a_{n_r+1} = a_{n_r+2} = \cdots = 0$$

sein, was durch die „*Quantenbedingung*":

$$n_r + l + 1 = \frac{\pi Z e^2}{h}\cdot\sqrt{-\frac{2m}{E}} \qquad (137)$$

oder

$$E_n = -\frac{2\pi^2 m Z^2 e^4}{h^2(n_r+l+1)^2} = -\frac{2\pi^2 m Z^2 e^4}{h^2 n^2} \qquad (137a)$$

erreicht wird, wenn wir die „*Hauptquantenzahl*"

$$n = n_r + l + 1 = 1, 2, 3, \ldots \qquad (138)$$

setzen. Sohin gilt zufolge Gl. (136a):

$$a_{i+1} = \frac{i-n_r}{(i+l+1)\cdot(i+l+2)-l(l+1)}\cdot a_i , \; i = 0, 1, 2, \ldots n_r; \qquad (139)$$

$$\left.\begin{array}{l}\text{„\textit{radiale}" Quantenzahl } n_r \\ \text{„\textit{azimutale}" Quantenzahl } l\end{array}\right\} = 0, 1, 2, \ldots n-1 .$$

$l+1$ entspricht der *azimutalen* (*Neben-*)Quantenzahl k der BOHRschen Theorie (s. S. 149f.). Es liegt hier in der *Definition* Gl. (138) von n, daß der Wert $n = n_r$ wegen $l \geq 0$ nicht angenommen werden kann. Damit erscheinen *von vornherein* die „*Pendelbahnen*" ($k = 0$) der BOHRschen Theorie *ausgeschlossen*. Im übrigen ergeben sich in Gestalt der Eigenwerte [Gl. (137a)] der Differentialgleichung (130) die wohlbekannten Energiestufen [Gl. (I 119) bzw. Gl. (I 164)] des Bohrschen Atommodells.

Die gesuchte Lösung der Schrödingerschen Gl. (127) lautet somit im Hinblick auf die Gln. (90), (129), (133) und (135):

$$\psi_{n,\,l,\,m}\,(\varrho,\,\vartheta,\,\varphi) = C_{n,\,l,\,m}\,P_l^{|m|}\,(\cos\vartheta)\,e^{i\,m\,\varphi - \frac{\varrho}{2}} \cdot \sum_{i=0}^{n-l-1} a_i\,\varrho^{i+l} \qquad (140)$$

im Verein mit der *Rücklaufformel* (139).

Dieser Lösung kann man durch Einführung der sog. *Laguerreschen Polynome* noch eine andere Form geben. Das k^{te} *Laguerresche Polynom* ist definiert durch:

$$L_k\,(\varrho) = e^{\varrho}\,\frac{d^k}{d\,\varrho^k}\,(\varrho^k \cdot e^{-\varrho}) = \qquad (141)$$

$$= (-1)^k\left[\varrho^k - \frac{k^2}{1!}\,\varrho^{k-1} + \frac{k^2\,(k-1)^2}{2!}\,\varrho^{k-2} - \ldots + (-1)^k\,k!\right].$$

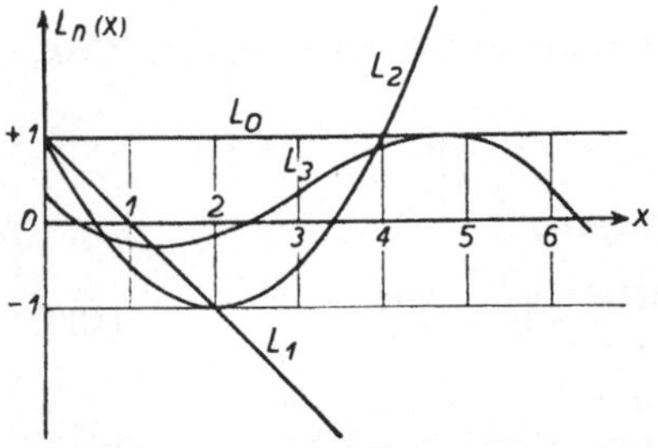

Abb. 199. Die ersten vier Laguerreschen Polynome L_n (x).
$L_0 = 1,\ L_1 = -x + 1,$
$L_2 = x^2 - 4\,x + 2,$
$L_3 = -x^3 + 9\,x^2 - 18\,x + 6.$
Die Polynome L_2 und L_3 sind in der Abb. mit den Faktoren $\frac{1}{2}$ bzw. $\frac{1}{6\,(1 + \sqrt{3}\,)}$ versehen, um ihre Extremwerte auf den Bereich $(+1, -1)$ einzuschränken (nach Sommerfeld).

Die ersten vier Laguerreschen Polynome:

$$L_0 = 1,$$
$$L_1 = -\varrho + 1,$$
$$L_2 = \varrho^2 - 4\,\varrho + 2, \qquad \left.\right\} \ (141\text{a})$$
$$L_3 = -\varrho^3 + 9\,\varrho^2 + {} -18\,\varrho + 6$$

sind in Abb. **199** dargestellt. Setzen wir zur Abkürzung

$$\sum_{i=0}^{n-l-1} a_i\,g^i = g\,(\varrho), \qquad (142)$$

so befriedigt $g\,(\varrho)$, wie man leicht nachrechnen kann, die Differentialgleichung:

$$\varrho\,\frac{d^2 g}{d\,\varrho^2} + [2\,(l+1) - \varrho]\,\frac{d\,g}{d\,\varrho} + (n - l - 1)\,g = 0. \qquad (143)$$

Anderseits erfüllt $L_k^{(i)}$, die i^{te} *Ableitung von* L_k, die Differentialgleichung:

$$\varrho\,\frac{d^2 L_k^{(i)}}{d\,\varrho^2} + (i + 1 - \varrho)\,\frac{d\,L_k^{(i)}}{d\,\varrho} + (k - i)\,L_k^{(i)} = 0. \qquad (144)$$

Die Gegenüberstellung von Gl. (143) und Gl. (144) ermöglicht für

$k = n + l$, $i = 2\,l + 1$ die Darstellung:

$$g\,(\varrho) = \sum_{i=0}^{n-l-1} a_i\,\varrho^i = L_{n+l}^{(2\,l+1)}(\varrho)\,. \tag{145}$$

Man erhält so schließlich die Lösung von Gl. (127) in der Form:

$$\psi_n\,(\varrho,\vartheta,\varphi) = \sum_{l=0}^{n-1}\ \sum_{m=-l}^{+l} \psi_{n,\,l,\,m},\,(\varrho,\vartheta,\varphi)\,, \tag{146}$$

wobei

$$\psi_{n,\,l,\,m}\,(\varrho,\vartheta,\varphi) = C_{n,\,l,\,m}\,P_l^{|m|}\,(\cos\vartheta)\,e^{i\,m\,\varphi}-\frac{\varrho}{2}\,\varrho^l\,L_{n+l}^{(2\,l+1)}(\varrho) \tag{147}$$

ist. Die $\psi_{n,\,l,\,m}$ sind die *Eigenfunktionen des wasserstoffähnlichen Atoms*, die zu einem bestimmten *Eigenwert* E_n gehören. Um den *Grad der Entartung* des vorliegenden Problems beurteilen zu können, berechnen wir ihre *Anzahl*. Offenbar ist:

und somit

$$-l \leqq m \leqq l,\ \ 0 \leqq l \leqq n-1 \tag{148}$$

$$\sum_{l=0}^{n-1}\ \sum_{m=-l}^{+l} m = \sum_{l=0}^{n-1}(2\,l+1) =$$

$$= 1 + 3 + 5 + \ldots + 2\,n - 1 = n^2. \tag{149}$$

Es gibt also zu jedem *Eigenwert* E_n n^2 *Eigenfunktionen*; *jeder Eigenwert ist* $(n^2 - 1)$-*fach* „*entartet*". In der Sprache der Bohr-schen Theorie ist der Sinn dieser Entartung folgender: Zu jeder *Hauptquantenzahl* n gibt es $n\,n_k$-*Bahnen* $(l = k - 1 = 0, 1, 2 \ldots \ldots n - 1)$, deren jede $2\,l + 1 = 2\,k - 1$ *verschiedene*, durch die *magnetische* Quantenzahl $m = -l,\ -l+1,\ldots -1, 0, 1,\ldots \ldots l-1,\ l$ bzw. $m = -k+1,\ -k+2,\ldots -1, 0, 1,\ldots k-2,$ $k - 1$ definierte *Raumlagen* annehmen kann (*räumliche Quantelung*). Die *Entartung* findet also in der *Vielzahl* der zu einer bestimmten (Haupt-)Quantenzahl gehörigen, verschiedenartigen *Elektronenbahnen* ihren Ausdruck (s. dazu auch das früher S.270 f. über den *räumlichen Rotator* Gesagte).

Wir wenden uns nun zum Falle

b) $E > 0$ **(Entsprechung zu den Hyperbelbahnen der Bohr schen Theorie).** Führt man diesfalls die *Integration* der *Schrödinger-Gleichung* (127) genau so durch, so zeigt sich, daß man jetzt *keine diskreten Eigenwerte* erhält (in Übereinstimmung mit der *Bohrschen Theorie*, die für *Hyperbel*bahnen *keine Quantenregeln* liefert). **Wir**

erhalten in diesem Falle ein *kontinuierliches* Spektrum. Die *Energiewerte* können dabei *so groß* werden, daß die Elektronen das Atom *verlassen*; es tritt dann eine *kontinuierliche Elektronenemission* ein. Die Wellenmechanik liefert so auch eine Theorie des *lichtelektrischen Effektes.*

D. Die Schrödingersche zeitabhängige Wellengleichung („Zeitgleichung").

Wir haben früher festgestellt (s. S. 257), daß die *optische* Welle

$$\Psi = a \sin 2\pi\nu\left(t - \frac{x}{u} + \vartheta\right) \tag{21a}$$

die „*Zeitgleichung*" der Optik:

$$\frac{\partial^2\Psi}{\partial x^2} - \frac{1}{u^2}\frac{\partial^2\Psi}{\partial t^2} = 0 \tag{38a}$$

befriedigt. Um zu einer *Materiewelle* zu kommen, brauchen wir bloß (s. S. 247)

$$\frac{1}{u} = \frac{p}{E^*} \tag{11}$$

zu setzen. Während aber die optische Gleichung nur die Wellengeschwindigkeit *u* enthält, hängt die *Materiewellen*gleichung von *zwei* Größen ab: der Bewegungsgröße (dem Impuls) *p* und der Gesamtenergie E^*. Die Analogie zum optischen Fall ist hier nicht gewahrt. Wir müssen daher eine *andere* Differentialgleichung suchen, die *die Energiekonstante E^* nicht mehr aufweist.* Schrödinger schlug folgenden Weg ein.

Gemäß Gl. (39a) muß die *Materiewelle* jedenfalls die Form haben:

$$\Psi(x, y, z; t) = \psi(x, y, z) \cdot e^{-\frac{2\pi i}{h}E^* t}. \tag{150_1}$$

Differenziert man diese Gleichung nach *t*, so findet man:

$$\frac{\partial\Psi}{\partial t} = -\frac{2\pi i}{h}E^*\Psi \tag{151}$$

und kann sodann aus der uns schon bekannten, mit $e^{-\frac{2\pi i}{h}E^* t}$ multiplizierten „*Amplitudengleichung*" (47) in der Form:

$$\Delta\Psi + \frac{8\pi^2}{h^2}m(E^* - E^*_{\text{pot}})\Psi = 0, \tag{152}$$

in der im Hinblick auf Gl. (44)

$$E^*_{\text{pot}} = E_{\text{pot}} + m_0 c^2 \tag{153}$$

zu setzen ist, den *Energieparameter E^* entfernen*. Man erhält so die gesuchte „*Zeitgleichung*":

$$\Delta \Psi - \frac{8\pi^2}{h^2} m\, E^*_{\text{pot}}\, \Psi + \frac{4\pi i}{h} \cdot m\, \frac{\partial \Psi}{\partial t} = 0 \,. \qquad (154_1)$$

Diese Gleichung hat eine von der oben mitgeteilten optischen Gl. (38a) wesentlich verschiedene Form, sie besitzt den Charakter der *Differentialgleichung der Wärmeleitung* und derjenigen der *Diffusion*, die beide nur die *erste* Ableitung nach der *Zeit* enthalten; aber die *Energie E^* kommt* — wie gewünscht — *nicht mehr darin vor*. Man tut gut, diese Gleichung auch gleich für die *konjugiert-komplexe* Wellenfunktion $\overline{\Psi}$ aufzustellen. Die Einführung *komplexer* Größen ist nur ein *Rechenvorteil*. *Physikalische* Bedeutung haben nur die *reellen* Bestandteile bzw. jene *reellen* Größen, die sich durch Rechenverfahren aus den komplexen ergeben. Wir erhalten somit *zwei* Formen der „*Zeitgleichung*": neben Gl. (154_1) gilt auch

$$\Delta \overline{\Psi} - \frac{8\pi^2}{h^2} m\, E^*_{\text{pot}}\, \overline{\Psi} - \frac{4\pi i}{h} \cdot m\, \frac{\partial \overline{\Psi}}{\partial t} = 0\,; \qquad (154_2)$$

dabei ist $\overline{\Psi}$ *konjugiert-komplex* zu Ψ:

$$\overline{\Psi}\,(x, y, z;\, t) = \overline{\psi}\,(x, y, z) \cdot e^{+\frac{2\pi i}{h} E^* t}\,, \qquad (150_2)$$

$\overline{\psi}\,(x, y, z)$ *konjugiert-komplex* zu $\psi\,(x, y, z)$. Über den *physikalischen Sinn* der beiden konjugiert-komplexen Funktionen Ψ und $\overline{\Psi}$, deren *Produkt $\Psi\,\overline{\Psi}$ reell* ist, gibt das folgende Kapitel Aufschluß.

Die Bedeutung der *Schrödingerschen Zeit*gleichung (154) und ebenso der *Amplituden*gleichung (152) wird dadurch in ein eigenartiges Licht gerückt, daß sich ein *eigentümlicher Zusammenhang* mit dem formalen Ausdruck des für einen Massenpunkt gültigen *Energiesatzes der klassischen Mechanik* herstellen läßt. Der letztere kann gemäß Gl. (44) und (153) in der Form geschrieben werden:

$$E_{\text{kin}} + E^*_{\text{pot}} = E^* = \text{konst.} \qquad (155)$$

oder mit Rücksicht auf $p = m\,v$ und

$$E_{\text{kin}} = \frac{m}{2}\,v^2 = \frac{p^2}{2\,m} = \frac{1}{2\,m}\,(p_x{}^2 + p_y{}^2 + p_z{}^2) \qquad (156)$$

in der Gestalt:

$$\frac{1}{2\,m}\,(p_x{}^2 + p_y{}^2 + p_z{}^2) + E^*_{\text{pot}} - E^* = 0\,. \qquad (157)$$

Wir wollen nun *rein formal* die Größen $p_x,\, p_y,\, p_z$ und E^* durch

Differentialoperatoren ersetzen in folgender Weise:

$$p_x \rightarrow \frac{h}{2\pi i} \cdot \frac{\partial}{\partial x}, \quad p_y \rightarrow \frac{h}{2\pi i} \cdot \frac{\partial}{\partial y}, \quad p_z \rightarrow \frac{h}{2\pi i} \cdot \frac{\partial}{\partial z},$$

$$E^* \rightarrow \frac{-h}{2\pi i} \cdot \frac{\partial}{\partial t}; \tag{158}$$

offenbar haben wir dann weiter:

$$p_x{}^2 \rightarrow -\frac{h^2}{4\pi^2} \cdot \frac{\partial^2}{\partial x^2}, \quad p_y{}^2 \rightarrow -\frac{h^2}{4\pi^2} \cdot \frac{\partial^2}{\partial y^2}, \quad p_z{}^2 \rightarrow -\frac{h^2}{4\pi^2} \cdot \frac{\partial^2}{\partial z^2} \tag{1\dots}$$

zu setzen. Hierdurch geht die linke Seite von Gl. (157) über in den *Operator*:

$$-\frac{h^2}{8\pi^2 m}\, \Delta + E^*_{\text{pot}} + \frac{h}{2\pi i} \cdot \frac{\partial}{\partial t}, \tag{160}$$

den wir uns *auf die Wellenfunktion* Ψ *angewendet* vorstellen wollen. Die *Energiegleichung* (157) verwandelt sich so in die *Schrödingersche Zeitgleichung*:

$$\frac{h^2}{8\pi^2 m}\, \Delta\, \Psi - E^*_{\text{pot}}\, \Psi - \frac{h}{2\pi i} \cdot \frac{\partial \Psi}{\partial t} = 0, \tag{154_1a}$$

die nach Multiplikation mit $\dfrac{8\pi^2 m}{h^2}$ in die Gl. (154_1) übergeht.

Es ist ferner ohne weiteres ersichtlich, daß sich *dieselbe Energiegleichung* (157) bei *gleichem Verfahren*, jedoch mit *Fortlassung der Substitution* $E^* \rightarrow \dfrac{-h}{2\pi i} \cdot \dfrac{\partial}{\partial t}$ in die mit $\dfrac{h^2}{8\pi^2 m}$ multiplizierte *Amplitudengleichung* (152) verwandelt:

$$\frac{h^2}{8\pi^2 m}\, \Delta\, \Psi + (E^* - E^*_{\text{pot}})\, \Psi = 0. \tag{152a}$$

Der durch die Beziehung Gl. (158) angedeutete *Formalismus* erscheint geeignet, die *Wellenmechanik* mit der *klassischen Mechanik* enger zu verketten.

E. Ausbau der Wellenmechanik.

1. Die Schrödingersche „Dichte" (Wahrscheinlichkeitsdichte) und die wellenmechanische Deutung des Strahlungsvorganges.

Wir wollen den *allgemeinen* Ansatz der Wellenfunktion in einen *räumlichen* und einen *zeitlichen* Anteil spalten:

$$\Psi = \psi\,(x, y, z)\, e^{\frac{2\pi i}{h} E^* t}, \tag{150_1}$$

$$\overline{\Psi} = \overline{\psi}\,(x, y, z)\, e^{-\frac{2\pi i}{h} E^* t}, \tag{150_2}$$

wie dies schon früher geschehen ist. Um zu einer *physikalischer*

Deutung zu gelangen, definieren wir nach E. Schrödinger die *reelle Größe*:

$$\delta = \Psi\,\overline{\Psi} = \psi\,\overline{\psi}\,,\qquad(161)$$

bei *reellem* ψ

$$\delta = \psi^2\qquad(161a)$$

als eine „*Dichte*". In diesem Sinne machen wir zunächst die Annahme, daß z. B. die *Dichte der elektrischen Ladung*, die einer ge-

wissen Verteilung derselben bei Anwesenheit des als Wellenpaket gedachten Elektrons an einer bestimmten Stelle des Raumes entspricht, dadurch gefunden wird, daß man die *Elementarladung* e mit δ multipliziert:

Ladungsdichte $= e\,\delta =$
$= e\,\psi\,\overline{\psi}$ bzw. $e\,\psi^2$. (162)

Das *Elektron* erscheint demnach als eine über den ganzen Raum mit verschiedener Dichte verteilte „*Ladungswolke*". Als Beispiel sei auf die Abb. 200 und 201 verwiesen, die die radiale Ladungsverteilung (Ladungswolke) für verschiedene, *einfache Zustände des H-Atoms* darstellen. Abb. 200 zeigt nach Pau-

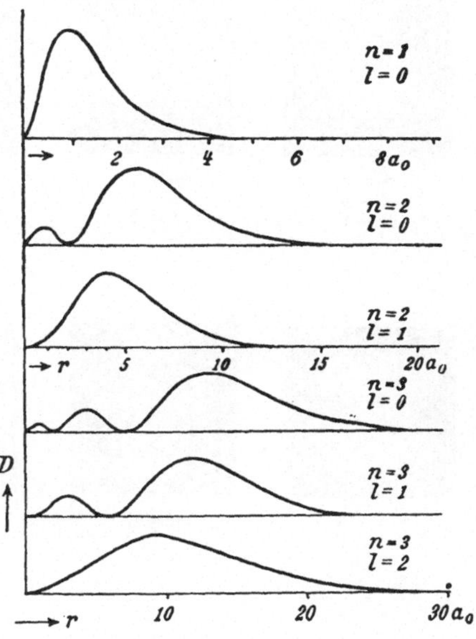

Abb. 200. Radiale Ladungsverteilung im Wasserstoffatom bei verschiedenen Quantenzuständen (nach Pauling).
a_0 bezeichnet den Radius des ersten Bohrschen Kreises.

ling die in einer bestimmten Entfernung r vom Kern vorhandene Gesamtladung $D = 4\,\pi\,r^2\,e\,\psi^2$ als Funktion von r. Abb. 201 bringt anschauliche, räumlich zu ergänzende Bilder verschiedener Ladungsverteilungen, bei denen die einem bestimmten Quantenzustand gemäß Gl. (147) entsprechende Ladungsdichte

$$e\,\psi^2_{n,\,l,\,m} = e\,C^2_m\,[P^{|m|}_l\,(\cos\vartheta)]^2\,\cos^2 m\varphi\;e^{-\varrho}\,\varrho^{2\,l}\,[L^{(2\,l+1)}_{n+l}\,(\varrho)]^2$$

durch die Helligkeitsstärke des Bildes versinnlicht wird. Die räumliche Wellenfunktion $\psi_{n,\,l,\,m}$ *verschwindet*, erstens wenn

$$\varrho = 0\;(r = 0)^1\text{ und }L^{(2\,l+1)}_{n+l}\,(\varrho) = 0$$

---

[1] Siehe die Fußnote auf S. 293.

19*

wird, also für $1 + n + l - (2\,l + 1) = n - l$ Werte von ϱ bzw. r ($n - l - 1$ *Knotenkugeln*), zweitens wenn

$$P_l^{|m|}(\cos\vartheta) = 0$$

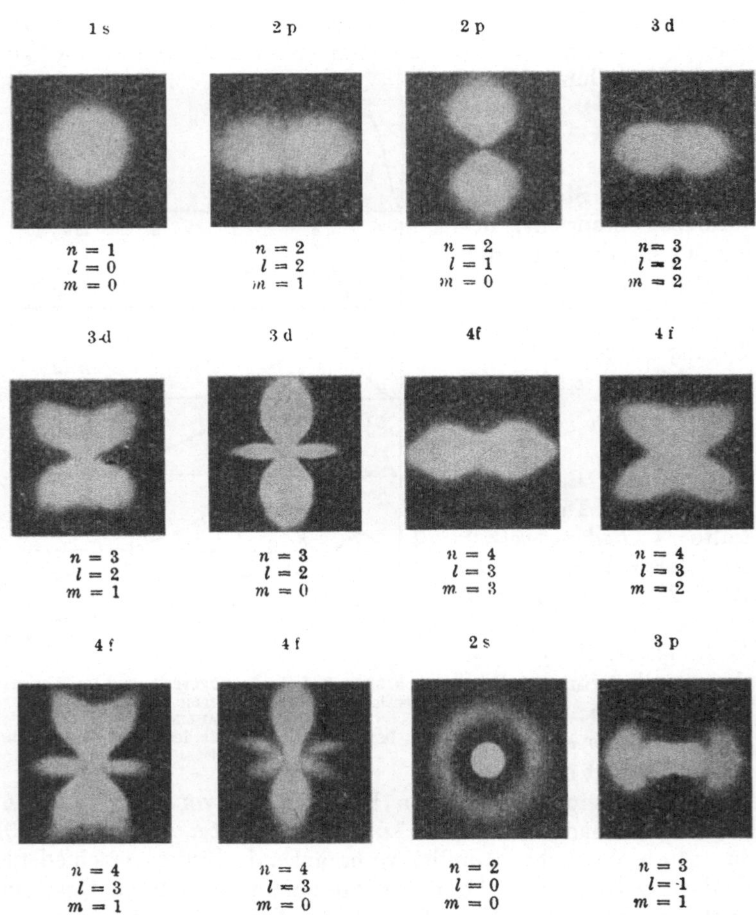

Abb. 201. Anschauliche Darstellung der Ladungsverteilung („Ladungswolke") bei verschiedenen Quantenzuständen des Wasserstoffatoms.

Die Helligkeitsstufen jedes Bildes versinnlichen die jeweilige Größe der Ladungsdichte die unter Berücksichtigung von (147) durch den Ausdruck $e\,\psi_{n,\,l,\,m}^2$ gemessen wird. Fü die Quantenzustände mit $m = 0$ erhält man ein Bild der räumlichen Ladungsverteilun durch Drehung der entsprechenden Figur um ihre lotrechte Symmetrale. Sonst stelle die Bilder die Ladungsverteilung in jenen Meridianebenen dar, für welche

$$\cos m\,\varphi = 1, \quad \text{also} \quad \varphi = k \cdot \frac{2\,\pi}{m}, \quad k = 0, 1, 2, \ldots m - 1, \text{ ist.}$$

wird, also zufolge (91) und (92) für $\vartheta = 0^1$ und $l - m$ Werte von $\cos \vartheta < 1$, somit im ganzen für $l - m + 1$ Werte von ϑ ($l - m$ *Knotenkegel*) und drittens wenn

$$\cos m\,\varphi = 0$$

wird, also für m Werte von φ (*m Knotenebenen*). Für alle diese *Knotenflächen* ist daher die Ladungsdichte Null. Knotenkugeln und -kegel sind in Abb. 201 deutlich erkennbar.

Diese einfache und *anschauliche Deutung* von $e\delta$ läßt sich indes *nicht aufrecht erhalten*. Schon der Umstand, daß der aus der Masse des Elektrons ermittelte Elektronenradius etwa 10^{-13} cm ausmacht (s. S. 114, Fußnote) und daß auch in der Wellenmachanik das Elektron als Massenpunkt behandelt wird, widerspricht dieser Auffassung. Ihr zufolge müßte ferner bei Vorhandensein *mehrerer (n)* Elektronen *jedem einzelnen* eine solche *Ladungswolke* entsprechen; wir hätten es also mit *n sich überlagernden Ladungswolken* im *dreidimensionalen* Raum zu tun. Dem ist aber gar nicht so, da das Verhalten von *n-Elektronen* (Massenpunkten) nicht durch *n* entsprechende SCHRÖDINGERsche Gleichungen im dreidimensionalen Raum, sondern durch *eine solche Gleichung* im $3n$-*dimensionalen* Raum beschrieben wird (s. S. 259). Man ist daher nach einem Vorschlag von M. BORN zu einer *anderen Deutung* übergegangen, wonach δ als „*Wahrscheinlichkeitsdichte*" oder „*statistische Dichte*" erklärt wird. $e\delta$ bedeutet dann die *Wahrscheinlichkeit, mit der ein Elektron mit der Ladung e an einer bestimmten Stelle des Raumes anzutreffen ist*. Dort, wo diese Wahrscheinlichkeit ihren *Höchstwert* erreicht, haben wir uns den *Ort* des Elektrons zu denken. Ähnliches gilt für die *Wahrscheinlichkeitsdichte* einer *Masse m*, die durch den Ausdruck $m\delta$ dargestellt wird. Über die mit der Auffassung von δ als Wahrscheinlichkeitsdichte übereinstimmende „*Normierung*" der Eigenfunktionen ψ_n berichtet der nächste Abschnitt (S. 296).

Wir erklären ferner als „*Moment*" der „*Dichte*"-*Verteilung* Gl. (161) bzw. Gl. (161a) *in bezug auf eine Koordinate q* den Ausdruck

$$M = \int q\,\delta\,d\tau = \int q\,\psi\,\overline{\psi}\,d\tau \quad \text{bzw.} \quad \int q\,\psi^2 d\tau, \quad d\tau = dx\,dy\,dz, \quad (163)$$

wobei die Integration über den ganzen Raum zu erstrecken ist. In diesem Sinne wird z. B. das *elektrische Moment* der beschriebenen

---

[1] Ist $l = m = 0$, so fallen die Lösungen $\varrho = 0$ und $\vartheta = 0$ aus und es bleiben nur die $n - 1$ Lösungen für ϱ von $L'_n\,(\varrho) = 0$ ($n - 1$ Knotenkugeln).

„*Elektronenladungswolke*" [Gl. (162)] in bezug auf eine bestimmte Koordinate q durch

$$M_e = e\int q\,\psi\,\overline{\psi}\,d\tau \quad \text{bzw.} \quad e\int q\,\psi^2 d\tau \tag{164}$$

gegeben sein.

E. SCHRÖDINGER hat den durch Gl. (161) definierten *Begriff der „Dichte"* δ noch in entscheidender Weise *verallgemeinert*. Bei der Berechnung von δ nach Gl. (161) ist offenbar jeweils ein bestimmter Quantenzustand der Energie (Eigenwert) E_k zugrunde zu legen, dem die zugehörige Eigenfunktion Ψ_k bzw. $\overline{\Psi}_k$ (ψ_k bzw. $\overline{\psi}_k$) entspricht:

$$\delta_k = \Psi_k\,\overline{\Psi}_k = \psi_k\,\overline{\psi}_k\,. \tag{165}$$

Wir erhalten so zu *jedem* Quantenzustand eine *eigene* Dichteverteilung, im besonderen eine *eigene* Ladungswolke. Wir wollen nun mit SCHRÖDINGER versuchen, unter Benützung von Gl. $(150_{1,\,2})$ eine *verallgemeintere „Dichte"* durch den folgenden Ansatz zu definieren:

$$\delta_{k,\,l} = \Psi_k\,\overline{\Psi}_l = \psi_k\,\overline{\psi}_l\,e^{\frac{2\pi i}{h}(E_k^* - E_l^*)\,t} = \psi_k\,\overline{\psi}_l\,e^{\frac{2\pi i}{h}(E_k - E_l)\,t}\,{}^1 \tag{166}$$

bzw. bei *reellen* Eigenfunktionen ψ_k, ψ_l

$$\delta_{k,\,l} = \psi_k\,\psi_l\,e^{\frac{2\pi i}{h}(E_k - E_l)\,t}\ {}^1 \tag{166a}$$

Der *physikalische Sinn* dieser „*Übergangsdichte*" kann am besten *statistisch* verstanden werden. $\delta_{k,\,l}$ bedeutet ein Maß für die *Wahrscheinlichkeit*, daß ein *Übergang vom Energiezustand E_k in den Energiezustand E_l* eintritt, d. h. in der Sprache der BOHRschen Theorie, daß der *Elektronensprung $E_k \to E_l$* stattfindet. Im Gegensatz zu δ_k erscheint $\delta_{k,\,l}$ *zeitabhängig* als Hinweis auf die dabei auftretende *Ausstrahlung* (s. u.).

Auch ein „*Moment*" wollen wir der „*Übergangsdichte*" $\delta_{k,\,l}$ zuordnen:

$$M_{k,\,l} = \int q\,\delta_{k,\,l}\,d\tau = \int q\,\Psi_k\,\overline{\Psi}_l\,d\tau\,, \tag{167}$$

das wir in einen *zeit*- und einen *raum*abhängigen Teil spalten:

$$M_{k,\,l} = e^{\frac{2\pi i}{h}(E_k - E_l)\,t}\int q\,\psi_k\,\overline{\psi}_l\,d\tau$$

$$\text{bzw.}\quad e^{\frac{2\pi i}{h}(E_k - E_l)\,t}\int q\,\psi_k\,\psi_l\,d\tau \tag{167a}$$

bei *reellen* Eigenfunktionen. SCHRÖDINGER hat für diese über den

---

[1] Im Hinblick auf Gl. (44) ist $E_k^* - E_l^* = E_k - E_l$, da sich die additive Konstante $m_0 c^2$ bei der Differenzbildung weghebt.

ganzen Raum zu erstreckenden Integrale, die sich als *„Matrixelemente"* auffassen lassen, die *Symbole der Quantenmechanik* eingeführt:

$$q_{k,l} = \int q\,\psi_k\,\overline{\psi}_l\,d\tau \quad \text{bzw.} \quad \int q\,\psi_k\psi_l\,d\tau; \tag{168}$$

damit wird

$$M_{k,l} = q_{k,l}\,e^{\frac{2\pi i}{h}(E_k - E_l)\,t}. \tag{169}$$

Hierin liegt der *Übergang* von der *Schrödingerschen Wellenmechanik* zur *Heisenbergschen Quantenmechanik*, auf die wir hier nicht weiter eingehen wollen. Schrödinger hat damit bewiesen, daß sich die in dér *Quantenmechanik* vorkommenden *Matrixelemente* auch *wellenmechanisch* berechnen lassen. Damit war die Brücke zwischen der *Wellen-* und der *Quanten*mechanik geschlagen und die *Gleichwertigkeit beider Darstellungen* dargetan.

Wenn wir die Größen $M_{k,l}$ näher betrachten, so können wir sie mit dem *Strahlungsprozeß* in Verbindung bringen. Sind nämlich die *Energiezustände ungleich $E_k \neq E_l$ ($k \neq l$)*, so existiert ein *von der Zeit abhängiges elektrisches Moment*, das einen *Strahlungsvorgang* begleitet; es erfolgt also *Ausstrahlung*, und zwar mit der *Frequenz*

$$\nu = \frac{E_k - E_l}{h}. \tag{170}$$

Dieses Ergebnis entspricht der *Frequenzbedingung* [Gl. (I 120) und (98)] von Bohr. Für $k = l$ wird $E_k = E_l$, es findet *keine Ausstrahlung* statt. Dies wieder entspricht den *stationären (strahlungsfreien)* Bahnen der Bohrschen Theorie.

Schrödingers Theorie reicht aber viel weiter. Während die Bohrsche Theorie die *Intensität* der Spektrallinien nur mit Hilfe des S. 160ff. besprochenen *Korrespondenzprinzips* zu beurteilen erlaubt, liefert die *Wellenmechanik* unmittelbar auch ein *Maß* für die *Intensität* der Strahlung. Die *Matrixelemente* $q_{k,l}$ können nämlich *ihrem absoluten Betrage nach* als *Intensitätsmaß* der Ausstrahlung für den *Übergang $E_k \rightarrow E_l$* oder *umgekehrt* gelten; denn es ist

$$|q_{k,l}| = |q_{l,k}|, \tag{171}$$

da

$$q_{l,k} = \int q\,\psi_l\,\overline{\psi}_k\,d\tau = \overline{q}_{k,l} \tag{172}$$

ist und konjugiert komplexe Größen den gleichen absoluten Betrag haben. *Ausstrahlungs-* und *Absorptionsintensität* sind somit immer gleich groß.

Erhält man $q_{k,l} = 0$ für eine *bestimmte* Koordinate q, so heißt das, daß die *q-Komponente* der Strahlung *verschwindet*; das ausgesandte Licht ist *„polarisiert"* (*Polarisationsregel*).

Ist $q_{k,\,l} = 0$ für *jede* Koordinate, z. B. für x, y und z, dann findet *überhaupt keine Strahlung* statt. Der Übergang $k \rightarrow l$ ist dann *strahlungslos*, er ist „*verboten*". Dies bedeutet also eine *Auswahlregel*.

Zusammenfassend läßt sich somit feststellen, daß mit der Möglichkeit, die *Intensität* der Linien zu berechnen, auch die Möglichkeit, *Polarisations-* und *Auswahl*regeln zu finden, gegeben ist.

2. Normierung und Orthogonalität der Eigenfunktionen.

Fassen wir die unter Gl. (165) eingeführte *Schrödingersche* „*Dichte*" δ_k statistisch als „*Wahrscheinlichkeitsdichte*" auf, so ist klar, daß das über den ganzen Raum erstreckte Integral

$$\int \delta_k \, d\tau = \int \psi_k \, \overline{\psi}_k \, d\tau = 1 , \tag{173}$$

bzw. bei *reellem* ψ_k

$$\int \psi_k^2 \, d\tau = 1 \tag{173a}$$

werden muß. Wir bringen damit nur die Tatsache zum Ausdruck, daß das betrachtete *Wellenteilchen (Elektron) irgendwo im Raum vorhanden* sein muß, daß also die *Wahrscheinlichkeit seiner Existenz im unendlichen Raum gleich* 1 ist. Diese Forderung bezeichnet man als „*Normierungsbedingung*", da mit ihrer Hilfe die durch die *Schrödingersche Amplitudengleichung* (47). nur *bis auf einen willkürlichen Faktor* bestimmten Eigenfunktionen ψ_k hinsichtlich dieses Faktors normiert werden.

Neben der Normierungsbedingung [Gl. (173)] besteht jedoch für die *Eigenfunktionen* ψ_k noch eine *andere* mathematische Beziehung, die unter dem Namen „*Orthogonalitätsbedingung*" bekannt ist; sie besagt, daß das gleichfalls über den ganzen Raum erstreckte Integral

$$\int \psi_k \, \overline{\psi}_l \, d\tau = 0 \tag{174}$$

bzw. bei *reellen* Eigenfunktionen

$$\int \psi_k \, \psi_l \, d\tau = 0 \tag{174a}$$

sein muß, sofern $k \neq l$ und $E_k \neq E_l$ ist. Diese Bedingung ist ein Ergebnis der Anwendung des *Greenschen Satzes* auf die Eigenfunktionen ψ_k. Ihm zufolge gilt:

$$\int_R \left(\psi_k \, \Delta \overline{\psi}_l - \overline{\psi}_l \, \Delta \psi_k \right) d\tau = \int_O \left(\psi_k \, \frac{\partial \overline{\psi}_l}{\partial n} - \overline{\psi}_l \, \frac{\partial \psi_k}{\partial n} \right) dF , \tag{175}$$

wobei das rechts stehende Integral über die ganze Oberfläche O desjenigen Raumes R zu erstrecken ist, auf den sich das links stehende Integral bezieht; n bedeutet dabei die Richtung der äußeren Normalen. Dehnen wir das Raumintegral über den unendlichen Raum aus, so rückt dessen Oberfläche ins Unendliche und das Oberflächenintegral wird verschwinden, sobald die Eigenfunktionen ψ_k *im Unendlichen hinreichend stark verschwinden*, was in der Regel zutrifft. Mithin muß auch das über den unendlichen Raum erstreckte Raumintegral verschwinden. Indem wir uns weiter der SCHRÖDINGERschen Amplitudengleichung (47) sinngemäß bedienen, können wir sohin schließen:

$$\int (\psi_k \, \Delta \overline{\psi}_l - \overline{\psi}_l \, \Delta \psi_k) \, d\tau = \frac{8\,\pi^2\,m}{h^2} \, (E_k - E_l) \int \psi_k \, \overline{\psi}_l \, d\tau = 0 , \qquad (176)$$

woraus für $E_k \neq E_l$ die *Orthogonalitätsbedingung* (174) unmittelbar folgt.

3. Linienintensitäten und Auswahlregel beim harmonischen Oszillator.

Wir begründen vorerst die in Gl. (68) zum Ausdruck kommende *Normierung* der *Eigenfunktionen* des *harmonischen Oszillators*:

$$\psi_n(\xi) = \overline{\psi}_n(\xi) = C_n \, H_n(\xi) \, e^{-\frac{\xi^2}{2}} , \qquad (63),\ (177)$$

$$H_n(\xi) = (2\,\xi)^n - \frac{n\,(n-1)}{1!} \, (2\,\xi)^{n-2} + \cdots =$$
$$= (-1)^n \, e^{\xi^2} \cdot \frac{d^n \, e^{-\xi^2}}{d\,\xi^n} . \qquad (67)$$

Die *Normierungsbedingung* (173a) verlangt im vorliegenden Fall:

$$\int_{-\infty}^{+\infty} \psi_n^2(x) \, dx = 1 , \qquad (178)$$

da sich der unendliche Raum für dieses lineare Gebilde auf den Bereich $-\infty < x < +\infty$ einschränkt. Zwischen der x-Koordinate und der Größe ξ besteht nach Gl. (58) und Gl. (59) der Zusammenhang:

$$\xi = x \, \sqrt{\alpha} , \qquad \alpha = \frac{4\,\pi^2}{h} \, \mu\,\nu . \qquad (58),\ (59)$$

Wir berechnen vorerst:

$$\int_{-\infty}^{+\infty} \psi_n^2(\xi) \, d\xi = C_n^2 \int_{-\infty}^{+\infty} H_n^2(\xi) \, e^{-\xi^2} \, d\xi = (-1)^n \, C_n^2 \int_{-\infty}^{+\infty} H_n(\xi) \, \frac{d^n \, e^{-\xi^2}}{d\,\xi^n} \, d\xi .$$

Das zuletzt erhaltene Integral werten wir mit Hilfe fortgesetzter *partieller Integration* aus; wir erhalten zunächst:

$$\int\limits_{-\infty}^{+\infty} H_n(\xi)\frac{d^n\,e^{-\xi^2}}{d\,\xi^n}\,d\,\xi = \left[H_n(\xi)\frac{d^{n-1}\,e^{-\xi^2}}{d\,\xi^{n-1}}\right]_{-\infty}^{+\infty} - \int\limits_{-\infty}^{+\infty}\frac{d\,H_n(\xi)}{d\,\xi}\cdot\frac{d^{n-1}\,e^{-\xi^2}}{d\,\xi^{n-1}}\,d\,\xi.$$

Der Ausdruck in der *eckigen* Klammer *verschwindet* an den Grenzen wegen des beim Differenzieren immer wieder auftretenden Faktors $e^{-\xi^2}$. Unter Berücksichtigung dieses Umstandes und bei *Fortsetzung des partiellen Integrierens* finden wir schließlich:

$$\int\limits_{-\infty}^{+\infty} H_n(\xi)\frac{d^n\,e^{-\xi^2}}{d\,\xi^n}\,d\,\xi = (-1)^n\int\limits_{-\infty}^{+\infty}\frac{d^n\,H_n(\xi)}{d\,\xi^n}\,e^{-\xi^2}\,d\,\xi = (-1)^n\cdot 2^n\,n!\,\sqrt{\pi}.\,^1$$

Mithin wird:

$$\int\limits_{-\infty}^{+\infty}\psi_n(\xi)\,d\,\xi = C_n^2\int\limits_{-\infty}^{+\infty} H_n^2(\xi)\,e^{-\xi^2}\,d\,\xi = 2^n\,n!\,\sqrt{\pi}\cdot C_n^2; \qquad (179)$$

anderseits ist im Hinblick auf die Gln. (58), (178) und (59)

$$\int\limits_{-\infty}^{+\infty}\psi_n^2(\xi)\,d\xi = \sqrt{\alpha}\int\limits_{-\infty}^{+\infty}\psi_n^2(x)\,dx = \sqrt{\alpha} = 2\,\pi\sqrt{\frac{\mu\,\nu}{h}}. \qquad (180)$$

Aus Gl. (179) und Gl. (180) folgt der *früher angegebene* Wert:

$$C_n = \sqrt{\frac{\sqrt{\alpha}}{2^n\,n!\,\sqrt{\pi}}} = \frac{1}{\sqrt{2^n\,n!}}\sqrt[4]{\frac{4\,\pi\,\mu\,\nu}{h}}. \qquad (68)$$

Die *Orthogonalitätsbedingung* (174a) liefert für den *harmonischen Oszillator* die Beziehung:

$$\int\limits_{-\infty}^{+\infty}\psi_k(x)\,\psi_l(x)\,dx = \frac{1}{\sqrt{\alpha}}\int\limits_{-\infty}^{+\infty}\psi_k(\xi)\,\psi_l(\xi)\,d\xi = 0 \ \text{ für } \ k \neq l \qquad (181)$$

und mit Rücksicht auf Gl. (177) unter *Weglassung* der konstanten Faktoren $\frac{1}{\sqrt{\alpha}}$ und $C_k\,C_l$:

$$\int\limits_{-\infty}^{+\infty} H_k(\xi)\,H_l(\xi)\,e^{-\xi^2}\,d\xi = 0 \ \text{ für } \ k \neq l. \qquad (182)$$

$^1\ \dfrac{d^n\,H_n(\xi)}{d\,\xi^n} = 2^n\,n!,\quad \displaystyle\int\limits_{-\infty}^{+\infty} e^{-\xi^2}\,d\,\xi = \sqrt{\pi}.$

Wir wenden uns nun zur Berechnung der *Ausstrahlungsintensität* beim *Übergang $E_k \rightarrow E_l$* . Indem wir im vorliegenden Fall

$$q = x \tag{183}$$

setzen, berechnen wir unter Beachtung von Gl. (58) und Gl. (177) nach Gl. (168) die *Matrixelemente*

$$x_{k,\,l} = \int_{-\infty}^{+\infty} x\, \psi_k(x)\, \psi_l(x)\, dx = \frac{1}{\alpha} \int_{-\infty}^{+\infty} \xi\, \psi_k(\xi)\, \psi_l(\xi)\, d\xi =$$

$$= \frac{C_k\, C_l}{\alpha} \int_{-\infty}^{+\infty} \xi\, e^{-\xi^2}\, H_k(\xi)\, H_l(\xi)\, d\xi \,. \tag{184}$$

Wir betrachten die folgenden Fälle:

a) $l = k$:

Es ergibt sich

$$x_{k,\,k} = \frac{1}{\alpha} \int_{-\infty}^{+\infty} \xi\, \psi_k^2(\xi)\, d\xi = 0 \,, \tag{185_1}$$

da $\xi\, \psi_k^2(\xi)$ eine *ungerade* Funktion vom Grade $(2\,k + 1)$ in ξ ist und somit

$$\int_{-\infty}^{0} \xi\, \psi_k^2(\xi)\, d\xi = -\int_{0}^{+\infty} \xi\, \psi_k^2(\xi)\, d\xi$$

wird.

b) $l > k$:

Die Funktion $\xi\, H_k(\xi)$ vom Grad $(k + 1)$ können wir uns *nach den Funktionen $H_i(\xi)$, $i = 0, 1, 2, \ldots, k + 1$, in eine Reihe* mit den Koeffizienten c_i *entwickelt* denken:

$$\xi\, H_k(\xi) = \sum_{i=0}^{k+1} c_i\, H_i(\xi) = 2^k\, \xi^{k+1} - \ldots = c_{k+1}\, (2\,\xi)^{k+1} - \ldots ,$$

woraus wir

$$c_{k+1} = \frac{1}{2} \tag{186}$$

entnehmen. Wir berechnen nun gemäß Gl. (184)

$$x_{k,\,l} = \frac{C_k\, C_l}{\alpha} \sum_{i=0}^{k+1} c_i \int_{-\infty}^{+\infty} e^{-\xi^2}\, H_i(\xi)\, H_l(\xi)\, d\xi ;$$

der *Orthogonalitätsbedingung* (182) zufolge *verschwinden alle Integrale*, für die $i < l$ ist, *nur jenes für $i = l = k + 1$ ist von Null verschieden*. Mithin sind alle

$$x_{k,\,l} = 0 \text{ für } l \geq k + 2; \qquad (185_2)$$

ungleich Null ist $x_{k,\,l}$ *nur für* $l = k + 1$:

$$x_{k,\,k+1} = \frac{C_k\,C_{k+1}}{\alpha}\, c_{k+1}\, \frac{\sqrt{\alpha}}{C_{k+1}{}^2} = \frac{C_k\, c_{k+1}}{C_{k+1}\sqrt{\alpha}}$$

nach Gl. (179) und Gl. (180). Die Einsetzung der entsprechenden Werte für C_k, C_{k+1}, c_{k+1} und $\sqrt{\alpha}$ ergibt gemäß Gl. (68), Gl. (186) und Gl. (59):

$$x_{k,\,k+1} = \sqrt{\frac{k+1}{2\,\alpha}} = \frac{1}{2\,\pi} \sqrt{\frac{h\,(k+1)}{2\,\mu\,\nu}}\,. \qquad (185_3)$$

c) $l < k$:

Dieser Fall läßt sich offenbar auf den vorhergehenden zurückführen, wenn wir dort k und l *vertauschen*. Wir erhalten so:

$$x_{k,\,l} = 0 \text{ für } l \leq k - 2 \qquad (185_4)$$

und für $l = k - 1$ mit Beachtung von

$$c_k = \frac{1}{2} \qquad (186\,\text{a})$$

$$x_{k-1,\,k} = \frac{C_{k-1}\,c_k}{C_k\sqrt{\alpha}} = \sqrt{\frac{k}{2\,\alpha}} = \frac{1}{2\,\pi} \sqrt{\frac{h\,k}{2\,\mu\,\nu}}\,. \qquad (185_5)$$

Es zeigt sich somit, daß *von Null verschiedene Linienintensitäten nur für die Übergänge* $E_k \rightarrow E_{k+1}$ und $E_k \rightarrow E_{k-1}$ vorhanden sind. Für die *Quantenzahl k* des *harmonischen Oszillators* besteht also die *Auswahlregel*

$$k \rightarrow k \pm 1; \qquad (187)$$

alle *anderen* Übergänge sind „*verboten*". Damit erscheint die zur Erklärung der *Bandenspektren* (s. S. 274f.) verwendete *Auswahlregel* für die *Schwingungsquantenzahl v*

$$v' = v + 1 \qquad (107),\ (109)$$

wellenmechanisch begründet.

4. Linienintensitäten, Auswahl- und Polarisationsregeln beim starren Rotator.

a) Normierung der Eigenfunktionen. Für den starren Rotator ergaben sich S. 269 die Eigenfunktionen:

$$\psi_{n,m}(\vartheta, \varphi) = S_{n,m}(\vartheta, \varphi) = C_{n,m}\, e^{im\varphi}\, P_n^{|m|}(\cos \vartheta)\,;\qquad (90)$$

$$P_n^m(\cos \vartheta) = \sin^m \vartheta \cdot \frac{d^m\, P_n(\cos \vartheta)}{d \cos^m \vartheta},\ 0 \leqq m \leqq n\,.\qquad (91)$$

Die konstanten Faktoren $C_{n,m}$ sind dabei noch unbestimmt geblieben. Ihre Festlegung soll nun gemäß Gl. (173) durch die *Normierungsbedingung*

$$\int \psi_{n,m} \cdot \overline{\psi}_{n,m}\, d\tau = 1\qquad (188)$$

erfolgen, wobei im vorliegenden Falle das Flächenelement der Einheitskugel

$$d\tau = \sin \vartheta\, d\vartheta\, d\varphi = -\, dx\, d\varphi\qquad (189)$$

zu setzen ist, wenn wir zur Vereinfachung der Rechnung

$$\cos \vartheta = x\qquad (189\,\mathrm{a})$$

einführen. Das Normierungsintegral nimmt so die Form an:

$$C_{n,m}^2 \cdot \int_{-1}^{+1} dx\, [P_n^{|m|}(x)]^2 \cdot \int_0^{2\pi} d\varphi\, e^{im\varphi} \cdot e^{-im\varphi} = 1\,.$$

Die Integration nach φ ist sofort ausführbar und liefert 2π. Wir erhalten somit zur Bestimmung der $C_{n,m}$.

$$2\pi\, C_{n,m}^2 \cdot \int_{-1}^{+1} dx\, [P_n^{|m|}(x)]^2 = 1\,.\qquad (190)$$

Zur Auswertung dieses Integrales bedienen wir uns der folgenden Darstellung der Kugelfunktion

$$P_n(x) = \frac{1}{2^n\, n} \cdot \frac{d^n (x^2 - 1)^n}{d\, x^n}\,,\qquad (191)$$

deren Übereinstimmung mit der Formel (92) für $n = 0, 1, 2, 3, \ldots$ leicht nachgewiesen werden kann. Demgemäß wird für $m > 0$

$$P_n^m(x) = (1 - x^2)^{m/2} \cdot \frac{d^m\, P_n(x)}{d\, x^m} = \frac{(1 - x^2)^{m/2}}{2^n\, n!} \cdot \frac{d^{n+m}(x^2 - 1)^n}{d\, x^{n+m}}\qquad (192)$$

und wir erhalten:

$$\frac{2\pi\, C^n{}_{,m}}{2^{2n}(n!)^2} \cdot \int_{-1}^{+1} G_{n+m}(x) \cdot \frac{d^{n+m}(x^2 - 1)^n}{d\, x^{n+m}}\, dx = 1\,,\qquad (193)$$

indem wir zur Abkürzung

$$G_{n+m}(x) \equiv (1-x^2)^m \cdot \frac{d^{n+m}(x^2-1)^n}{dx^{n+m}} = (-1)^m \, 2n(2n-1) \ldots$$

$$\ldots (n-m+1) \cdot x^{n+m} + \ldots \qquad (194)$$

setzen. $G_{n+m}(x)$ ist ja seiner Definition gemäß ein Polynom vom Grade $2m + (2n - n - m) = n + m$. Wir integrieren nun wiederholt nach Teilen:

$$\int_{-1}^{+1} G_{n+m}(x) \cdot \frac{d^{n+m}(x^2-1)^n}{dx^{n+m}} \, dx = \left[G_{n+m}(x) \cdot \frac{d^{n+m-1}(x^2-1)^n}{dx^{n+m-1}} \right]_{-1}^{+1} +$$

$$\underbrace{\qquad\qquad\qquad\qquad}_{= 0, \text{ da } G_{n+m}(-1) = G_{n+m}(+1) = 0}$$

$$- \int_{-1}^{+1} \frac{dG_{n+m}(x)}{dx} \cdot \frac{d^{n+m-1}(x^2-1)^n}{dx^{n+m-1}} \, dx = \ldots$$

$$= (-1)^m \cdot \int_{-1}^{+1} \frac{d^m G_{n+m}(x)}{dx^m} \cdot \frac{d^n(x^2-1)^n}{dx^n} \, dx = \ldots$$

$$= (-1)^{n+m} \cdot \int_{-1}^{+1} \frac{d^{n+m} G_{n+m}(x)}{dx^{n+m}} \cdot (x^2-1)^n \, dx . \qquad (195)$$

Nun ist gemäß (194)

$$\frac{d^{n+m} G_{n+m}(x)}{dx^{n+m}} = (-1)^m \, 2n(2n-1) \cdots (n-m+1)(n+m)! \qquad (196)$$

und (193) geht über in

$$\frac{2\pi C_{n,m}^2}{2^{2n}(n!)^2} \cdot (-1)^n (n+m)! \; 2n(2n-1) \ldots (n-m+1) \cdot$$

$$\cdot \int_{-1}^{+1} (x^2-1)^n \, dx = 1$$

oder mit Berücksichtigung auch *negativer* m-Werte

$$C_{n,m}^2 \cdot (-1)^n \cdot \frac{2\pi(n+|m|)! \, (2n)!}{2^{2n}(n!)^2 \, (n-|m|)!} \cdot \int_{-1}^{+1} (x^2-1) \, dx = 1 . \qquad (197)$$

Wir berechnen nun das Integral

$$\int_{-1}^{+1}(x^2-1)^n\,dx=(-1)^n\int_{-1}^{+1}(1-x)^n\,(1+x)^n\,dx=$$

$$=(-1)^n\cdot\left\{\underbrace{\left[(1-x)^n\,\frac{(1+x)^{n+1}}{n+1}\right]_{-1}^{+1}}_{=\,0}+\frac{n}{n+1}\cdot\int_{-1}^{+1}(1-x)^{n-1}(1+x)^{n+1}dx\right\}=$$

$$=\ldots=(-1)^n\cdot\frac{n!}{(n+1)\ldots 2\,n}\cdot\int_{-1}^{+1}(1+x)^{2\,n}\,dx$$

und finden schließlich:

$$\int_{-1}^{+1}(x^2-1)^n\,dx=(-1)^n\cdot\frac{2^{2\,n+1}\,(n!)^2}{(2\,n+1)!}\,.\qquad(198)$$

Damit erhalten wir aus Gl. (197)

$$C_{n,m}^2=\frac{2\,n+1}{4\,\pi}\cdot\frac{(n-|m|)!}{(n+|m|)!}\,.\qquad(199)$$

Die *normierten Eigenfunktionen* lauten also:

$$\left.\begin{aligned}\psi_{n,m}(\vartheta,\varphi)=\frac{1}{2}\cdot\sqrt{\frac{(2\,n+1)\,(n-|m|)!}{(n+|m|)!}}\cdot e^{i\,m\,\varphi}\cdot P_n^{|m|}(\cos\vartheta)\,,\\ m=0,\pm 1,\pm 2,\pm 3,\ldots\pm n;\ 0\leq|m|\leq n.\end{aligned}\right\}\ (200)$$

b) Linienintensitäten, Auswahl- und Polarisationsregeln. Indem
wir uns auf die *rechtwinkligen* Koordinaten

$$\left.\begin{aligned}\xi&=r\sin\vartheta\cos\varphi,\\ \eta&=r\sin\vartheta\sin\varphi,\\ \zeta&=r\cos\vartheta\end{aligned}\right\}\qquad(79)$$

beziehen und ξ und η zur komplexen Größe

$$\xi\pm i\,\eta=r\sin\vartheta\,e^{\pm i\varphi}\qquad(201)$$

zusammenfassen, berechnen wir gemäß (168) die für die Linienintensitäten beim Quantensprung $m\to m'$, $n\to n'$ kennzeichnen-
den *Matrixelemente* und zwar die „*zirkularen*"

$$(\xi\pm i\eta)_{n,\,m;\,n',\,m'}=C_{n,m}\,C_{n',m'}\,r\!\int\sin\vartheta\,e^{\pm i\,\varphi}\,P_n^{|m|}(\cos\vartheta)\cdot$$

$$\cdot P_{n'}^{|m'|}(\cos\vartheta)\cdot e^{i\,(m-m')\,\varphi}\,d\tau$$

oder im Hinblick auf (189) und (189a)

$$(\xi \pm i\eta)_{n,\,m;\;n',\,m'} = C_{n,\,m}\,C_{n',\,m'}\,r \int_{-1}^{+1} (1-x^2)^{1/2}\,P_n^{|m|}(x)\,P_{n'}^{|m'|}(x)\,dx\cdot$$

$$\int_{0}^{2\pi} e^{i\,(m-m'\,\pm\,1)\,\varphi}\,d\varphi\,; \qquad\qquad (202)$$

ferner die „*linearen*"

$$\zeta_{n,\,m;\;n',\,m'} = C_{n,\,m}\,C_{n',\,m'}\,r \int_{-1}^{+1} x\,P_n^{|m|}(x)\,P_{n'}^{|m'|}(x)\,dx\cdot\int_{0}^{2\pi} e^{i\,(m-m')\,\varphi}\,d\varphi\,. \quad (203)$$

Hieraus geht hervor, daß einerseits für

$$m' = m \pm 1 \qquad\qquad (204_{1,\,2})$$

$$(\xi \pm i\eta)_{n,\,m;\;n',\,m\,\pm\,1} = 2\,\pi\,r\,C_{n,m}\,C_{n',\,m\,\pm\,1}$$

$$\cdot \int_{-1}^{+1} (1-x^2)^{1/2}\,P_n^{|m|}(x)\,P_{n'}^{|m|\,\pm\,1}(x)\,dx \neq 0 \qquad (202_{1,\,2})$$

und

$$\zeta_{n,\,m;\;n',\,m\,\pm\,1} = 0 \qquad\qquad (203_{1,\,2})$$

wird; daß anderseits für

$$m' = m \qquad\qquad (204_3)$$

$$(\xi \pm i\eta)_{n,\,m;\;n',\,m} = 0 \qquad\qquad (202_3)$$

und

$$\zeta_{n,\,m;\;n',\,m} = 2\,\pi r\,C_{n,\,m}\,C_{n',\,m} \int_{-1}^{+1} x\,P_n^{|m|}(x)\,P_{n'}^{|m|}\,dx \neq 0 \qquad (203_3)$$

wird. Für *alle anderen Werte von m'* gilt offenbar:

$$(\xi \pm i\eta)_{n,\,m;\;n',\,m'} = 0,\; \zeta_{n,\,m;\;n',\,m'} = 0, \quad (202_4),\,(203_4)$$

da in jedem Falle das über die Koordinate φ erstreckte Integral verschwindet.

Wir haben so eine *Auswahl-* und *Polarisationsregel für die magnetische Quantenzahl m* gefunden: Ausstrahlung findet nur statt bei den Übergängen

$$m' = \begin{cases} m+1 \\ m \\ m-1 \end{cases} \qquad\qquad (204)$$

und zwar liefern die Übergänge $m' = m \pm 1$ *rechts-* bzw. *linkszirkular* in der $(\xi,\,\eta)$-Ebene *polarisierte* Strahlung (σ-*Komponenten*), der Übergang $m' = m$ *linearpolarisierte* Strahlung parallel zur ζ-Achse (π-*Komponente*).

Diese *Auswahl*- und *Polarisations*regeln gewinnen natürlich erst dann Bedeutung, wenn die ζ-*Achse physikalisch ausgezeichnet* ist, wie dies z. B. beim *Zeeman-Effekt* der Fall ist. Wir haben daher in unserem wellenmechanischen Ergebnis eine Bestätigung und Erklärung der beim *Zeeman-Effekt* und der *Multiplettstruktur* der Serienterme gefundenen Auswahl- und Polarisationsregeln (I 249) und (I 263) zu erblicken.

Wir wenden uns nun zur Auswertung der in den Gl. $(202_{1,\,2})$ und (203_3) auftretenden Integrale und berechnen zunächst für $m > 0$

$$I_{n,\,n'} = \int_{-1}^{+1} (1 - x^2)^{1/2} \cdot P_n^m (x)\, P_{n'}^{m\,\pm\,1} (x)\, dx\,, \tag{205}$$

das wir im Hinblick auf Gl. (192) mit Hilfe von

$$\overline{P}_{n-m}^m (x) \equiv \frac{1}{2^n\, n!} \cdot \frac{d^{n+m}\,(x^2 - 1)^n}{d\,x^{n+m}} = (1 - x^2)^{-m/2} \cdot P_n^m (x) \tag{206}$$

folgendermaßen umformen:

$$I_{n,\,n'} = \int_{-1}^{+1} (1 - x^2)^m\, (1 - x)^{1/2\,\pm\,1/2} \cdot \overline{P}_{n'-m\,\mp\,1}^{m\,\pm\,1} (x) \cdot \overline{P}_{n-m}^m (x)\, dx\,. \tag{207}$$

Da $\overline{P}_{n-m}^m (x)$ offenbar ein Polynom vom Grade $(n-m)$ ist, stellt

$$F(x) \equiv (1 - x^2)^{1/2\,\pm\,1/2} \cdot \overline{P}_{n'-m\,\mp\,1}^{m\,\pm\,1} (x) \tag{208}$$

ein Polynom vom Grade $1 \pm 1 + n' - m \mp 1 = n' - m + 1$ dar und wir können es durch Reihenentwicklung in der Form schreiben

$$F(x) = \sum_{\nu\,=\,0}^{n'-m+1} a_\nu\, \overline{P}_\nu^m (x) \tag{209}$$

mit gewissen konstanten Koeffizienten a_ν. Wir erhalten so:

$$I_{n,\,n'} = \sum_{\nu\,=\,0}^{n'-m+1} a_\nu \int_{-1}^{+1} (1 - x^2)^m \cdot \overline{P}_{n-m}^m (x) \cdot \overline{P}_\nu^m (x)\, dx$$

und weiter mit Rücksicht auf Gl. (206)

$$I_{n,\,n'} = \sum_{\nu\,=\,0}^{n'-m+1} a_\nu \int_{-1}^{+1} P_n^m (x) \cdot P_{\nu+m}^m (x)\, dx\,. \tag{210}$$

Da nun die zugeordneten Kugelfunktionen $P_n^m (x)$ die *Orthogonalitätsbedingung* (174a) erfüllen müssen, ist, falls

$$n' < n$$

ist,
$$\int\limits_{-1}^{+1} P_n^m(x) \cdot P_{\nu+m}^m(x)\, dx = 0 \qquad (211)$$

für alle
$$\nu + m < n,$$

und da ν die Werte $0, 1, 2, \ldots n' - m + 1$ durchläuft, muß jedenfalls
$$n' - m + 1 + m < n \text{ oder } n' < n - 1$$

sein. Ein von Null verschiedener Wert von $I_{n,\,n'}$ ergibt sich somit *nur* für
$$n' = n - 1 \qquad (212_1)$$

[erste Auswahlregel für die azimutale (Drehungs-)Quantenzahl]
und zwar:
$$I_{n,\,n-1} = a_{n-m} \int\limits_{-1}^{+1} [P_n^m(x)]^2\, dx . \qquad (213)$$

Dieses Integral haben wir bereits berechnet; aus (190) und (199) folgt:
$$\int\limits_{-1}^{+1} [P_n^m(x)]^2 dx = \frac{2}{2n+1} \cdot \frac{(n+m)!}{(n-m)!} . \qquad (214)$$

Damit erhalten wir:
$$I_{n,\,n-1} = \frac{2a_{n-m}}{2n+1} \cdot \frac{(n+m)!}{(n-m)!} \qquad (215)$$

und es erübrigt sich noch die Berechnung von a_{n-m}, das den Koeffizienten der höchsten Potenz von $F(x)$ für $n' = n - 1$ darstellt. Im Hinblick auf (209) und (208) finden wir:
$$a_{n-m} \cdot \frac{(2n-1)!}{(n-m)!} = \frac{\mp (2n-2)!}{(n-1-m \mp 1)!}$$

und daraus
$$a_{n-m} = \frac{\mp (n-m)!}{(2n-1)(n-1-m \mp 1)}, \qquad (216)$$

so daß sich
$$I_{n,\,n-1} = \frac{\mp 2(n+m)!}{(2n+1)(2n-1)(n-1-m \mp 1)!}{}^{1} \qquad (217)$$

ergibt.

Nun sind wir instand gesetzt, die *Linienintensitäten* gemäß $(202_{1,\,2})$ und (205) zu berechnen:
$$(\xi \pm i\eta)_{n,\,m;\,n-1,\,m\pm 1} = 2\pi r\, C_{n,\,m}\, C_{n-1,\,m\pm 1}\, I_{n,\,n-1}$$

---

[1] *Negative m*-Werte werden berücksichtigt, wenn man im Hinblick auf Gl. $(202_{1,\,2})$ m durch $|m|$ ersetzt.

und mit Rücksicht auf (199) und (217) finden wir unter Einbeziehung auch *negativer* m-Werte für

$$m' = m + 1 \tag{204_1}$$

$$(\xi + i\eta)_{n,\,m;\,n-1,\,m+1} = -r\,\sqrt{\frac{(n-|m|)\,(n-|m|-1)}{(2\,n+1)\,(2\,n-1)}}\,, \tag{218_1}$$

für

$$m' = m - 1 \tag{204_2}$$

$$(\xi - i\eta)_{n,\,m;\,n-1,\,m-1} = r\,\sqrt{\frac{(n+|m|)\,(n+|m|-1)}{(2\,n+1)\,(2\,n-1)}}\,. \tag{218_2}$$

Der noch zu untersuchende Fall, daß

$$n' > n$$

ist, geht aus dem obigen durch Vertauschung von n und n' hervor und liefert als *zweite Auswahlregel für die azimutale (Drehungs-) Quantenzahl:*

$$n' = n + 1\,. \tag{212_2}$$

Als Maß der entsprechenden *Linienintensitäten* erhalten wir aus $(218_{1,\,2})$, indem wir n durch $n + 1$ ersetzen, die Matrixelemente

$$(\xi + i\eta)_{n,\,m;\,n+1,\,m+1} = -r\,\sqrt{\frac{(n-|m|+1)\,(n-|m|)}{(2\,n+3)\,(2\,n+1)}} \tag{219_1}$$

und

$$(\xi - i\eta)_{n,\,m;\,n+1,\,m-1} = r\,\sqrt{\frac{(n+|m|+1)\,(n+|m|)}{(2\,n+3)\,(2\,n+1)}}\,. \tag{219_2}$$

Ist endlich

$$n' = n\,, \tag{212_3}$$

so wird

$$(\xi \pm i\eta)_{n,\,m;\,n,\,m\pm 1} = 2\,\pi r\,C_{n,\,m}\,C_{n,\,m\,\pm 1}\int_{-1}^{+1}(1-x^2)^{\frac{1}{2}}\cdot \tag{220_{1,\,2}}$$

$$\cdot\,P_n^m(x)\,P_n^{m\,\pm\,1}(x)\,dx = 0\,,$$

da der Integrand ein Polynom vom Grade $2\,n+1$, also eine *ungerade* Funktion darstellt.

Wir wenden uns nun zur Berechnung der Matrixelemente $\zeta_{n,\,m;\,n',\,m}$ gemäß Gl. (203_3). Das darin auftretende Integral

$$K_{n,\,n'} = \int_{-1}^{+1} x\cdot P_n^m(x)\cdot P_{n'}^m(x)\,dx \tag{221}$$

formen wir gleichfalls mit Hilfe von (206) um:

$$K_{n,\,n'} = \int_{-1}^{+1}(1-x^2)^m\,x\cdot \overline{P}_{n'}^m{}_{-m}(x)\cdot \overline{P}_n^m{}_{-m}(x)\,dx\,. \tag{222}$$

308 Ausbau der Wellenmechanik.

Hierin stellt

$$G(x) \equiv x \cdot \overline{P}^m_{n'-m}(x) \tag{223}$$

ein Polynom vom Grade $n'-m+1$ dar und kann wie früher $F(x)$ durch Reihenentwicklung in der Form geschrieben werden:

$$G(x) = \sum_{\nu=0}^{n'-m+1} b_\nu \, \overline{P}^m_\nu(x) \tag{224}$$

mit gewissen konstanten Koeffizienten b_ν. Wir erhalten so:

$$K_{n,n'} = \sum_{\nu=0}^{n'-m+1} b_\nu \int_{-1}^{+1} (1-x^2)^m \cdot \overline{P}^m_{n-m}(x) \cdot \overline{P}^m_\nu(x) \, dx$$

und im Hinblick auf Gl. (206)

$$K_{n,n'} = \sum_{\nu=0}^{n'-m+1} b_\nu \int_{-1}^{+1} P^m_n(x) \cdot P^m_{\nu+m}(x) \, dx. \tag{225}$$

Mit Rücksicht auf die Orthogonalität der $P^m_n(x)$ wird, falls wie früher

$$n' < n-1$$

ist, zufolge Gl. (211)

$$K_{n,n'} = 0.$$

Ein von Null verschiedener Wert ergibt sich *nur* für

$$n' = n-1. \tag{212_1}$$

Die dem früheren Verfahren völlig entsprechende Rechnung liefert jetzt:

$$K_{n,n-1} = \frac{2\,b_{n-m}}{2\,n+1} \cdot \frac{(n+m)\,!}{(n-m)\,!}. \tag{226}$$

In gleicher Weise wie früher a_{n-m} bestimmen wir nun b_{n-m}, den Koeffizienten der höchsten Potenz von $G(x)$ für $n' = n-1$:

$$b_{n-m} \frac{(2\,n-1)\,!}{(n-m)\,!} = \frac{(2\,n-2)\,!}{(n-m-1)\,!},$$

woraus

$$b_{n-m} = \frac{n-m}{2\,n-1} \tag{227}$$

folgt. Somit wird

$$K_{n,n-1} = \frac{2\,(n+m)\,!}{(2\,n+1)\,(2\,n-1)\,(n-m-1)\,!} \tag{228}$$

---

[1] Siehe die Fußnote auf S. 306.

und das Matrixelement

$$\zeta_{n,m;\,n-1,\,m} = 2\,\pi r\, C_{n,m}\, C_{n-1,\,m}\, K_{n,n-1} = r\, \sqrt{\frac{(n+|m|)\,(n-|m|)}{(2\,n+1)\,(2\,n-1)}}\,, \qquad (229)$$

wobei nunmehr auch *negative* m-Werte berücksichtigt erscheinen.
Für den Fall

$$n' = n + 1 \qquad\qquad (212_2)$$

erhalten wir wie früher durch Ersetzung von n durch $n+1$ das Matrixelement

$$\zeta_{n,\,m;\,n+1,\,m} = r\, \sqrt{\frac{(n+|m|+1)\,(n-|m|+1)}{(2\,n+3)\,(2\,n+1)}}\,. \qquad (230)$$

Es erübrigt sich noch die Untersuchung des Falles

$$n' = n\,. \qquad\qquad (212_3)$$

Wir finden

$$\zeta_{n,\,m;\,n,\,m} = 2\,\pi r\, C_{n,\,m} \int_{-1}^{+1} x\,\left[P_n^{|m|}(x)\right]^2 dx = 0\,, \qquad (231)$$

da der Integrand ein Polynom vom Grade $2\,n+1$, also eine *ungerade* Funktion darstellt.

Wir betrachten nun zusammenfassend die verschiedenen *erlaubten Übergänge* (*Quantensprünge*), die wir hinsichtlich der mit ihnen verbundenen *Linienintensitäten* in *drei Gruppen* einteilen können.

1. *Gleichsinnige Übergänge mit starken (schwachen) Linien* (σ-*Komponenten*). Die beiden Quantenzahlen n und m ändern sich im *selben* Sinne:

$$n,\,m \begin{cases} \nearrow\; n-1,\; m-1 \\ \searrow\; n+1,\; m+1 \end{cases} \qquad (232_1)$$

Als Maß der entsprechenden *Linienstärken* können die Quadrate der zugehörigen „*zirkularen*" Matrixelemente gelten:

$$(\xi-i\eta)^2_{n,\,m;\,n-1,\,m-1} = r^2 \cdot \frac{(n+|m|)\,(n+|m|-1)}{(2\,n+1)\,(2\,n-1)} = r^2 \cdot A\,. \qquad (233_1)$$

und

$$(\xi+i\eta)^2_{n,\,m;\,n+1,\,m+1} = r^2 \cdot \frac{(n-|m|+1)\,(n-|m|)}{(2\,n+3)\,(2\,n+1)} = r^2 \cdot A'\,. \qquad (233_2)$$

2. *Indifferente Übergänge mit mittelstarken Linien* (π-*Komponenten*). Die Quantenzahl m bleibt ungeändert:

$$n,\,m \begin{cases} \nearrow\; n-1,\; m \\ \searrow\; n+1,\; m \end{cases} \qquad (232_2)$$

Die entsprechenden *Linienstärken* liefern die Quadrate. der „*linearen*" Matrixelemente:

$$\zeta^2_{n,\,m;\,n-1,\,m} = r^2 \cdot \frac{(n+|m|)\,(n-|m|)}{(2\,n+1)\,(2\,n-1)} = r^2 \cdot B,\ B < A\,, \qquad (234_1)$$

$$\zeta^2_{n,\,m;\,n+1,\,m} = r^2 \cdot \frac{(n+|m|+1)\,(n-|m|+1)}{(2\,n+3)\,(2\,n+1)} = r^2 \cdot B',\ B' > A'\,. \qquad (234_2)$$

3. *Gegensinnige Übergänge mit schwachen (starken) Linien* (σ-*Komponenten*). Die Quantenzahlen n und m ändern sich im *entgegengesetzten* Sinne:

$$n,\,m \quad \nearrow \quad \begin{array}{l} n-1,\ m+1 \\[4pt] n+1,\ m-1 \end{array} \qquad (232_3)$$

Die entsprechenden *Linienstärken* betragen:

$$(\xi+i\eta)^2_{n,\,m;\,n-1,\,m+1} = r^2 \cdot \frac{(n-|m|)\,(n-|m|-1)}{(2\,n+1)\,(2\,n-1)} = r^2 \cdot C,\ C < B,\quad (235_1)$$

und

$$(\xi-i\eta)^2_{n,\,m;\,n+1,\,m-1} = r^2 \cdot \frac{(n+|m|+1)\,(n+|m|)}{(2\,n+3)\,(2\,n+1)} = r^2 \cdot C',\, C' > B'.\quad (235_2)$$

Dieses Ergebnis gibt ein getreues Bild der beim *Zeeman-Effekt* und bei der *Multiplettstruktur der Serienspektren* beobachteten *Auswahl-, Polarisations-* und *Intensitätsregeln*, die S. 156 f., 199 f. und 206 f. dargestellt worden sind.

Schrifttum für ergänzendes und gründlicheres Studium.

I. Atomphysik im allgemeinen.

BRIEGLEB, G.: Atome und Ionen. Hand- und Jahrbuch der chemischen Physik, Band 2, Abschnitt I A. Leipzig: Akad. Verlagsgesellschaft 1940.

GRIMSEHL-TOMASCHEK: Lehrbuch der Physik, Band II/1 (Elektromagnetisches Feld, Optik) und insbes. Band II/2 (Materie und Äther). 8. Aufl. Leipzig und Berlin: B. G. Teubner 1938. Die Darstellung bevorzugt das Experiment, bringt aber auch die Grundlagen der Theorie.

SCHAEFER, CL.: Einführung in die theoretische Physik, Band III/2 (Quantentheorie). Berlin: W. de Gruyter 1937.

SOMMERFELD, A.: Atombau und Spektrallinien, 2 Bände. Braunschweig: Fr. Vieweg 1931 und 1939. Umfassende Darstellung der Theorie mit Hinweisen auf das Experiment.

II. Besondere Gebiete der Atomphysik.

1. Elementarteilchen und Kernphysik:

ASTON, F. W.: Isotope. Leipzig: S. Hirzel 1923.

BOUWERS, A.: Elektrische Höchstspannungen. Technische Physik in Einzeldarstellungen, Band 1. Berlin: Springer 1939.

DIEBNER, K. und E. GRASSMANN: Künstliche Radioaktivität. Experimentelle Ergebnisse. Leipzig: S. Hirzel 1939.

FRERICHS, R.: Das Wasserstoffisotop. Ergebnisse der exakten Naturwissenschaften, Band XIII. Berlin: Springer 1934.

GENTNER, W., H. MAIER-LEIBNITZ, W. BOTHE: Atlas typischer Nebelkammerbilder mit Einführung in die WILSONsche Methode. Berlin: Springer 1940.

LENARD, P.: Quantitatives über Kathodenstrahlen aller Geschwindigkeiten. Heidelberg: C. Winter 1918.

MATTAUCH, J. und S. FLÜGGE: Kernphysikalische Tabellen mit einer Einführung in die Kernphysik. Berlin: Springer 1942.

WEIZSÄCKER, C. F. v.: Die Atomkerne. Leipzig: Akad. Verlagsgesellschaft 1937.

2. Höhenstrahlung:

EULER, H. und W. HEISENBERG: Theoretische Gesichtspunkte zur Deutung der kosmischen Strahlung. Ergebnisse der exakten Naturwissenschaften. Band XVII. Berlin: Springer 1938.

HARANG, L.: Das Polarlicht und die Probleme der höchsten Atmosphärenschichten. Leipzig: Akad. Verlagsgesellschaft 1940.

MIEHLNICKEL, E.: Höhenstrahlung (Ultrastrahlung). Wissenschaftliche Forschungsberichte, naturwissenschaftliche Reihe, Band 44. Dresden und Leipzig: Th. Steinkopff 1938.

3. Theorie des Atombaues und der Spektren:

GROTRIAN, W.: Graphische Darstellung der Spektren von Atomen und Ionen mit ein, zwei und drei Valenzelektronen, I. und II. Teil, „Struktur und Eigenschaften der Materie in Einzeldarstellungen", Band 7. Berlin: Springer 1928.

HUND, F.: Linienspektren und das periodische System der Elemente. „Struktur und Eigenschaften der Materie in Einzeldarstellungen", Band 4. Berlin: Springer 1927.

KOHLRAUSCH, K. W. F.: Der Smekal-Raman-Effekt. „Struktur und Eigenschaften der Materie in Einzeldarstellungen", Band 12 und 19 (Ergän-
zungsband 1931—1937). Berlin: Springer 1931 und 1938.
KRAMERS, H. A. und H. HOLST: Das Atom und die Bohrsche Theorie
seines Baues, deutsch von F. ARNDT. Berlin: Springer 1925.
POHL, R. W.: Optik. Einführung in die Physik, Band III. Berlin: Springer
1943.
SOMMERFELD, A.: Atombáu und Spektrallinien, a. a. O.

4. Röntgenstrahlen und Kristallbau:

BIJVOET, J. M., N. H. KOLKMEIJER und C. H. MacGILLAVRY: Röntgen-
analyse von Kristallen. Berlin: Springer 1940.
EWALD, P. P.: Kristalle und Röntgenstrahlen. Berlin: Springer 1923.
LAUE, M. v.: Röntgenstrahlinterferenzen. Physik und Chemie und ihre
Anwendungen in Einzeldarstellungen, Bd. VI. Leipzig: Akad. Verlags-
ges. 1941.
REGLER, F.: Grundzüge der Röntgenphysik, Band XXI der „Sonder-
bände zur Strahlentherapie". Berlin und Wien: Urban und Schwarzen-
berg 1937.

5. Elektronenstrahlen und -wellen:

BRÜCHE, E. und O. SCHERZER: Geometrische Elektronenoptik, Grund-
lagen und Anwendungen. Berlin: Springer 1934.
GRIMSEHL-TOMASCHEKS Lehrbuch der Physik, Band II/2, a. a. O.
KIRCHNER, F.: Elektronen- und Röntgeninterferenzen, Erg. exakt. Naturw.,
Band XI. Berlin: Springer 1932.
PICHT, J.: Einführung in die Theorie der Elektronenoptik. Leipzig: J.
A. Barth 1939.
SOMMERFELD, A.: Atombau und Spektrallinien, Bd. II, a. a. O.

6. Wellen-(Quanten-)Mechanik:

DÄNZER, H.: Grundlagen der Quantenmechanik. Wissenschaftliche For-
schungsberichte, Naturwissenschaftliche Reihe, Band 35. Dresden und
Leipzig: Th. Steinkopff 1935.
DARROW, K. K.: Elementare Einführung in die Quantenmechanik. Leipzig:
S. Hirzel 1933.
DARROW, K. K.: Elementare Einführung in die Wellenmechanik. Leipzig:
S. Hirzel 1932.
FLÜGGE, S. und A. KREBS: Experimentelle Grundlagen der Wellenmechanik,
Band 38 der „Wissenschaftlichen Forschungsberichte, Naturwissen-
schaftliche Reihe". Dresden und Leipzig: Th. Steinkopff 1936.
HEISENBERG, W.: Die physikalischen Prinzipien der Quantentheorie.
Leipzig: S. Hirzel 1930.
MARCH, A.: Die Grundlagen der Quantenmechanik. Leipzig: J. A. Barth 1931.
SCHRÖDINGER, E.: Abbandlungen zur Wellenmechanik. Leipzig: J. A.
Barth 1928.
SOMMERFELD, A.: Atombau und Spektrallinien, Bd. II, a. a. O.

7. Tafeln und Rechenhilfen:

JAHNKE, E. und F. EMDE: Funktionentafeln mit Formeln und Kurven.
Leipzig und Berlin: B. G. Teubner 1938.
MADELUNG, E.: Die mathematischen Hilfsmittel des Physikers. Die Grund-
lehren der mathematischen Wissenschaften in Einzeldarstellungen mit
besonderer Berücksichtigung der Anwendungsgebiete, Bd. IV. Berlin:
Springer 1922.

Sachverzeichnis.